Ökologie Aktuell

ABWASSER

Handbuch zu einer zukunftsfähigen Wasserwirtschaft

von

Jörg Lange & Ralf Otterpohl

Impressum

Herausgeber:	MALLBETON GmbH, DS-Pfohren
Autor:	DIPL. BIOL. JÖRG LANGE
Mitautor:	Dr. Ing. Ralf Otterpohl
Mit Beiträgen von	Dr. rer. nat. Thomas Steger-Hartmann Harte Chemie I: Textilabwässer und Harte Chemie II: Arzneimittel
Grafik	Susanne Görke
Gesamtherstellung	W/O/G/E Druck, Pforzheim

1. Auflage, 1997

Gedruckt in Deutschland

ISBN 3–9803502–1–5

Die Deutsche Einheitsbibliothek – CIP-Einheitsaufnahme
Lange, Jörg:
Abwasser : Handbuch zu einer zukunftsfähigen
Wasserwirtschaft / Jörg Lange ; Ralf Otterpohl. Hrsg.: MALL-
BETON GmbH, Donaueschingen-Pfohren. - 1. Aufl. -
Donaueschingen-Pfohren : Mall-Beton-Verl., 1997
(Ökologie aktuell)
ISBN 3–9803502–1–5
NE: Otterpohl, 4208 97.01.01Ralf:

Schlagwörter:
Abwasserreinigung
Bodenschutz
Geschichte
Gewässerschutz
Grundwasserschutz
Kalium
Kanalisation
Klärschlamm
Klima
Klinikabwässer
Kombinierte Vakuumentwässerung (Kombi Vak)
Komposttoilette
Landwirtschaft
Nachhaltigkeit
Pflanzenkläranlage
Phosphor
Regenwassernutzung
Sequenzing Batch Reactor (SBR)
Siedlungsentwässerung
Stickstoff
Stoffkreislauf
Textilabwässer
Trenntoilette
Trinkwasserschutz
Tropfkörper
Ökologische Sanitärkonzepte
Urin-Separierung (ANS)
Vakuumtoilette
Wassersparen

Danksagungen:
Für die vielen Anregungen, Hinweise, Abbildungen und/oder Korrekturen möchten wir uns bedanken bei Wolfgang Berger (Fa. Berger Biotechnik), Dr. Horst Franz, Herrn Galler (Fa. Roediger), Thomas Gotterbarm, Prof. Dr. Willi Gujer, Herrn Hornig (Fa. Hornig), Stephan Klemens (Fa. MALLBETON), Klaus Werner König, Dr. Klaus Lanz, Dr. Mark Lindert, Matthias Möller, Stefan Oberländer, Arne Panesar, Tom Potthast, Anne Pohla, Birgit Rapp, Alexander Sancho-Rauschel, Annette Schmidt, Angelika Stauder, Jochen Zeisel.
Das Kapitel "Die Geschichte des Abwassers" basiert auf Grundlagen, die im Rahmen eines Forschungsprojektes "Die Geschichte des Gewässerschutz am Hoch- und Oberrhein" unter der Leitung von Prof. Dr. Jürgen Schwoerbel, Uni Konstanz mit freundlicher Unterstützung der Volkswagen-Stiftung erarbeitet wurden.
Das Buch ist gewidmet Herrn Jürgen Schwoerbel, dem ich, Jörg Lange, hiermit für seine langjährige fördernde Freundschaft danken möchte.

Inhalt

Vorwort

Wasser war schon in den 70er Jahren ein zentrales Thema der Umweltbewegung. Damals lösten Schaumberge und Fischsterben an den Flüssen eine Welle des Protestes aus. In den 80ern kam die Sorge um die zunehmende Schadstoffbelastung des Trinkwassers hinzu. Doch trotz der steten Aufmerksamkeit für das Wasser blieb der Blick meist punktuell, ein umfassenderes Verständnis für die gegenseitige Abhängigkeit der verschiedenen Wasserprobleme und die Vernetzung mit anderen Politikbereichen ist bis heute die Ausnahme geblieben. Wichtige Bereiche der Wasserpolitik bleiben von der öffentlichen Diskussion vollständig ausgeklammert; insbesondere gilt dies für das kommunale Abwasser. Bis heute fragen sich nur wenige Menschen, wohin das Wasser aus Badewanne, Waschmaschine und Toilette mit den darin mitgespülten Stoffen fließt, wie es gereinigt und in welchem Zustand es wieder der Natur zurückgegeben wird. Die Beseitigung des Abwassers überläßt man gerne anonymen Behörden und Institutionen.

Seit allerdings Abwassergebühren von über 10 Mark pro Kubikmeter keine Ausnahme mehr sind, wird der Bevölkerung allmählich bewußt, daß mit der Organisation der Abwasserbeseitigung etwas im Argen liegt. So wird in einigen ländlichen Regionen zum Beispiel eine vierköpfige Familie heute mit über 500 DM jährlichen Abwassergebühren zur Kasse gebeten. Der Grund: Behörden und öffentliche Hand setzen unbeirrt alles daran, möglichst viele Haushalte an zentrale Kläranlagen anzuschließen - ohne jedes Gespür für die sozialen Folgen einer solchen Preispolitik. Und trotz der äußerst zweifelhaften Ökobilanz einer zentralisierten Abwasserbeseitigung brüsten sich Umweltminister und Bürgermeister im Einzugsgebiet der Elbe damit, von 1991 bis 1996 nicht weniger als 119 große Kläranlagen gebaut zu haben.

Mit dem vorliegenden Buch haben wir versucht, detailliert und für den Laien verständlich darzulegen, warum eine andere Abwasserstrategie zwingend nötig ist und wie sie verwirklicht werden kann. So werden im ersten und zweiten Abschnitt die existierenden Systemfehler und die Konsequenzen für Ökologie und Volkswirtschaft aus der historischen Entwicklung der Wasserwirtschaft heraus erläutert. Im dritten Abschnitt schließlich haben wir bewährte und neue innovative Ansätze zur Lösung der Abwasserproblematik zusammengetragen. Anhand dieser umfangreichen Dokumentation werden Lösungsvorschläge für einen umweltverträglichen, sozialen und vor allem finanzierbaren Umgang entwickelt.

Die vorgelegten Ansätze für eine zukunftsfähige Abwasserpolitik - der unseres Erachtens stets ein umfassendes Verständnis des Wassers, angefangen vom Regen über die häusliche Nutzung bis zur Rückkehr in den Naturhaushalt, zugrunde liegen muß - sollen nicht als Patentlösung aufgefaßt werden, sondern sind als Denkanstöße für weitere Diskussionen und Ausgangspunkt für individuell angepaßte Lösungen gedacht. In seiner Doppelfunktion als kritische Bestandsaufnahme und praktische Anleitung für Alternativen im Umgang mit Wasser und Abwasser ist das Buch auch als Ratgeber zu nutzen. Zahlreiche Erläuterungen und Literaturtips finden Leser in unmittelbarer Nähe zu den behandelten Themen in der Randspalte.

Es war unser Anliegen, das seit dem 19. Jahrhundert in seinen Grundzügen unveränderte Abwasserkonzept als teuer, schwerfällig und langfristig umweltfeindlich zu entlarven. Das Buch soll als dringende Warnung davor dienen, überholte Konzepte unkritisch als Blaupause für die zukünftige Wasserpolitik zu benutzen. In ganz Osteuropa und den aufstrebenden Staaten Asiens und Lateinamerikas werden heute neue Abwassersysteme geplant und alte renoviert. Wir hoffen, daß dieses kleine Handbuch dazu beiträgt, eine Wiederholung hiesiger Fehler zu vermeiden. In diesem Sinne wünschen wir uns viele kritische Leser, vor allem unter den Planern, die für die Abwasserkonzepte der Zukunft verantwortlich sind. Über konstruktive Kritik oder Ergänzungen würden wir uns sehr freuen (c/o MALLBETON, Hüfinger Straße 39-45, 78166 Donaueschingen-Pfohren).

Freiburg, August 1996

Die Verfasser

Über 100 Jahre MALL-Bauindustrie

Von der Cementwaarenfabrik zum modernen Betonwerk:

Die Produktion von Betonerzeugnissen geht zurück auf den Firmengründer Anton Mall. Er hatte 10 Jahre nach Eröffnung eines Baugeschäftes in Donaueschingen im Jahre 1887 zusätzlich ein Produktionsgebäude in der Stadt eröffnet zur Herstellung von Röhren und Betonsteinen. Die erfolgreiche Pflege und Ausweitung des Familienbetriebes führte im Jahre 1952 zur Gründung des heutigen Geschäftssitzes im Stadtteil Pfohren.

Waren die damals gefertigten MALLprodukte anfangs hauptsächlich auf den Kanal-, Hoch- und Wohnungsbau ausgerichtet, so liegt heute das Schwergewicht in den Bereichen Landschaftsbau, Regenwassernutzung und Abwasserbehandlung.

Mit den relativ einfachen Betonfertigteilen aus dem letzten Jahrhundert haben die heutigen MALL-Produkte eines gemeinsam: Den vielseitigen Baustoff Beton aus Sand, Kies, Zement und Wasser. MALLBETON hat die technischen Betonformgebungen ständig weiterentwickelt, so daß auch zur Abwasserbehandlung eine Reihe erfolgreicher Anlagen entwickelt wurden:

1957	Einführung der MALL-Dreikammergrube
1965	Kleinkläranlage mit nachgeschaltetem Tropfkörper
1969	Dreikammergrube aus Einzelringen im Durchmesser von 250 cm
1974	Belebungsanlagen - System Hertkorn
1974	Dreikammergrube aus Einzelringen im Durchmesser von 300 cm
1978	Dreikammergrube aus einem Guß
1979	PUTOX-Belebungsanlage in Lizenz
1981	MALL-Tropfkörperanlage mit Schlammrückführung
1987	Belebungsanlage Typ MBA
1994	MALL-SBR-Anlage, chargenweise Abwasserbehandlung bis 5000 EW mit weitergehender Reinigung
1995	MALL-Pflanzenkläranlage

Verbesserung der Fertigungsmethoden und Humanisierung der Arbeitsplätze gelten genauso wie die Suche nach sinnvollen Produkten für MALLBETON als ständige Herausforderung. Die steigende Nachfrage der erfolgreichen Produktpalette im Umweltschutz und im Landschaftsbau haben eine Ausweitung der Kapazitäten erforderlich werden lassen: In den Jahren 1990 bis 1993 erfolgte die Übernahme von Betonwerken in Ettlingen bei Karlsruhe und in Coswig bei Dessau. Zuletzt wurde die Radolfzeller Firma "Zeiss Neutra GmbH" mit ihrem europaweiten Vertrieb von Neutra Benzin- und Fettabscheidern integriert.

Mittlerweile beschäftigt die MALLBETON-Firmengruppe an ihren vier Standorten 280 Mitarbeiter.

MALLBETON ist mit der Tradition eines soliden Familienbetriebes, ihrem Know-how und ökologischem Ansatz bereit für die anspruchsvollen Aufgaben der nächsten Jahrzehnte! Entwicklung, Forschung und Produktion liegen in den Händen einer motivierten Mitarbeiterschaft, deren Ziel Produkte mit erstklassiger Qualität, höchster Funktionalität und einem marktgerechten Preis sind.

Zu einer erfolgreichen Vermarktung gehört auch die gute Information und Betreuung der Kunden. Aus diesem Grund hat sich MALLBETON entschlossen, eine Buchreihe "Ökologie aktuell" ins Leben zu rufen, um dem Kunden die Bedeutung der MALL-Konstruktionen von unabhängigen Autoren in einem größeren Zusammenhang zu verdeutlichen. Nach dem erfolgreichen, mittlerweile in 4. Auflage erschienenen Buch "Regenwassernutzung von A-Z" ist das vorliegende nun das zweite Werk dieser Reihe.

1. Die Geschichte des Abwassers

Die Vergegenwärtigung der historischen Abwasserbehandlung ist ein wichtiger Schlüssel, um die eigene Gegenwart als ein zeitgebundenes und beeinflußbares Durchgangsstadium in die Zukunft zu begreifen. Nur so lassen sich die Folgen unseres Umgangs mit häuslichem Abfall besser verstehen und die Trägheit überkommener Technologien überwinden.
Noch allzuoft wird die Geschichte der industriellen Revolution und der damit verbundene Bau der Schwemmkanalisation als mehr oder weniger linear verlaufende Erfolgsstory - als ein großer hygienischer Fortschritt - vermittelt.
Die folgenden Überlegungen geben eine knappe Übersicht darüber, welche gesellschaftlichen Zusammenhänge zu berücksichtigen sind, wenn man die Geschichte des Umgangs mit Wasser aus heutiger Sicht beurteilen will. Die Leistungen dieser Lösungen sollen damit nicht geschmälert werden. Sie müssen jedoch aufgrund neuer Rahmenbedingungen und globaler Erfordernisse nun auch hinsichtlich ihrer Dauerhaftigkeit hinterfragt werden.

1.1 Die vorindustrielle Behandlung von Fäkalien und häuslichen Flüssigabfällen

Die **Cloaca Maxima** in Rom ist ein noch heute erhaltener riesiger unterirdischer Kanal, der einem ursprünglich natürlichen Gewässerlauf folgt, und der nach dem Jahr 200 v. Chr. ein Gewölbe erhielt. Zusammen mit weiteren sechs Sammelkanälen entwässerte die Cloaca Maxima bereits vor über 2000 Jahren Schmutz- und Regenwasser.
Die Cloaca Maxima steht bei der Bestimmung der kulturellen Leistungen der Römer der Erfindung des Zements oder dem Bau der Aquädukte um nichts nach. Als Vorläufer der heutigen Kanalisation betrachtet, herrscht Verwunderung darüber, warum diese Form der Abwassertechnik bis zum 19. Jahrhundert scheinbar vergessen wurde.
Der Vergleich zwischen Cloaca Maxima und der heutigen Kanalisation hinkt jedoch. Was die Römer als 'latrinas' bezeichneten, waren öffentliche Orte, zu denen diejenigen gingen, die keine Sklaven zum Leeren und Säubern ihrer Becken hatten. Denn trotz Cloaca Maxima war die Verwendung von Fäkalien zur Düngung des Bodens bei den Römern die Regel. Ob Fäkalien in nennenswertem Umfang mit Wasser in die Kloaken gespült wurden, ist bis heute ungeklärt. Ein wesentlicher Bestandteil des heutigen Schwemmsystems, das **Wasserklosett**, hat den Römern wohl gefehlt.
Die meist kleinen „ländlichen" Strukturen und Lebensgewohnheiten in Europa erforderten bis zum 18. Jahrhundert keine großen Kanäle. Noch um die Mitte des vorigen Jahrhunderts wurde ein Sechstel der Pariser Stadtfläche zum Anbau von Gemüse genutzt. Paris exportierte neben Gemüse auch Humus und Dünger (ILLICH 1987).

Literaturtip !
ILLI, M. (1987): Von der Schissgruob zur modernen Stadtentwässerung.- (herausgegeben von der Stadtentwässerung Zürich); Neue Zürcher Zeitung, Zürich, 263 S.

vgl. weiterhin WEYL 1900, FRANK 1953, TARR 1977, 1985, SIMSON 1978, 1983, PIEPER 1987, ILLICH 1987, KLUGE & SCHRAMM 1988, LAPORTE 1991, VIGARELLO 1992, MÜNCH 1993, BÜSCHENFELD 1994, BOURKE 1992

Die Geschichte des Umgangs mit unseren Fäkalien und häuslichem Abfall ist, wie es LAPORTE (1991) beschrieben hat, auch heute noch eine Geschichte der Wiederentdeckungen.
Laporte beschreibt, wie sich *„im Zeitraum von nur wenigen Jahren die Verhaltensweisen gegenüber Unrat völlig umkehren, so daß man schließlich zu den früheren Praktiken zurückkehrt. So war es im 15. Jahrhundert ebenso wie zur Zeit der Römer üblich, Urin zum Walken und Entfetten von Kleidungsstücken zu benutzen. Die Mützenmacher und Strumpfwirker von Paris, die über dieses Verfahren entrüstet waren, beklagten sich 1493 beim König, daß die erwähnten Mützen und andere Erzeugnisse, die auf diese Weise mit dem genannten Harn gewaschen werden, nicht anständig, gesund und schicklich sind, um sie auf den Kopf zu setzen, wegen der Verpestung, die darin ist und darin bleibt. Aber fünfzig Jahre später, um 1550, wurde der Urin [...] von den Walkern erneut benutzt."*
In der Tat ist die Wiederverwendung von Abfall eine immer wiederkehrende Erscheinung und keine Neuentdeckung unserer Zeit. Für eine „dauerhafte", „nachhaltige" oder zukunftsfähige Entwicklung stellt sie eine Notwendigkeit dar.

1.2 Urin und Fäkalien: Vom (persönlichen) Eigentum zum Tabu

Einen wichtigen historischen Scheidepunkt macht Laporte zu Beginn des 16. Jahrhunderts aus. Er nennt das im November 1539 von König Franz von Frankreich erlassene Edikt, welches untersagt, Mist, Kot, Asche, Dreck oder anderen Unrat auf die Straße auszuleeren und weiterhin anordnet, diesen Kot und Unrat innerhalb der Häuser in Gefäßen zu sammeln und aus Paris aufs Land zu bringen. Zur gleichen Zeit war eine Bestimmung erlassen worden, daß von nun an alle staatlichen Verlautbarungen in der Umgangssprache (französisch) ohne Rückgriffe auf das Lateinische zu erfolgen hatten. Das Edikt von 1539 war somit eines der ersten, das für jedermann verständlich sein sollte. Nach LAPORTE geht es in diesem Erlaß allenfalls vordergründig um Reinlichkeit auf den Straßen, sondern vielmehr um eine *„Domestizierung des Abfalls"*. Abfall wird zur Privatsache. Und dies ist etwas wirklich neues - und ein großer Unterschied zu den Römern und vielen anderen Kulturen.
Mit dem Edikt von 1539 wird der Abfall, insbesondere die Fäkalien, *„als Gegenstand der Politik, zu einer Privatsache, zur Angelegenheit jedes Untertanen, jedes Eigentümers..."* Der moderne Staat und die Öffentlichkeit beginnen seit dem 16. Jahrhundert über den Abfall eine widersprüchliche Auseinandersetzung zu führen. Schmutzige Wäsche und der Abfall vor der Tür ging nur die eigene Familie etwas an, andererseits zahlte man Steuern, um diese regelmäßig abtransportieren zu lassen. Diese Form der Privatheit hatte es im Mittelalter nicht gegeben. Die Unterscheidung zwischen „öffentlich" und „privat" eröffnete eine neue Grundlage für den Einfluß des Staates. In der Folge des Erlasses von 1539 läßt sich die Sauberkeitsideologie nicht mehr von der des Eigentums

Tabuthema unserer Zeit: Fäkalien

Bei qualitativen Umfragen zum persönlichen Tagesablauf („...beschreiben sie die Handlungen des letzten Tages !") wird der Gang zur Toilette, das Spülen mit Wasser oder das Händewaschen in der Regel vergessen (HEIDENREICH pers. Mitt./ BMFT-Projekt Wasserkultur), obwohl die meisten im Schnitt 5-6 mal am Tag eine Toilette benützen.

Eine Befragung unter Studenten aus Wollongong (Australien) und Dortmund, in der bestimmte Themen nach dem Grad ihrer Tabuisierung bewertet werden sollten, ergab folgende Rangfolge (aus Pieper 1988, S.231):

Thema	Rangplatz Dortmund	Rangplatz Wollongong
Toilettengewohnheiten	1	1
Sexualverh. als Erw.	2	2
Sexualverh. als Kind	3	3
Beschämende Vorgänge	4	5
Politische Meinungen	5	7
Phantasien, Tagträume	6	6
Agressive Gedanken	7	9
Menstruation	8	4
Eigenes Körperbild	9	8
Parapsychologie	10	14
Gute Eigenschaften, Erfolge	11	14
Körperhygiene	12	12

Trotz der öffentlichen Tabuisierung verabschieden sich die meisten Menschen von ihrer eigenen Scheiße mit einem kurzen privaten Blick in die Klosettschüssel.

und der Macht des Staates trennen. Der Unrat verliert mit der Abfuhr das Private, das Körperliche und sein *„unheilvoller Einfluß"* verflüchtigt sich zugunsten seiner die Erde *„befruchtenden Kraft"*. Der Staat als Organisator von Abfall demonstriert und legitimiert seinen Einfluß. In der Folge entwickelten die Individuen gegensätzliche Verhaltensweisen, gewissermaßen eine zweifache Existenz. Zum einen gibt es die private Existenz der „natürlichen Neigungen", die man durch Mäßigung zu zähmen hatte, zum anderen gibt es eine öffentliche Existenz - die Kultur. In der Öffentlichkeit galten hochkonventionelle Verhaltensformen, die den Umgang der einander Fremden miteinander regelten bzw. ermöglichten. Das Ausleben privater Interessen hatte dort nichts zu suchen.

Wenn die Entstehung des Privaten Grundlage für die Einflußnahme des modernen Staates war, so war der Staat im 19. Jahrhundert gefordert, seinen Einfluß zu legitimieren. Insofern ist die Einführung der zentralen Wasserversorgung und der Schwemmkanalisation eine Wiederentdeckung des „Cloaca-Maxima-Staates", der unter Einzug von Gebühren die Ver- und Entsorgung übernimmt, allerdings auf neuer Grundlage.

Abb. 1:
Trichtertoilette (aus PALMER 1977) Um 1900 wird das WC zum Statussymbol des englischen Haushalts; für Arbeiterhaushalte das billige Trichterklosett und für den gehobenen Stand das etwa 5-mal teurere Tiefspülklosett

Abb. 2:
Toilettentypen (aus Illi 1977)

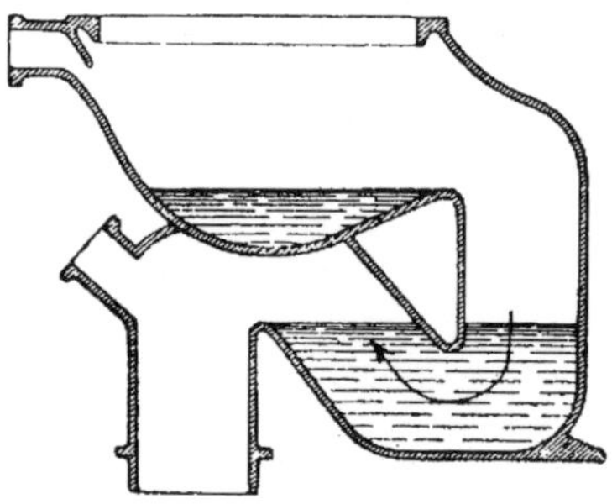

Flachspülklosett

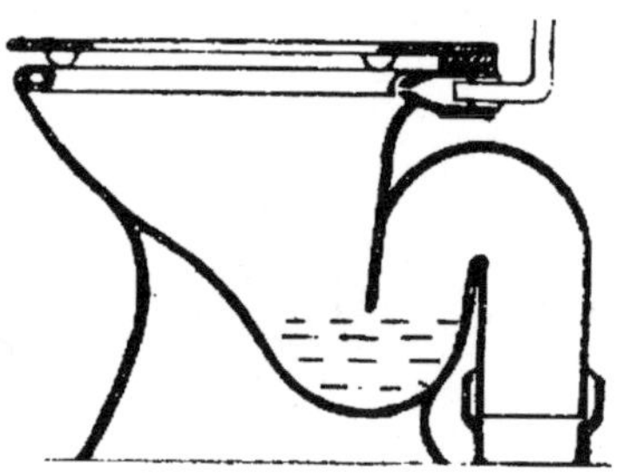

Tiefspülklosett

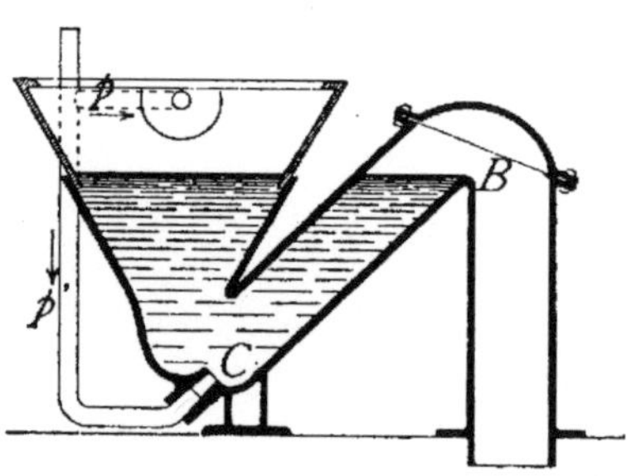

Absaugklosett

Bis etwa zur Mitte des 19. Jahrhunderts gab es nur wenige zentrale Einrichtungen zur **Wasserversorgung und Abwasserbeseitigung**, und die wenigen waren in privater Hand. Erst zur Mitte des 19. Jahrhunderts wurde allmählich die 'private' durch eine öffentliche Wasserversorgung ersetzt. Bei der Abwasserentsorgung fand das um etwa 20 Jahre zeitversetzt statt. Die überwiegende Mehrzahl der Stadtbewohner holte auch Mitte des letzten Jahrhunderts Trink- und Brauchwasser noch aus kleinen Brunnen, Bächen oder Flüssen (Illi 1987, 1993).

Das Wasser der Brunnen war oft weder kristallklar noch geruchsfrei. Der Zusammenhang zwischen verschmutztem Wasser und Krankheit war weitgehend unbekannt. Zum unmittelbaren Umfeld des immer noch landwirtschaftlich orientierten Stadtbürgers gehörten Viehstall, Gemüsegarten, und Misthaufen ebenso dazu wie Hausbrunnen und Abortgrube. Die Fäkalien aus der Abortgrube wurden unter ökonomischen Gesichtspunkten gesehen. „Ekel wurde durch das Lustgefühl des Geldverdienens kompensiert" (O´Malley 1995). Aus diesem Grund stießen viele der ersten Kanalisationsplanungen auf erhebliche Widerstände, da sich die Hausbesitzer in ihrer bürgerlichen Freiheit eingeschränkt sahen.

Der Umgang mit Abfall hängt nicht nur von objektivierbaren Verhältnissen, z.B. der Menge, der Zusammensetzung oder der Nutzung ab, sondern in viel größerem Maße von der Einschätzung des subjektiven Wertes und der persönlichen Wahrnehmung. Hierbei spielen Faktoren eine Rolle, die meist nur mittelbar mit dem eigentlichen Abfallproblem zu tun haben.

Erst ekeleregende Zustandsbeschreibungen der heimischen Gossen und Kanäle und visionäre Beschreibungen der Zustände in den großen Metropolen führten zu einer Änderung der Wahrnehmung, und zwar zunächst beim naturwissenschaftlich interessierten Bürgertum. *„Der Gestank mußte erst im Kopf entstehen, ehe er sich in der Nase bemerkbar machte"* (O´Malley 1995)

Auch die ersten Untersuchungsmethoden der Experten waren noch sehr stark von sinnlichen Wahrnehmungen geprägt. Die Auffassung, daß miasmatische Ausdünstungen (Gestank) Krankheiten übertragen, war weit verbreitet. Folglich geriet bei Ingenieuren alles ins Blickfeld, was dazu geeignet schien, Gestank zu vermeiden oder zu überdecken. Dazu zählten auch die schlammigen stehenden Abwässer in den Gossen, die möglichst schnell fortgeschwemmt werden sollten. Bereits im berühmt gewordenen englischen „Chadwick-Report" von 1842 wird die Vorstellung formuliert, daß die Stadt einem sozialem Körper gleiche, der mit viel Wasser, das den Schmutz wegschwemme, gereinigt werden könne. Der allmählich vermittelte Zusammenhang zwischen Schmutz und Krankheit schürte die latente Angst der gesamten Bevölkerung so sehr, daß allmählich erzieherische und hygienische Maßnahmen griffen.

Das Wasserklosett war zum erstrebenswerten Statussymbol der oberen Schichten geworden und konnte sich in England im Gegensatz zu Frankreich rasch durchsetzen (Goubert 1988). Zwar war das Einleiten der verdünnten Fäkalien offiziell noch immer verboten, aber die Wassermengen führten schon bald dazu, daß entgegen der Verordnung eine wachsende Zahl von Gruben direkt an die Hauptkanäle angeschlossen wurden. Diese waren meist „umfunktionierte“ alte Wasserläufe, die unabgedeckt allen Unrat in die kurzen Flüsse Englands abschwemmten. Kein Wunder, daß die Themse einer Kloake glich und daß London in den Jahren 1849 und 1853/54 ungefähr 20 000 Cholera-Tote zu beklagen hatte. Nur wenige Jahrzehnte später galten englische Ingenieure als die führenden Fachleute für den Bau und Betrieb von Kanälen. Die Kanäle verliefen nun abgedeckt unter der Erde. Das Abfallproblem war für die englischen Ingenieure gelöst. Aus den Augen aus dem Sinn.

	1800	1850	1880	1910
Berlin	172	419	1122	2071
Frankfurt am Main	40	65	136	414
Hamburg	130	132	290	932
London	1117	2685	4770	7256
Paris	547	1053	2269	2888

Tab 1:
Einwohnerzahlen in großen Städten (Bevölkerungszahlen in Tausend, aus GARBRECHT 1985)

1.3 Abfuhr oder Schwemmkanal - eine Auseinandersetzung mit falschen Argumenten ?

Gruben mit Abfuhr oder Schwemmkanalisation - um diese Alternative wurde auch in Deutschland jahrzehntelang heftig gestritten (GRUBER & BRUNNER 1871, PIEPER 1869). Die Abfuhr - also die Trennung der Fäkalien von den übrigen Abwässern und ihre Sammlung in Gruben - hätte Dünger für die Landwirtschaft und eine weniger große Belastung für die Gewässer bedeutet. Für diese Lösung plädierte unter anderen der Agrikulturchemiker JUSTUS VON LIEBIG.

Abb. 3:
Die Schiettinger- oder New Yorker Pumpe: rechts die Pumpe mit Handkurbel, links der Kesselwagen mit dem Apparat zum Abtrennen der Grubengase (aus SALVIATI 1865)

Für die Schwemmkanalisation - das bedeutete den Abtransport von festen und flüssigen Stoffen in einem Kanalsystem - setzten sich vor allem Ingenieure und viele Hygieniker ein (CHILD & RUGE 1866). Viele glaubten an CHADWICKS Vision, mit sehr viel Wasser und einer Kanalisation auch soziale (hygienische) Probleme lösen bzw. wegspülen zu können: „die technokratische Lösung der gesamten sozialen Frage“ (SIMSON 1983).

Miasma: aus dem Griechischen: „beflecken, beschmutzen"

In jedem Fall war die Hygienediskussion eng mit der Erklärungskraft der Naturwissenschaft verbunden. Die „**Miasmen**"-Theorie, die Ansteckungen über Ausdünstungen des Bodens erklärte, führte um 1860 zu einer 'krankhaften' Angst vor dem Gestank der Fäkaliengruben. Die nächtliche Entleerung der Gruben führte regelmäßig zu panikartigem Verhalten (Corbin 1984). Die Gelehrten warnten sogar Bauern, sich zu nah über ihre Äcker zu beugen, da aus dem Boden tödliche Miasmen aufsteigen würden.

Max von Pettenkofer war der erste Inhaber des Lehrstuhls für Hygiene. Er war der große Konkurrent des Bakteriologen Robert Koch. Um die Richtigkeit seiner Miasmentheorie zu beweisen, verschluckte er eigens für diesen Zweck bei Koch bestellte virulente Cholerabazillen. Er überlebte diesen Selbstversuch.

Eine wichtige Autorität der „Bodentheoretiker" war Max von Pettenkofer. Seine Theorien stützten sich auf die Erkenntnis, daß der Boden porös sei und unvorstellbar große Mengen an Luft und Wasser aufnehmen könne. Die Luftverunreinigung des Bodens blieb lange ein dominierendes Thema - *„schließlich brauche der Mensch täglich 9 000 Liter Luft, aber nur 3 Liter Wasser*" (von Pettenkofer verbreiteter Vergleich, zitiert aus Büschenfeld 1994).

Naturwissenschaftliche Erkenntnisse wurden als Argumente interessenabhängig eingesetzt. *„Kommunalpolitik konnte nun nicht mehr ohne die Hilfe von Experten gemacht werden*" (O'Malley 1995).

Mit den Begriffen Sauberkeit und Hygiene wurde die Medizin zu einer wichtigen Leitdisziplin. Der einsetzende „Kampf gegen den Schmutz" im 19. Jahrhundert kann jedoch nicht allein aus den neuen medizinischen Erkenntnissen heraus erklärt werden. Ein gewisses Erklärungspotential liegt vielleicht in der Unterscheidung zwischen Säuberung (Sauberkeit) und Reinigung (Reinheit). Die Bemühungen um „saubere Verhältnisse" zeichnen sich durch eine erstaunliche Hartnäckigkeit aus, und waren in den unterschiedlichen gesellschaftlichen Bereichen sehr verschieden. Mit dem „Element" Wasser wurden Vorstellungen von Sauberkeit und Hygiene verknüpft, ohne daß es als Lösungsmittel dazu unabdingbar notwendig wäre. Inwieweit bestimmte Vorstellungen und Handlungsweisen aus dem Zusammenfallen oder der unbewußten Verwechslung der beiden Geisteshaltungen von Reinheit und Sauberkeit entstanden sind, ist bisher kaum untersucht (vgl. auch Illich 1987). Auch welche Wirkung der Werbespruch „Nicht nur sauber sondern rein" in diesem Zusammenhang hatte oder hat, ist unklar.

Neben den hygienischen Argumenten war ein wesentlicher Grund für die Einführung der Schwemmkanalisation die rasche Zunahme des Wasserklosetts (Varrentrapp 1868). Vor allem das Bürgertum reagierte zunehmend empfindlich auf die Geruchsbelästigungen, die besonders bei der Entleerung der Fäkaliengruben entstanden. Der Siphon des Klosetts beendete diese Belästigung. Die nun wasserverdünnten Grubenfäkalien fanden keine Abnehmer mehr in der Landwirtschaft. Die hygienischen Verhältnisse verschlechterten sich weiter, da nun die Klosettabwässer sich einfach in schon vorhandene Rinnsteine ergossen, um schließlich in den nächsten Bach zu fließen. Die Einführung der Schwemmkanalisation war die zwingende (da einfachste) Konsequenz dieser Entwicklung - bei weitem aber nicht die einzige Möglichkeit. Von Schwemmkanalgegnern wurden damals unter anderem immer wieder die Alternativen das „**Heidelberger Tonnensystem**" (Lipowsky 1878, Mittermaier 1897) und das „**Liernursystem**" (Liernur 1873) empfohlen .

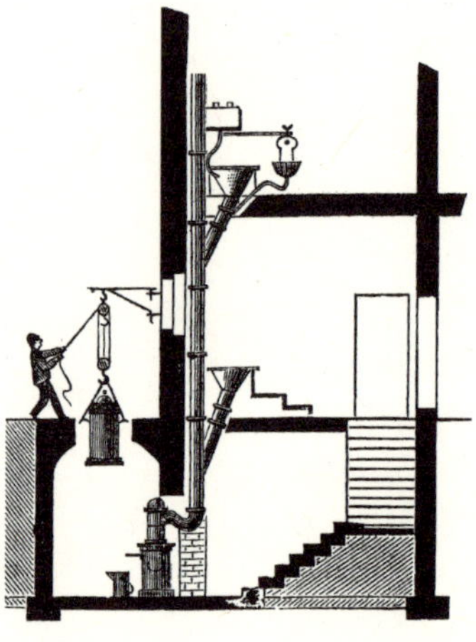

Abb. 4:

Heidelberger Tonnensystem (aus Lipowsky 1878)

Das Heidelberger Tonnensystem geht auf den Arzt Carl Mittermaier zurück. Es bestand im wesentlichen aus einer zur Abfuhr geeigneten dichten Tonne mit „Siphon" für Entlüftung und Geruchsabschluß, die in kurzen regelmäßigen Abständen mit Pferdewagen abgeholt und in größeren Sammelbehältern zur landwirtschaftlichen Verwertung gefahren wurden (vgl. Abb. 4). Das Liernursystem kann als Vorläufer der heutigen Vakuumentwässerung (vgl. Kap. 3.5.3) gelten. Es geht auf einen Auftrag des Prinzen Heinrich der Niederlande an T. Charles Liernur aus dem Jahre 1865 zurück, die Festung Luxemburg von ihrem Schmutzwasser zu befreien. Er hatte dabei die Auflage, das Schmutzwasser weder in das Flüßchen Elz abzuleiten noch mit dem Wagen zu entfernen. Das Ableitungssystem, das Liernur daraufhin entwickelte, bestand im Prinzip aus zwei verschiedenen Ableitungsrohren. Das eine führte Haus-, Regen- und Gewerbeabwasser - heute bezeichnet man dies als Grauwasser. Das andere bestand aus luftdicht miteinander verbundenen gußeisernen Rohren zur Ableitung der Abgänge aus öffentlichen und privaten Abtritten, Pissoirs, Kasernen, Krankenhäusern, Gefängnissen, Stallungen, Schlachthöfen etc.. Die Fortbewegung wurde durch „eine dreiviertel Luftleere" mittels Pumpstation erreicht. Die Klosetts waren so geformt, daß sie nur eine geringe Menge Wasser benötigten. Die gesammelten Schmutzwassermassen sollten entweder zu „Poudrette" verarbeitet oder kompostiert und landwirtschaftlich verwertet werden.

Poudrette: Frz. getrockneter, natürlicher Dünger

Abb. 5:
Foto einer Vakuumpumpstation in der Roemer Visscheustraße Amsterdam vom Juli 1873 (Foto Fa. Roediger)

Tab. 2:
In Amsterdam an das Liernur-System angeschlossene WCs (aus ZON VAN 1986)

Jahr	Anzahl
1899	771
1900	1110
1901	1375
1902	2029
1902	2152
1903	3471
1904	3897
1905	4354
1906	4893
1907	1933
1908	1871
1909	1801
1910	1730
1911	1644
1912	1555
1913	943
1914	514

Von der Verwertung als Dünger versprach sich LIERNUR auch finanziell einen Gewinn. Alle Fabriken sollten vor einer Einleitung ihre Abwässer selbst reinigen. Um dies überprüfen zu können, schlug er vor, an jeder Fabrikabwasserableitung einen Siphon anzubringen, wo jederzeit eine Wasserprobe zur Überprüfung vorgenommen werden könne. „*Denn erstens wäre es unbillig, wenn der Gewerbetreibende, der den Gewinn aus seinem Betriebe geniesst, seinen Mitbürgern den Schaden und die Kosten einer nachherigen Reinigung aufbürdete, die seine unreinen Abflüsse verursachen. Zweitens ist es unmöglich, eine Flüssigkeit zu reinigen, die allerlei Abfallwässer durcheinander gemischt enthält.* [...] *Jeder Gewerbetreibende kennt sein besonderes Abflußwasser am besten, - auf ihm ruht daher auch die Verpflichtung, für eine vollkommene Reinigung zu sorgen.*“ (LIERNUR 1890, S.29)

LIERNUR hat sein System in vielen Vorträgen, einer eigenen Zeitschrift „Archiv für rationelle Städteentwässerung“ und in vielen Presseartikeln mit großem Einsatz zu verbreiten versucht. Gegen die Übermacht der Befürworter des Schwemmkanals hatte er jedoch letztlich keine Chance.

Es ist nicht ganz einfach zu rekonstruieren, aus welchen Gründen sein System damals scheiterte. Eine Vielzahl von Schwierigkeiten standen LIERNURS System entgegen:

- Fehler bei der Installation, wie Undichtigkeiten oder Fehlanschlüsse,
- Fehlverhalten bei der Benutzung, z.B. durch Verwendung von zu viel Wasser oder dem Herunterspülen von Gegenständen, die das System verstopften,
- Nachlässigkeit der zuständigen Verwaltung; so wurde LIERNUR über Fehler oder technische Mängel nicht unterrichtet,
- Verbreitung von falschen Informationen sowohl von Befürwortern als auch Gegnern des Systems.
- Schließlich konnten die Fäkalmassen, z.T. wegen der zu hohen Wasserverdünnung, nicht in der Weise landwirtschaftlich genutzt werden, wie von Liernur erhofft. Inzwischen hatte sich Kunstdünger durchgesetzt und eine Poudretteproduktion war nicht mehr finanzierbar.

Eine ausführliche historische Aufarbeitung der diskutierten Alternativen zur Schwemmkanalisation fehlt bis heute. Dennoch konnte sich das Liernursystem in einigen Neubauvierteln von Amsterdam und Leiden einige Jahre etablieren. Tab. 2 zeigt, zu welcher Zeit wieviele WCs an das LIERNUR-System in Amsterdam angeschlossen waren.

Bisher wird vielfach angenommen, daß sich Schwemmkanalisation und die Einleitung der Fäkalien wegen der damit erreichten hygienischen Erfolge durchgesetzt haben. Doch die Ursachen für den bemerkenswerten Rückgang der

Sterblichkeitsrate während des letzten Jahrhunderts trotz des schnellen Wachstums der Städte sind noch immer nicht befriedigend geklärt. Neuere Arbeiten (z.B. VÖGELE 1991, 1993, 1994) belegen, daß dieser Rückgang in vielen Städten schon vor der „sanitären Reform der Schwemmkanäle" einsetzte und nicht, wie vielfach behauptet, darin eine wichtige Mitursache hatte. Bereits die Kanalgegner hatten diesen Einwand vorgebracht und die Mortalitätsraten in Städten mit Schwemmkanälen (z.B. Berlin, Breslau) mit solchen mit „trockener Abfuhr" (Dresden, Stuttgart) verglichen (z.B. WINTERHALTER 1890).

Wasserversorgung und Abwasserentsorgung wurden nur selten im Zusammenhang diskutiert. Eine Entscheidung für die Sanierung der einzelnen öffentlichen bzw. privaten Brunnen anstelle der Einführung einer zentralen Wasserversorgung hätte die Schwemmkanalisation wahrscheinlich verhindert. Die lokalen Brunnen hätten zumindest den großen Wasserbedarf, den ein Freispiegelkanal auch bei trockenem Wetter besitzt, nicht decken können. Ihre Sanierung hätte jedoch gelingen können, wenn bei der Diskussion um die kommunale Wasserversorgung die undichten Gruben gleich mitbedacht worden wären.
Die Entwicklungen der industriellen Revolution führten zwischen 1850 und 1900 also auch zu starken Veränderungen des „gesellschaftlichen Umgangs mit Wasser" (= *Wasserwirtschaft*). Im Einzelfall gingen die Meinungen über die beste wasserwirtschaftliche Lösung sehr weit auseinander. Die zähen Auseinandersetzungen zwischen Hygiene, Landwirtschaft, Fischerei, Kommunen und Industrie hatten bis in das 20. Jahrhundert hinein eine stark regionale Ausrichtung. Die Verantwortlichen für Wasserversorgung und -entsorgung waren auf praktische Erfahrungen angewiesen. Die örtlichen Verhältnisse waren das Maß aller Dinge.
Um 1890 existierten nebeneinander verschiedene Abfuhrsysteme, wie das Heidelberger Tonnensystem, das Liernursystem und die ersten Ansätze zu verschiedenen Formen von „Schwemmkanalisation", also eine erstaunliche Vielfalt an wasserwirtschaftlichen Lösungen (vgl. z.B. SALOMON 1911, GRAHN 1899-1904, BONNE 1904, 1912). Diese Vielfalt betraf jedoch nicht nur die technischen Lösungen, sondern auch die verschiedenen sozio-ökonomischen Regelungen, wie z.B. Wasser- bzw. Abwasserabgaben oder polizeiliche Vorschriften (u.a. IBEN 1895, KOCH 1911).
Eine Schlüsselrolle kam dabei den sich um die jeweiligen Interessenverbände gruppierenden Experten aus unterschiedlichsten Fachdisziplinen zu (SCHUA 1981). Dem regionalen Bezug in der Praxis der Wasserwirtschaft stand die Entstehung einer überregionalen theoriebezogenen 'scientific community' gegenüber (Erster Internationaler Hygiene-Kongress 1852; vgl. z.B. SIMSON 1983).

Fallbeispiel Freiburg i.Br.

In Freiburg wurden häusliche Abwässer und Regenwasser, oft mit Müll vermischt, über die offenliegenden Stadtbäche abgeschwemmt (KAST 1876, SCHULTE 1924). Die Müllabfuhr und die pneumatische Entleerung der Abortgruben waren lange Zeit an Privatfirmen verpachtet, zuletzt ab 1880 an die Firma BUHL & KELLER. Sie bereitete die Fäkalien durch Destillation zu trockenem Düngerstreupulver („*Poudrettefabrikation*") und Ammoniak auf. Beim Konkurs der Firma im Jahre 1887 übernahm die Stadt das Abfuhr- und Müllverwertungsgeschäft selbst. Bis zur Jahrhundertwende konnte sie dabei sogar Überschüsse erzielen. Im Jahre 1888 gab es ca. 3000 Aborte. Die Fäkalien sammelten sich in nahe oder unter den Häusern angelegten Versitz - oder Senkgruben. Aus dem stark mit Rückständen aus der Hausfeuerung versetzten Hausmüll, der 1891 etwa 5000 m³ umfaßte, wurden die wiederverwertbaren Stoffe wie Papier, Glas, Metall herausgelesen (vgl. heute!). Die kompostierfähigen Bestandteile bereitete man mit einem Teil der Fäkalien aus den Senkgruben zu Dünger für die Landwirtschaft auf. Schon 1875 wurde der Bau eines unterirdischen Hauptkanals beschlossen. Wegen Meinungsverschiedenheiten über die technische Ausführung und über die Entsorgung der Fäkalien wurde die Hauptkanalisation erst 1888 und zunächst nur für 4 Entwässerungsgebiete fertiggestellt, wobei die Hausanschlüsse nur sehr zögernd folgten. Von 1888 bis 1914 wuchs das Kanalnetz von 23 km auf 120 km an. Zur Aufnahme und Reinigung der Abwässer ging ab 1892 eine 500 ha große Rieselfeldanlage in Betrieb (Stadt Freiburg 1898, SCHIRRMEISTER 1937). Alle Aborte wurden mit Wasserspülung versehen und an die Kanalisation angeschlossen. Parallel zum Bau der Kanalisation entwickelte sich auch die Wasserversorgung (MÜLLER 1913). Waren 1875 erst 900 Häuser an die Stadtleitung angeschlossen, so waren es 1908 5093, die Zahl privater Klosetts war von 3000 (1888) schon 1898 auf 11 510 angestiegen. Das Wassergeld für den häuslichen Verbrauch wurde mit 2,5% vom Mietwert veranschlagt. Seit Ende 1907 wurden zur Kontrolle des Verbrauchs Wassermesser angebracht. Der Wasserverbrauch pro Einwohner u. Tag sank von täglich 348 Liter (1899) auf 186 Liter im Jahre 1913. Die enormen Mengen erstaunen auf den ersten Blick, wenn man sie mit dem heutigen Verbrauch (ca. 140 Liter pro Einwohner und Tag) vergleicht oder gar mit den Verbrauchswerten nach 1945 von 60 Liter pro Tag und Einwohner. Ein Teil läßt sich damit erklären, daß die Leitungsverluste ganz erheblich waren: ca. 30% im Gegensatz zu heute 5-10%. Eine historische Aufarbeitung darüber, zu welchen Zwecken und wieviel Wasser um die Jahrhundertwende verwendet wurde, fehlt bisher. In den letzten Jahren ist die Länge des Kanalisationsnetzes von 450 km auf 721 km Länge (Stand 1994) angestiegen (davon heute 66% im Trennsystem, vgl. Kap. 2.2), die durchschnittliche Länge im selben Zeitraum pro Einwohner von 3 auf 4 m. Der Wiederbeschaffungswert der Abwasserbehandlungsanlagen wird in Freiburg auf 1 Mrd. DM geschätzt und die Sanierungskosten für die nächsten 5-10 Jahre auf 100 Mio. DM, für die nächsten 30 Jahre auf 150 Mio. DM. Der Abwasserpreis ist daher enorm gestiegen. Betrug er vor 20 Jahren noch DM 0,60 /m³ so sind es heute 2,82 DM. Damit liegt Freiburg allerdings im Vergleich zu anderen Städten noch am unteren Ende der Abwassergebühren (vgl. Kap. 2.8).

1.4. Die rechtlichen und institutionellen Rahmenbedingungen bei der Einführung der Schwemmkanalisation

Eine bedeutende gutachterliche Instanz bei den Genehmigungsverfahren für Kanalisationsprojekte war die „Wissenschaftliche Deputation für das Medizinalwesen in Preußen". Sie erkannte zwar die hygienischen Argumente für die Einführung der Schwemmkanalisation an, lehnte jedoch einige Kanalprojekte mit dem Hinweis auf den Nachteil der massiven Gewässerverschmutzung ab. Dazu gehörten vor allem solche Kanalbauprojekte, die ohne Kläranlagen oder Rieselfelder konzipiert worden waren (z.B. in Frankfurt a.M., Köln und Stettin).

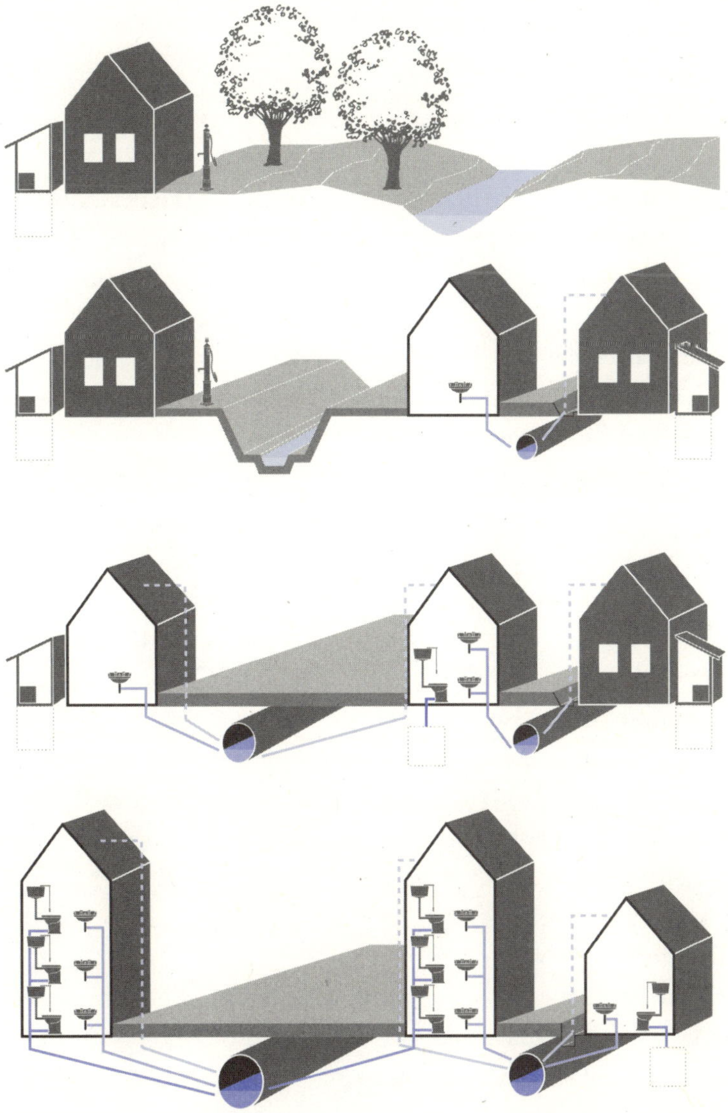

Abb. 6:

Technikgeschichte der Siedlungsentwässerung: Mit der Verdichtung der Innenstädte durch den Straßenbau versickerte der Regen nicht mehr vor Ort, sondern mußte abgeleitet werden. Mit Einführung zentraler Wasserversorgungen, von Bädern und Spültoiletten wurden die Fäkalien so sehr verdünnt, daß sie in die Kanalisation geleitet werden mußten - zu Düngezwecken waren sie nicht mehr zu gebrauchen. Undichte Gruben führten außerdem zur Verschmutzung der nahegelegenen Brunnen. Aus vielen Bachläufen wurde eine 'Schwemmkanalisation', aus kleinen Kanalrohren wurden große.

Diese ablehnenden Voten gingen einer weitreichenden Ministerialentscheidung voraus, die die Genehmigungsbehörden 1877 anwies, ohne vorherige ministerielle Zustimmung kein Kanalisations-Projekt zu akzeptieren. Für viele Kommunen, die sich Rieselfelder oder Kläranlagen nicht leisten konnten, kam dies einem „Einleitungsverbot" gleich, zumal das Einleiten von Fäkalien in die Kanalisation in diesem Erlaß ausdrücklich untersagt war.

Dem Gewässerschutz wurde somit zunächst der Vorrang eingeräumt. Doch der Protest der Kommunen, die vorhandene Kanäle nutzen und fortgeschrittene Planungen umsetzen wollten (so waren in Frankfurt bereits 1877 95 km Kanäle fertiggestellt und 3.500 Häuser mit etwa 14.000 WCs angeschlossen), führte zur Aufgabe der Position seitens der „Wissenschaftlichen Deputation für das Medizinalwesen". Während sie sich zwischen 1875 und 1883 eindeutig gegen Kanalisation ohne Abwasserreinigung ausgesprochen hatte, stellte sie von 1888 an die Positionen von Städtehygiene und Gewässerschutz gleichberechtigt nebeneinander und ließ nun Kanalisationsbauten auch ohne Abwasserreinigung zu.

Zu dieser Abkehr vom Gewässerschutz führte sicher auch die damals weitverbreitete Ansicht, daß sich die Qualität des Wassers nach den Erfordernissen und Ansprüchen der Industrialisierung zu richten habe. Das führte zu widersprüchlichen Verhältnissen: Die Betreiber von Zucker-, Papier- und Textilfabriken muteten ihre Produktionsabwässern oft ungereinigt den Unterliegern zu, beklagten aber gleichzeitig die Gewässerverschmutzung der Oberlieger der jeweils anderen Branche.

Ökologische Zusammenhänge, wie die Bedeutung des Phosphors für das Leben in Gewässern waren unbekannt. Erst in den dreißiger Jahren erkannte man, daß Phosphor ein limitierender Faktor für die Biomasseproduktion in Süßgewässern ist und zum größten Teil aus Fäkalien und Urin stammt. Die Konsequenzen der Einleitung - Überdüngung und Verschlechterung der Wasserqualität - wurden in der Öffentlichkeit erst Anfang der sechziger Jahre am Beispiel des Bodensees diskutiert.

Auch der Protest der betroffenen Bewohner verlief nicht etwa parallel zur Zunahme der Gewässerverschmutzung, sondern hing von politischen Rahmenbedingungen ab. Zeitweise galt die Industrialisierung als wünschenswerte anzustrebende Vision, von der man sich vorwiegend Positives - Arbeitsplätze, Wohlstand etc. - versprach. Mit der Industrialisierung kamen die negativen Folgen: selbstverständliche Dinge wie saubere Gewässer waren bedroht, Kritik und Proteste gegen Neuansiedlungen von entsprechenden Industriebetrieben wurden stärker.

Um 1900 war das Grubensystem in Deutschland noch der „städtehygienische" Normalfall. Lediglich die Innenbereiche von ca. 150 Städten waren mehr oder weniger systematisch kanalisiert und längst nicht in alle Kanalsysteme wurden die Fäkalien eingeleitet (vgl. Tab. 3). Das sollte sich in den darauffolgenden Jahrzehnten schnell ändern.

Der Protest gegen die Schwemmkanäle hatte schon zum Ende des 19. Jahrhunderts seinen Höhepunkt überschritten. Lokale Einwendungen blieben wirkungslos. Der Glaube an die technische Beherrschbarkeit der Probleme in diesem Falle hinsichtlich der Schwemmkanäle, setzte sich schnell durch. Gleichzeitig wurde das industrielle System mit seiner Auswirkung auf die Gewässer zur *„unbefragten, selbstverständlich vorausgesetzten Rahmenbedingung"* (SIEFERLE zit. in BÜSCHENFELD 1994).

	Baubeginn Kanalisation	Einleitung Fäkalien (vor 1906)
Köln	1881	ja
Bonn	1890	ja
Mannheim	1890	ja
Wiesbaden	1890	ja
Emmerich	1899	ja
Ruhrort	1902	ja
Frankfurt	1867	nein
Mainz	1875	nein
Freiburg	1881	nein
Düsseldorf	1882	nein
Ludwigshafen	1882	nein
Karlsruhe	1883	nein
Worms	1885	nein
Duisburg	1895	nein

Tab. 3:
Beispiele für den Beginn des Baus der Kanalisation und die Einleitung der Fäkalien (vor 1906). Bis 1897 waren 95% der Städte mit über 5000 Einwohnern noch nicht kanalisiert, und 1906 waren erst ca. 150 Städte nach einem Plan kanalisiert; dagegen waren die Hälfte aller Bewohner an eine zentrale Wasserversorgung angeschlossen.

Gewöhnungsprozesse, die Verbannung des Schmutzes aus dem unmittelbaren Blickfeld in lange Kanäle sowie eine dementsprechende Gesetzgebung haben das Abwasserproblem der öffentlichen Aufmerksamkeit entzogen. Es war zum Problem von Spezialisten der Abwasserreinigung geworden. Nur noch extreme Gewässerverschmutzungen lösten öffentlichen Protest aus. Die Verschmutzung bis zu den **Grenzen des „Gemeinüblichen"** war Alltag geworden. Einschränkende Gesetze gab es zwar, aber die ausführende Gewalt war nicht in der Lage oder nicht willens, die Gesetzgebung im Sinne des Gewässerschutzes umzusetzen.

Man verlangte von Wissenschaft und Technik, die Eingrenzung der Wasserbelastung auf ein Maß, d.h. in Zahlen, anzugeben. Als erster „Grenzwert" kann der von Pettenkofer eingeführte **Verdünnungsfaktor** angesehen werden. Er leitete aus Untersuchungen an der Isar ab, daß eine Verdünnung von städtischem Abwasser um den Faktor 16 ausreichend sei, um die ausreichende **Selbstreinigung** eines Flusses zu gewährleisten. Der Grad der Verdünnung war in der Folge immer wieder ein wichtiges Maß, die Schädlichkeit einer Abwassereinleitung zu beurteilen. *„Der Abwassereinleitung folgen die nicht vorhergesehenen Schäden, den Schäden die öffentliche Aufmerksamkeit, der Aufmerksamkeit die Forschung, der Forschung im günstigen Fall nach langen Gutachterdebatten „grenzwertfähige" Ergebnisse..."* (BÜSCHENFELD 1994)

Grenzwerte sind heute rechtlich festgesetzte Höchstwerte für das Ausbringen von Schadstoffen, Strahlungen, Lärm usw. in Wasser, Boden, Luft, Lebensmitteln und im menschlichen Körper. Für Inhaltsstoffe beim Einleiten von Abwasser sind die Grenzwerte nicht an einer definierten Wirkung (z. B. auf die menschliche Gesundheit) orientiert, sondern am Stand der Technik zur Abwasserreinigung.

1.5. Die ökologischen Konsequenzen - „Die Flußverunreinigungsfrage"

Vor der Industrialisierung war die Beeinträchtigung der Gewässer durch Abwässer allenfalls von lokaler Bedeutung. Jedenfalls lassen sich bis dahin gravierende Auswirkungen nicht nachweisen. Immerhin scheint sich doch der eine oder andere auch damals schon Sorgen um die Gewässer gemacht zu haben, wie es SAMUEL TAYLOR COLERIDGE (1772-1834) für die Stadt Köln in Versen formuliert hat.

von SAMUEL TAYLOR COLERIDGE (1772-1834); zit. in SCHNEIDER, H.J. (1983): Der Rhein. Inseltaschenbuch 624 S.264

Köln
In Köln, der Stadt der Pfaffen und Schreine,
Und stolpertückischer Pflastersteine,
Der Lumpen, Vetteln und Hexengespenster,
Da zählt' ich zweiundsiebzig Gestänker,
Alle bestimmbar, verschiedene Sorten!
Ihr Nymphen über Kloaken, Aborten,
Der Rheinfluß, das ist ja bekannt,
Wäscht Köln, die Stadt, mit eigner Hand;
Doch sagt mir, Nymphen, die Himmelskraft,
Die dereinst dem Rheinfluß Wäsche schafft?

Mit der Entscheidung für das Einleiten von Urin und Fäkalien in die Kanäle und den undifferenzierten Ausbau der Schwemmkanalisation wurde ein Problem - die Städte von ihrem Abwasser zu befreien (**Stadtreinigungsfrage**) - durch ein anderes, nämlich die Verunreinigung der Gewässer (**Flußverunreinigungsfrage**), ersetzt. Eine Zusammenstellung der damals dokumentierten Fließgewässerverunreinigungen und ihre Auswirkungen finden sich mit vielen Literaturhinweisen bei KÖNIG (1887), WEIGELT (1892), BONNE (1912), SPLITTGERBER (1917 a,b, 1919 a,b 1920) od. BAYERL (1987), PAUL (1990, 1991 a,b, 1992 a,b).

Neben den städtischen Abwässern spielten natürlich in steigendem Maße auch die Abwässer von Industrie und Gewerbe eine wichtige Rolle. Durch sie hervorgerufene Beeinträchtigungen wurden in der Regel deutlicher wahrgenommen als Belastungen durch kommunale Abwässer. Sie waren oft schon durch Verfärbungen deutlich zu erkennen, und sie enthielten oft direkt tödlich wirkende Chemikalien. Die ersten Gewässerschützer waren die Fischer, die ihren Beruf mehr und mehr gefährdet sahen und für die lange Zeit ein gewisser privatrechtlicher Schutz vor Verunreinigung öffentlicher Gewässer galt (vgl. OPPENHEIMER 1896).

Ein Begriff, der in der Diskussion bei der Flußverunreinigungsfrage eine bedeutende Rolle spielte, war die '**Selbstreinigung**'. Die Meinungen, ob es den Vorgang der Selbstreinigung gebe und was man darunter zu verstehen habe, gingen weit auseinander.

Trotz der bis zum Ende des 19. Jahrhunderts gefundenen Hinweise darauf, daß Organismen für das Phänomen der Selbstreinigung eine wichtige Rolle spielen, wurde diese Auffassung um 1900 noch immer nicht allgemein akzeptiert. So kam z.B. der Ingenieur CLASSEN 1898 zu dem Ergebnis, eine Selbstreinigung der Gewässer gebe es überhaupt nicht. Ihm verdanken wir eine systematische Zusammenstellung der damals vorgetragenen Einwände gegen die Selbstreinigungstheorie, die er in mehreren Schriften gegen die Einleitung von Fäkalabwasser in die Flüsse verwendete, so z.B. in einem Gutachten gegen die Einführung des Wasserklosetts in Karlsruhe und die damit einhergehende Einleitung dieser Fäkalabwässer in den Rhein (CLASSEN 1899 a,b,c). Die Selbstreinigung wurde als Argument dafür eingesetzt, die offensichtlich gewordenen Nachteile der Schwemmkanalisation und die Einleitung der Industrie herunterzuspielen (WEIGELT 1907).
JUSTUS VON LIEBIG, der sich zunächst mit dem Argument, daß die in den Fäkalien enthaltenen Pflanzennährstoffe wieder auf die Felder zurück transportiert werden müssen, gegen die Schwemmkanalisation eingesetzt hatte, schlug sich wenige Jahre später auf die Seite der Kanalisationsbefürworter. Wegen des sich damals abzeichnenden Nährstoffverlusts der Äcker war er jedoch dagegen, daß die Fäkalien einfach - wie in Großbritannien und seit 1845 auch in Hamburg üblich - über Schwemmklosetts und städtische Kanalisation ungeklärt in die Flüsse geleitet wurden (EVANS 1990). In einem Gutachten für die Stadt London wandte sich Liebig gegen Pläne zu einer Beseitigung der Fäkalien in die Gewässer und forderte die Verrieselung der Abwässer und damit der Nährstoffe. Liebigs ursprüngliche Forderung nach einem Nährstoffkreislauf war jedoch nur dann erfüllt, wenn Rieselfelder zur Abwasserreinigung angelegt wurden (HOBRECHT 1869 a,b). Die Verrieselung der Fäkalien erwies sich als technisch sehr aufwendig (großer Flächenbedarf, lange Zuleitungen, vergleichsweise hoher Unterhaltungsaufwand) oder zu kostspielig und wurde daher nur in wenigen Städten verwirklicht, z.B. Berlin, Danzig, Münster, Schwerin, Freiburg sowie Magdeburg und Braunschweig (die beiden letzteren sind heute noch in Betrieb).

Auch heute noch tragen die privaten Haushalte zum Gehalt des Abwassers an Stickstoff (N) und Phosphor (P) durch das selbstverständliche Wegspülen der menschlichen Fäkalien maßgeblich bei. Bis heute liegt ein Schwerpunkt des Gewässerschutzes in der Rückhaltung dieser beiden Nährstoffe in den Kläranlagen.
Ausgangspunkt dieser Entwicklung sind die geschilderte Einführung der Schwemmkanalisation und später des Wasserklosetts und der Einleitung der verdünnten Fäkalien. Abb. 6 zeigt schematisch die Entwicklung der Siedlungsentwässerung. Tab. 3 zeigt, wann und in welchen großen Städten am Rhein mit dem Bau der Kanalisation begonnen wurde und daß die Einleitung der Fäkalien zunächst die Ausnahme war.

Eine vorläufige Auswertung der Angaben von OHLMÜLLER (1903) und SALOMON (1906 f.) ergab für das Einzugsgebiet des Rheins (außer Schweiz und Holland) bis 1906: Von den ca. 6 Millionen Menschen, deren Abwässer in

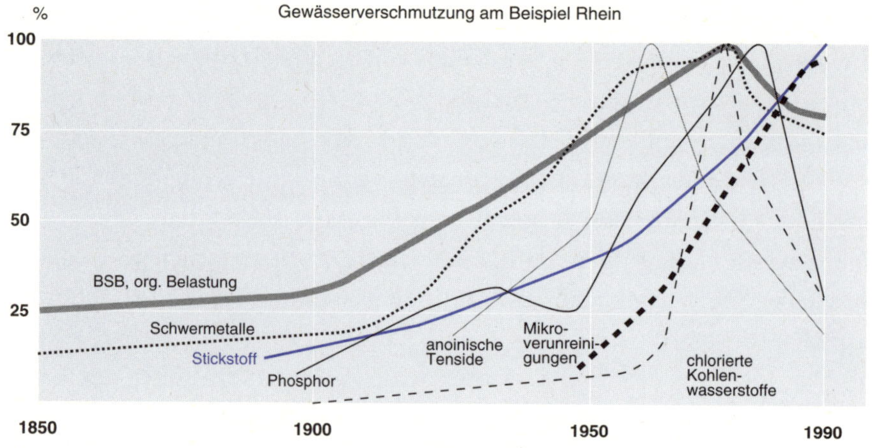

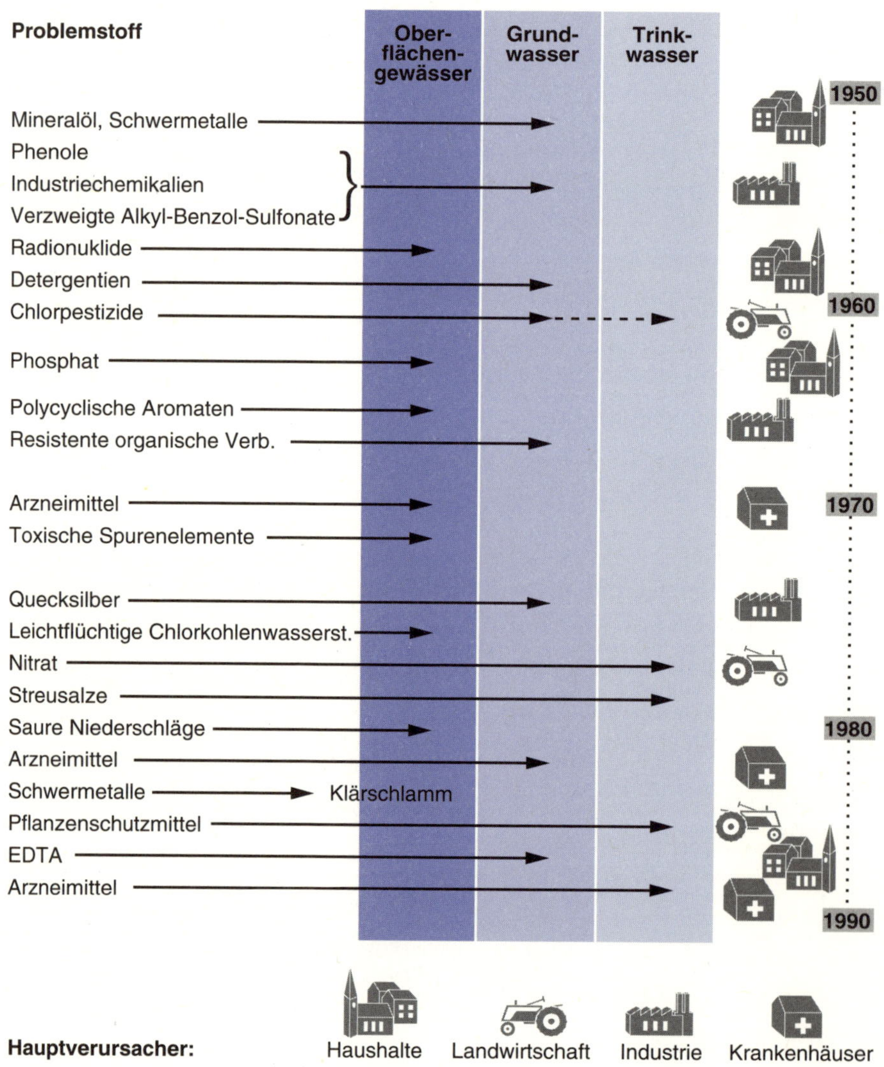

Abb. 7:

(a) Qualitative Übersicht über die verschiedenen stofflichen Gewässerverunreinigungen am Beispiel des Rheins. Sobald der Gewässerschutz eine der verschiedenen stofflichen Belastungen erkannte und Maßnahmen zur Verringerung ergriff, waren bereits weitere neuartige Belastungen hinzugekommen, die durch die etablierten Maßnahmen nicht mehr kompensiert werden konnten. Als ungelöste Probleme sind vor allem die Stickstoffverbindungen und die „Mikroverunreinigungen“ (vgl. Kap. 2.4), deren Ausmaß (Zahl) und Wirkungen noch weitgehend unbekannt sind, geblieben (nach SCHERTENLEIB 1991, KLINK 1989, BEURSKENS et al. 1994, HELLMANN 1994)

(b) Der zeitliche Nachweis einiger Stoffe in Oberflächengewässern, Grundwasser und Trinkwasser

eine Kanalisation geleitet wurden, leiteten nur max. 2,5 Mill. Menschen auch die Fäkalien ein. Unter der Annahme, die gesamte P-Fracht aus Fäkalien und Urin würde in den Rhein abfließen, ergibt das eine geschätzte P-Fracht von ca. 5 000 Tonnen P_2O_5-P pro Jahr. Zum Vergleich: In den 80er Jahren lag die Gesamtfracht im Rhein bei ca. 30-40 000 Tonnen P/Jahr (gemessen an der Grenze zu den Niederlanden).

Abb. 7 gibt einen Überblick des Ausmaßes der Gewässerverschmutzung in Mitteleuropa am Beispiel des Rheins seit 1850. Sie zeigt, daß durch die Rückhaltung in den Kläranlagen die Belastung durch den Nährstoff P ihren Höhepunkt überschritten hat. Trotz der aufwendigen und kostspieligen Rückhaltemaßnahmen konnte jedoch die - seit Einführung der Schwemmkanalisation und der Einleitung der Fäkalien - entstandene Stoffdurchflußwirtschaft nicht in eine heute im Abfallbereich längst angestrebte Kreislaufwirtschaft (Vermeiden vor Verwerten vor Deponieren) überführt werden.

1.6. Über 100 Jahre „end-of-pipe“

Mit Beginn des 20. Jahrhundert hatten sich die Meinungsverschiedenheiten zugunsten des Prinzips der Schwemmkanalisation gelegt, und es begann eine Vereinheitlichung der wasserwirtschaftlichen Lösungen. Sie sind weitestgehend bis heute erhalten. Verwaltung und gesetzliche Regelungen sind vor allem auf die Funktion der Schwemmkanalisation ausgerichtet und nicht unbedingt auf die zu lösenden Aufgaben (vgl. Allgemein anerkannte Regeln der Technik, Anschluß- und Benutzungspflicht).

Allgemein anerkannte Regeln der Technik (a.a.R.d.T.): Technische Verfahrensweisen, die in der praktischen Anwendung erprobt sind und von den einschlägigen Fachkreisen (insbesondere denjenigen, die Anlagen entwickeln, bauen, betreiben, begutachten, prüfen, genehmigen oder überwachen) anerkannt sind. Mit „einschlägige Fachkreise“ ist insbesondere die Abwassertechnische Vereinigung e.V. (ATV) gemeint. Den a.a.R.d.T. steht der **Stand der Technik** gegenüber: „Entwicklungsstand fortschrittlicher Verfahren, Anlagen, Einrichtungen und Betriebsweisen, die mit Erfolg erprobt wurden und deren praktische Eignung als gesichert erscheint“.

Das führt dazu, daß heute regional unterschiedliche (dezentrale) Lösungen nur im Ausnahmefall in Erwägung gezogen werden. Diese Festschreibung einer bestimmten Technologie war und ist innovationshemmend und daher nicht mehr zeitgemäß. Tabelle 5 gibt einen Überblick über die zeitliche Entwicklung der Abwasserbehandlung.

Tab. 4:

Entwicklung des Kläranlagenbaus in den alten Bundesländern (UBA 1994b)

Jahr	Kläranlagen	davon mit biologischer Reinigung	Anschlußgrad an biologische Anlagen in %
1963	3 274	1 291	25
1969	6 048	3 478	42
1975	7 647	5 252	57
1979	8 167	5 823	70
1983	8 812	6 658	77
1987	8 841	7 196	86
1991	8 548	7 160	90

Obwohl in Mitteleuropa seit Einführung und Ausbau der Schwemmkanalisationen erhebliche Gewässerverschmutzungen beobachtet wurden, begann ein systematischer Bau von Kläranlagen in der Bundesrepublik erst in den sechziger Jahren (vgl. Tab. 4); wichtige Erlasse und Regelwerke zur Einleitung von Abwasser entstanden erst Jahre später.

Die seit dem Beginn des 20. Jahrhunderts existierende institutionelle Aufspaltung der Wasserwirtschaft in Wasserversorgung, Abwasserbehandlung (Städtereinigungsfrage) und Gewässerschutz (Flußverunreinigungsfrage) ist ein wesentlicher Grund dafür, daß sich dezentrale (alternative) Lösungen nur in Ausnahmefällen durchsetzen. Erst seit einigen Jahren kommen regional unterschiedliche und angepaßte Lösungen wieder in den Blickpunkt der Expertendiskussionen (vgl. Kap. 3).

Tab. 5:

Zeittafel Gewässerschutz (Wichtige Daten aus Wissenschafts- und Technikgeschichte sowie der wichtigsten wasser- und verwaltungsrechtlichen Zuständigkeiten) mit Schwerpunkt auf der Entwicklung in Deutschland

3500-3000 v.Chr.	Rohre und offene Halbschalen aus gebranntem Ton im Euphrat-Tal zur Siedlungsentwässerung
2500 v.C.	Erste Abwasseranlagen in Mesopotamien
2500-1500 v.Chr.	Erste Einrichtungen wie Badezimmer, Klosetts und Straßenkanalisation der Indus- Zivilisation
2000 v.C.	Im Palast von Knossos existieren Rohre für Wasserversorgung, Regenwasserspeicher und Abwasseranlagen
1700 v.C.	Erster Gesetzestext bezüglich Bewässerung und Hochwasserschutz von Hammurabi (1728-1686 v.Chr.) im Zweistromland
624-546 v.C.	Thales von Milet: Gedanken zum Kreislauf des Wassers
300 v.C.	Ausbau der (offenen) Kanalisation von Rom
1591	Erste Vorschläge zur Abwasserklärung in London, erste Rieselfelder
1660	Erste Wasserklosetts in Frankreich und England
1735	Eisengewinnung mit Koks nach Darby
1769	Erfindung der Dampfmaschine durch James Watt
1789	Beginn der Mechanisierung der Arbeit
ab 1800	starke Verbreitung der Industriezweige Eisen-Industrie, Kohlenbergbau, Textilindustrie
1800-40	Die Industrieproduktion in England steigt um das 2,5 fache
1822	Gründung der „Gesellschaft deutscher Naturforscher und Ärzte“ (GdNÄ)
1830	schwere Choleraepidemie in London
1840-50	Bau der Kanalisation in London
1841	Justus von Liebig begründet die Agrikulturchemie; Liebig war zunächst Gegner der Schwemmkanalisation.
ab 1843	Privatflußgesetz regelt die Nutzung von Privatflüssen
1848	Arbeit von Kolenati über Lebensgemeinschaften in verschmutzten Gewässern
1848	Erste moderne Kanalisation Deutschlands in Hamburg, gebaut von dem englischen Ingenieur W. Lindley; sie gilt wegen der geringen Gefälleverhältnisse als technisches Meisterwerk
ab 1850	Anschluß- und Benutzungszwang an die zentrale Wasserversorgung in Preußen
1853	Ferdinand Cohn zeigt den unterschiedlichen Einfluß verschiedener Abwassermengen auf verschiedene Organismen (Indikatororganismen)
1856	Entdeckung der Teerfarben: Teerfarbenindustrie führt zu Umweltbelastungen
1860	Pfarrer Moules Erdklosett und andere Alternativen zur Schwemmkanalisation
1861	Beginn der Kaliindustrie, starke Flußverunreinigungen durch Abraumsalze
1863	Farbenfabrik vorm. Friedr. Bayer & Co, Leverkusen; entstanden aus einem 1850 von Fr. Bayer sen. gegründeten Geschäft zum Verkauf natürlicher Farbstoffe
1864	Das Preußische Allgemeine Landrecht unterscheidet öffentliche Gewässer und Privatflüsse; über das eigene Wasser kann auf dem Grundstück verfügt werden, auch wenn andere Eigentümer negativ beeinflußt werden (unter- wie oberirdischer Abfluß); die wasserwirtschaftlichen Aufgaben übernahmen die Agrarverwaltungen, meist bezogen auf Be und Entwässerung der landwirtschaftlichen Flächen
1865	Badische Anilin- und Sodafabrik (BASF), Ludwigshafen. Hervorgegangen aus der 1861 errichteten Chemischen Fabrik Dyckerhoff, Clemm & Co.
1865	In Deutschland gibt es 16 städtische Wasserwerke
1867	Gründung der „Sektion öffentliche Gesundheitspflege“ der Gesellschaft der Naturforscher und Ärzte
1867	Pasteur erkennt die Abhängigkeit verschiedener Oxidations- und Reduktionserscheinungen von der Anwesenheit bestimmter Mikroorganismen
1868	Gründung der „Royal Commission on Rivers Pollution“
1869	Erstes deutsches Abwasserrieselfeld in Danzig
1869	Gewerbeordnung des norddeutschen Bundes und später für das Deutsche Reich: Bei genehmigungspflichtigen Anlagen muß die zuständige Bezirksregierung darauf achten, ob eine Verunreinigung der Gewässer zu befürchten sei und muß nötigenfalls einschreiten. Bis 1914 gehören in Preußen z.B. die Papier- und Zuckerfabriken zu den nicht genehmigungspflichtigen Anlagen

1869	Grosse Fischsterben in Themse und Seine
1869	Gründung des „Niederrheinischen Vereins für öffentliche Gesundheitspflege"
1869	In Deutschland werden ca. 30 städtische Wasserwerke betrieben
ab 1869	Alexander Müller erwähnt in seinen Schriften die Bedeutung von Mikroorganismen für die Verarbeitung der im Abwasser enthaltenen organischen Substanz
1870	Alexander Müller erkennt im Zuge seiner Arbeit über die Beseitigung der Abwässer der Stadt Berlin den wesentlichen Anteil von Mikroorganismen an der Verarbeitung der im Abwasser enthaltenen organischen Substanz. Seine Ausführungen werden jedoch erst gute 20 Jahre später zur Kenntnis genommen, bzw. wiederentdeckt
1870	Erstes Programm von Liernur: Trennung von „grauem Abwasser" u. Fäkalien
1870	Lindley empfiehlt der Stadt Chemnitz aus wassermengenwirtschaftlichen Gründen eine Talsperre zu bauen (1894 in Betrieb genommen)
	Baubeginn der Berliner Kanalisation - Abwässer werden auf Rieselfelder geleitet
ab 1870	Erste Düngemittelfabriken: saure, stark phosphathaltige Abwässer -> Fischsterben
1871	Zeitschrift „Das Gas- und Wasserfach" erscheint
1871	Meliorationsbauämter (Vorläufer der Wasserwirtschaftsämter) werden zur Unterstützung der Be- und Entwässerung der landwirtschaftlichen Nutzflächen gegründet
1873	Baubeginn der Kanalisation Berlins
1873	Erstmals wird mit Wasserkraft elektrischer Strom erzeugt und Schloß Linderhof in Bayern damit beleuchtet
1873	Géradin betont die Rolle der Lebewesen für die Selbstreinigungsvorgänge
1873	Gründung des „Deutscher Verein für öffentliche Gesundheitspflege" (DVföG)
1874	Pettenkofer äußert die Ansicht, daß die Zersetzungsprodukte des Abwassers die Bodenluft verpesten und dadurch die Menschen krank machen; seine wiss. Begründung stellte sich als falsch heraus
1874	Langsamfilter für die Trinkwasseraufbereitung in England
1874	Preußisches Fischereigesetz: *§ 43 „Es ist verboten, in die Gewässer aus landwirtschaftlichen und gewerblichen Betrieben Stoffe von solcher Beschaffenheit und in solchen Mengen einzuwerfen, einzuleiten oder einfließen zu lassen, daß dadurch fremde Fischereirechte geschädigt werden können"*; gilt als rechtsverwirrend („Kautschukparagraph"), dessen Aufhebung von der Industrie als Wohltat empfunden wird
1874	Selbstreinigung in der Seine beobachtet, Phänomen wird vor allem auf die Wirkung des Luftsauerstoffs zurückgeführt
1875	Ferdinand Cohn versucht als erster eine Korrelation zwischen „Wasserqualität" und den vorhandenen lebenden und toten Bestandteilen herzustellen; (lichtmikroskopische Arbeit über den Brunnenfaden <Crenothrix polyspora>), von da ab und vor allem zwischen 1887 bis 1900 zahlreiche Artikel über die Verunreinigung der Gewässer
1876	Gründung des Reichsgesundheitsamtes aufgrund des Reichshaushaltsgesetzes von 1876; es dient dem Reichskanzler zur technischen Unterstützung der dem Reich zugewiesenen Beaufsichtigung und Gesetzgebung in Angelegenheiten der Medizinal- und Veterinärpolizei
1877	Gründung des „Internationalen Vereins gegen die Verunreinigung der Flüsse, des Bodens und der Luft" in Köln; dieser spricht sich u. a. gegen die Einleitung von Fäkalien in die Flüsse aus
1877	Pasteur stellt einen hohen Bakteriengehalt im Wasser der Seine fest, gleichzeitig sagt er voraus, daß Quellwasser keimfrei sei
1878	Fachzeitschrift „Gesundheits-Ingenieur" erscheint
1879	Farbwerke Hoechst am Main: 1862 als Anilinfabrik gegründet
1879	Preußisches Gesetz zur Bildung von Wassergenossenschaften
1879-88	Preußisch - Braunschweigisch - Anhaltische Kommission untersucht die Auswirkungen der Reinigungsverfahren der Zuckerfabriken auf die Gewässer
bis 1880	Die Fachfragen in der Wasserversorgung konzentrieren sich auf chemische Wasseruntersuchungen, Grundwasserströmungsgesetze, Konstruktion geeigneter Wasserzähler und ihre Erprobung im Betrieb, Filtration des Wassers
1882-87	Reichsgerichtsentscheidungen zur Abwassereinleitung in Flüsse und zur Wasserentnahme aus demselben Fluß: Aufgabe des Klägers, den Nachweis zu erbringen,was eine „Überschreitung des Gemeinüblichen und Regelmäßigen" für den Wasserhaushalt darstellt

1883	Entdeckung der Cholerabakterien durch ROBERT KOCH. Erst mit dem Verständnis ihrer Ausbreitung erkennt man die ungeheure Bedeutung einer peinlichen Trennung von Fäkalien und Trinkwasser
1883	26% der Bevölkerung im Deutschen Reich werden zentral mit Wasser versorgt
1884	Erste Kanalisation Japans im Zentrum Tokyos
1886/87	Stadt Braunschweig: Einbau von Wasserzählern in den Haushalten; Wasserverbrauch sinkt von 4,4 Mio. m^3 auf 2 Mio. m^3
1887	Inbetriebnahme der ersten deutschen Kläranlage in Frankfurt-Niederrad
1887	Fragen der Wassergewinnung und der hygienischen Beurteilung der Wasserbeschaffenheit nehmen einen immer größeren Stellenwert in den wasserwirtschaftlichen Zeitschriften ein
1887	KNIEBÜHLER erfindet den Dortmundbrunnen zur chemischen Abwasserreinigung
1890-99	Stadt Hannover: Bau der Kanalisation
1891	PETTENKOFER schreibt „über die Selbstreinigung der Flüsse", daß eine 15-fache Verdünnung bei 0,6m/s Stromgeschwindigkeit genüge, um organische Stoffe unschädlich zu machen; Abwässer könnten somit in die Flüsse geleitet werden, wenn diese Bedingung eingehalten würde; seiner Meinung nach waren für diese Selbstreinigung ausschließlich die Pilze, später auch noch die Algen verantwortlich. Er stützte sich dabei auf Laborarbeiten der Botaniker LÖW und BOKORNY, die zeigten, das Pflanzen aus dem freien Wasser organische Substanz aufnehmen und Stärke bilden. Er bewertete die „Kräfte der Selbstreinigung" völlig über
1892	Erste biologische Abwasser-Reinigungsverfahren in England
1892	Schwere Choleraepidemie in Hamburg, Wissen um Ausbreitungmechanismen (über Trinkwasser) wurde verdrängt
1894	CORBETT erfindet in England den Tropfkörper zur biologischen Abwasserreinigung
1895	Erstes „biologisches" Klärbecken in Deutschland; erstmalige Anwendung des Tropfkörpers in England
1895	Rieselfelder in Braunschweig werden angelegt, die noch heute in Betrieb sind
1896	Erste Biogasgewinnung aus einer Abwasserfaulschlammanlage in Exeter (England)
1898	CLASSEN bezweifelt die Existenz einer Selbstreinigung
1899	In Preußen werden Kreisärzte zur Beaufsichtigung des Gesundheitswesens eingesetzt; in Gemeinden über 5000 Einwohnern richtet man Gesundheitskommissionen ein
1899	Kommission aus Chemikern, Bakteriologen, Botanikern und Zoologen, die verschiedene Gewässer untersuchen mit dem Ziel Leitorganismen für bestimmte Verunreinigungen zu finden. Am 1.4.1901 wird daraufhin die Königliche Versuchs- u. Prüfanstalt für Wasserversorgung u. Abwasserbeseitigung in Berlin gegründet
1899	KÖNIG macht erste Versuche zur chemischen Abwasserreinigung; er nennt 75 Fällungsmittel zur Reinigung; die Abwasserreinigung mit Chemikalien erweist sich als wenig befriedigendes Verfahren, u.a. weil die Mittel negativen Einfluß auf den Fischbestand haben; die verbreitesten Abwasserreinigungsverfahren sind die Rieselfelder; es bestehen auch mechanische Kläranlagen, die die Abwässer durch Abfangen der groben Schmutzstoffe mit Hilfe von Sieben und Gittern und nachfolgendem Zersetzen in Klär- und Absetzbecken reinigen
1900	Reichsseuchengesetz; Einrichtungen zur Versorgung mit Trink- und Wirtschaftswasser sollen fortlaufend durch staatliche Beamte überwacht werden; Gemeinden sind verpflichtet, Maßnahmen und Einrichtungen zum Schutz vor ansteckenden Krankheiten zu schaffen; mit dem Gesetz wird gleichzeitig ein Gesundheitsrat zur Unterstützung des Reichsgesundheitsamtes gebildet; dieser umfaßt auch einen Ausschuß für Abwasserreinigung und Flußverunreinigung; er soll zwischen verschiedenen Bundesstaaten vermitteln. In der Folgezeit wird klar, daß die Verdünnung als Schutzmaßnahme nicht ausreicht
1901	Die Königliche Versuchs- und Prüfungsanstalt für Wasserversorgung und Abwasserbeseitigung wird in Berlin gegründet (ab 1923 „Preußische Landesanstalt für Wasser-, Boden- und Lufthygiene"). Zu ihren Aufgaben gehört: a) Forschung zur Wasserversorgung und Abwasserbeseitigung b) Festsetzung von Standards c) Untersuchungen zu Gewässerbelastungen d) Erhebung von Daten zur besseren Kontrolle von Genehmigungen für das Land Preußen. Die Landesanstalt hat aber keine Kompetenz, gestaltend auf den Ausbau von Kläranlagen einzuwirken; sie arbeitet eng mit Interessengruppen, wie der Deutschen Landwirtschaftsgesellschaft (DLG) und einzelnen Kommunen zusammen; auf Vorschlag der Anstalt werden Flußuntersuchungsämter eingerichtet

1901	Allgemeine Verordnung betreffend der Fürsorge für die Reinhaltung der Gewässser und Grundsätze für die Einleitung von Abwässern in die Gewässer
1902	König erprobt die künstliche Grundwasseranreicherung im Wasserwerk Steele/Essen
1902	Kolkwitz & Marsson veröffentlichen ihre „Grundsätze für die biologische Beurteilung des Wassers nach seiner Flora und Fauna", das sogenannte Saprobiensystem
1904	Gründung der Emschergenossenschaft zur Abwasserableitung aus dem Emscherraum
1904	Tropfkörperverfahren wird zunehmend in Deutschland angewendet
1906	Emscherbrunnen wird von Imhoff erfunden (=Imhofftank); erster in Recklinghausen von der Emschergenossenschaft (1907) gebaut
1906	Zweiter Entwurf Preußisches Wassergesetz
1907	Erste Ozonanlage wird im Wasserwerk Paderborn erprobt
1907	Hygienische Überwachung der Wasserversorgung bekommt einen höheren Stellenwert
1909	Die Emscher ist vollständig kanalisiert
1910	Gutachten „Die Reinhaltung der Ruhr" von Imhoff
1911	Dritter Entwurf Preußisches Wassergesetz; kaum noch nennenswerte Proteste der Landwirtschaft; der „Sonderausschuß für Abfallstoffe" in der Deutschen Landwirtschaftlichen Gesellschaft (DLG), der seit 1891 besonders um die Erhaltung städtischer Fäkalstoffe für die Landwirtschaft bemüht war, löst sich 1906 auf und spricht sich für die Schwemmkanalisation aus. Vorschlag für den Bau von Abwasserkanälen bis zum Meer um die Flüsse sauber zu halten. Entsprechende Planungen liegen für die Kaliindustrie vor, scheiterten jedoch an den Kosten
1911	Leiter der Königlichen Versuchs- und Prüfungsanstalt in Berlin verfaßt „Die Vorschriften zur Sicherung gesundheitsgemäßer Trink- und Nutzwasserversorgung"
1911	Lauterborn formuliert in seiner Arbeit über die Selbstreinigung der Gewässer erstmals explizit, daß die Selbstreinigung „im wesentlichen ein biologischer Prozeß ist"; sie ist nur bei organischen Abwässern möglich und „muß daher versagen bei allen Abwässern, die Giftstoffe, wie Säuren, Laugen, Chlor usw. enthalten"
1913	Ardern und Lochett erfinden in England das Belebungsverfahren im Aufstaubetrieb (vgl. SBR-Verfahren heute). 1914 kommt es erstmals zum großtechnischen Einsatz in der Stadt Salford. Technische Schwierigkeiten führten zum klassischen kontinuierlich durchströmten Belebungsverfahren
1913	Preußen und thüringische Staaten unterzeichnen einen Staatsvertrag: Gründung der Kaliabwasserkommission mit Sitz in Kassel; Festlegung von Einleitungsquoten für die Kaliindustrie und von Grenzwerten für Werra und Weser; Gründung der Flußüberwachungsstellen in Hildesheim und Vaicha (später Gerstungen)
1914	Preußisches Wassergesetz tritt in Kraft: Klassifizierung der Wasserläufe, Grundlagen für die Benutzung und die Festlegung der Verwaltungszuständigkeit (Landrat und Regierungspräsident als Wasserbehörde); privatrechtliches Eigentum an Gewässern bezieht sich auf ober- und unterirdische Gewässer innerhalb eines Grundstückes; innerhalb dieser Grenzen kann der Eigentümer das Wasser gebrauchen und ableiten (Abwassereinleitung); der Wasserspiegel darf gesenkt und gehoben werden; die Grundstücksgrenzen beziehen das Gewässerbett und die Befugnis des darin enthaltenen Wassers mit ein; bei einem Nachweis der Schädigung des Eigentums anderer kann der Geschädigte vorgehen und finanzielle Entschädigung fordern
ab 1920	Reichsministerium für Ernährung und Landwirtschaft gegründet; zuständig für die Ernährungs-, Land- und Forstwirtschaft und Fischerei im Deutschen Reich; Beginn des Aufbaus der landwirtschaftlichen Fachverwaltung im Deutschen Reich
1920-40	Reinigungs- und Betriebswassernutzung bei Zukkerfabriken werden weiterentwickelt
1925	Erste deutsche Belebtschlammanlage geht in Essen-Rellinghausen in Betrieb
1925	In der Wasserversorgung setzt sich die Notwendigkeit einer hygienischen Überwachung durch. Die Bedeutung der künstlichen Grundwasseranreicherung gegenüber der Uferfiltration nimmt zu; Kenntnisse zur Eisen-, Manganentfernung und Entkeimung; bakteriologische Analyse ergänzt die chemische
1925-28	Kaliwerke im Werragebiet beginnen mit dem Verpressen der Laugen in den Untergrund mittels Versenkbrunnen

1927	Kläranlage Iserlohn verwendet erstmalig in Deutschland Faulgas zum Antrieb von Gasmotoren
1929	Erster Stauteich des Ruhrverbandes Hengsteysee bei Hagen geht in Betrieb, um verschmutztes Flußwasser zu reinigen
1933	Erster Schönungsteich zur Nachbehandlung biol. gereinigten Abwassers in Abtsküche (Ruhrgebiet) geht in Betrieb
1933-35	Erweiterungen von Rieselfeldern und Verregnung von Abwässern (Abwasserlandbehandlung)
1933-37	Erfahrungen in den USA, Deutschland und UdSSR, daß die Tropfkörper noch stärker belastet werden können
1934	Reichsgesetz über die Vereinheitlichung des Gesundheitswesens; Gesundheitsämter sind zu bilden, die die Anlagen für die Trinkwasserversorgung überwachen sollen, um eine ausreichende und hygienisch einwandfreie Versorgung mit Trink- und Gebrauchswasser zu gewährleisten.
1934	Aufhebung der Länderparlamente und Übertragung der wichtigsten Hoheitsrechte der Länder auf das Reich
1935	Deutsche Gemeindeordnung
1940	Leitsätze für die zentrale Trinkwasserversorgung als DIN 2000; später ergänzt durch die DIN 2001 „Leitsätze für die Einzeltrinkwasserversorgung"; sollen als Anleitung für ein empfehlenswertes Vorgehen bei der Planung, dem Bau, dem Betrieb und der Überwachung der Anlagen dienen
1947	Irnie führt in den USA Versuche mit reinem Sauerstoff beim Belebungsverfahren durch
1951	Sandschnellfilter werden erstmals eingesetzt
1953	Untersuchungen über die Wasserentkeimung mit Ozon und ultravioletten Strahlen des Instituts für Wasser-, Boden- und Lufthygiene in Berlin
1957	Wasserhaushaltsgesetz
1965	Erste Sammelkläranlage mit Phosphat-Fällung, in Radolfzell am Bodensee
1974	Inbetriebnahme der Kläranlage der BASF
1977	ATV Bemessungsvorschrift A 128 für Mischwasserbecken (9 000 bis 1991 in alten Ländern gebaut)
1986	Erste Belebungsanlage mit gezielter Denitrifikation im Rahmetal des Ruhrverbandes in Betrieb

1.7. Zusammenfassende Schlußfolgerungen

1. Das heutige Verfahren zur Entwässerung von Siedlungen, nämlich das undifferenzierte Ableiten von Abwasser via Freispiegelkanal, beruht auf Grundsatzentscheidungen des letzten Jahrhunderts.
2. Bei der Einführung der Schwemmkanalisation war nicht die Frage, ob Kanal oder nicht. Denn in den zunehmend verdichteteten Städten mußten ohnehin unter- oder oberirdische Kanäle zum Ableiten des Niederschlagswassers von Dächern und Straßen gebaut werden. Der eigentliche Streit ging vielmehr um die gleichzeitige Einleitung der Fäkalien und des Urins in die Kanalisation.
3. Gründe für die Einleitung der Fäkalien und des Urins in die Kanäle waren
   - die Angst vor der Ansteckungsgefahr durch Gestank. Die gängige miasmatische Bodentheorie ging von falschen Annahmen aus. Sie sah die Gefahr in der Übertragung von Krankheiten durch die Luft („Miasmentheorie“). Konsequent forderten die Vertreter daher, den Ort der Wassergewinnung möglichst weit vom Ort der Nutzung zu trennen, sowie eine möglichst schnelle Ableitung von Fäkalien und Urin zu gewährleisten. Dies war Ausdruck einer veränderten Wahrnehmung des eigenen Körpers und einer Übertragung von Verantwortung auf den Staat.
   - Gleichzeitig mit der Angst stiegen die Ansprüche an Komfort und Bequemlichkeit (Wasserhahn und Spülklo); sie waren verknüpft mit sozialem Prestige und den Bemühungen zur „Säuberung“.
   - Undichte Abortgruben lagen zu nah an den Brunnen. Als Folge davon gab es immer weniger geeignete Brunnen, um den Wasserbedarf vor Ort zu bewältigen. Nach der Einführung einer zentralen Wasserversorgung und des Wasserklosetts waren die Grubenabwässer so verdünnt, daß sie sich nicht mehr zur Düngergewinnung eigneten. Die nun notwendig gewordene häufigere Abfuhr wurde zu teuer.
   - Zudem lohnte sich nach der Einführung von Kunstdünger die Düngerproduktion aus Fäkalien (Poudrette) nicht mehr.
4. Der Bau der Kanalisation war nicht, wie vielfach angenommen, eine der Voraussetzungen um Seuchen zu verhindern. Es läßt sich u.a. zeigen, daß entsprechende Krankheiten in vielen Städten bereits vor dem Bau der Schwemmkanäle zurückgingen.
5. Das Problem der Gewässerverschmutzung wurde unterschätzt bzw. verdrängt, die „Selbstreinigung“ der Gewässer nicht verstanden und überschätzt. Das Hauptproblem der zentralen Abwasserbehandlung, daß die Stoffe nicht mehr im Kreislauf geführt werden, war den „Schwemmkanalgegnern“ durchaus bewußt.
6. Die historische Betrachtung der Probleme hilft die aktuelle Gewässerschutzproblematik besser zu verstehen. Insbesondere die Analyse der schon früh entwickelten Alternativen kann zur Entwicklung zukunftsfähiger Sanitärstrategien führen.

7. Die Zivilisation produziert ebenso hartnäckig immer wieder neue Abfälle, wie sie ihre Beseitigung zu vervollkommnen versucht. Je früher ein Konzept, die Stoffe im Kreislauf zu führen, realisiert wird, desto eher lassen sich die Abfall- und Abwassermengen nachhaltig reduzieren.
8. Mit der Einführung des Wasserklosetts hat der Mensch die individuelle Verantwortung für seine Hinterlassenschaften abgegeben, zwischen sich und seinen Fäkalien eine maximale Distanz hergestellt. Die Defäkation ist von der individuellen, konkreten Veräußerung zum abstrakten Problem weniger Fachleute geworden. Kanal und Kläranlage sind die technische Fortsetzung des Magen-Darm-Traktes in die Gewässer.
9. Das Klo ist zu einem Ort der Intimität geworden; Fäkalien und Urin damit zu einem der am stärksten tabuisierten Themen der Gegenwart.
10. Zu den Aufgaben der Entwicklung zukunftsfähiger Sanitärstrategien gehört daher die Enttabuisierung des Umgangs mit Fäkalien und Urin.

2. Spülklo, Schwemmkanal und Zentrale Kläranlage

Um die Auswirkungen der Siedlungsentwässerung insgesamt erfassen zu können, müssen neben der Betrachtung des Kanalnetzes und der Kläranlage folgende Faktoren berücksichtigt werden:

- Die Einbeziehung aller Siedlungsflächen, von denen Wasser abfließt,
- die unterschiedliche Qualität (Inhaltsstoffe) und Herkunft gebrauchten Wassers,
- die Gewässer (Vorfluter = Gewässer, in das mit wasserrechtlicher Erlaubnis -widerruflich- oder Bewilligung -befristet- Abwasser eingeleitet wird; die Kanalisation ist kein Vorfluter) einschließlich des Grundwassers und des Meeres,
- der mögliche Eintrag in Kanalisation oder Gewässer über Boden und Luft,
- die Wirkungen auf Flora, Fauna und den Menschen,
- die Bedeutung der Inhaltstoffe für andere Wirtschaftszweige des Menschens (Landwirtschaft, Energiewirtschaft etc.).

Bei der Einleitung von Abwasser in Fließgewässer unterscheidet man:

- **Direkteinleitende Industriebetriebe**, das sind vor allem große Industriebetriebe, die ihr Abwasser über eigene Kanäle mehr oder weniger geklärt in die Gewässer einleiten; nur 1 Prozent aller Betriebe sind Direkteinleiter, sie produzieren aber etwa 50 Prozent der Abwassermenge.
- **Indirekteinleitende Gewerbe- und Industriebetriebe**, Indirekteinleiter gibt es ca. 300.000 in Deutschland, das entspricht etwa 99 Prozent aller Betriebe). Sie leiten ihr Abwasser über die öffentliche Kanalisation und die Kläranlagen oder einen anderen Betrieb in die Gewässer ein. Dazu gehören viele Gewerbebetriebe, Kliniken, Textilfabriken u.v.m.. Noch immer sind bei weitem nicht alle Indirekteinleiter in Katastern erfaßt. Sie zahlen im Unterschied zu den Direkteinleitern keine direkte Abwasserabgabe, sondern wie die meisten Haushalte eine Umlage des Zweckverbandes oder der Gemeinde. Sie haften weder straf- noch zivilrechtlich für Schäden an einem Dritten, sofern sie die kommunale Abwassersatzung einhalten.
- **Private Haushalte** (incl. Kleinstbetriebe), die an die öffentliche Kanalisation angeschlossen sind,
- **Mischwasserentlastungen** (Erklärung siehe Kap. 2.2),
- **Einzelhöfe (-betriebe)**, die ihr Abwasser in "Klein-" bzw. "kleinen" Kläranlagen reinigen und direkt in die Gewässer leiten.

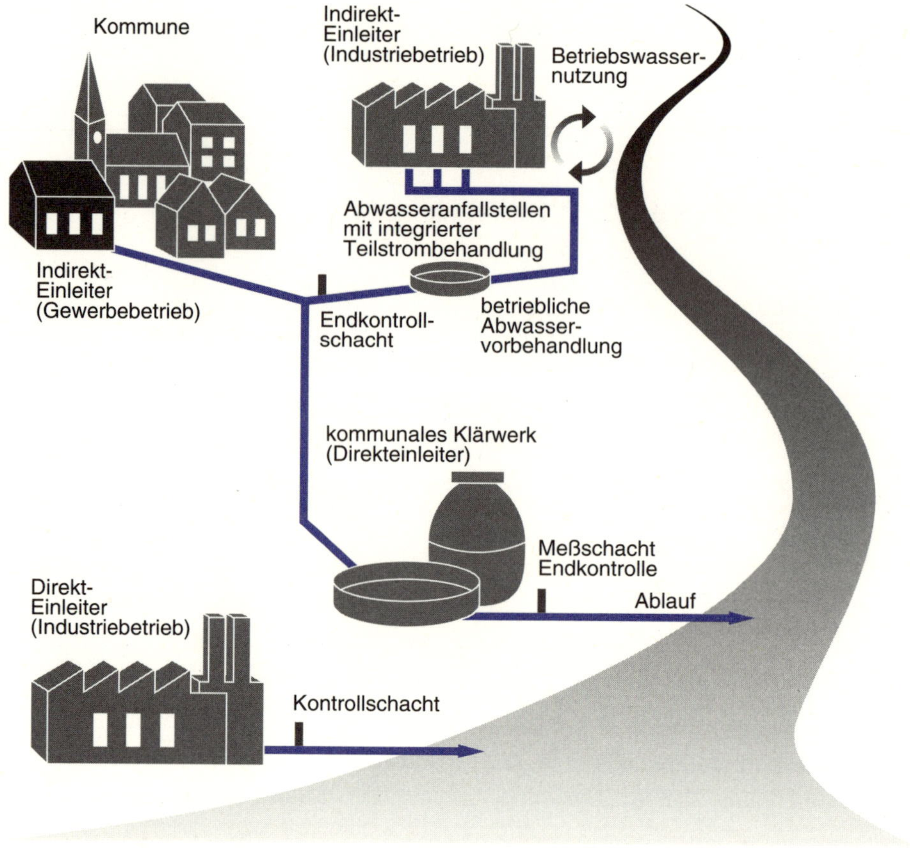

Abb. 8:

Schema Indirekteinleiter (Was ist ein Indirekteinleiter ?)

Im Mittelpunkt des vorliegenden Buches stehen die privaten Haushalte. Da sich die Abwässer der gewerblichen Indirekteinleiter mit dem häuslichen Abwasser vermischen, wird ihr Gefährdungspotential an einigen Beispielen skizziert (vgl. Kap. 2.4). Die industriellen Direkteinleiter werden nur insofern mitberücksichtigt, als ihre Produkte, die in privaten Haushalten verwendet werden, abwasserrelevant sind oder sein könnten. Die Einleitungen dieser Direkteinleiter unterscheiden sich in aller Regel sehr von denen der häuslichen Abwässer. Durch Kenntnis der Prozesse im Industriebetrieb sind betriebsinterne Bilanzen über Inhaltsstoffe des Abwassers zumindestens theoretisch vollständig erfaßbar. Mögliche Reduzierungen hängen unmittelbar von den Betriebsstrukturen ab und sind durch Änderungen bei der Herstellungstechnologie direkt und besser beeinflußbar als durch 'end-of-pipe' Maßnahmen in der zentralen Kläranlage. Betriebsinterne Maßnahmen zur Abwasserreduzierung sind nicht Gegenstand des vorliegenden Buches. Bei der in diesem Buch vorgeschlagenen getrennten Behandlung des Abwassers/Abfalls aus Haushalten (vgl. Kap. 3.5), werden sie bei vielen Indirekteinleitern langfristig notwendig.

Das **Wasserdargebot** beträgt in den alten Bundesländern im Mittel 160 Mrd. m^3/a. Davon werden von Menschen 28 % genutzt. Ca. 50 % davon stellen die öffentlichen Wasserversorgungsunternehmen bereit. Mitteleuropa wird zwar in absehbaren Zeiträumen nicht unter akutem Wassermangel leiden, eine qualitative Gefährdung zentraler Wasserressourcen, wie der Bodenseewasserversorgung wird jedoch nie auszuschließen sein. Eine hoffentlich unrealistische Gefahr ist dabei eine mögliche Verseuchung durch Sabotage, wie sie für einige Brunnen im Rottachtal bei Königsdorf/Bayern bekannt wurde (Süddeutsche Zeitung v. 14.10.94). Eine andere besteht in Form der vom Menschen eingesetzten naturfremden Stoffe, bei denen man im Sinne einer vorsorgenden Betrachtung auf Überraschungen gefaßt sein sollte. Im Bodensee weist derzeit die als chemischer Komplexbildner vielfältig eingesetzte Ethylendiamintetraessigsäure (EDTA) die höchsten Konzentrationen aller dort gefundenen naturfremden Stoffe auf. Anzustrebendes Ziel sollte es sein, die natürlichen Wasserressourcen frei von naturfremden Stoffen zu halten (vgl. Kap. 2.4).

2.1. Abwasser

Was genau versteht man unter **Abwasser**? Ganz allgemein verstehen Abwasserfachleute dies als abfließendes Wasser, unabhängig davon, welche Inhaltsstoffe es mit sich führt. Selbst reines **Trinkwasser** wird zum Abwasser, wenn es aus Siedlungen im Kanal abfließt.
Kommunales Abwasser stellt ein Vielstoffgemisch dar, da es eine Reihe verschiedenster Stoffe unterschiedlicher Herkunft enthalten kann, die einzeln oft nicht zu bestimmen sind. Im Kommunalen Abwasser läßt sich unterscheiden zwischen **häuslichem Abwasser**, **gewerblich-industriellem Abwasser**, **Regenwasser** und **Fremdwasser** (=durch Infiltration ins Kanalnetz eindringendes Grund- und Regenwasser).
Bevor man sich mit der Frage nach einem geeigneten Reinigungsverfahren von Abwasser beschäftigt, sollte man die Zusammensetzung des Abwassers einschätzen können. Vielleicht sollte in Zukunft besser von „Nutzwasser“ gesprochen werden, um die grundsätzliche Weiter- und Wiederverwendbarkeit von Abwasser zum Ausdruck zu bringen.
Um die verschiedenen Abwässer charakterisieren zu können, behilft man sich verschiedener Summenparameter (vgl. Tab. 6). Sie ermöglichen eine grobe qualitative Bewertung des Abwassers.
Nach Angaben des Statistischen Bundesamtes betrug die Menge an häuslichem Abwasser in Deutschland 1991 ca. 3,9 Mrd. m^3, das sind etwa 40 % der Menge, die in öffentlichen Kläranlagen behandelt werden. Die gewerblich-industriellen Indirekteinleiter machen ca. 16 % aus, der Rest sind Regenabflüsse, Grundwasser, Badewasser und Fremdwasser. Im gleichen Jahr waren etwa 89 % der Bevölkerung in den alten Bundesländerm an eine biologische Kläranlage angeschlossen, in den neuen Ländern waren es dagegen nur 37 %. Die Tabellen 7 und 8 geben eine Charakterisierung des kommunalen Abwassers nach den üblichen Parametern.

Abwasser nach geltendem Recht: jegliches durch Gebrauch verändertes, deshalb zu beseitigendes und in die Kanalisation, ein Gewässer (Vorfluter) oder in den Untergrund eingeleitetes Wasser. Nach DIN 4045 unterscheidet man im Abwasser Schmutzwasser, Regenwasser, Fremdwasser (z.B. durch undichte Rohre eindringendes Grundwasser), Mischwasser, Kühlwasser. Abwasser gilt strafrechtlich als Abfall.

Trinkwasser nach DIN 4046: für menschlichen Genuß und Zweck geeignetes Wasser, dessen Qualität in der Trinkwasser-Verordnung festgelegt wird. Entgegen dem Begriff wird nur 1% des Trinkwassers in Deutschland zum Trinken und zur Ernährung verwendet. 99 % dienen der „individuellen Hygiene“ und vor allem zum Abtransport von Fäkalien und Abfällen (World Health Organistion 1993).

Tab. 6:

Summenparameter zur Charakterisierung der Abwasserqualität

Parameter	Definition
Chemischer Sauerstoffbedarf (CSB)	Die Oxidierbarkeit gibt Aufschluß über die im Wasser enthaltenen, durch das Oxidationsmittel $K_2Cr_2O_7$ oxidierbaren organischen Inhaltsstoffe (in mg 0_2/l), der CSB beinhaltet als einen Teil den BSB. Bestimmung nach DIN 38409, Teil 41.
Biochemischer Sauerstoffbedarf (BSB_5)	Der biochemische Sauerstoffbedarf ist die Sauerstoffmenge, die die in einem Liter Wasser enthaltenen biochemisch oxidierbaren organischen Inhaltsstoffe in 5 Tagen unter der Stoffwechseltätigkeit entsprechender Mikroorganismen unter genormten Bedingungen verbrauchen (in mg 0_2/l). Bestimmung nach Deutsche Einheitsverfahren zur Wasser- Abwasser-, und Schlammuntersuchung (DEV) H5 (a2).
Gelöster organischer Kohlenstoff (Dissolved Organic Carbon, DOC)	Summenparameter, der die organische Belastung eines Gewässers quantifiziert, da dieser DOC den Lebewesen direkt zur Verfügung steht (in mg/l).
Glühverlust (GV)	Gewichtsdifferenz zwischen der abgedampften Wasserprobe und des bei 600- 650°C ermittelten Glührückstands (in mg/l oder %), Bestimmmung nach DEV H1.
Glührückstand (GR = 1- GV)	Masse des Rückstands einer filtrierten, abgedampften Wasserprobe nach dem Verglühen bei 600- 650°C.
Elektrische Leitfähigkeit (LF)	Indirekte Erfassung der Verbindungen, die in Wasser unter elektrolytischer Dissoziation in Ionen zerfallen. Bei Salzen: Umrechnung 1mS/cm = 750 mg/l NaCl).
Adsorbierbare organische Schwefelverbindungen (AOS)	Ein Summenparameter für die Erfassung von Schwefelverbindungen
Adsorbierbare organische Halogenverbindungen (AOX)	Summenparameter für die Erfassung des adsorbierbaren (d.h. eliminierbaren) Anteils von vielen organischen (z.T. hochgiftigen Halogenverbindungen mit Chlor, Brom od. Jod), u. a. das Insektizid DDT oder das „Sevesogift“ 2,3,7,8-Dioxin.
pH-Wert	pH ist die Abkürzung für lateinisch potentia hydrogenii, d. h. „Stärke des Wasserstoffs“. Maß für den sauren oder alkalischen Grad einer wäßrigen Lösung, z.B. von Wasser; richtet sich nach der Zahl der Wasserstoffionen. Die Skala reicht von 1 (stark sauer, z. B. konzentrierte Salzsäure) bis 14 (stark alkalisch, z. B. konzentrierte Natronlauge). Der Neutralpunkt einer Lösung liegt beim pH 7. Abhängig vom pH verlaufen viele biochemische und chemische Reaktionen unterschiedlich.

	Inhaltsstoffe mineral.	organ.	gesamt	BSB_5	Dimension
Absetzbare Stoffe	20 100	30 150	50 250	20 100	g/E.d g/m³
Nicht absetzbare Schwebestoffe	5 25	10 50	15 75	10 50	g/E.d g/m³
Gelöste Stoffe	75 375	50 250	125 625	30 150	g/E.d g/m³
Zusammen	100 500	90 450	190 950	60 300	g/E.d g/m³

Tab. 7:
Mittlere Schmutzstoffgehalte des Abwassers in g pro Einw. und Tag und Konzentration (bei 200 l/pro Einw. und Tag, nach Imhoff 1990, S.103 und 104).

Zur Bemessung einer Kläranlage dient der **Einwohnerwert** Abkürzung EW, Einheit E, der die Summe aus Einwohnergleichwerten (EGW) von Industrie und Gewerbe sowie den Einwohnern zusammenfaßt. Der Wert bezieht das industrielle Abwasser entsprechend seiner organischen Belastung mit ein. Bemessungskriterium ist der BSB_5. Pro Einwohner werden täglich 60 g Sauerstoff angenommen. Beispielsweise entspricht die Herstellung von 1000 Liter Bier einem Einwohnerwert zwischen 150 und 350. Die oft wichtigeren anorganischen und anderen Belastungen bleiben beim EW unberücksichtigt, so daß diese Angabe bei nährstoffeliminierenden Kläranlagen nicht mehr ausreicht. Etwa 2/3 des Volumens von Kläranlagen wird für die Stickstoffelimination gebaut - dieses ist also zusätzlich zu berücksichtigen. Die Abwassermengen können je nach der Zahl angeschlossener Einwohner und ihrer Lebensgewohnheiten im Tagesverlauf stark schwanken (vgl. Abb. 10).

Konzentration	pH-Wert	Absetzbare Stoffe in 2h (ml/l)	AbFiltr. Stoffe (Filterrückst.) (mg/l)	Abdampfrückstand (Filterdurchl. gel. Stoffe) (mg/l)	
1 gering	6,6	2	200	400	
2 mittel	7,6	6	500	800	
3 groß	8,6	12	900	1200	
Konzentration	**CSB ges. (mg/l)**	**BSB_5 ges. (mg/l)**	**Pges (mg P/l)**	**Ammonium (NH_4^+) (mg N/l)**	**Detergentien (mg/l)**
1 gering	300	150	3	20	5
2 mittel	600	300	12	60	15
3 groß	1000	500	30	100	25

Tab. 8:
Summenparameter verschiedener Konzentrationen von kommunalem Schmutzwasser (nach: ATV 1983, S. 33)

Beim häuslichem Schmutzwasser unterscheidet man zwischen Toilettenspülwasser = **Schwarzwasser** (das Urin und Fäkalien enthält) und **Grauwasser** = alles häusliche Abwasser außer Fäkalien und Urin, z.B. Spül-, Dusch- und Waschwasser (vgl. Abb. 9). Der Nährstoffgehalt von $1 m^3$ häuslichem Abwasser beträgt im Durchschnitt 80 g N, 20 g P und 60 g K (vgl. Tab. 8 und 9).

Werden Urin und Fakälien getrennt vom restlichen Abwasser behandelt, so lassen sich dadurch die Schadstoffrachten bei Stickstoff um bis zu 90 % und bei Phosphor um bis zu 80 % verringern. Im Grauwasser befinden sich ca. die Hälfte der Frachten an **Biochemischen Sauerstoffbedarf (BSB)** bzw. an **Chemischen Sauerstoffbedarf (CSB)** des häuslichen Abwassers (vgl. Tab. 8 und Tab. 9). Es verbleiben für $1 m^3$ Grauwasser somit ca. 8 g N, 4 g P, 280 g BSB_5 und 450 g CSB.

Tab. 9:

Quellen der Nährstoffe im Abwasser, g $Pers.^{-1}$ d^{-1} (Pöpel 1993 zit. in Larsen & Gujer 1996) [*enthält nicht den Kohlenstoff des Harnstoffs, **abhängig vom P-Gehalt der Wasch-/Putzmittel]

Quelle	Org. C ges.		N ges. (Kjedahl)		Pges.	
Küche, Bad, Putzen	15	41%	0,2	1%	**	
Fäkalien	17	46%	1,5	11%	0,6	43%
Urin	5*	14%	12,2	88%	0,8	57%
Gesamt	37	100%	13,9	100%	1,4	100%

Die bisher vernachlässigte Unterscheidung von Schwarz- und Grauwasser ist somit einer der wichtigsten Ansatzpunkte für Überlegungen zu einem zukunftsfähigen Umgang mit dem häuslichen Abwasser (vgl. Kap. 3.5).

Eine ebenso einfache wie überlegenswerte Möglichkeit zur Reduktion der Frachten an Stickstoff wäre die Einschränkung des Konsums an tierischem Eiweiß. Die Gülleproduktion würde zurückgehen, es müßten weniger eiweißreiche Futtermittel importiert werden, und mit einer Halbierung des Fleischkonsums ließe sich die jährliche Stickstofffracht auch in den Kläranlagen um 60.000 Tonnen reduzieren. Dies entspricht etwa der Hälfte der Menge, die heute in den Stickstoffeliminierungsstufen der Kläranlagen mit einem Investitionsaufwand von rund 25 Mrd. DM herausgeholt werden (Isermann 1991).

Abb. 9:

Verschiedene Abwasserqualitäten (Grauwasser, Schwarzwasser)

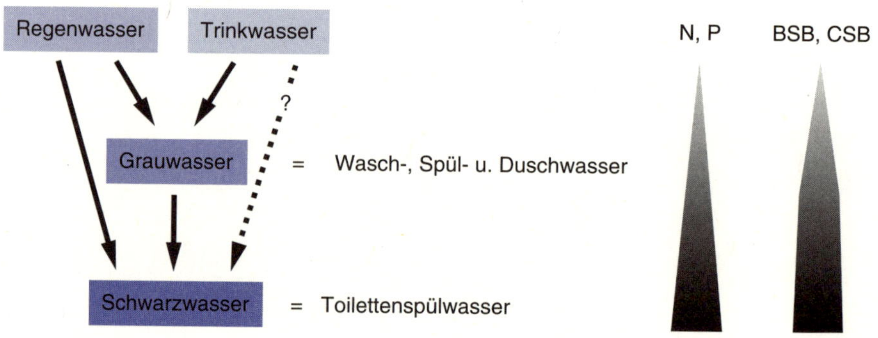

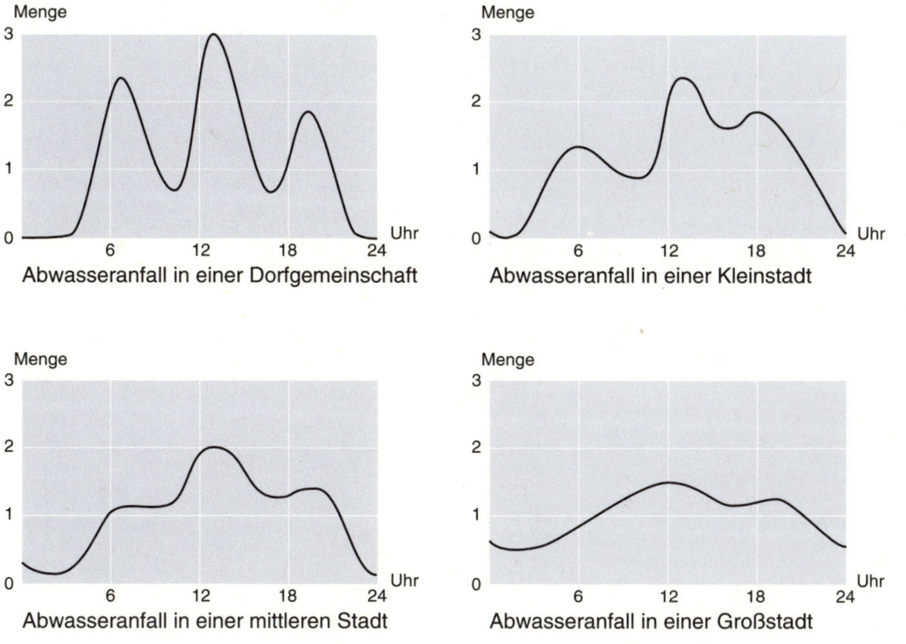

Abb. 10:

Abwassermenge (Abwasser jeweils angegeben als relative Menge) im Tagesverlauf bei unterschiedlich großen Siedlungen (aus ATV Bd. I)

Eine kleine Skatologie (= Lehre von der Scheiße)

Der erwachsene Mensch gibt ziemlich genau die Menge an Stoffen wieder ab, die er aufnimmt. Der Anfall an menschlichen Ausscheidungen beträgt durchschnittlich ca. 45 kg an Fäkalien und ca. 500 l Urin pro Person und Jahr. Menge, Zusammensetzung Form, Geruch und Farbe von Fäkalien und Urin können beträchtlich variieren. Sie hängen in starkem Maße vom gesundheitlichen Zustand und von der Nahrung ab. Geruchsintensiv wirken sich z.B. Knoblauch, Zwiebeln, Spargel, Fisch aber auch Alkohol aus. Die Hinterlassenschaften von Vegetariern sind in aller Regel volumiger, heller, stinken weniger und enthalten geringere Mengen an Stickstoff und Phosphor.

Der Wassergehalt hängt sehr von der Aufenthaltszeit im Darm ab. Bei Verstopfung enthalten Fäkalien oft 25 % und mehr Trockensubstanz, bei 18 % sind sie weich, bei 15 % bereits nicht mehr geformt und bei weniger als 12 % deutlich flüssig. Durchschnittlich muß der Mensch 1-2 mal/Tag zum Scheißen, dies variiert jedoch von 1-2mal pro Woche bis zu 4-mal am Tag; Vegetarier müssen im Durchschnitt etwas häufiger (Pieper 1987). Ein beträchtlicher Teil des Kotes besteht aus Bakterien, mehr als 100 Milliarden pro Gramm. Die vorwiegend braune Farbe stammt aus Abbauprodukten des Blutfarbstoffes Hämoglobin. Im Dickdarm wird ein Teil dieses „Gallenfarbstoffs" zu dem der Scheiße farbgebenden Stoff Stercobilin.

Literaturtips!

Thomas, C. (1993): Ein ganz besonderer Saft - Urin.- vgs Verlagsgesellschaft, Köln: 158 S.

Pieper, W. (1987): Das Scheiß-Buch.- Pieper, Löhrbach, 248 S.

2.2. Siedlungsentwässerung heute - Schwemmkanal und Zentralkläranlage

Die Abwasserentsorgung in Deutschland, die einen Wiederbeschaffungswert von ca. 400 Milliarden DM hat, umfaßt heute ein Netz von öffentlichen Kanälen mit über 357 083 km Länge. Dies entspricht etwa der Entfernung Erde-Mond (ATV-Pressemitteilung 22/94). Die Länge der privaten Kanäle wird auf etwa das Doppelte geschätzt.

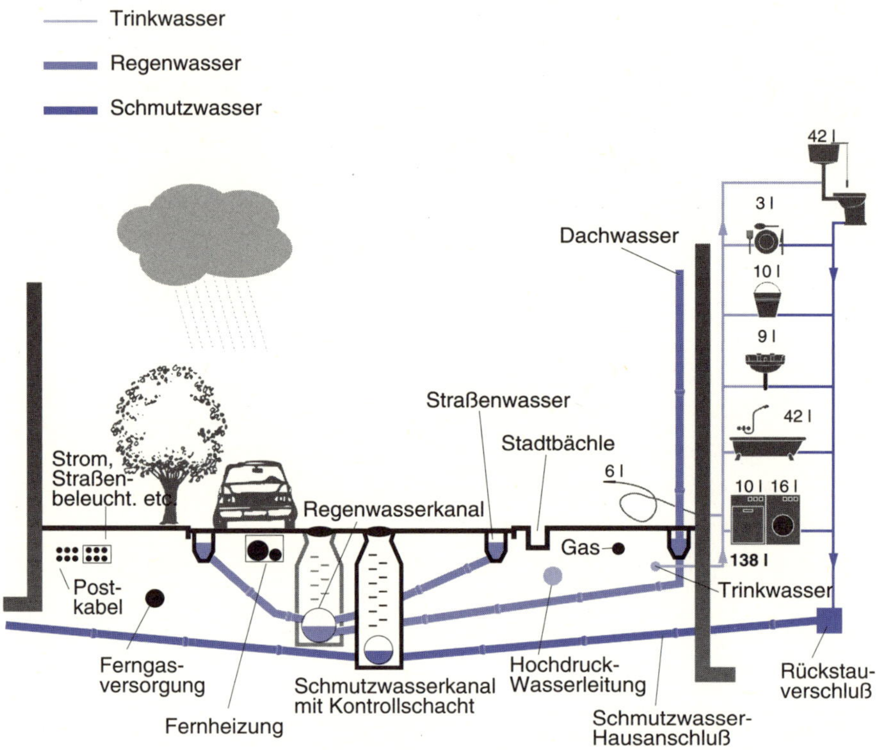

Abb. 11: Durchschnittlicher Trinkwasserverbrauch pro Person und Tag und die konventionelle Entwässerung im Querschnitt (Trennsystem)

Durch diese Kanäle wird häusliches Schmutzwasser zu einer Kläranlage geführt und gelangt von dort mehr oder weniger gereinigt in die Gewässer. Die häuslichen Abwässer sind jedoch nur ein Teil des in Siedlungsgebieten anfallenden Abwassers. Der andere Teil entsteht, wenn es regnet (in Mitteleuropa etwa 3-15 % der Zeit) durch abfließendes Regenwasser von versiegelten Flächen wie Straßen, Dächer usw. Wird häusliches Schmutzwasser im selben Kanal wie das Regenwasser abgeleitet, so spricht man vom **Mischsystem**, bei getrennter Ableitung vom **Trennsystem**.

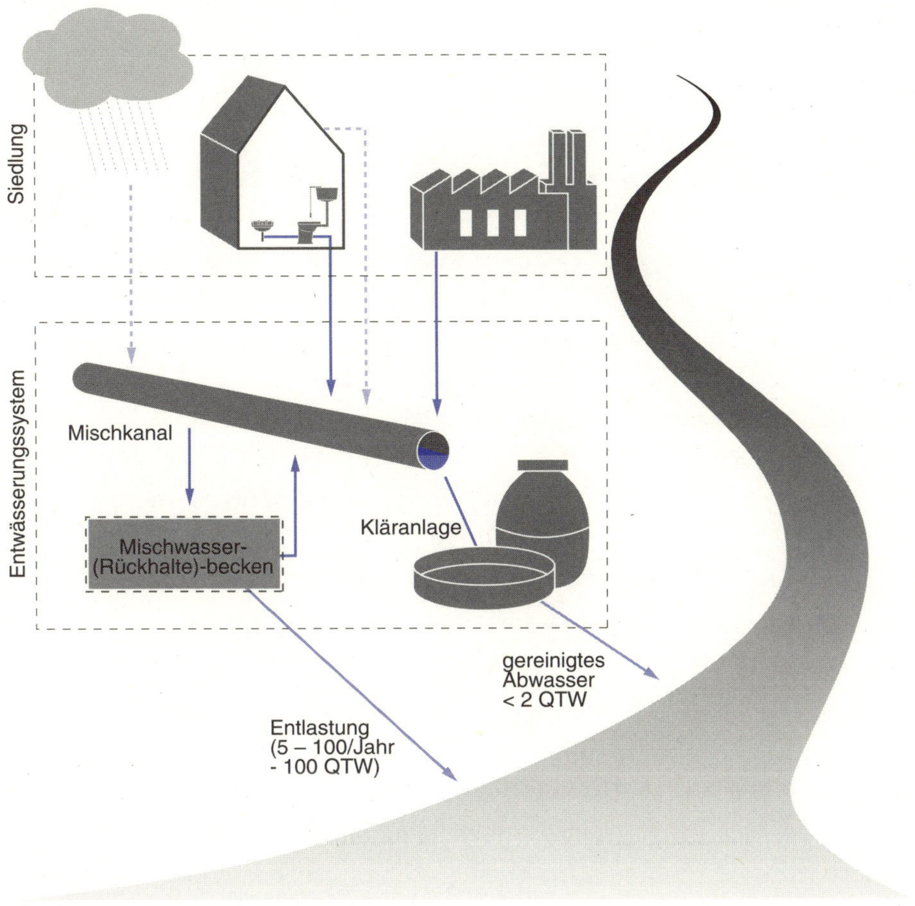

Abb. 12:

Strategie der Siedlungsentwässerung heute (Mischsystem) QTW=Abfluß bei Trockenwetter

Mischsystem = Entwässerung von Regen- und Schmutzwasser im selben Kanal

Die Menge Wasser, die bei starkem Regen durch ein Mischwasserkanalnetz (vgl. Abb. 12) abfließt, kann bis zu 100 mal größer sein, als der Abfluß des Schmutzwassers bei Trockenwetter. Diese Abwassermenge kann aus ökonomischen, aber auch aus verfahrenstechnischen Gründen keine Kläranlage bewältigen. In der Regel kann dort nur der doppelte Trockenwetter-Spitzenabfluß (2 QTW) behandelt werden. Bei einsetzendem Regen wird diese Menge schnell überschritten, und das überschüssige Wasser muß an "Mischwasserüberläufen" in die Gewässer abgeleitet werden. Hier entsteht einer der Interessenkonflikte im Zusammenhang mit der Mischkanalisation: Einerseits möchte man Regenwasser so schnell wie möglich ableiten, um Rückstau und Überschwemmungen in den Siedlungen zu vermeiden, andererseits aber eine Gewässerverschmutzung durch das Mischwasser aus der Kanalisation verhindern oder zumindest doch beschränken. Das Mischwasser, das bei Regenwetter in die Gewässer geleitet werden muß, kann je nach Gefälle der Kanäle, Tageszeit, Besiedlungsdichte, Einzugsgebiet und Oberflächenverschmutzung erhebliche Schmutzfrachten mit sich führen. Mit dem Bau von Mischwasserspeichern wollte man dieser Gewässerbelastung begegnen. Seit der Ausformulierung des

Abb. 13:
Ansicht des Zulaufes des zentrisch gebauten Mischwasserrückhaltebeckens Hamburg-Schädlerstraße (umbauter Raum ca. 14.000 m³, Bauzeit 3 Jahre, Kosten rd. 15 Mio DM). Durch ein Nutzvolumen von 7.400 m³ werden die Mischwasser-Überlaufereignisse auf ca. 5 pro Jahr reduziert. Das Mischwasser wird in eine Rotationsbewegung versetzt und abgesetzte Stoffe in einen Entnahmetrichter gespült.

ATV Arbeitsblattes 128 (1977) wurden in Deutschland weit über 9 000 unterirdische 'Regenrückhaltebecken' (richtiger 'Mischwasserrückhaltebecken') gebaut, welche einen Teil der Schmutzfrachten zurückhalten sollten. Es mehren sich jedoch die Hinweise, daß sich mit den Mischwasserrückhaltebecken nicht die gewünschten Verbesserungen in den Gewässern einstellt. Dies liegt zum einen daran, daß mit den Rückhaltebecken immer nur die Häufigkeit der Überläufe (Entlastungen) verringert werden kann, zum anderen hängt die Gewässergüte oft stärker von anderen Faktoren, wie z.B. der Struktur des Gewässerbettes ab. Zudem haben Studien (EAWAG 1979, Krejci et al. 1992, 1994) gezeigt, daß sich mit dem Bau von **Mischwasserrückhaltebecken** die Stoffracht oft weniger als angenommen (5-25 %) verringert. Daher sind in den letzten Jahren auch unter den konventionell arbeitenden Abwasseringenieuren erhebliche Zweifel daran aufgekommen, ob sich die für die Mischwasserrückhaltebecken investierten 140 Milliarden DM ausgezahlt haben. Eine Alternative zu den Mischwasserrückhaltebecken ist z.B. in der lokalen Versikkerung von Regenwasser zu sehen (vgl. Kap. 3.3.1).

Trennsystem =
Entwässerung in getrennten Regen- und Schmutzwasserkanälen
Die Trennkanalisation ist vor allem in Nord- und Ostdeutschland zu finden. Im Trennsystem wird in der Regel das Regenwasser nicht besonders behandelt, also weder zwischengespeichert noch gereinigt. Ausnahmen sind Regenwasserableitungen von besonders belasteten Oberflächen wie Autobahnen, Flugplätzen oder Industrieanlagen. Grundsätzlich liegt hier jedoch ein wesentlicher Nachteil der Trennkanalisation: Stärker belastetes Oberflächenwasser gelangt meist unkontrolliert und ungereinigt in die Gewässer. Wesentlicher Grund dafür, daß sich das Trennsystem nicht überall durchgesetzt hat, sind die 30-50 % höheren Kosten für den baulichen Mehraufwand. Ein weiterer Nachteil des Trennsystems liegt in der Möglichkeit von Fehlanschlüssen, die öfter auftreten, als man vermuten würde. Dieses geschieht sowohl aus Unkenntnis als auch wegen der oft leichteren Zugänglichkeit (geringere Tiefe) des Regenkanals. Bei behördlichen Bauabnahmen wird das oft übersehen.
Bei der Kanalisation geht man, je nach Material von einer **durchschnittlichen Lebensdauer** von 50-100 Jahren aus. Große Teile der bestehenden Kanalisationen sind etwa so alt oder deutlich älter. In den nächsten 15 Jahren muß daher ein großer Teil der siedlungshydrologischen Einrichtungen in Deutschland erneuert oder neu gebaut werden müssen. Nach Schätzungen der Länderarbeitsgemeinschaft Wasser (LAWA) sind in der gesamten Bundesrepublik ca. 20 % der Abwasserleitungen und Kanäle des öffentlichen (Länge ca. 300 000 km) und des nichtöffentlichen (Länge ca. 600 000 km) Kanalisationsnetzes sanierungs- bzw. erneuerungsbedürftig. Auch in Zukunft wird ein Teil der Abwasseranlagen öffentlich gefördert werden müssen.
Nach dem Bundes-Investitionsförderungsgesetz werden ab 1995 für 10 Jahre insgesamt 6,6 Mrd. DM bereitgestellt von denen 5,9 Mrd. auch für wasserwirtschaftliche Investitionen aufgewendet werden dürfen. Die Länder kom-

men bei der Schätzung des Investitionsbedarfs bei der **Abwassersanierung** 1995-2005 sogar auf 157 Mrd. DM. 74 Mrd. werden in den ostdeutschen Ländern und 83,4 Mrd. DM in den westlichen Kommunen benötigt. Niedrigere Schätzungen gehen von ca. 50 Mrd. DM aus (IKSR 1994 c).
Aufgrund dieser enormen Investitionen ist es unverzichtbar, neben den althergebrachten Verfahren auch die Alternativen zu prüfen. Die Rahmenbedingungen für eine Realisierung der Alternativen zu heutigen Kanalisationssystemen und Kläranlagen müssen für Entscheidungsträger und Bürger übersichtlich dargestellt werden. Dies umfaßt Kosten-Nutzen-Analysen und Fragen der Sozialverträglichkeit sowie regionale Besonderheiten. Beispielsweise steigen die Anschlußkosten mit sinkender Zahl angeschlossener Personen pro

Aus der Antwort der Bundesregierung auf eine Anfrage der SPD zur "Umwelt- und sozialverträglichen Abwasserbehandlung und Vermeidung" (BTDrs. 13/1057).

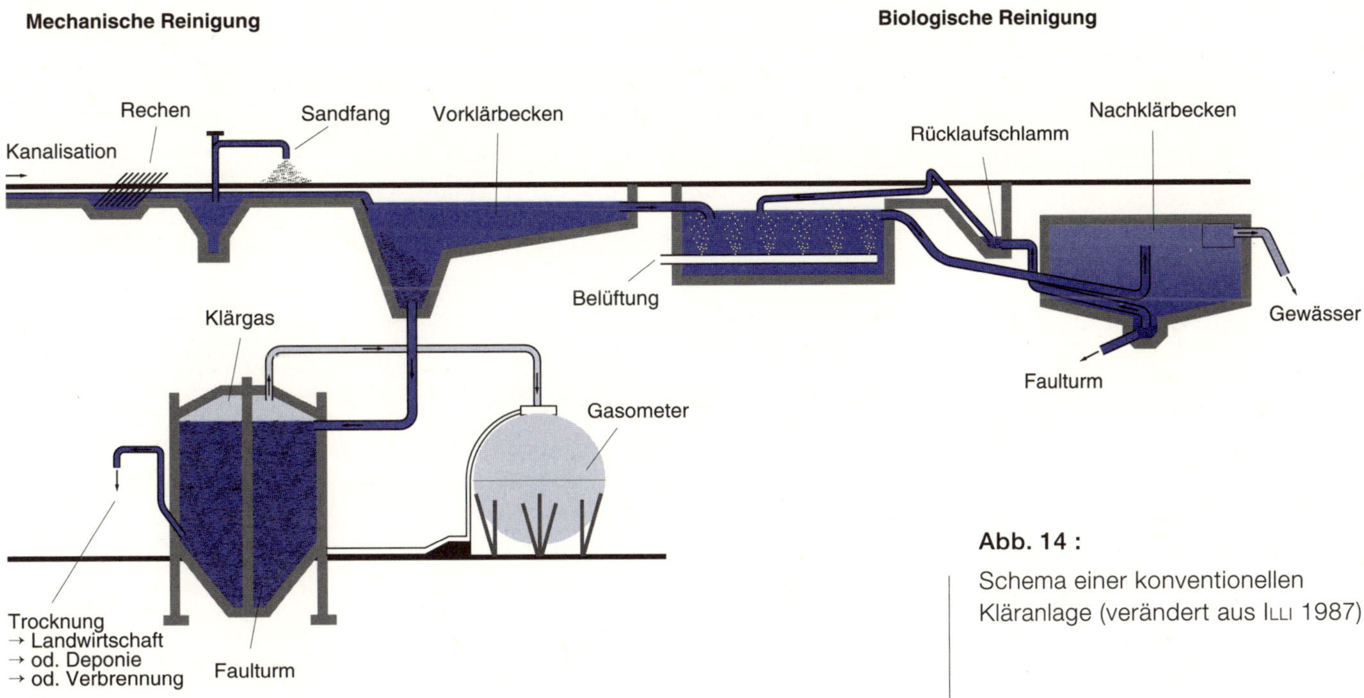

Abb. 14 :
Schema einer konventionellen Kläranlage (verändert aus Illi 1987)

Kanalnetzmeter. Alternativen sind in dünn besiedelten Regionen und in Randgebieten der Metropolen häufig deutlich billiger als konventionelle Systeme. Sie bieten außerdem die (kosten)günstige Gelegenheit, neue Ideen zu erproben. Geographische Randgebiete sind darüber hinaus von besonderem Interesse, da sie oft aus ökologischer Sicht besonders sensibel sind und gleichzeitig Erholungsfunktion für die urbanen Gebiete besitzen. Auch der Flächenbedarf für bestimmte alternative Entwässerungssysteme (Bodenfilteranlagen, Offenlegung von Regenwasserkanalisation) ist dort am ehesten zu decken.
1992 wurden in Deutschland 8,3 Mrd. DM in die Abwasserreinigung investiert. Davon wurden fast die Hälfte der Kosten bezuschußt, muß also nicht über die Abwassergebühren finanziert werden (vgl. Tab. 27 und Kap. 2.8).

2.3. Lineare Stoffströme durch einheitliche Schwemmkanalisation für kommunales Abwasser

Durch die Verdünnung und die Vermischung der Haushaltsabwässer mit dem Abwasser der indirekt einleitenden Gewerbe- und Industriebetriebe wird eine getrennte Behandlung der Fäkalien unmöglich. Diese Verfahrensweise hat neben einigen Vorteilen viele gravierende Nachteile:

- Anstelle der Gewinnung von Dünger, der eine Rückführung der Nährstoffe in den Nahrungskreislauf erlauben würde, entsteht Klärschlamm als Abfallprodukt, dessen Entsorgung immer teurer wird.
- Anstelle der Gewinnung von Energie, z.B. in Anaerobreaktoren (Biogasanlagen), wird in kommunalen Kläranlagen sehr viel Energie aufgewendet, um organische Stoffe abzubauen und den Stickstoff zu nitrifizieren. Zusätzlich wird an anderer Stelle bei der Herstellung von Handelsdünger viel Energie verbraucht, um Stickstoff aus der Luft zu gewinnen.
- Anstelle eines schonenden und sparsamen Umgangs mit sauberem Wasser wird der natürliche Wasserkreislauf in vielen Gebieten übernutzt und ständig mit Nährstoffen belastet. Dies führt zur Überdüngung von Gewässern mit weitreichenden Folgen (vgl. Kap. 2.3.1.-2.4.3). Zudem werden die abbauwürdigen **Phosphatvorräte** der Erde in hundert bis hundertfünfzig Jahren verbraucht sein (ARRHENIUS 1995, persönl. Mitt.), während gleichzeitig nutzbarer Phosphor in die Gewässer gelangt und letztendlich in den Weltmeeren verteilt wird.

Abb. 15:

Schematische Darstellung der Stoffströme beim traditionellen Sanitärkonzept. Nährelemente wie z.B. Stickstoff (N), Phosphor (P), Kohlenstoff (C) und Kalium (K) gehen ständig verloren, werden unter Energieaufwand ständig nachgeliefert und belasten die Umwelt.

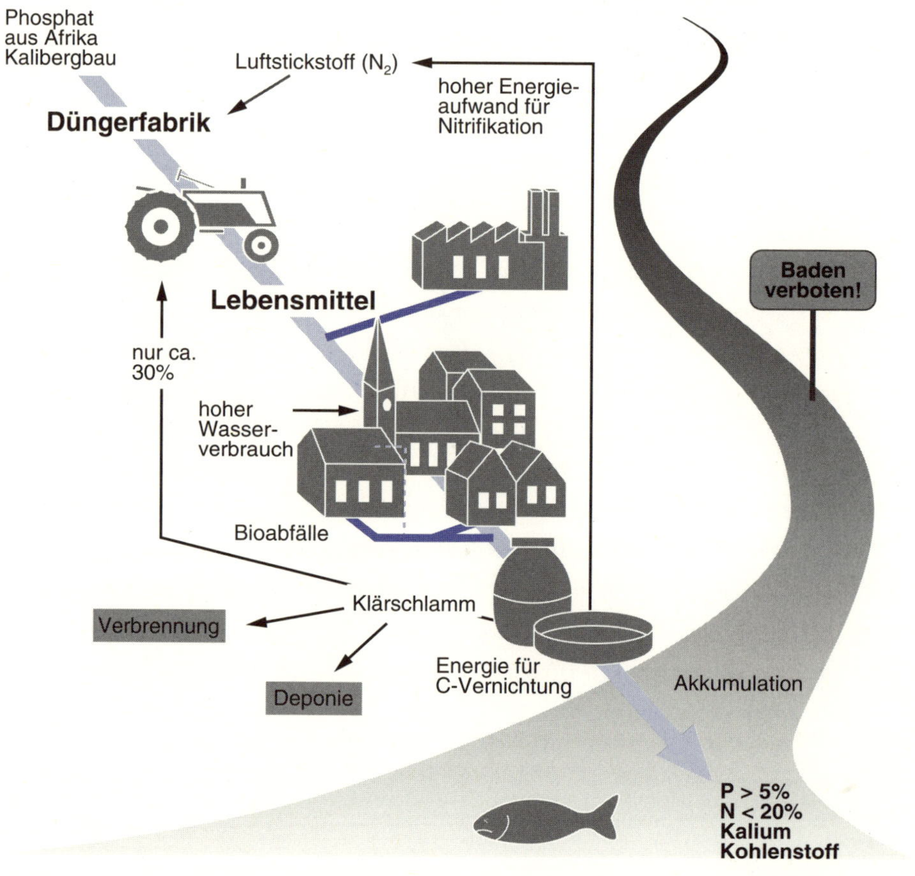

- Unbelastete Klärschlämme sollten unbedingt zur Verbesserung der Humusschicht und damit zur Pflege der Bodenfruchtbarkeit landwirtschaftlich genutzt werden. Die Ausbringung anaerob oder aerob behandelter organischer Substanz in die Böden trägt außerdem dazu bei, Kohlenstoff (CO_2) der Atmosphäre zu entziehen und festzulegen (Kohlenstoffsenke contra globale Erwärmung vgl. ARRHENIUS 1992 und ARRHENIUS & STRONG 1993).

Moderne Kläranlagen sind eine klassische „end-of-pipe"-Technologie. Sie vermeiden das Abfallproblem nicht am Ort seiner Entstehung, sondern versuchen es kurz vor der Einleitung in ein Gewässer mit mäßigem Erfolg zu lösen. Denn trotz ihrer guten Reinigungsleistung verhindern sie weder den Abfluß wertvoller Nährstoffe noch die Anreicherung (Akkumulation) von Schadstoffen im Klärschlamm oder in den Gewässern. Diese langfristigen Probleme, die unsere Gesellschaft nicht zuletzt unter Mißachtung kommender Generationen kaum wahrnimmt, sind auch eine Konsequenz der Anwendung von Spültoiletten.

Im industriellen Bereich wird inzwischen verstärkt auf die getrennte Behandlung verschiedener Abwasserqualitäten (=**Teilstrombehandlung**) und die Rückgewinnung von Wertstoffen gesetzt. Die Anwendung dieser Prinzipien sollte auch im kommunalen Bereich zum Einsatz kommen.

2.3.1. Was hat Abwasser mit der globalen Klimaveränderung zu tun ?

Das Bekanntwerden der Ergebnisse von CO_2-Messungen an fossilen Luftbläschen aus der Antarktis (vgl. Abb. 16) löste in der wissenschaftlichen Welt einen Alarmruf aus. Hier fand sich ein Beleg dafür, daß das Klima auf der Erde von den **CO_2- Konzentrationen** in der Atmosphäre maßgeblich beeinflußt wird.

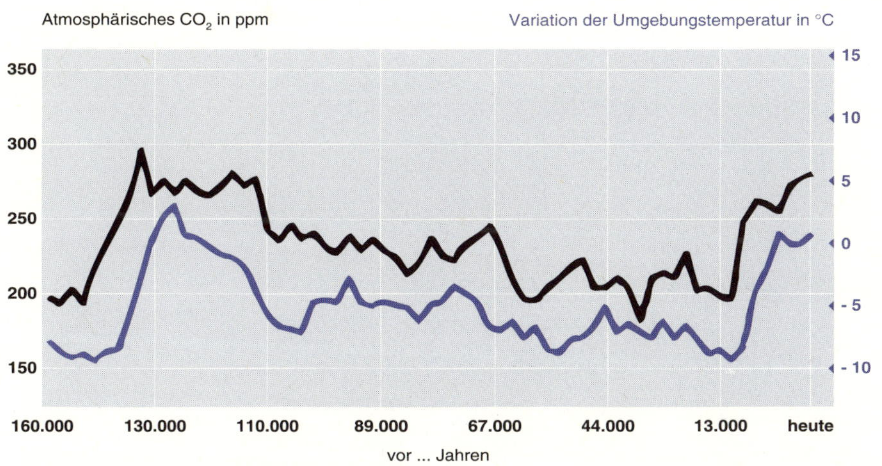

Abb. 16:
CO_2-Konzentrationen und Durchschnittstemperaturen während der letzten 160 000 Jahre, chemisch gemessen aus „fossilen" Luftbläschen im antarktischen Eis (aus: WEIZSÄCKER et al. 1995, nach Global Commons Institut).

Zusammen mit den kontinuierlich zunehmenden CO_2-Konzentrationen in der Atmosphäre (vgl. Abb. 17) verliehen sie der These des „**Treibhauseffektes**" von SVANTE VON ARRHENIUS (1859-1927) erhebliche Brisanz.

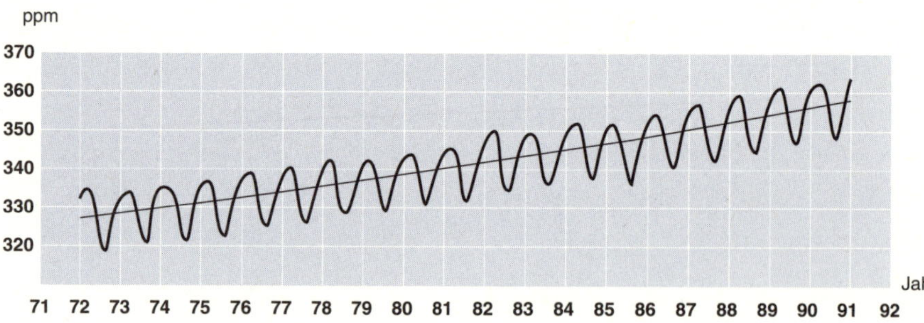

Abb. 17:

Der Anstieg der CO_2-Konzentration in der Erdatmosphäre, gemessen auf dem Schauinsland (Schwarzwald). Die Schwankungen innerhalb eines Jahres gehen auf den veränderlichen Biomassezuwachs zu verschiedenen Jahreszeiten der Pflanzen, bzw. der damit verbundenen Aufnahme der Pflanzen an CO_2 zurück (aus: UBA 1994b).

Die genannten Ergebnisse belegen einmal mehr, daß die Menschen in den westlichen Industrienationen weit über ihre Verhältnisse leben und damit die Lebensgrundlagen zukünftiger Generationen gefährden. Die Meßergebnisse aus der Antarktis waren deshalb Auslöser für internationale Konferenzen wie der in Rio 1992 und entsprechenden Nachfolgekonferenzen. In der Folge hat sich das **Klimabündnis der Städte** gegründet, welches u.a. eine deutliche globale CO_2-Emissions-Verminderung zum Ziel hat.
Das Kohlendioxid ist nicht das einzige Treibhausgas (vgl. Tab. 10), das die von der Erdoberfläche abgegebene langwellige Wärmestrahlung absorbiert.

Gas	Volumen-Mischungsverhältnis [ppm]	Verweilzeit [Jahre]	Anstieg/Jahr [%]	Anteil am Treibhauseffekt in 100 Jahren [%]	1765	1990
CO_2	357	50-200	0,4-0,5	50	279 ppm	354 ppm
CH_4	1,75	11	0,8	13	790 ppb	1720 ppb
N_2O	0,31	132	0,25	5	285 ppb	310 ppb
FCKWs	0,00012-0,00028	16-130	4-7	25 % vor allem ozonzerstörend		
CO	0,15	wenige Monate	1			
NO_x		Tage	-			

Tab. 10:

Die wichtigsten Treibhausgase menschlicher = anthropogener Herkunft, (nach UBA 1994 und Mason 1995)

Zum Treibhauseffekt tragen nach Schätzungen bei:

- zu 50 % die Nutzung fossiler Energieträger,
- zu 20 % die Chemie durch Emission von FluorChlorKohlenwasserstoffen (FCKWs, Halonen),
- zu 15 % die Zerstörung der Tropenwälder
- sowie zu 15 % Rinderhaltung, Reisanbau, Mülldeponien und Lachgas (N_20) bei der Düngung (UBA 1994b).

Distickstoffmonoxid (N_2O = Lachgas) entsteht auch bei der mikrobiellen Umsetzung von Stickstoff durch Nitrifikation und Denitrifikation - also auch bei der Stickstoffelimination in den Kläranlagen. Zum einen trägt N_2O zur Klimaerwärmung bei, zum anderen schädigt es durch photolytische Bildung von NO-Radikalen die stratosphärische Ozonschicht. Die Art der Kohlenstoffquelle sowie die Konzentrationen an Kohlenstoff, Stickstoff und Sauerstoff spielen eine wichtige Rolle für die Höhe der N_2O-Emissionen bei der Nitrifikation/Denitrifikation. Lachgas entsteht nur beim aeroben Abbau, nicht aber bei der Gärung. Durch eine Vergärung organischer Abfälle würden nicht nur die N_2O-Emissionen aus kommunalen Kläranlagen wegfallen, die im Vergleich zu den industriellen und landwirtschaftlichen Emissionen gering sind (vgl. WICHT & BEIER 1995), sondern auch die landwirtschaftlichen Emmissionen ließen sich reduzieren.

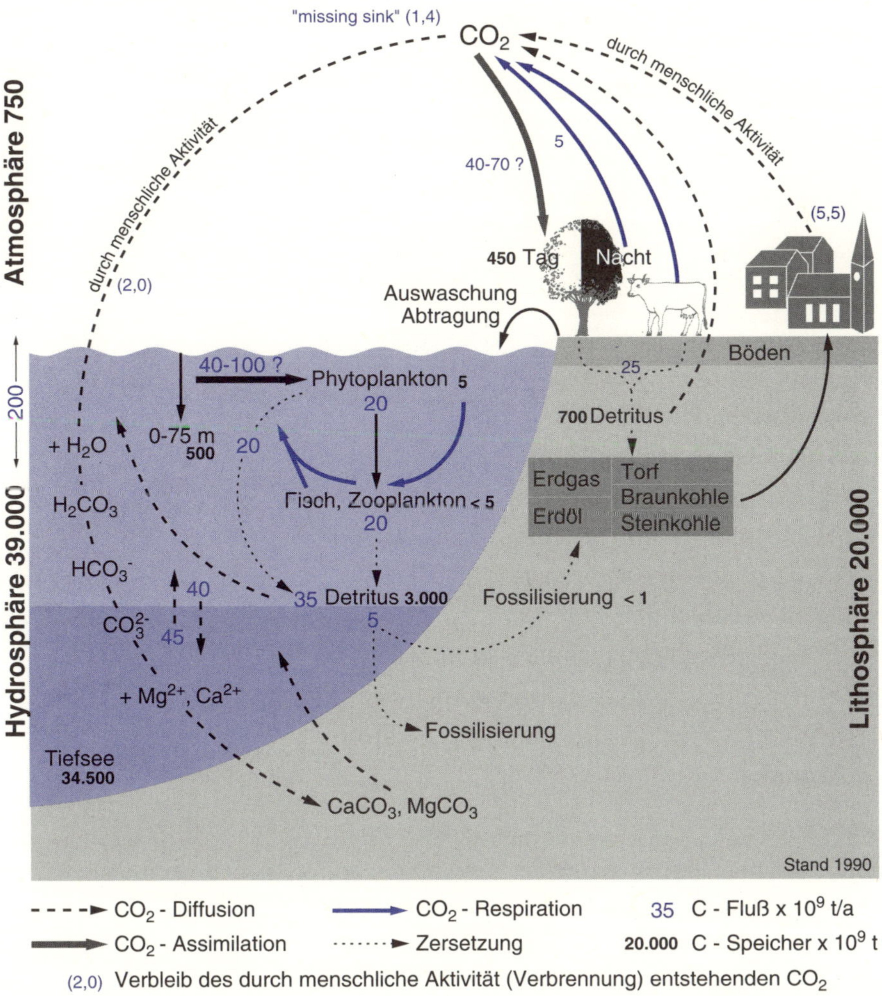

Abb. 18:
Kohlenstoffkreislauf (verändert nach dtv-Atlas zur Ökologie 1990, aktualisiert nach ARRHENIUS 1992, MASON 1995)

Der Ausstoß an Kohlendioxid in die Atmosphäre aus menschlicher Aktivität wird für die 80er Jahre etwa auf 5,5+/-0,5 Gt C/a geschätzt. Hinzu kommen in die Atmosphäre etwa 1,1+/-1,0 Gt C/a aus der Zersetzung, Verbrennung und Abholzung von tropischen Regenwäldern und anderen Änderungen der Landnutzung. Diese Menge ist vergleichsweise gering gegenüber den ca. 200 GT C/a, die jährlich zwischen Atmosphäre und der Erdoberfläche (Ozeane und Kontinente) ausgetauscht werden. Trotzdem macht sich diese vergleichsweise geringe Menge in höheren CO_2-Gehalten in der Atmosphäre deutlich bemerkbar. Etwa die Hälfte der zusätzlichen Emissionen (3,2 Gt C/a) verbleibt in der Atmosphäre. Nach entsprechenden Modellen werden weitere 2+/ - 0,8 GT/a durch die Ozeane aufgenommen. Für die Differenz („**missing sink**") von 1,4 +/- Gt C/a ist bisher noch keine befriedigende Erklärung gefunden.

Abb. 19:

Kohlenstoffbilanz beim **aeroben** Abbau (a) und beim **anaeroben** Abbau (b) der org. Abfälle bzw. Urin und Fäkalien von ca. 300 000 EW. Dieses gilt für Kläranlagen, die noch keine Kraftwärmekopplung in einem Blockheizkraftwerk (BHKW) betreiben und ihren Energiebedarf im wesentlichen aus Erdgas oder Kohlestrom decken. In Anlagen, die mit BHKW betrieben werden, verändert sich die CO_2-Bilanz entsprechend (ergänzt nach Lindert, unveröffentlicht, vgl. auch Lindert 1995)

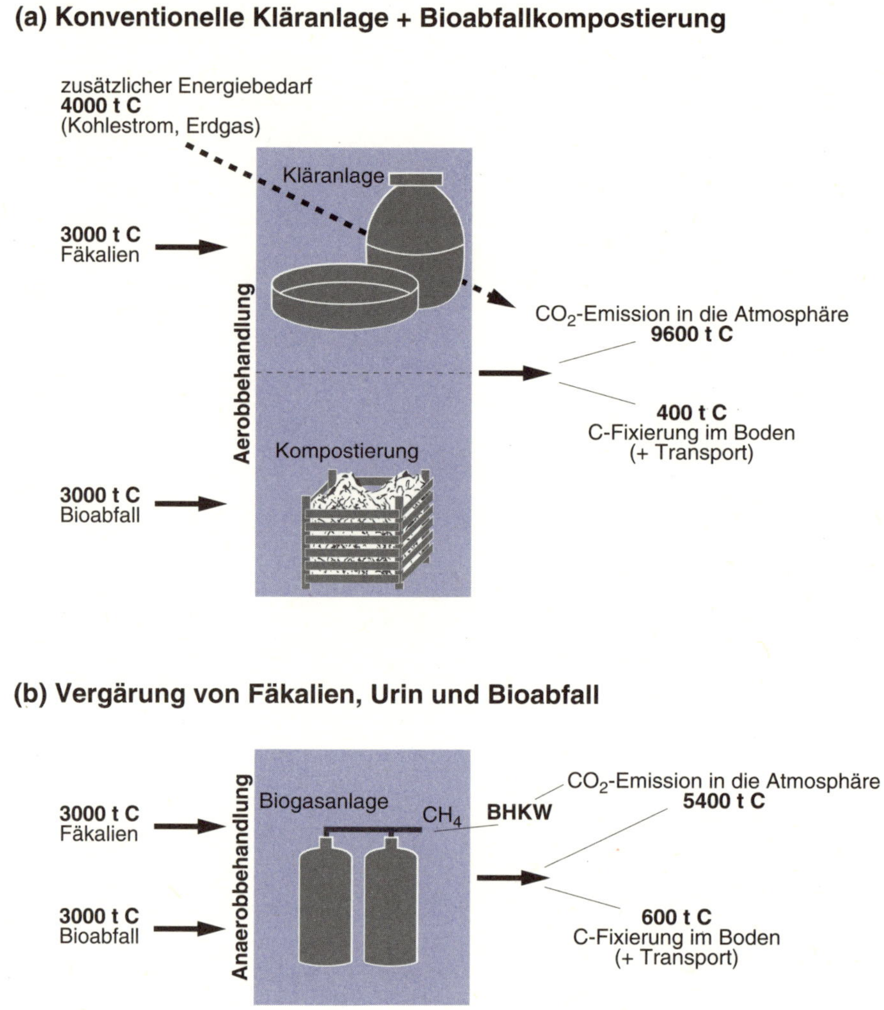

Abb. 20:

Schema: **Aerober** (in Anwesenheit von Luft-Sauerstoff) und **anaerober** (in Abwesenheit von Luft-Sauerstoff) Abbau **aerob** = Lebensweise von tierischen und pflanzlichen Organismen, die zur Atmung Sauerstoff aus der Luft verwenden. Demenstrechend wird bei aeroben Abbauvorgängen Sauerstoff verbraucht. Im Gegensatz dazu gibt es **anaerobe** Vorgänge, die unter Ausschluß von Sauerstoff (**anoxisch**) stattfinden; die entsprechenden Stoffwechselvorgänge werden als Gärung bezeichnet.

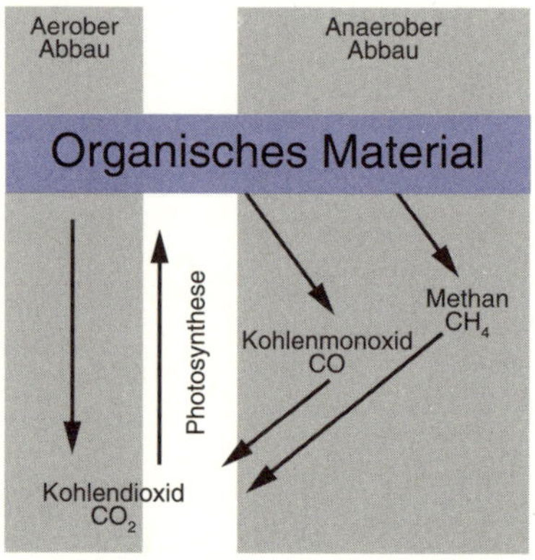

Eine mögliche Ursache könnten die veränderten Umsatzraten im Boden und in den Pflanzen sein, die durch veränderte, verfügbare Gehalte an Kohlenstoff, Stickstoff und geänderte Temperaturen entstanden sein könnten.

Wenn man die einzelnen **Kohlenstoffdepots** auf der Erde betrachtet, so fällt als relativ schwer einzuschätzende Größe der Boden auf. Der Boden ist zwar absolut gesehen ein relativ kleines Depot für Kohlenstoff, aber ein wichtiger Schlüssel für das Verständnis der Nährstoffkreisläufe. Unter anderem hängt es möglicherweise wesentlich vom Humusanteil der Böden ab, wieviel Kohlenstoff in ihnen gespeichert bleibt. Je höher der Anteil, desto größer die Speicherung von Kohlenstoff im Boden.

Beim aeroben Abbau von organischen Stoffen (in Anwesenheit von Sauerstoff) kommt es zu einer Umwandlung in CO_2, Wasser und teilweisen Mineralisierung von Stickstoff, Phosphor etc.. Der anaerobe Abbau (vgl. Vergärung, Biogas-Anlage, ohne O_2) führt zur Bildung von Methangas (CH_4), Wasser und ebenfalls zur Mineralisierung eines kleineren Teil von Phosphor und Stickstoff. Für die Praxis liegt ein wesentlicher Unterschied darin, daß das Methangas vor der Oxidation/Verbrennung zu CO_2 noch zur Energiegewinnung genutzt werden kann und so den Einsatz eines anderen Energieträgers erspart.

Die meisten zentralen Großkläranlagen beruhen im wesentlichen auf dem Belebtschlammverfahren, das einen großen Teil der organischen Substanzen zunächst unter **aeroben** Bedingungen (durch energieaufwendige technische Belüftung) zu Kohlendioxid CO_2 abbauen. In der Regel wird nur der Klärschlamm zusammen mit den abgesetzten Stoffen aus der Vorklärung (vgl. Abb. 14) in „Faultürmen“ (Biogasanlagen) zur Mengenreduzierung und zur Dekkung eines Teils der Energie, die die Kläranlagen benötigen, genutzt.
Selbst wenn der gesamte Klärschlamm in der Landwirtschaft ausgebracht würde, kämen nur etwa 15 % des eingesetzten Kohlenstoffs zurück in den Boden. Bei einer Vergärung der Bioabfälle und des Schwarzwassers (wenig verdünnte Fäkalien und Urin) könnten es immerhin 20-25 % des Kohlenstoffs sein. Hinzu kämen Einsparungen beim CO_2-Ausstoß durch die Produktion von **Methan** (CH_4), sowie der Einsparung von Betriebsenergie in der Kläranlage. In Abb. 19 ist eine **Kohlenstoffbilanz** dargestellt.

2.3.2. Das Meer und der Klärschlamm - Endlager für die Nährstoffe Stickstoff, Phosphor und Kalium

Phosphor

Durch die umfangreichen Maßnahmen zur weitergehenden Abwasserreinigung und den Verzicht auf **Phosphat** in Waschmitteln gehen die Frachten an Phosphor in den Flüssen stark zurück. Die Landwirtschaft trägt etwa zu 38 % zum Phosphateintrag in Fließgewässern bei. 58 % bzw. 46 000 t/Jahr der Gesamteinträge entstammen aus Klärwerken, davon 5/6 aus kommunalen Anlagen (UBA 1994).

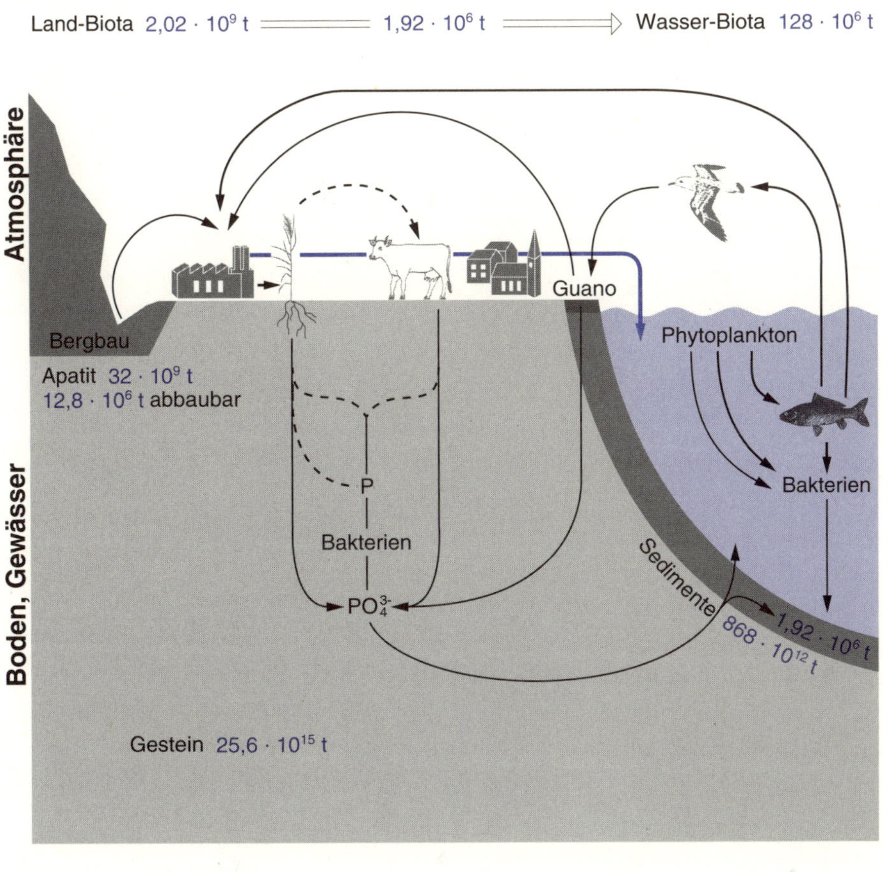

Abb. 21:
Phosphorkreislauf (verändert nach dtv-Atlas zur Ökologie 1990)

Cadmium und Phosphor

Eines der für den Menschen bedenklichsten Schwermetalle ist das kanzerogen und hoch toxisch wirkende Cadmium (Cd), das von uns mit der Nahrung aufgenommen wird und sich in Leber und Niere anreichert. Laut WHO ist die tolerierbare Cadmium-Belastung bereits zu 40 % erreicht (zit. in MÖNICKE 1994). Die Versorgung mit gering Cadmium-belastetem Phosphordünger wird mit Erschöpfung der Lagerstätten (z.B. des Kolaapatits) immer schwieriger. Die erheblich verstärkte Verwendung des Klärschlamms (bzw. Urin und/oder Fäkalien direkt, vgl. Kap. 3.5) in der Landwirtschaft ist daher ein wichtiger Schritt, um zu annähernd geschlossenen Nährstoffkreisläufen zu gelangen (vgl. Abb. 21 und 23). Die Phosphatfällung mit Eisen oder Aluminium in herkömmlichen Kläranlagen setzt die Pflanzenverfügbarkeit des Phosphors jedoch deutlich herab. In Zukunft sollte daher unbedingt nur noch biologisch „eliminiert“ werden.

Tab 11:
Phosphor und Stickstoffeinträge in Fließgewässer (UBA 1994a)

		Phosphoreinträge [1000 t] Alte Länder 1987-1989, Neue Länder 1991/92	Stickstoffeinträge [1000 t] BRD 1989/91
Diffuse Einträge (*ca.90 % aus Landwirtschaft*)			
	Direkteinleitungen	12	79
	Dränwasser	2,7	54
	Erosion	31	73
	Grundwasser	1,2	400
	Niederschlag, Streu	0,9	22
Punktförmige Einträge			
	Industrielle Abwässer	6	91
	Regenwasserbehandlung	8	29
	häusliche Abwässer einschl. Indirekteinleiter	38	290
	Summe	**99,8**	**1038**
	P/N	**1**	**10**

Der **Stickstoffkreislauf** gilt als kompliziertester der geochemischen Kreisläufe. Das liegt unter anderem daran, daß Stickstoff in so unterschiedlichen Formen vorliegen kann (z.B. in der Gasphase als N_2) und der gesamte mineralische Stickstoff in ca. 1-2 Monaten umgesetzt wird. Eine wichtige Rolle nimmt die Fixierung des Luftstickstoffes ein. Durch die Aktivität des Menschen wird ungefähr noch einmal so viel Luftstickstoff fixiert wie durch „natürliche“ Vorgänge (ca. 140 Tg N/a). Ein beträchtlicher Teil dieses aus der Luft fixierten Stickstoffs wird ins Grundwasser und die Küstengewässer umverteilt. Das C/N- und N/P-Verhältnis verschiebt sich dort immer weiter zugunsten des Stickstoffs, die N-Frachten in den Fließgewässern steigen weiter. Viele der Gewässer sind deshalb nicht mehr stickstofflimitiert. Die Belastung an Nitrat in Böden und Gewässern ist heute flächendeckend. Dies spiegelt sich auch in den Konzentrationen im Trinkwasser wieder (GALLOWAY et al. 1995, NEVISON et al. 1996).

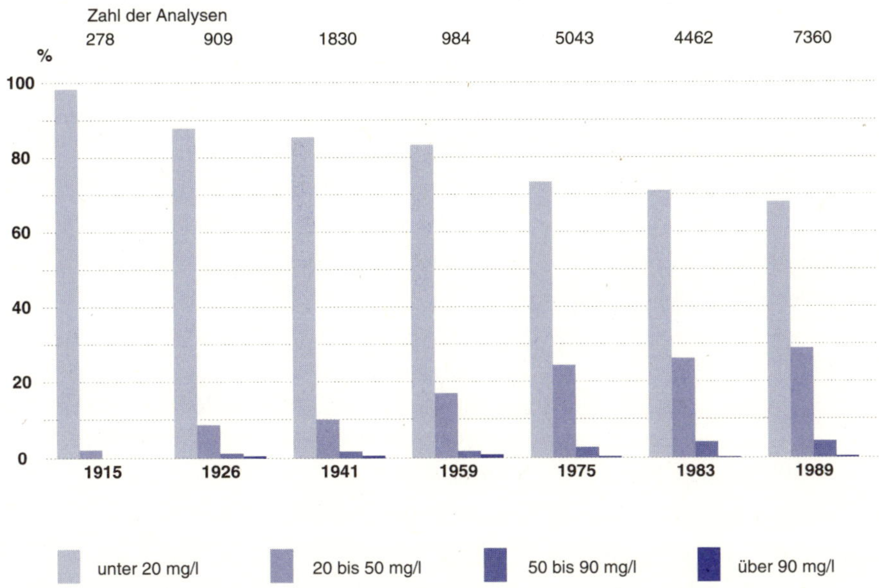

Abb. 22:

Nitratgehalte des Trinkwassers in den alten Bundesländern (UBA 1994b); viele der Brunnen die Messwerte über 50 mg/l aufwiesen mußten geschlossen werden

Durch die Abnahme der Phosphorfracht verschiebt sich insbesondere das N/P-Verhältnis immer stärker. Dies kann dazu führen, daß Algenpopulationen so schnell wachsen, daß sie den Phosphor vollkommen aufbrauchen. Der Stickstoff bleibt aber in solch großem Überschuß vorhanden, daß selbst gelöste Formen des Stickstoffs, die normalerweise als allererstes von den Algen aufgenommen werden im Wasser verbleiben. Diese gelösten Stickstoffverbindungen wirken auf viele Organismen toxisch (vgl. unten).

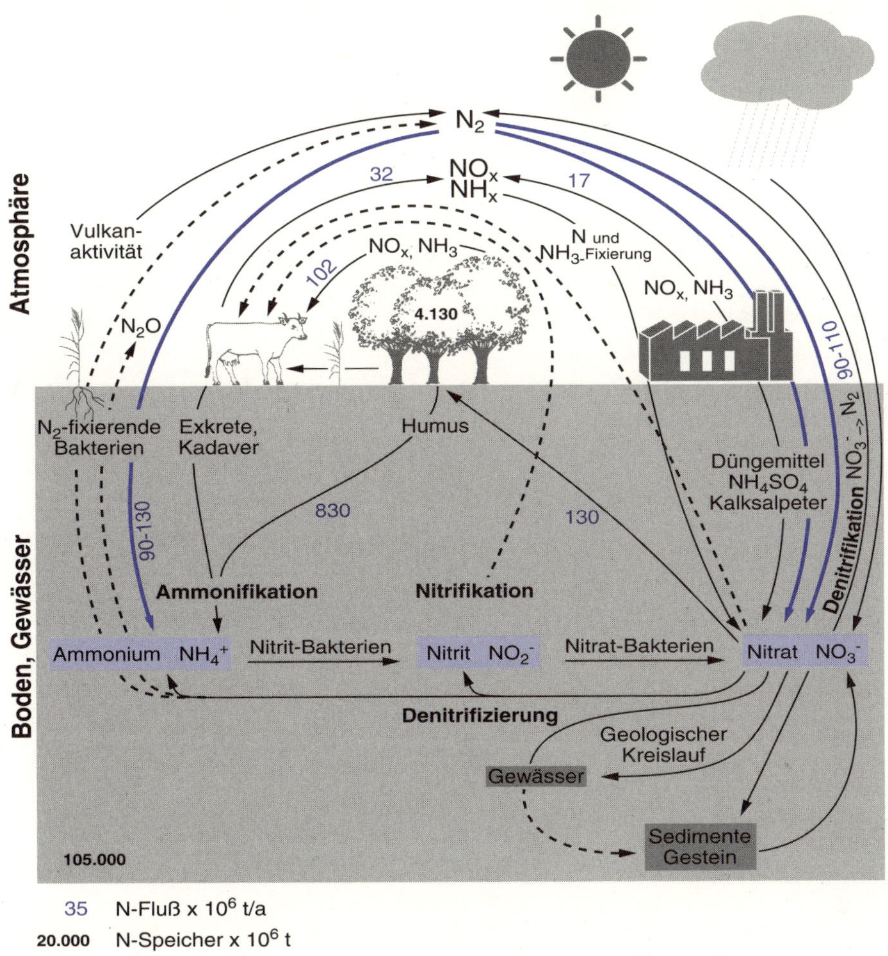

Abb. 23:

Stickstoffkreislauf (verändert nach dtv-Atlas zur Ökologie 1990)

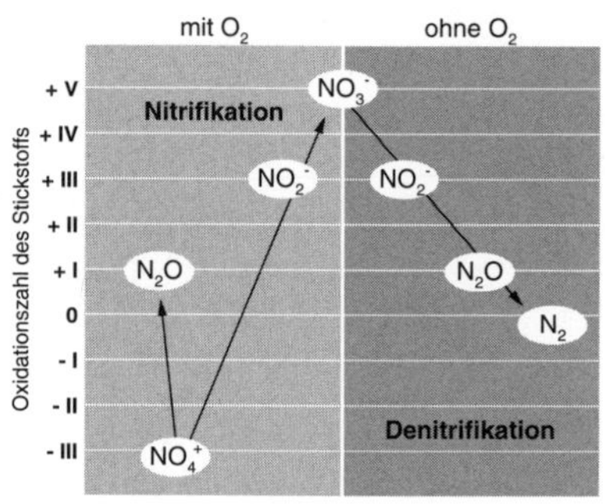

Abb. 24:
Mikrobielle Stickstoffumwandlungen (verändert nach Menges & Schulthess 1995)

Literaturtip !
Lozan et al. 1990: Warnsignale aus der Nordsee.- Parey, Hamburg

Stickstoff und seine Verbindungen (vgl. Rheinheimer 1988)

Stickstoff liegt im häuslichen Abwasser zum größten Teil als Ammonium vor, z.B. als Abbauprodukt des Harnstoffs, NH_4^+ und zu kleineren Teilen in organischer Form oder als Nitrat (NO_3^-) oder Nitrit (NO_2^-).

Nitrat: Salz der Salpetersäure; Bestandteil stickstoffhaltigen Düngers; wird im Grundwasser und bei der Abwasserreinigung in Nitrit umgewandelt.

Nitrit: Salz der salpetrigen Säure, das als Zwischenprodukt (der Nitrifikation) bei der Abwasserreinigung entsteht. Beim Menschen kann Nitrit den Sauerstoff im Blut blockieren und im Körper zu den krebserregenden Nitrosaminen reagieren.

Die Oxidation von Ammonium bzw. Ammoniak durch Bakterien zum Nitrat über das Nitrit bezeichnet man als **Nitrifikation.** Die „Reduktion" (Respiration) des oxidierten Stickstoffs (Nitrat oder Nitrit) zum molekularen Stickstoff (N_2) durch Bakterien bezeichnet man als **Denitrifikation.**

Ein weiterer wichtiger Nährstoff ist das **Kalium** (K). Konventionelle Kläranlagen haben den gravierenden Nachteil, daß sie Kalium auch bei optimalem Betrieb kaum im Klärschlamm zurückhalten. Auch Kaliumdünger ist eine begrenzte Ressource, insbesondere in weniger industrialisierten Ländern. Diese besitzen nur wenige Prozent der weltweit vorhandenen fossilen Vorkommen.

Endlager Meer

Die Wasserwirtschaft ist in weiten Teilen Europas eine **Wirtschaft des Stoffdurchflusses mit partieller Rückhaltung,** beispielsweise im Klärschlamm oder mit unterschiedlicher Aufenthaltsdauer im Grundwasser. Die Nord- und Ostsee, der Atlantik und das Mittelmeer sind dabei für viele Stoffe das Endlager.

Dunkle Flecken im Wattenmeer

Im Juni 1996 ging es durch die Presse: Quadratkilometer große Flecken des Wattenmeers waren „umgekippt". Selbst vom Hubschrauber aus war der faulige Geruch des aufsteigenden Schwefelwasserstoffs zu riechen. Ein Zeichen für Sauerstoffmangel des dunklen, schleimigen Wattbodens, der den Wattwürmern Muscheln und Schnecken ein Leben nun unmöglich macht. Die Algenteppiche, die sich auf überdüngten Wattboden ausgebreitet haben, werden nicht mehr gefressen, sterben ab und fangen an zu faulen. Der Sauerstoff des Wattbodens ist dabei schnell aufgebraucht und viele Organismen sterben und verwesen. Die seit Jahrzehnten andauernde Düngung des Wattenmeer über Luft und Flüsse ist zwar nicht der einzige Grund - der kalte Winter 95/96 hat gewiß auch dazu beigetragen - aber sicher ein wichtiger. PolitikerInnen wie die niedersächsische Ministerin Frau Griefahn betonen angesichts des Wattsterbens ihre Betroffenheit. Sie verweisen jedoch darauf, daß bereits fast 100 % der Bevölkerung an Kläranlagen angeschlossen seien, Bauern, die auf Düngung im Randbereich von Fließgewässern verzichten bereits Zuschüsse erhielten und Schiffe Ihr Öl in Niedersachsen kostenlos entsorgen lassen könnten. Alles weitere liege jetzt im Bereich internationalen Handelns (nach Badische Zeitung vom 18.6.96, S.3).

Durch den Bau bzw. Ausbau der Kläranlagen werden die Flüsse sowie das Endlager Meer vor allem von den Nährelementen Phosphor (P) und Stickstoff (N) entlastet - allerdings zu Lasten der Klärschlammdeponie, bzw. der Luft (Klärschlamm-Verbrennung). Die Verminderung der P- und N-Frachten in den Flüssen geschieht allerdings in ungleichem Maße. Die Folgen sind schon jetzt nicht mehr zu übersehen. Immer häufiger und länger ist das N/P - Verhältnis in der Nordsee größer als 16 (EBERLEIN 1994, GUNKEL 1994). Das führt zum einen zu einer Eutrophierung durch Stickstoff und in der Folge, zu Änderungen des Algenbestandes. Unter den Algen finden sich verstärkt solche, die Toxine produzieren, die für andere Organismen und auch den Menschen gefährlich werden können (RIEGMAN et al. 1992).

Endlager Klärschlamm

Bis heute wird die Leistung der Abwasserbehandlungsanlagen anhand weniger Parameter bewertet (CSB, BSB, N, P vgl. Tab. 6, Kap. 2.1). Bezogen auf diese Parameter wurden gerade in Deutschland erstaunliche Anstrengungen unternommen. Die Wasserqualität beispielsweise des Rheins hat sich gegenüber 1970 in dieser Hinsicht enorm verbessert. Die Belastungen durch kommunale Abwässer und Schwermetalle haben stark abgenommen (vgl. z.B. IKSR 1993, 1994 a,b,d).

Dagegen nimmt die Zahl an '**Mikroverunreinigungen**' noch zu. Unter Mikroverunreinigungen sind Stoffe zu verstehen, die nicht in der Kläranlage zurückgehalten werden und relativ schwer abbaubar sind. Ihren ökologischen Auswirkungen ist eine angemessene Aufmerksamkeit bisher verwehrt geblieben (vgl. ZULLEI-SEIBERT 1987). Die problematischsten Verbindungen stammen aus dem Straßenverkehr (z.B. KRAUTH & HAUBER 1988), dem Gebrauch von Wasch- und Reinigungsmitteln sowie aus Indirekteinleitern wie der Zellstoff- und der Textilveredelungsindustrie (als Textilabwasser und als Emission beim Waschen der Textilien beim Verbraucher) sowie aus Klinikabwässern. Entsprechende Untersuchungen werden erst allmählich bzw. durch eine verbesserte Analytik möglich. Der höhere Anschlußgrad an die Kanalisation, der Ausbau der Kläranlagen, insbesondere die Phosphatelimination durch Fällung, bedeutet auch größere Klärschlammmengen. Der jetzt schon hohe mengenmäßige Anteil des Klärschlamms am Gesamtabfall der Europäischen Union nimmt daher zu (Abb. 25).

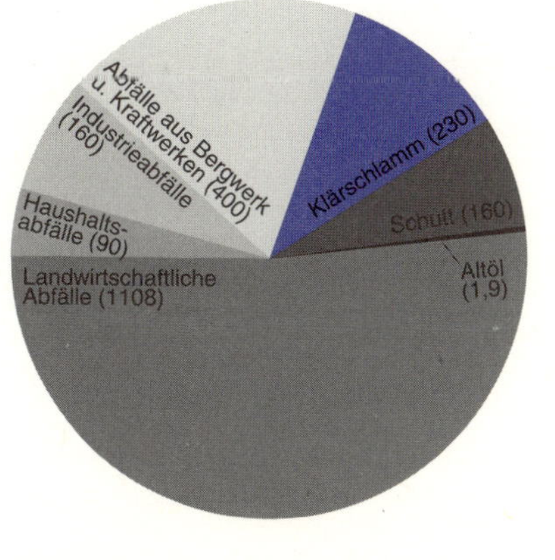

Abb. 25:
Geschätztes Abfallaufkommen in der Europäischen Union [in Mio. Tonnen/Jahr] (LINDNER 1992)

Mit der jährlichen **Klärschlammproduktion** in Deutschland könnten 400 Fußballfelder 10 m hoch geflutet werden. Für die alten Bundesländer fallen derzeit ca. 2,5-3 Millionen Tonnen Schlammtrockensubstanz (mit zunehmender Tendenz) an, von denen höchstens 30 % (mit abnehmender Tendenz) landwirtschaftlich genutzt werden. 56 % des Klärschlamms werden deponiert und 14 % verbrannt (RÖMER 1994).

Sollte sich die Klärschlammentsorgung tatsächlich danach richten, wie sie die TA Siedlungsabfall (seit 1.1.1993 in Kraft) nach einer Übergangszeit von 12 Jahren vorsieht - das heißt, daß der Klärschlamm vor der Ablagerung weitestgehend zu mineralisieren ist - so bliebe nach bisheriger Technik nur die Verbrennung des Klärschlamms. Allein aufgrund der weitaus schlechteren Ökobilanz der Klärschlammverbrennung (zwischen 60-130 % mehr CO_2,vgl. PENZBERG 1994; Schadstoffemissionen, vgl. RÖMER 1994) gegenüber der landwirtschaftlichen Verwertung sollte diese Entwicklung vermieden werden, abgesehen von den ungenutzten Nährstoffen, die mit der Verbrennung für die Landwirtschaft verloren gehen (AHRENS & LOHSE 1993).

Nach Meinung einiger Abwasserfachleute ist ein großer Teil des derzeit anfallenden Klärschlamms in seiner jetzigen Qualität für eine landwirtschaftliche Nutzung weitgehend unbedenklich verwendbar (z.B. POLETSCHNY 1994). Die Verwertung des Klärschlamms als Dünger würde den Stofffluß weiter spür- und meßbar vom Durchfluß zur teilweisen Kreislaufwirtschaft verschieben. Stoffkreisläufe haben jedoch die Eigenschaft, nicht umgesetzte Substanzen anzureichern, wenn der Import den Export übersteigt.
Beim Stickstoff z.B. besteht derzeit ein Überschuß von ca. 100 kg N/ha (vgl. Kap. 2.5.1), für viele andere Stoffe läßt sich bisher sowohl die aktuelle Konzentration, als auch eine Anreicherung im Klärschlamm bzw. im Boden bisher nur aufgrund des Importes abschätzen.

Mehr Schlamm als Hausmüll

Jährlich werden schätzungsweise 50 Millionen Kubikmeter Schlamm und Schlick aus Häfen und Flüssen entfernt. Das ist etwa doppelt soviel wie die Deutschen an Hausmüll produzieren. Bis vor 20 Jahren galt dieser Schlamm bei Landwirten als ausgezeichneter Dünger. Nachdem sich jedoch herumgesprochen hat, wie stark belastet dieser Schlamm mit Schwermetallen und anderen schwer abbaubaren Inhaltsstoffen ist, ist dieser Schlamm zu einem der größten Entsorgungsprobleme geworden. Überall da, wo das Wasser nur langsam fließt, z.B. in Häfen oder durch Stauwehre unterbrochene Flußabschnitte, sinken die Schwebstoffe zu Boden. An ihnen adsorbiert befindet sich ein großer Teil der Schadstoffe, die durch Kläranlagen, die Landwirtschaft, Straßenabwasser oder die Industrie in die Flüsse gelangen (JANSEN 1988). Das führt dazu, daß sich im Schlamm die Schadstoffe anreichern und dieser in vielen Fällen als „Sondermüll" betrachtet werden muß. Die Schlämme sind teilweise so stark belastet, daß bei einfacher Deponierung auf dem freien Feld die Schadstoffe durch Auswaschung auch ins Grundwasser gelangen. Daher müssen mittlerweile viele der Schlämme entweder auf teuren abgedichteten Kippen deponiert werden oder aufwendig so verarbeitet werden, daß ein Teil davon zumindestens als Baumaterial verwendet werden kann (Spiegel 2 1996, S.44) Jedes Jahr müssen ungefähr 23 Millionen m^3 Schlamm aus dem Rotterdamer Hafen gebaggert werden, um ihn funktionsfähig zu halten. Der größte Teil ca. 13 Millionen m^3 aus dem westlichen Hafengebiet wird in die Nordsee verklappt. Die restlichen 10 Millionen m^3 aus dem östlichen Hafengebiet sind so stark mit Schwermetallen und organischen Mikroverunreinigungen belastet, daß sie seit 1987 in einer speziellen Schlammdeponie, dem „Slufter" gelagert werden müssen. Die Kapazität dieses Slufter beträgt ca. 150 Millionen m^3, sie wird daher zu Beginn des 21. Jahrhunderts erschöpft sein. Angesichts dieser Aussicht hat die Stadt Rotterdam 1985 begonnen, die Verursacher zu ermitteln, um mit ihnen zu Vereinbarungen über eine weitgehende Reduzierung der Schadstoffemmissionen zu kommen. Auch im Hamburger Hafen fallen riesige Schlickmengen an. Diese werden zum Teil mit Eggen künstlich aufgewirbelt, um sie mit der Elbströmung in die Nordsee zu schwemmen. Dieses Vorgehen ist wie die Verklappung eine vergebene Chance der Nutzung einer natürlichen Wasserreinigung. Die Kosten wären aber auf alle Abwassereinleiter umzulegen, die Anteil an der Verwandlung von Sediment in Sondermüll haben. Dieses könnte durch eine prozentuale Abführung der Abwasserabgabe geschehen, die nach AOX und Schwermetallemissionen berechnet wird.

Mit einer einheitlichen zentralen Strategie der Abwasserableitung und -reinigung läßt sich eine Differenzierung nach verschiedenen Stoffen und ihren Herkunftsbereichen nicht oder nur ungenügend realisieren. Die zurückgehaltenen Stoffe im Klärschlamm lassen sich kaum nach mehr oder weniger belasteten Anteilen trennen. Die Anreicherung von Stoffen, deren Wirkung in der Umwelt wir noch nicht kennen oder noch nicht messen können, ist relativ wahrscheinlich, und sie entspricht nicht einer vorsorgenden oder fehlerverträglichen Wirtschaftsweise. Bei dezentraler Abwasserableitung und Behandlung in kleineren Stoffkreisläufen ist die Gefahr der Aufkonzentrierung überschüssiger Stoffe zwar nicht beseitigt, die Chance einer qualifizierten Behandlung jedoch sehr groß. Fehler können frühzeitiger bemerkt und behoben werden. Darüber hinaus lassen sich dezentrale Verfahren an regional unterschiedliche Ansprüche bzw. Gefährdungen besser anpassen. Mit der aktuellen Klärschlammverordnung ist nicht einmal mehr für landwirtschaftliche Betriebe selbst ein Anreiz gegeben, ihre eigenen Fäkalschlämme auszubringen. Dabei sind Fäkalschlämme aus landwirtschaftlichen Betrieben allenfalls durch Schwermetalle, z.B. Zink und Kupfer, aus Hausinstallationen gering belastet (vgl. Kap. 2.9). Eine Fäkalschlammverwertung aus landwirtschaftlichen Betrieben sollte daher angestrebt und nicht verhindert werden. Die derzeit zulässige Verwertung von Klärschlamm aus größeren kommunalen Kläranlagen bis zu 5 Tonnen Trockenmasse/ha in 3 Jahren sollte dagegen in ihrer Langzeitwirkung weiter untersucht werden.

2.4. Das ökologische Risiko von Spurenstoffen

Die Zahl der Stoffe, die sich in der Umwelt nachweisen ließen, liegt bei über 200 000. Bis zum Jahre 1979 wurden von der Europäischen Union rund 73 000 „Altstoffe“ (auf dem europäischen Markt vorhandenen Chemikalien) registriert. Bis 1993 sind etwa 500 „Neustoffe“ hinzugekommen, die seitdem meldepflichtig sind (gem. §4 Chemikaliengesetz). Nur für einen geringen Teil dieser Stoffe existieren zuverlässige (routinemäßig einsetzbare) Nachweisverfahren. Bei Untersuchungen zur Auswirkung von Abwasser auf die Umwelt werden daher (auch aus Kostengründen) in aller Regel nur sehr wenige Stoffe, und vielfach nur in Summenparametern, erfaßt. Über Verbleib und Auswirkung vieler Stoffe, insbesondere in Abwässern von Indirekteinleitern (wie z.B. Textilbetrieben oder Kliniken) ist daher immer noch überraschend wenig bekannt.

Mit der EU-Richtlinie über den freien Zugang zu Informationen über die Umwelt (und dem daraus abgeleiteten Umweltinformationsgesetz) sind Daten zur Umwelt zwar prinzipiell zugänglich; für den Einzelnen ist es jedoch in den allermeisten Fällen unmöglich zu erfahren, mit welchen Stoffen er wie, wo und bei welchem Produkt in Kontakt kommt und wie umweltrelevant bzw. humantoxisch diese Stoffe sind. Neu auf den Markt gebrachte Chemikalien sind aufgrund der EU-Richtlinie 67/548/EWG bzw. des deutschen

Umweltinformationsgesetz (UIG): Nach EU-Vorgabe ist das UIG seit 16. 7. 1994 in Kraft. Es hebt den im deutschen Verwaltungsrecht bisher geltenden Grundsatz der beschränkten Aktenöffentlichkeit auf.

Chemikaliengesetzes seit über 12 Jahren einem Anmeldeverfahren unterworfen. Der Umgang mit den sich in Europa auf dem Markt befindlichen Altstoffen wird erst mit der Verordnung 793/93 des „Rates zur Bewertung und Kontrolle der Umweltrisiken chemischer Altstoffe" für alle EU-Staaten rechtsverbindlich geregelt. Darin ist festgelegt, daß für Altstoffe, von denen mehr als 1000 t/a vermarktet werden, die Hersteller oder Importeure der EU-Kommission alle verfügbaren Informationen liefern müssen. Aus diesen Angaben veröffentlicht die EU-Kommission anschließend Listen mit 'prioritären' Stoffen, zu denen Risikobewertungen durchgeführt werden. Die Risikobewertung erfolgt nach den sogenannten '*Technical Guidance Documents*', die für den Umweltbereich vom Umweltbundesamt in Zusammenarbeit mit Experten aus den EU-Ländern im Auftrag der EU-Kommission erarbeitet wurden. Hierbei wird die Konzentration, mit der ein Stoff in der Umwelt vorkommt (Predicted Environmental Concentration, PEC), unter Berücksichtigung eines Sicherheitsfaktors mit derjenigen verglichen, bei der voraussichtlich noch keine biologischen Wirkungen auf Organismen oder Ökosysteme auftreten (Predicted No-Effect Concentration, PNEC). Es wird hierbei spezifisch nach Wasser, Sediment, Boden und Luft bewertet, d.h. beispielsweise die Konzentration im Kompartiment Wasser mit der Wirkung auf aquatische Organismen verglichen. Ist die ermittelte Umweltkonzentration größer als die PNEC, so sind weitere Informationen und/oder Risikominderungsmaßnahmen erforderlich (Ahlers 1994). Die Stoffe können so nach dem Stand des gerade herrschenden Wissens bewertet werden. Das tatsächliche Risiko wird aber mit einer solchen Bewertung im Einzelfall noch nicht minimiert, da sich unter Umständen erst nach Jahrzehnten herausstellt, welchen Schaden einzelne Stoffe in der Umwelt allein oder in Kombination verursacht haben. Im folgenden ein Beispiel:

Fallbeispiel Östrogenoide Stoffe (Nonylphenol u.a.)

gesendet vom Süddeutschen Rundfunk in der Sendung 'Abenteuer Wissenschaft', am 6.3.94 um 21 Uhr, Autorin Deborah Cadbury (vgl. auch Spiegel 20/94)

Bekannt geworden ist das folgende Beispiel durch die Fernsehsendung „Attakke auf die Manneskraft" der BBC. Wissenschaftler an der Kopenhagener Universitätsklinik haben über 60 Spermienzählungen bis in die 1930er Jahre ausgewertet und kamen zu dem Ergebnis, daß sich die Zahl der Spermien im Ejakulat im Durchschnitt halbiert hat (Carlsen et al.1992, Giwercman et al.1992). Inzwischen gelten aus Gründen der methodischen Nichtvergleichbarkeit und der überhaupt starken Variation des Spermiengehaltes die Ergebnisse als sehr umstritten. Ein weiterer beunruhigender Hinweis ist jedoch die Häufung an Hodenkrebs in Amerika und Großbritannien, die häufigste Krebsart bei jungen Männern, auch in Dänemark zählt man heute 300-400 % mehr Fälle als vor 50 Jahren. Als Ursache für diese Entwicklung werden weibliche Geschlechtshormone diskutiert. So hemmt Östrogen nachweislich die Vermehrung der 'Sertoli-Zellen', die eine wichtige Funktion bei der Spermienproduktion erfüllen (vgl. White et al. 1994, Soto 1994, Raloff 1994). Aus Untersuchungen der großen Seen Nordamerikas ist bekannt, daß Pestizide (Soto et al. 1994) und eine ganze Reihe weiterer Stoffe hormon- bzw. östrogenähnliche Wirkungen haben (JOBLING & SUMPTER 1993). Eine erste wissenschaftliche Konferenz zu diesem Thema kam zu dem Schluß, daß eine Vielzahl von Chemikalien das Hormonsystem der Menschen und Tiere beeinflußt bzw. schädigen kann (COLBORN et al. 1992). Bisher lassen sich die wahren Ursachen nur schwer nachweisen, da die Verbreitung eines Stoffes Jahre zurückliegt und die Konzentrationen im Wasser selbst längst zu gering sind, um einen einfachen Zusammenhang zu beweisen.

In Großbritannien wurde bei der Hälterung von Fischen im Ablauf von Kläranlagen eine Geschlechtsumwandlung männlicher Fische festgestellt. Im Wasser waren eine Vielzahl östrogenartiger Stoffe nachweisbar, jedoch meist in sehr geringer Konzentration. Ein Zufall führte dazu, daß Alkylphenol-Ethoxylate (APnEO), verwendet in Farben, Waschmitteln und Pestiziden, und vor allem deren Abbauprodukt Nonylphenol, als mögliche Ursache in Verdacht geraten sind. In Flüssen und Seen Großbritanniens konnten Konzentrationen bis über 50 µg/l des Nonylphenols nachgewiesen werden. Bei dieser Konzentration produzieren die Fischmännchen große Mengen an Vitellogenin, das zur Geschlechtsumwandlung führen kann. Auch in der Schweiz ist der Stoff als problematisch erkannt worden (AHEL et al. 1993), wie die Arbeiten zum Abbau (AHEL 1994c), zur Konzentrationen im Wasser (AHEL 1994b) und im Klärschlamm (AHEL 1994a) erkennen lassen. Die hohe Toxizität des Nonylphenols für aquatische Organismen ist lange bekannt (Janicke et al. 1969, STEPHANOU & GIGER 1982, GIGER et al. 1984, 1987, MARCOMINI et al. 1989, TALMAGE 1994). Seit den 80er Jahren ist es in Kläranlagen und Flüssen der Schweiz nachgewiesen. Mittlerweile sind toxische Effekte bekannt geworden bei Konzentrationen unter 6 µg/l (NAYLOR et al. 1992), sowie die Anreicherung bis zum 10 000-fachen in der Süßwasseralge *Cladophora glomerata* (AHEL 1993, 1994d). Die Auswirkungen, die Nonylphenol als östrogenoid wirkender Stoff besitzt, sind bisher kaum abschätzbar:

- die in herkömmlichen Kläranlagen enstehenden Abbauprodukte wie das Nonylphenol sind bei weitem toxischer als der Ausgangsstoff APnEO und reichern sich im Klärschlamm und in aquatischen Organismen an,
- die Toxizität ist zwar schon lange bekannt, die Grenzkonzentrationen, bei denen sich Schädigungen zeigen, werden jedoch immer niedriger bestimmt,
- **die schädigenden, östrogenoiden Wirkungen** der Alkylphenole bzw. die Ihrer Abbauprodukte, wurden erst Jahrzehnte nach ihrer weltweiten Verbreitung bekannt. Das Ausmaß der Langzeitschäden ist derzeit noch nicht abschätzbar.

Die betroffenen Industrieverbände haben sich daher im Januar 1986 verpflichtet, auf den Einsatz von APnEOs bis spätestens 1992 zu verzichten. Mitte der achtziger Jahre wurden noch ca. 20 000 t in Wasch- und Reinigungsmitteln eingesetzt. Ob die Alkylphenole die einzigen Stoffe sind, denen man aus den geschilderten Gründen Aufmerksamkeit schenken sollte, ist mehr als fraglich (FENT 1995, GIGER 1995).

Das Beispiel sollte zeigen, daß sich die Risikobewertung eines Stoffes zeitlich und qualitativ ändern kann. Keine noch so gute Bewertung gibt Auskunft über das tatsächliche Risiko, sondern nur über den aktuellen Wissensstand (dies gilt auch für Spermienzählungen und daraus abgeleitete Trends). Neben der Ansammlung von Wissen über die Stoffe sollte eine Risikominimierung daher auch durch die Reduzierung der prinzipiell in die Umwelt gelangenden Mengen vorgenommen werden, vor allem, wenn es sich um Stoffe handelt, die als schwer abbaubar (=persistent) gelten und von denen sublethale (d.h. dauerhaft schädigende, jedoch nicht tötende) Wirkungen bekannt sind (BRAUNBECK 1994, vgl. Kap. 2.4.2 und 2.4.3). Eine Zusammenstellung einiger schwer abbaubarer Substanzen (=Xenobiotika) verschiedener Stoffgruppen mit reproduktionsstörender Wirkung auf aquatische Organismen findet sich bei GUNKEL (1994).

Phänomen der Grenzkonzentrationen

In den letzten Jahren ist bei Untersuchungen zur Abbaubarkeit von Stoffen festgestellt worden, daß bei einigen Substanzen ab einer gewissen unteren „Grenzkonzentration" kein Abbau mehr stattfindet. (vgl. z.B. RHEINHEIMER et al. 1990, FURTMANN 1993). Dies wird damit erklärt, daß die abbauenden Organismen bei zu niedrigen Schadstoffkonzentrationen die entsprechenden Enzyme, z.B. aus energetischen Gründen nicht bilden können. Da bei den typischen Abbautests solche Konzentrationen in der Regel nicht unterschritten werden, gelten solche Stoffe, trotz Ihrer „schleichenden" Persistenz bei niedrigen Konzentrationen, als abbaubar.

Neben der Abbaubarkeit stellt auch die Anreicherung der Stoffe in Organismen ein wichtiges Bewertungskriterium dar. Das sich daraus ergebende **Gefährdungspotential** läßt sich aus **Polarität** (Wasserlöslichkeit) und der **Flüchtigkeit** eines Stoffes abschätzen (vgl. Abb. 26)

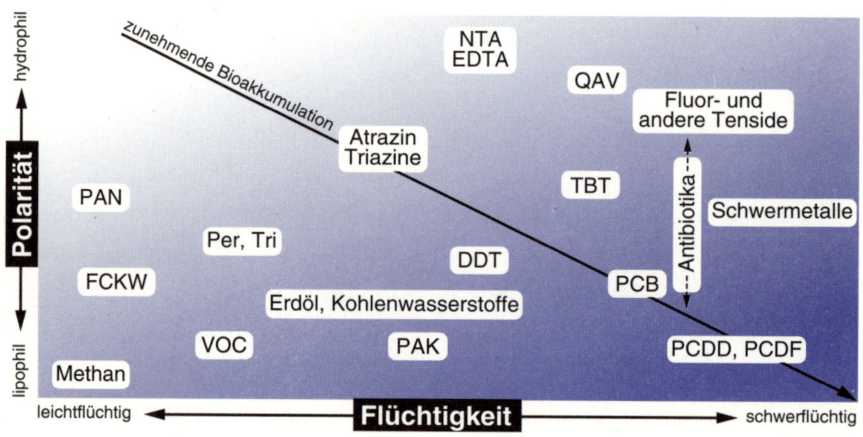

Abb. 26:

Organische Umweltchemikalien (verändert nach GIGER 1995) im Polarität-Flüchtigkeitsdiagramm

FCKW = Fluorchlorkohlenwasserstoffe
PAN = Peroxyacetylnitrat (Smog-Substanz)
VOC = flüchtige org. Verbind.
PER = Perchlorethylen
Tri = Trichlorethylen
PAK = polycyl. aromatische Kohlenwasserstoffe
PCB = polychlorierte Biphenyle
PCDD = polychlorierte Dibenzodioxine
PCDF = polychlorierte Dibenzofurane
TBT = Tributylzinn
NTA = Nitrilotriacetat
EDTA = Ethylendiamintetraacetat
Tenside = oberflächenaktive, waschaktive Substanzen
QAV = Quarternäre Ammoniumverbindungen

2.4.1. Vermeidung naturfremder Stoffe - 'Sanfte Chemie'

'Sanfte Chemie' ist ein vor etwa einem Jahrzehnt eingeführter Begriff, welcher der 'Harten Chemie' gegenübergestellt wird. Sie zielt darauf ab, Risiken durch die Vermeidung des Einsatzes von gefährlichen Chemikalien zu vermindern.

Eine erste zusammenfassende Darstellung über das Konzept der Sanften Chemie gibt das gleichnamige Buch von FISCHER (1993), dem die meisten der folgenden Gedanken entnommen sind.

Auszug aus den 9 Thesen zur sanften Chemie von FISCHER 1993.

„*Sanfte Chemie entsteht ... nicht allein aus einer angestrebten Alternative zu den real existierenden Chemikalien und Produkten mit deren toxikologischen und ökotoxikologischen Zahlenwerten (MAK, ADI, LD50, LC50, WGK etc.), sondern noch mehr aus einer ganzheitlichen Sichtweise der gesamten Biographie, den Prozeßketten und Produktlinien der betreffenden Produkte. Dieser prozessuale Aspekt setzt bei primären Rohstoffen an, betrachtet alle Zwischenschritte der Produktion, das Produkt selbst - und zwar vor, während und nach dem Gebrauch - sowie die Schritte bis zur Entstehung der letzten Zersetzungsprodukte und deren Verbleib in der Umwelt.*" (These 1)

„*Sanfte Chemie geht von der Überzeugung aus, daß die enorme, noch nicht einmal übersehene Vielfalt der aus Naturprozessen entstandenen Stoffe ... bei intensiver Anwendungsforschung vielleicht nicht alle, aber doch die wesentlichen stofflichen und auch viele energetischen Grundbedürfnisse des menschlichen Lebens ohne einschneidende Einschränkungen an Lebensqualität zu befriedigen vermag.*" *(These 3)*

„*Die Überlegungen zu einer Sanften Chemie stützen sich nicht zuletzt auf die schlichte Tatsache, daß in einer endlichen Welt die gängigen Produktionsverfahren ohne wirklichen stofflichen Kreisschluß keine Zukunft haben werden: in bald absehbarer Zeit werden die bislang genutzten fossilen Ressourcen als Quellen aufgezehrt sein, während andererseits auch die zur Verfügung stehenden Deponierungsmöglichkeiten für die unvermeidlichen Abfall- und Reststoffe chemischer Produktion als stoffliche Senken ausgeschöpft sein werden.*" (These 9)

Danach ist die 'Sanfte Chemie' die Alternative zu der schleichenden Vergiftung unserer Umwelt aufgrund der Folgewirkungen der 'Harten Chemie', die immer mehr Menschen - Allergiker, Neurodermatiker, Asthmatiker etc. - in eine unfreiwillige Askese gegenüber zahlreichen Freuden und Vergnügungen des Daseins zwingt. „Die allmähliche Wiedergewinnung einer Umwelt ohne persistente Stoffe ist demgemäß ein ausgesprochen weltliches und lustbetontes Ziel."

Das zitierte Buch zeigt auf, wie wichtig, wissenschaftsgeschichtlich gesehen, die grob vereinfachte Sichtweise der Chemie durch Abtrennung sozialer und ökologischer Fragen für ihre Entwicklung war. Die Idee der sanften Chemie ist demgegenüber die Einbeziehung ökologischer und sozialer Fragen in die heutige chemische Massenproduktion.

Wie eine kleine Auswahl der von Fischer zitierten Thesen (vgl. Kasten) verdeutlichen soll, ist auch die 'Sanfte Chemie' wie eine vorsorgende Wasserwirtschaft orientiert an der Nutzung oder Nachahmung natureigener Vorgänge insbesondere von weitgehend geschlossenen Stoffkreisläufen, d.h. einer ganzheitlichen Sichtweise.

In Bezug auf die Wasserwirtschaft wäre ein konkreter Schritt in diese Richtung die systematische gewässerökologische Beurteilung und Erfassung sämtlicher schwer abbaubarer (=refraktärer) Stoffe und ihre weitgehende Substitution. Dies ist eine notwendige Voraussetzung, um die in privaten Haushalten verwendeten Stoffe im Kreislauf halten zu können.

2.4.2. Harte Chemie Beispiel I: Textilabwässer

Von den Abwässern der etwa 320 Textilveredelungsbetriebe in den alten Bundesländern werden etwa 96 % in die öffentliche Kanalisation eingeleitet. Eine über die Neutralisation hinausgehende innerbetriebliche Behandlung dieser Abwässer ist die Ausnahme (MINKE & ROTT 1994). So ist oft der Gehalt an schwer abbaubaren organischen Chemikalien („refraktärer CSB oder TOC" in kommunalen Kläranlagen auf Abwässer der Textilveredelungsindustrie zurückzuführen (vgl. Tab. 14, KILLER & SCHÖNBERGER 1993, SCHÖNBERGER 1994).

Tab. 12:

Beispiele refraktärer Stoffe, die bei der Veredlung von Textilien ins Abwasser gelangen - gegliedert nach den wichtigsten Veredelungsschritten (aus KILLER & SCHÖNBERGER 1993)

Vorbehandlung	• Synthetische Schlichtemittel (Carboxylmethylcellulose, Polyvinylalkohole, Polyacrylate, Polyester) • Nebenprodukte in Lineare Alkylbenzolsulfonate-haltigen Waschmitteln • Polyglykol/propylenglykol in Präparationsmitteln für die Texturierung • Polycarboxylate
Vorbehandlung und Färberei	• Niedermolekulare Polyacrylate • Phosphonate • Ethylendiamintetraacetat (EDTA) • Diethylentriaminpentaacetat (DTPA)
Färberei	• Farbstoffe • Kondensationsprodukte aus ß-Naphthalinsulfonsäuren und Formaldehyd sowie Ligninsulfonate als Dispergiermittel vor allem für Küpen- und Dispersionsfarbstoffe • N-Alkylphthalimide, Methylnaphthalinderivate, o-Phenylphenolderivate als Färbebeschleuniger
Druckerei	• Farbstoffe • m-Nitrobenzolsulfonat und das korrespondierende Amin (vor allem im Druckereiabwasser) • aromatische Amine mit Sulfonsäuregruppen aus der reduktiven Spaltung von Azofarbstoffen beim Ätzdruck
Ausrüstung	• Stoffe für die Hochveredlung mit N-Hydroxymethyl- oder N-Methoxymethylgruppen, z.B. bis (hydroxmethyl)-dihydroxyethenharnstoff

Nach Auskunft des Textilhilfsmittelkataloges existieren etwa 6800 unterschiedliche **Textilhilfsmittel**. Nach Schätzungen der BASF kann man davon ausgehen, daß sich hinter diesen Zahlen tatsächlich etwa 600 Wirkstoffe verbergen. Für 1992 wurde von einer deutschen Produktion von rund 340 000 Tonnen dieser Hilfsmittel ausgegangen, davon schätzungsweise ca. 67 000 Tonnen

Farbmittel. Von diesen werden wiederum etwa 15 000 Tonnen in der Bundesrepublik Deutschland verbraucht. Etwa 4000 verschiedene im Handel befindliche Farbstoffe werden im sogenannten Colour Index aufgelistet. Pro Kilogramm zu veredelnder Textilie wird von einem Wasserverbrauch von ca. 100 Litern ausgegangen. Bei diesem Veredelungsprozeß kommen etwa 300-400 Chemikalien zum Einsatz, ca. 20-30 % der Stoffmengen davon gelangen ins Rohabwasser. (Datenmaterial aus JÄGER & MEYER 1995: Toxizität und Mutagenität von Abwässern der Textilproduktion; UBA-FB 95-045).
Wieviel der oben genannten Stoffe an den Textilien haften bleibt und später in den privaten Haushalten ausgewaschen wird, ist weitgehend unbekannt. Etwa ebensogroß ist die Unkenntnis bezüglich der Auswirkungen auf den Menschen. Die Enquête-Kommission des Deutschen Bundestages zum "Schutz des Menschen und der Umwelt" kommt demzufolge auch zu dem Schluß, daß Abwasserbelastungen durch die Betriebe der Textilveredelung ein wichtiges ökologisches Problem darstellen.
Trotz der geschilderten Problematik werden Abwässer der Textilveredelungsindustrie bisher im Rahmen der routinemäßigen behördlichen Überwachung (Rahmenabwasser-Verwaltungsvorschrift) neben den chemisch-physikalischen Parametern ökotoxikologisch lediglich auf ihre Fischgiftigkeit hin untersucht. Untersuchungen von Abwässern verschiedener Textilveredler im Auftrag des Umweltbundesamtes ergaben, daß diese Abwässer in ihrer Toxizität für Kleinkrebse (Daphnien) und Fische mit anderen Industrieabwässern vergleichbar sind. In den meisten Proben wurde eine mittlere bis starke Toxizität gefunden.

Herkunftsbereich	G_F	G_D
Getränkeindustrie	4 - 64	32 - 256
Lackindustrie	8	32 - 256
Zuckerherstellung	8 - 128	4 - 32
Papierindustrie	2 - 8	2 - 8
Steinkohleverkokung	64 - >128	32 - 512
Wollkämmereien	8 - 16	8 - 128
Krankenhäuser	4 - 128	2 - 1024
Textilveredelung	2 - 32	1 - >192
zum Vergleich: kommunale Kläranlagen	2 - 4	2 - 4

Tab. 13:
Toxizitätsdaten zu Abwässern aus verschiedenen Industriebereichen auf Kleinkrebse (*Dapnia magna*) und Fische (*Leuciscus idus*). Angegeben wird jeweils die erforderliche Verdünnungsstufe (als ermittelter Bereich) der Abwasserprobe, ab der für den jeweiligen Organismus kein akut toxischer Effekt mehr zu beobachten ist (G_F: Verdünnungsstufe für Fische; G_D: Verdünnungsstufe für Daphnien). Mit Ausnahme der Getränkeindustrie handelt es sich um Werte, die jeweils im Zulauf der entsprechenden nachgeschalteten Kläranlage gemessen wurden (JÄGER *et al.* 1996).

Anders sieht dies allerdings für die erbgutverändernde Wirkung (Mutagenität) dieser Abwässer aus. In der erwähnten Auftragsstudie des UBA erwiesen sich 12 von 45 Abwasserproben aus der Textilveredelung als mutagen im bakteriellen Ames-Test. Einige dieser Proben zeigten auch in einem Testsystem, das das Mutagenitätspotential für höhere Organismen besser repräsentiert als der bakterielle Test, nämlich im sogenannten Hamsterzelltest, eine Mutagenität (JÄGER et al. 1996). Teilweise blieb die ermittelte Mutagenität selbst nach der Abwasserbehandlung erhalten. Diese Ergebnisse stehen im Einklang mit der 1992 von einer amerikanischen Forscherin (HOUK 1992) aufgestellten Klassifizierung, wonach Abwässer der Textilveredelungsindustrie zu den Branchen

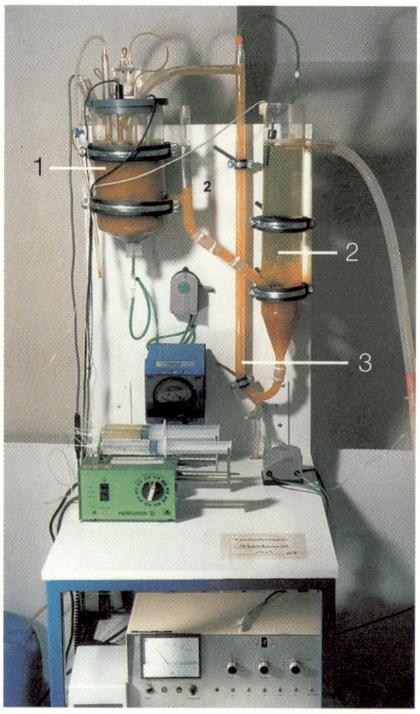

Abb. 27:

Modellkläranlage zur Untersuchung der Abbaubarkeit von Abwasser bzw. deren Inhaltsstoffen. Die Apparatur simuliert die Abbauprozesse im Belebtschlammbecken (1) kommunaler Kläranlagen. Das gereinigte Abwasser gelangt von dort ins Absetzbecken (2). Der abgesetzte Belebtschlamm wird über (3) nach (1) zurückgeführt.

Fluortensid (ungeladen, Ethoxylat-Typ, n = 4 – 7)

$$(CH_2)_n(CH_3) - CF = CF - CF_2 - (OCH_2CH_2)_7OH$$

Fluortensid (anionisch, Sulfonat-Typ, n = 6 – 7)

$$CF_3 - (CF_2)_n - CF = CF - CF_2 - SO_2Na$$

Fluortensid (anionisch, Carboxylat-Typ, n = 4 – 10)

$$CF_3 - (CF_2)_n - CFH - COONa$$

oder (n = 4 – 10)

$$CF_3 - (CF_2)_n - COONa$$

mit dem größten mutagenen Potential im Abwasser gehören. Mehrere Indizien deuten neben Schwermetallen vor allem auf Farbstoffe als Verursacher der Mutagenität hin. So ist von einigen Farbstoffen insbesondere aus der Gruppe der Azo-Verbindungen aus Tierversuchen ein mutagenes Potential bekannt [Literatur siehe Jäger et al. 1996]. Zudem zeigte sich in der erwähnten UBA-Studie, daß ein Zusammenhang zwischen der festgestellten Toxizität und Mutagenität der Abwasserproben und deren Färbung besteht. Bereits in früheren Studien fand man, daß diese Färbung mit einem erhöhten Rest-CSB (refraktärem CSB) nach der Abwasserbehandlung einherging, was darauf hindeutet, daß diese Substanzen schlecht oder überhaupt nicht abbaubar sind. Sollte sich dieser Verdacht im Zuge weiterer Untersuchungen bestätigen, so bedeutet dies letzlich, daß auch durch den Gebrauch dementsprechend gefärbter Textilien über Waschwässer mutagenes Potential in das Abwasser und die Gewässer eingebracht wird.

Daneben ist natürlich auch der Träger bzw. Anwender dieser Textilien einem gewissen mutagenen Potential ausgesetzt, da die Farbstoffe auch an die Haut abgegeben werden können (Jäger et al. 1996, Winkeler 1996). Wenn auch bisher kaum Fälle von Haut- oder anderen Reaktionen eindeutig auf an Textilien haftende Stoffe zurückgeführt werden konnten, sollte dem möglichen Zusammenhang zwischen derartigen Erkrankungen und der Belastung mit solchen Problemstoffen größere Aufmerksamkeit geschenkt werden als bisher. Möglicherweise sind diese Substanzen mit verschiedenen allergischen Hauterkrankungen in Verbindung zu bringen, deren Ursache bisher meist nicht bekannt ist. Denkbar ist auch, daß solche allergische Reaktionen erst durch das Zusammenkommen verschiedener Stoffe hervorgerufen werden.

Neben der Toxizität spielt die Abbaubarkeit eine entscheidende Rolle in der Beurteilung des Gefährdungspotentials der eingesetzten Substanzen. Die Abbaubarkeit kann in standardisierten Verfahren im Labor untersucht werden. Ein Beispiel für einen derartigen Test zeigt die in Abbildung 27 dargestellte Modellkläranlage.

Eine Reihe von Stoffen, die in der Textilindustrie verwendet werden und die als schwer abbaubar gelten, werden bereits heute teilweise durch leichter abbaubare Stoffe ersetzt. Bei anderen Stoffen wird dagegen mit steigenden Einsatzmengen gerechnet.

Ein Beispiel für schwer abbaubare Stoffe sind die Fluortenside. Sie werden in der Textilveredelung verwendet, um Gewebe schmutz- und wasserabweisend zu machen. Außer in der Textilveredelung finden diese Stoffe auch noch Anwendung in der Galvanik, bei der Film- und Photoherstellung, sowie als Feuerlöschmittel (Römpp 1989). Das zuletzt genannte Einsatzgebiet deutet schon auf eine geringe chemische Reaktionsbereitschaft hin. In der Tat erweisen sich die Fluortenside als biologisch schlecht bzw. nicht abbaubar, bei gleichzeitig guter Wasserlöslichkeit (Prescher et al. 1984, 1985, 1986). Kenntnisse über das Vorkommen und mögliche Auswirkungen dieser Stoffe in der Umwelt sind kaum vorhanden (Schöberl et al. 1988, Fritsche & Hüttenhain, 1994). Es ist jedoch denkbar, daß diese Tenside Biomembranen von wasserlebenden Pflanzen und Tieren beeinträchtigen, wie dies für andere Tenside bereits nachgewiesen wurde (Steger-Hartmann et al. 1995).

Ein weiteres Beispiel für schlecht abbaubare Substanzen in Textilabwässern stellen die Reaktivfarbstoffe dar. Sie werden in wachsendem Maße zur Baumwollfärbung eingesetzt, weil sie sich durch hohe Farbintensität und -echtheit auszeichnen; in der Kläranlage tragen sie häufig zur Ablauffärbung bei (MINKE & ROTT 1994). Die Behandlung in der Kläranlage mit H_2O_2, durch Zugabe von Pulveraktivkohle oder durch Umkehrosmosefiltration ist zwar möglich, aber auch entsprechend kostspielig. Zudem ist fraglich, inwieweit teure Spezialverfahren zur Reinigung von Problemabwässern kommunalen Klärwerken aufgebürdet werden sollen. Unter anderem aus diesem Grund verfolgt der Anhang 38 zur Rahmen-Abwasser-Verwaltungsvorschrift auch die Absicht der Teilstrombehandlung von ökologisch bedenklichen Abwässern der Textilindustrie.

Neben den Belastungen der Textilindustrie gelangt durch das Waschen von neuen Textilien ein breites Spektrum unterschiedlichster Veredelungs-Chemikalien ins Wasser.

2.4.3. Harte Chemie Beispiel II: Arzneimittel und Klinikabwässer

Die ca. 2380 Krankenhäuser in Deutschland gehören wie die Textilveredelungsbetriebe nahezu ausschließlich zu den Indirekteinleitern von Abwässern in die kommunale Kanalisation. Dabei sind Klinikabwässer bisher jedoch kaum als Problemabwässer, vergleichbar mit Abwässern aus Galvanisierbetrieben oder Gerbereien, erkannt worden. Für Klinikabwässer, die zusammen mit Forschungs- und Entwicklungslabors, Arztpraxen, Röntgeninstituten, Laboratorien und technischen Prüfständen im Herkunftsbereich 10b (sonstige Bereiche) der Rahmenabwasser-Verwaltungsvorschrift aufgeführt sind, existieren aus diesem Grunde bisher auch keine spezifischen Mindestanforderungen. Grenz- oder Schwellenwerte bestehen lediglich im Rahmen kommunaler Vorgaben (Abwassersatzungen) für bestimmte Summenparameter wie pH, CSB oder AOX.

Die abwasserbeseitigungspflichtigen Kommunen regeln mit der Abwassersatzung die Modalitäten für die Benutzung der Kanalisation, z. B. Grenzwerte für Indirekteinleiter, den Anschluß- und Benutzungszwang und die Festsetzung der Abwassergebühren.

Frühere Untersuchungen an Klinikabwässern hatten häufig zwei sich gegensätzlich verhaltende Fragestellungen als Ausgangspunkt. Einerseits existierte die Vermutung, daß Klinikabwässer in besonderem Maße mit pathogenen Keimen (Bakterien, Viren) belastet sein könnten und damit eine Gefährdung für das Kläranlagenpersonal, aber auch für Benutzer der Gewässer darstellen würden. Andererseits diskutierte man aufgrund des hohen Gehaltes an Desinfektionsmitteln, die über entsorgte Gebrauchslösungen in das Abwasser gelangen können, einen eher entgegengesetzten Effekt, nämlich die Beeinträchtigung des mikrobiellen Klärprozesses aufgrund der bakteriziden oder bakteriostatischen Wirkung dieser Mittel. Beide Vermutungen sind mittlerweile im Kern widerlegt. So ergaben bakteriologische Untersuchungen, daß Klinikabwässer - mit der Ausnahme von speziellen Isolierstationen - seuchenhygienisch keine Sonderstellung einnehmen. Pathogene Keime (Coliforme und Viren) wurden in etwa gleicher Häufigkeit auch in häuslichem Abwasser gefunden (GROSSER 1990). Die Bestimmung der Konzentration ausgewählter Desinfektionsmittel ergab Werte, die keine mikroziden (schädigende) Effekte auf Abwasserbehandlungsanlagen erwarten lassen (JORDAN 1987). Im Hinblick auf die bereits erwähnten Summenparameter CSB und BSB_5 nimmt Klinikabwasser eine häuslichem Abwasser vergleichbare Position ein (BUTTSTEDT 1986). Allerdings blieben die Desinfektionsmittel dennoch im Mittelpunkt weiterer Untersuchungen, da in Klinikabwasserproben häufiger als in häuslichem Abwasser erhöhte AOX-Werte festgestellt wurden, als deren Ursache u.a. chlorhaltige Desinfektionsmittellösungen angesehen wurden. Neuerdings werden diese Desinfektionsmittel daher vermehrt durch Aldehyd- oder Quaternäre Ammoniumverbindungen(QAV) enthaltende Desinfektionsmittel ersetzt (SCHRÖDER 1993). Aufgrund der Vielzahl von Stoffen, die Bestandteil von Desinfektionsmitteln sein können (vgl. Tab. 14), kann bezüglich der Abbaubarkeit in Kläranlagen bzw. ihrem Verbleib in der Umwelt kein einheitliches Urteil gefällt werden. Ein Teil der Inhaltsstoffe kann jedoch aufgrund ihrer schlechten Abbaubarkeit als refraktär betrachtet werden (Chlororganika, bestimmte QAVs, Biguanide, EDTA).

Tab. 14:
Inhaltsstoffe von Instrumenten- und Flächendesinfektionsmitteln (nach WALTHER-MAURUSCHAT & WALZ, 1992; MÜLLER und GIERSBERG, 1993; KOPPE & STOZEK 1993; RHEINBABEN 1994)

Alkohole:	• 2-Propanol • 1-Propanol • Ethanol
Phenole:	• Kresole • Xylenole • Arylphenole
Chlor- bzw. halogenhaltige und chlorabspaltende Verbindungen:	• methylierte Chlorphenole • Tetra-,Penta-, Hexachlorphenole • Bromphenole • Natriumhypochlorit
Aldehyde:	• Formaldehyd • Glutardialdehyd • Glyoxal
Iodhaltige Verbindungen Peroxide (sauerstoffabspaltende Verbindungen) Amphotenside quarternäre Ammoniumverbindungen (QAV) Triamine Biguanide zwitterionische Tenside vom Sulfobetain-Typ	
Komplexbildner :	• EDTA • NTA • Polycarboxylate

Eine Bilanzierung der wichtigsten Inhaltsstoffe von Desinfektionsmitteln auf der Basis von Einkaufszahlen und Wasserverbrauchsmengen ergab für das Universitätsklinikum Freiburg die in Tab. 15 wiedergegebenen theoretischen Abwasserfrachten.

Tab. 15: Jahresabwasserfrachten (1992) ausgewählter **Desinfektionsmittelbestandteile** für das Universitätsklinikum Freiburg (nach Brinker 1992)

Inhaltsstoff	Fracht [kg/a]
k-Tenside (vor allem QAV)	148
Alkohole	4875
Aldehyde/Aldehydabspalter	1331
Phenole	8
organische Chlorträger	794

Während wenigstens für einige Desinfektionsmittelbestandteile, die auch in Reinigungslösungen enthalten sind, aufgrund des Waschmittelgesetzes ökotoxikologische Untersuchungen durchgeführt werden müssen und damit auch Daten zur Abbaubarkeit vorliegen, ist das Bild für Medikamente, die nach der Applikation ausgeschieden werden und in das Abwasser gelangen, völlig unklar. Von den wenigen Medikamenten, die bisher auf ihre biologische Abbaubarkeit untersucht wurden, erwiesen sich mehr als 50 % als nicht biologisch abbaubar (Richardson & Bowron 1985). Der Fall der Clofibrinsäure, deren Ethylester als Lipidsenker zur Herzinfarktprophylaxe medikamentös zum Einsatz kommt, alarmierte 1994 das damalige BGA (heute: Bundesinstitut für gesundheitlichen Verbraucherschutz und Veterinärmedizin). Clofibrinsäure wurde zwar schon in den 70er Jahren in amerikanischen Kläranlagenabläufen nachgewiesen (Hignite & Azarnoff 1977), jedoch zeigten erst die neueren Untersuchungen das nahezu ubiquitäre Vorkommen auch in Grund- und Trinkwässern (Stan et al. 1994). Zwar sind die ökotoxikologischen und humantoxikologischen Konsequenzen dieser Befunde noch nicht bekannt, doch belegt dieses Beispiel, daß auch Medikamente zur Gruppe der Umweltchemikalien gerechnet werden müssen.

Clofibrinsäure

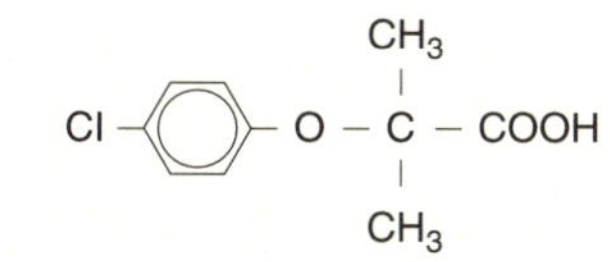

Clofibrat

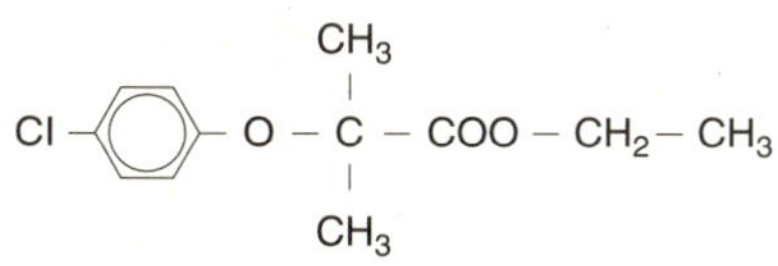

Tab. 16: Nach Wirksubstanzklassen geordnete Jahresabwasserfrachten (1992) von **Antibiotika** für das Universitätsklinikum Freiburg (nach Brinker 1992)

Wirksubstanzklasse	Fracht [kg/a]
ß-Lactam-Antibiotika	165,585
Tetracycline	0,260
Aminoglykoside	5,004
Chloramphenicol	0,017
Lincomycine, Makrolide	1,096
Polypeptid-Antibiotika	2,219
Chinolone	2,624
andere	3,286
Summe	180,091

Das Vorkommen von Medikamenten im Abwasser beschränkt sich natürlich nicht auf Krankenhäuser. Bei einzelnen Medikamenten, wie z.B. auch dem Clofibrat, kann sogar davon ausgegangen werden, daß der Haupteintrag über häusliche Abwässer stattfindet. Der Eintrag über die Produktionsstätten von Pharmazeutika wird dagegen generell als gering eingeschätzt (Richardson & Bowron 1985). Verbrauchsdaten für verschreibungspflichtige Medikamente, die als Basis für eine grobe Abschätzung des Eintrages in das Abwasser dienen könnten, sind kaum vorhanden. Zwar werden Menge und Anzahl verschreibungspflichtiger Medikamente vom Wissenschaftlichen Institut der AOK, Bonn, bundesweit erfaßt, diese Daten sind jedoch nicht öffentlich zugänglich.

Arzneimittel der Selbstmedikamentation könnten nur über die ebenfalls nicht veröffentlichten Produktions- bzw. Verkaufsmengen von seiten der pharmazeutischen Industrie bilanziert werden. In Krankenhäusern stellt sich hier eine günstigere Situation dar. Eine Abschätzung der Abwasserfracht kann über Einkaufs- bzw. Verbrauchsmengen der Klinikapotheken und dem jeweiligen Wasserverbrauch errechnet werden. Humane Ausscheidungsraten einzelner Medikamente liegen im allgemeinen aus den klinischen Studien der Zulassungsverfahren in der pharmakologischen Fachpresse vor. So wurden für das Universitätsklinikum Freiburg die in Tab. 16 wiedergegebenen Antibiotika-Abwasserfrachten berechnet.

Einige Antibiotika wurden bereits in früheren Studien analytisch in Fließgewässern nachgewiesen (Richardson & Bowron 1985). Inwieweit die nachgewiesenen oder zu erwartenden Antibiotikakonzentrationen noch eine biologische Wirkung ausüben, ist auf der Basis der verfügbaren Daten nicht zu beurteilen. Mögliche Wirkungen wären eine Erhöhung der mikrobiellen Resistenzbildung, wie sie bereits für Desinfektionsmittel diskutiert wird (Hingst et al. 1995) oder eine Verstärkung von Allergien, beispielsweise gegen Penicillin (Bowron & Richardson 1985) .

Neuere Untersuchungen (Giuliani et al. 1995, Gartiser et al. 1994, 1995) ergaben, daß Klinikabwässer vereinzelt ein erbgutveränderndes Potential besitzen. Inwieweit dieses Potential durch den Klärprozeß verloren geht, konnte bisher nicht geklärt werden, da die vorhandenen Mutagenitätstestsysteme nicht empfindlich genug für den Nachweis in den stark durch andere Abwässer verdünnten Proben sind.

Cyclophosphamid

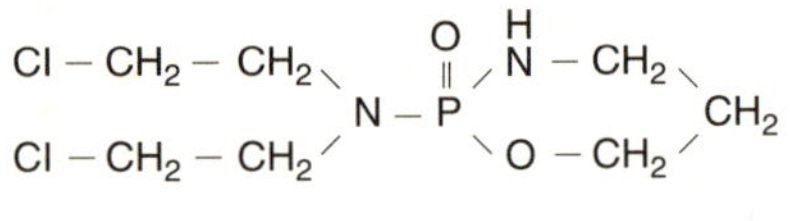

Die Ursache des erbgutverändernden Potentials ist ebenfalls noch nicht bekannt. Ein Verdacht richtet sich auf die in der Krebstherapie eingesetzten sogenannten Zytostatika. Von einigen dieser Medikamente ist bekannt, daß sie selbst erbgutverändernd (mutagen) oder krebserregend (kanzerogen) wirken (vgl. Lüders 1992, Zahn 1992). Tab. 17 gibt die für die Universitätsklinik Freiburg bilanzierten theoretischen Abwasserfrachten verschiedener Zytostatikagruppen wieder. Besonders gut belegt ist das mutagene und kanzerogene Potential für eines der am häufigsten eingesetzten Zytostatika, das Cyclophosphamid. Von diesem Medikament ist bekannt, daß es nach einer Chemotherapie zur Bildung sogenannter Sekundärtumore kommen kann, die auf die Wirkung des Medikaments zurückzuführen sind. Cyclophosphamid erweist sich als biologisch nicht abbaubar und konnte mittlerweile im Ablauf einer Kläranlage nachgewiesen werden (Steger-Hartmann 1996).

Wirkklasse	Fracht [kg/a]
Alkylantien	1,112
Antimetabolite	2,240
Alkaloide	< 0,001
mit antibiotischer Wirkung	0,040
Platin-Komplexe	0,226
Interferone	0,007
Enzyme	0,013
andere	1,052
Summe	**4,691**

Tab. 17:
Nach Wirkklassen geordnete Jahresabwasserfrachten (1992) von **Zytostatika** (Krebstherapie) für das Universitätsklinikum Freiburg (nach BRINKER, 1992)

Inwieweit der Eintrag von Arzneimitteln in die Umwelt durch die Behandlung von Teilströmen verringert werden kann, bleibt eine offene Frage. Die bisher aus Gründen der Hygienisierung vorgeschlagenen Behandlungsmethoden, wie z. B. Ultrafiltration lassen hohe Investitions- und Betriebskosten erwarten (RUDOLPH et al. 1992, DORAU & LOPEZ-PILA 1994).

Verschiedene Untersuchungen zum anaeroben Abbau von Xenobiotika, wie Chlororganika oder Nitroverbindungen (MÜLLER 1992; HOLLIGER & SCHWARZENBACH 1995) zeigen, daß in dieser Verfahrenstechnik möglicherweise ein Potential zur Behandlung von aerob nicht abbaubaren Substanzen liegt. Produktionsrückstände der Antibiotikaproduktion werden beispielsweise schon seit längerem anaerob behandelt (LIEBMANN 1970). Bei der Bewertung von Medikamenten in Abwässern ist zu bedenken, daß nicht abbaubare Wirkstoffe in den Wasserkreislauf gelangen und über das Trinkwasser vom Menschen wieder aufgenommen werden. Bei Sanitärkonzepten mit separater Behandlung von Urin und Fäkalien (vgl. Kap. 3.5) bleiben die Medikamentenrückstände konzentrierter, belasten dabei jedoch den produzierten Dünger. Bei der Kompostierung oder Vergärung ist die Behandlungszeit allerdings um das 10-1000-fache länger und es werden höhere Temperaturen erreicht. Dazu kommt eine längere Verweilzeit im Boden. **Kompostierung von Arzneimittelabfällen** oder Produktionsrückständen wird daher bereits als kostengünstige und umweltverträgliche Alternative zur Deponierung vorgeschlagen (HEYWORTH 1996).

2.5. Gefährdung des Grundwassers

Grundwasser:
Versickertes unterirdisches Wasser in einer Tiefe bis zu mehreren hundert Metern, teilweise in mehreren Schichten. Steht oder fließt in Geschwindigkeiten zwischen einigen Zentimetern und zehn Kilometern pro Tag. Starker Austausch mit den Oberflächengewässern. Löst Mineralien aus Boden und Gestein und transportiert Schadstoffe. Braucht zwischen Jahrzehnten und vielen Jahrtausenden zur Regeneration. Hauptquelle für Trinkwasser in Deutschland.

Eine Datenauswertung der Landesanstalt für Umweltschutz in Karlsruhe stellte langfristig fallende Grundwasserstände fest, obwohl die Niederschlagsmengen im Durchschnitt eher zugenommen haben. Eine von mehreren Ursachen könnte in den tendenziell abnehmenden Winterniederschlägen liegen, die für die Grundwasserneubildung entscheidend sind. Die Bodenversiegelung großer Flächenanteile und die dadurch fehlende Versickerung sowie der immense Grundwasserverbrauch der Städte und Kommunen müssen jedoch ebenso in Betracht gezogen werden.
In den letzten Jahren haben Aktivitäten zum Schutze des Grundwassers nicht zuletzt von juristischer Seite zugenommen. Diese Anstrengungen könnten auch die Diskussion dezentraler Entwässerungsstrategien beeinflussen.
So wird zu Recht auf eine mögliche Gefährdung des Grundwassers durch künstliche Versickerung oder Bodenfilteranlagen hingewiesen, da von Dächern und Wegen ablaufendes Wasser bereits mit Schadstoffen belastet ist. Entsprechend existiert die Forderung, solches Wasser überhaupt nicht zu versickern, sondern es direkt in die Kanalisation zu leiten. Nicht bedacht wird dabei jedoch, wie wichtig dieses Wasser für die Neubildung von Grundwasser ist. Zudem sind die Schadstoffmengen im Vergleich zu anderen Quellen wie der Landwirtschaft und dem Eintrag aus zentralen Klärwerken gering (vgl. Kap. 2.7). Die verbreitete Annahme, daß durch Kanalisation und zentrale Kläranlage Schadstoffeinleitungen in das Grundwasser weitgehend ausgeschlossen werden, ist falsch. Zum einen tritt eine nicht unerhebliche Gefährdung durch undichte Kanäle auf (Grotehusman et al. 1993), zum anderen stehen die meisten der Fließgewässer mit dem Grundwasserkörper in regem Austausch, so daß Stoffe aus Kläranlagen und aus Misch- oder Regenwasserüberläufen auch auf diesem Weg ins Grundwasser gelangen. Untersuchungen zur Grenzzone zwischen Oberflächengewässer und Grundwasser - dem 'hyporheischen Interstitial' - belegen einen intensiven Austausch des Wassers in beiden Richtungen, so daß schwer abbaubare Stoffe durchaus in erheblichen Mengen vom Flußwasser ins Grundwasser und umgekehrt gelangen können. Dieses geschieht besonders ausgeprägt in Regionen, in denen Tagebaue durch Sümpfung (Abpumpen von Grundwasser) trockengelegt werden. Im Köln-Düsseldorfer Raum versickert der Rhein großflächig in Richtung der Braunkohletagebaue, wobei gutes Grundwasser für Jahrtausende durch belastetes Rheinfiltrat ersetzt wird. Uferfiltrat gehört zu den wichtigsten Quellen für die Trinkwasserversorgung, es ist daher nur konsequent, daß sich auch die Trinkwasserversorger verstärkt um die Abwassereinleitungen kümmern (z.B. Sontheimer & Völker 1987).

2.5.1. Viel hilft viel - Eintrag aus der Landwirtschaft

In einer Untersuchung des Büros für Technikfolgenabschätzung des Deutschen Bundestages wurde die Bedeutung der Landwirtschaft für den Gewässerschutz, vor allem für das Grundwasser erkannt. Dabei werden zwei Strategien vorgeschlagen (Meyer 1993a).

Herkunft	N [kg/ha]
Zufuhr:	
Mineralischer Dünger	132
Tierische Produktion	109
aus Atmosphäre und Stickstoffixierung	35
Gesamtzufuhr	276
Entzüge:	
Erntegut	127
Ammoniakverluste	33
Summe	160
Stickstoffüberschuß	**116**

Tab. 18:
Stickstoffeintrag ins Grundwasser durch die Landwirtschaft für die alten Bundesländer (aus Meyer 1993a-e): Als Ergebnis der Stickstoffbilanzierung wird diejenige überschüssige Stickstoffmenge ausgewiesen, die in der landwirtschaftlichen Produktion dem Boden zugeführt und nicht mit dem Erntegut wieder entzogen wird. Dabei gingen ein: mineralische N-Düngung, N-Anfall aus tierischer Produktion, symbiotische N-Fixierung, asymbiotische N-Fixierung, N-Einträge aus der Atmosphäre, Entzug durch Erntegut und Ammoniakverluste bei Lagerung und Ausbringung des organischen Düngers

Die erste hält an dem jetzigen Konzept der Wasserschutzgebiete fest, die den Trinkwasserschutz zum Leitziel des Grundwasserschutzes erklärt. Derzeit sind erst etwa 50 % der zu schützenden Gebiete der BRD durch Verordnung festgelegt. Dieser Strategie steht das Konzept des flächendeckenden Grundwasserschutzes (Strategie II) gegenüber, die den Eintrag von Stickstoff und anderen Schadstoffen auf der gesamten Fläche untersucht. Strategie II (in ihr werden 2 Varianten unterschieden) stößt in der EU auf erhebliche rechtliche Schwierigkeiten und ist politisch bisher kaum durchsetzbar (vgl. auch DVWK 1994). Zum Leitziel des Grundwasserschutzes sollte der geschlossene (Stick)-Stoffkreislauf erhoben werden. Bodenuntersuchungen zum Nährstoffgehalt zur Vermeidung von Überdüngungen, Aufklärung der Bevölkerung, Weiterbildung der Bauern sowie eine durchsichtigere und vernünftigere Güllewirtschaft sind Maßnahmen, die aus diesem Leitziel unmittelbar abzuleiten sind (vgl. Kluge & Schramm 1990). Dies würde Maßnahmen, wie sie im Kap. 3 vorgestellt werden, voraussetzen. Mit gutem Beispiel ging das Wasserversorgungsunternehmen Freiburg i.Br. voran, das den Landwirten Ausgleichszahlungen dafür leistete, wenn sie auf übermäßige Düngung und Pestizideinsatz im Wassereinzugsgebiet verzichteten (Beck 1989). Langfristig führt an einem flächendekkenden Grundwasserschutz kein Weg vorbei.

2.5.2. Regen, Staub und Aerosole - Eintrag aus der Luft

Ohne Luftverunreinigungen hätte der Niederschlag einen leicht sauren pH-Wert von 5-5,6. Durch die Säurebildner Schwefeldioxid, Stickoxide und Ammoniak, das als Ammonium (im Regen) oder als Ammoniumsulfat (Staub) ausgetragen wird, liegt der durchschnittliche pH-Wert des Regens heute zwischen 4,2 und 4,7. Der Regen ist also durchschnittlich 10 mal saurer als natürlicherweise. Zum Versauerungspotential tragen heute durch die Reduktion von Schwefeldioxid das in der Landwirtschaft anfallende Ammoniak (zu 45 %), sowie in steigendem Maße die durch den Autoverkehr abgegebenen Stickoxide bei. Je nach Boden kommt es zu unterschiedlich starken Auswirkungen; durch

Versauerungspotential und Landwirtschaft: Ein Rind entläßt jährlich doppelt so viel Stickstoff in die Luft wie ein PKW ohne Katalysator

das saure Milieu werden Schwermetalle und andere Stoffe aus den Böden in die Oberflächengewässer oder ins Grundwasser ausgewaschen. Der Vorgang ist auch für die Trinkwasserversorgung von Bedeutung.

Tab. 19:
Emissionen in der Luft 1989 in den alten Bundesländern (zusammengestellt von MEYER 1993a, Angaben zu Ammoniak nach ASMAN et al. (1988)

Emission von	[1000 t/Jahr]	Hauptverursacher	Anteil [%]
Stickstoffoxide (als NO_2)	2.700	Autoverkehr	60
Ammoniak (NH_3)	590	Landwirtschaft	98
Schwefeldioxid (SO_2)	960	Kraftwerke, Industrie	80
Flüchtige organische Verbindungen	2.550	Autoverkehr	ca. 50
Kohlenmonoxid (CO)	8.250	k.A.	k.A.
Kohlendioxid (CO_2, nur energiebedingte Emissionen)	688.000	k.A.	k.A.
Staub	460	k.A.	k.A.

Langfristig muß mit einer Belastung des Grundwassers durch die Luft gerechnet werden, vor allem dann, wenn der „Puffer" Boden bereits gestört ist. Da der Schadstoffeintrag über die Luft flächendeckend stattfindet, ist die Konzeption der Wasserschutzgebiete für die Sicherstellung der Trinkwasserversorgung auf lange Sicht nur bedingt tauglich.

Pestizide - „Pflanzenschutzmittel" aus der Luft

Für die Pestizide dürfte gelten, daß der Einsatz im häuslichen Bereich (Gärten) und damit im häuslichen Abwasser gegenüber den landwirtschaftlichen Einträgen gering ist. Es muß dennoch mit einer Kontamination auch der kommunalen Abwässer gerechnet werden, da mittlerweile bekannt ist, daß Pestizide über enorme Distanzen über die Luft verfrachtet werden. So ergaben Regenwassermessungen eines vom UBA unterstützten Forschungsprogrammes an 2 Meßstellen in „Reinluftgebieten" (Schauinsland im Südschwarzwald und Deuselbach in Rheinland-Pfalz) sowie einer quellennahen Meßstation (Meierhof, bei Darmstadt, Hessen) Wirkstoff- bzw. Metabolitgehalte im Regen, die teilweise über dem Grenzwert nach der Trinkwasserverordnung lagen (SCHARF & BÄCHMANN 1993). Die Tabelle 20 gibt die in diesem Forschungsprojekt berechneten Depositionsmengen wieder.

Wirkstoff	Depositionsmenge [g/ha]		
	Deuselbach	Schauinsland	Meierhof
Simazin	0,012	0,004	0,056
Atrazin	0,059	0,024	0,118
Terbutylazin	0,004	0,003	0,044
Diazinon	0	0,003	0,132
Trialat	0	0,182	0
Metribuzin	0	0,009	0,006
Metolachlor	0	0,001	0,026
Fenpropimorph	0,005	0,006	0,150
Pendimethalin	0	0,034	0,131
Metazachlor	0	0,001	0,016
Triadimenol	0	0	0,039
Flusilazol	0	0	0,128
Propiconazol	0	0,191	0,636
Lindan	0,421	0,292	0,309
DDT	0	0,003	0

Tab. 20:
Wirkstoffeintrag aus der Luft durch nasse Deposition, Januar-November 1991

Ähnliche Ergebnisse zeigten sich bei Messungen im süddeutschen Raum im Rahmen eines Forschungsprojektes der Biologischen Bundesanstalt (BBA) und dem Industrieverband Agrar (IVA). So werden Pestizide hauptsächlich in ihrer Hauptanwendungszeit nachgewiesen, was für eine rasche und großräumige Verteilung nach der Ausbringung spricht (GATH 1993).
Die Trinkwasserverordnung 1986 hat die Grenzwerte für Pestizid-Wirkstoffe für die einzelne Substanz einschließlich ihrer toxischen Hauptabbauprodukte auf 0,1µg/l und für die Summe aller Pestizide auf 0,5 µg/l festgelegt. Seitdem stellt das Umweltbundesamt Positiv-Befunde zusammen. Die Bewertung dieser Befunde ist äußerst schwierig. Zum einen wurden bei Überprüfungen der Befunde erhebliche analytische Fehler nachgewiesen (HÄFNER, 1994). Zum anderen sind die Erhebungen für eine flächendeckende Bewertung, beispielsweise der Grundwasserbelastung, nicht oder nur bedingt repräsentativ (MEYER 1993a-e). Die analytischen Probleme werden von den Herstellerfirmen der Pestizide zum Teil dadurch verstärkt, daß nur die weniger geeigneten Nachweisverfahren veröffentlicht werden. Für viele Wirkstoffe und ihre Abbauprodukte (Metabolite) sind keine Analyseverfahren im Grenzwertbereich verfügbar. Die bei Analysen oft verfahrensbedingt mitgemessenen Metabolite werden oft auf Wunsch der Auftraggeber aus den Ergebnisprotokollen gestrichen. Die Einträge sind meist nicht auf punktförmige Belastungen durch Anwendungsfehler der Landwirte, sondern auf eine flächenhafte ordnungsgemäße Ausbringung zurückzuführen (ISOE 1991a, S.6 zit. in MEYER 1993a, BBA).

Eine kulturart-spezifische und regional über den Wirkstoffaufwand differenzierte Abschätzung hat eine potentielle Belastung durch Überschreiten der Grenzwerte für Pestizide bei etwa 9 % der Trinkwasserversorgung aus Grund- und Quellwasser ergeben (IWS 1992 zit. in Meyer 1993a, vgl. auch Mathys 1993, Mull & Nordmeyer 1995). Von den 229 derzeit in Deutschland (Stand 1/94) zugelassenen Pestizidwirkstoffen sind für ca. 150 geeignete (z.B. routinemäßig durchführbare) Nachweisverfahren öffentlich zugänglich (Angaben Biologische Bundesanstalt).
Die wirkungsvolle Anwendung eines Pestizids ist unter anderem auch von den sogenannten Formulierungshilfsmitteln abhängig, die die Eigenschaften eines Pestizids so beeinflussen sollen, daß gleichzeitig große Flächen mit möglichst geringen Mengen Wirkstoff bedeckt werden. In einer Auflistung der BBA werden derzeit ca. 860 Formulierungshilfsmittel aufgeführt. Im Rahmen des Zulassungsverfahrens finden in der Regel zu diesen Stoffen keine Untersuchungen statt; ebenso fehlt für sie bislang ein Bewertungsschema. Die Kenntnisse über die Wirkungen von Wirkstoffen, Formulierungshilfsmittel und deren Metabolite in der Umwelt sind im Sinne einer vorsorgenden Wasserwirtschaft mehr als ungenügend.

2.6. Stoffumsätze in privaten Haushalten

Über Menge und Qualität der Stoffe, die aus privaten Haushalten in das kommunale Abwasser gelangen, ist bisher überraschend wenig bekannt. Bei vielen Einzelmessungen der Nährelemente Stickstoff und Phosphor werden ansonsten häufig nur Summenparameter betrachtet. Eine in dieser Art bisher wahrscheinlich einzigartige Untersuchung ist das Projekt „Metapolis".

Abb. 28:
Fließschema Stoffumsätze in privaten Haushalten

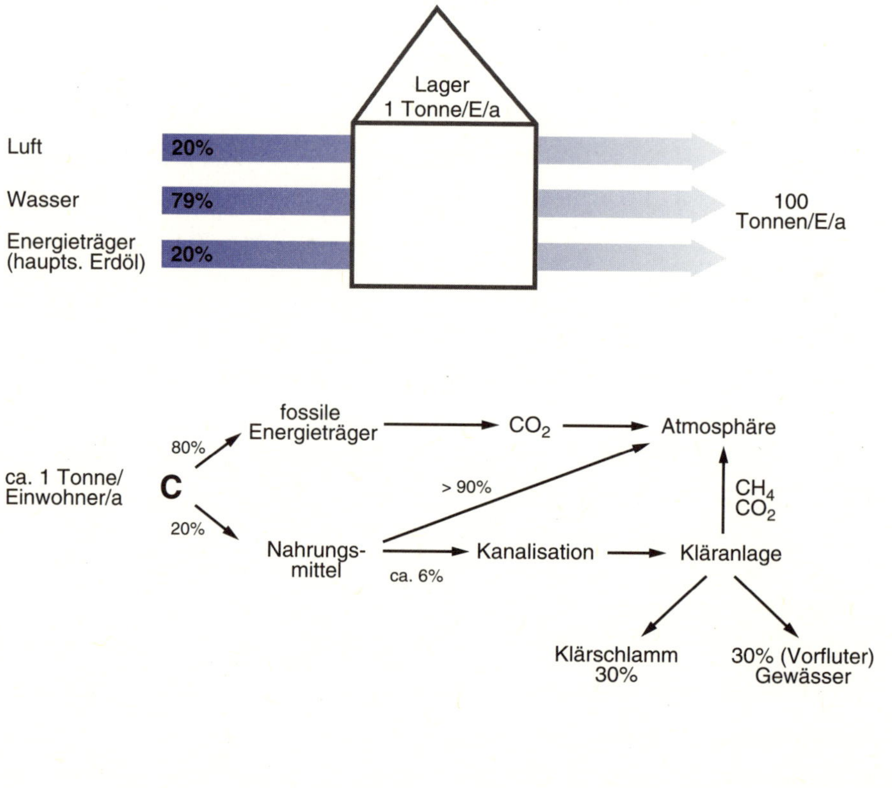

Am Beispiel der mittelgroßen Schweizer Stadt St. Gallen wurden mittels der Methode der Stoffflußanalyse - also über Daten der Ver- und Entsorgung im Bezugsjahr 1991- folgende Ergebnisse ermittelt (BACCINI et al. 1993a,b):

zusammengestellt aus: BACCINI et al. 1993a,b:

- „Die Privathaushalte konsumieren rund 100 Tonnen pro Einwohner und Jahr an Gütern. Davon sind rund 80 % Wasser und nahezu 20 % Luft. Die Verbrauchsgüter (kurzlebige Konsumgüter) und die Energieträger (hauptsächlich Erdölprodukte) liegen bei je 1 %. Die Gebrauchsgüter (langlebige Konsumgüter wie z.B. Automobil, Möbel, Haushaltsgeräte) liegen bei 1 ‰ oder 100 kg/E∗a. [...] Der Gesamtumsatz der Stadt St. Gallen (System Metapolis) beträgt rund 270 t/E∗a. Diese Verdopplung ist zu 95 % bedingt durch die Zufuhr von Regen- und Fremdwasser in das städtische Kanalisationsnetz. Der Rest ist geprägt durch die Luftzufuhr in die Kehrichtverbrennungsanlage (KVA) und durch die von Aussengemeinden zugeführten Abfälle in die KVA der Stadt. [...] Das Lager der mobilen Güter (exklusive fossiler Energieträger) beträgt zur Zeit der Beobachtung (1990) rund 1 Tonne pro Einwohner und das jährliche Wachstum rund 2 %. In diesem Lager ist das Automobil mit rund 50 % Anteil am bedeutendsten."
- Zum Kohlenstofffluß: Der eingeführte Kohlenstoff (1,1 t/E∗a) liegt zu 80 % in fossilen Energieträgern, zu 20 % in Nahrungsmitteln. Zu 90 % wird er oxydiert und gelangt als Kohlendioxid in die Atmosphäre. 2 % gelangen in die Kanalisation. Der Kohlenstoff in den Nahrungsmitteln gelangt zu 90 % über die Speisen in den 'menschlichen Körper'. Bei der Zubereitung werden also nur 5 % je zur Hälfte als separat gesammelte pflanzliche und tierische Abfälle abgetrennt. Aus dem 'menschlichen Körper' wird der Kohlenstoff anschließend zu > 90 % ausgeatmet, d.h. nur etwa 6 % erscheinen wieder in den festen und flüssigen Ausscheidungen. Diese dominieren den Anteil an Kohlenstoff im häuslichen Abwasser (vgl. Tab. 21). Rund 40 % des der Kläranlage zugeführten Kohlenstoffs wird als CH_4 oder CO_2 in die planetare Grenzschicht (Atmosphäre) abgegeben. 30 % des im häuslichen Abwasser vorhandenen Kohlenstoffs gelangen in die Gewässer.
- Zum Phosphorfluß: Über die Kanalisation laufen den Kläranlagen St. Gallens pro Einwohner und Jahr ca. 930 g Phosphor zu (davon 629 g aus dem häuslichen Abwasser). Etwa 56 % davon (512 g/E∗a) kommen über die Ausscheidungen des Menschen (zu 70 % = 358 g/E∗a über den Urin) aus den Nahrungsmittel (vor allem Fleisch, Milch und Gemüse). Die Wasch- und Reinigungsmittel liefern nunmehr noch (in der Schweiz besteht ein weitgehendes Phosphatverbot in den Waschmitteln) etwa 11 % (75,2 g/E∗a). Die meisten Abwässer St. Gallens werden in Kläranlagen mit Simultanfällung gereinigt, sodaß sich etwa 840 g/E∗a im Faulschlamm wiederfinden, 70 g/E∗a gelangen noch in die Gewässer.

Der Anfall an Fäkalien beträgt ca. 45 kg/Person und Jahr, derjenige an Urin ca. 540 l /E∗a

Tab. 21:
Vergleich der Kohlenstoffträger im Schmutzwasser (aus: BACCINI et al. 1993a)

Nutzung	Verbrauchsgüter	Leitungswasser	Schmutz (incl. Ausscheidungen
	g C/Einw. und Jahr	g C/Einw. und Jahr	g C/Einw. und Jahr
Hygiene	2.104	921	1.376
WC	1.590	801	9.168
Wäsche waschen	1.242	240	1.440
Geschirr spülen	718	140	1.365
Putzen	90	75	500
Auto waschen	36	42	250
Gesamtmenge	**5.780**	**2.223**	**14.099**

- Zum Verhältnis zwischen Wassermenge, Reinigungsmittel und Schmutzbeseitigung: Für die äußere und innere Reinigung (persönliche Hygiene, WC) des menschlichen Körpers wird die größte Menge (ca. 80 %) an Wasser benötigt. Der menschliche Körper verursacht 97 % des im Haushalt anfallenden Schmutzes. Der menschliche Körper spielt auch bei der eingesetzten Menge an Reinigungsmitteln (sowohl feste als auch flüssige) eine wesentliche Rolle. Ca. 30 % der Reinigungsmittel werden zur Reinigung des Körpers und ungefähr 45 % zur Reinigung der Kleidung, verwendet (vgl. Tab. 22).

Tab. 22:
Vergleich der benötigten Mengen an Leitungswasser und Reinigungsmittel, um den Schmutz (incl. Ausscheidungen) zu entfernen (aus: BACCINI et al. 1993a)

Nutzung	Leitungswasser kg/Einw. und Jahr	Schmutz kg/Einw. und Jahr	Reinigungsmittel kg/Einw. und Jahr
Hygiene	30.700	13	7
WC	26.700	590	4
Wäsche waschen	8.000	8	14
Geschirr spülen	4.800	11	4
Putzen	2.500	2	2
Auto waschen	1.400	1	1
Gesamtmenge	**74.100**	**621**	**31**

Die Wissenschaftler kamen zu dem Schluß, daß „urbane Siedlungen von der Art der Stadt St. Gallen, wie sie in der ersten Welt zu Tausenden vorkommen, aus stofflicher Sicht keine signifikante Kreislaufwirtschaft zeigen. Es sind praktisch reine **Durchflußreaktoren**“ (BACCINI et al. 1993a,b).

Gefährdung der Gewässer durch Baustoffe

Baustoffe sind eine Quelle für wassergefährdende Stoffe, über deren Gefährdungspotential am allerwenigsten Kenntnisse vorliegen. Es gibt nicht einmal genaue Angaben über Art und Menge der im Bauwesen gehandhabten

Stoffe. Hinzu kommt, daß die verwendeten Bau- und Bauhilfsstoffe einem ständigen Wandel unterworfen sind. Tab. 23 gibt ausgewählte Produktionszahlen für die Jahre 1981 und 1991 chemischer Spezialerzeugnisse, die vorwiegend zur weiteren Be- und Verarbeitung genutzt werden, wieder.

Jahr	Anstrichstoffe u. Verdünnungen insg. [Tonnen]	Mineralfarben insgesamt [Tonnen]	Bitumen-, Dach- und Dichtunsmaterialien [1.000 m²]	Bautenschutzmittel [Tonnen]	Holzschutzmittel (inkl. Feuerschutzmittel für Baustellen [Tonnen]
1981	1.316.956	1.391.220	218.953	361.251	52.859
1991	1.548.200	1.350.842	218.538	561.127	38.512

Tab. 23:
Produktion ausgewählter chemischer Spezialerzeugnisse, die vorwiegend zur weiteren Be- und Verarbeitung genutzt werden (aus MEYER 1993b)

Systematische Angaben zu Baustoffen, die in privaten Haushalten verwendet werden, liegen nicht vor. Nach einer Schätzung (UBA 1989) werden ca. 30 % (z.B. 120 000 t im Jahr 1986) der Lösungsmittel im Heimwerkerbereich benutzt. Anwendung und Entsorgung können durch Aufklärung zwar beeinflußt werden, sind aber kaum kontrollierbar.

2.6.1. Waschen und Reinigen

Die Leistungsfähigkeit jedes Entwässerungssystems und damit des Gewässer- und Trinkwasserschutzes, sei es konventionell oder alternativ, ist mehr oder weniger abhängig von den Inhaltsstoffen des Abwassers.
Eine große Bedeutung liegt daher in jedem Fall, unabhängig von der Strategie der Entwässerung, im weitgehenden Verzicht auf schwer abbaubare Stoffe (Stichwort „Sanfte Chemie“). Wasch- und Reinigungsmittel spielen dabei in den privaten Haushalten mit die wichtigste Rolle.
Wie aus Tabelle 22 hervorgeht, liegt der Verbrauch an Reinigungsmitteln bei etwa 30 kg pro Jahr und Kopf. Rund die Hälfte davon wird zum Wäschewaschen verwendet.
Der Waschmittelmarkt wird in Deutschland derzeit von den 'drei Großen', Henkel, Procter & Gamble und Lever mit einem Marktanteil von zusammen 88 % dominiert. Der Trend geht zu immer kompakteren Waschmitteln, die zu noch mehr Einsparungen bei Verpackung, Transport und Energie führen könnten, wenn die VerbraucherInnen nicht im Durchschnitt 20 % mehr als nötig in die Waschmaschinen schütten würden.
In der Tabelle 24 finden sich einige Angaben über Zusammensetzung, Wirkung und Einsparpotentiale der wichtigsten Reinigungsmittel, die in den privaten Haushalten verwendet werden. Die Tabelle 25 skizziert anhand wichtiger Neuerungen die Geschichte des Waschens.

Literaturtips !
Landschaftsverband Rheinland, Rheinisches Museumsamt (1988): Die Große Wäsche (Ausstellungskatalog), Rheinland-Verlag GmbH, Köln: 149 S.

ORLAND, BARBARA (1991): Wäsche waschen. rororo, Reinbek: 328 S.

STACHE & GROSSMANN (1992): Waschmittel, Aufgaben in Hygiene und Umwelt. Springer, Berlin, 139 S.

Tab. 24: Reinigungsmittel - Zusammensetzung, Wirkung und Einsparpotentiale (verändert nach CALMANO & GRÖNGRÖFT 1990)

Mittel	Zusammensetzung/Wirkung	Wissenswertes/Sparpotential/Tips
Sanitärreiniger und Abflußreiniger	Sind stark alkalisch, enthalten Chlor in ungebundener Form und wirken neben ihrer bleichenden Eigenschaften stark desinfizierend. Noch weitaus aggressiver durch ihre hohe Alkalikonzentration sind die Abflußreiniger.	Sind in aller Regel unnötig, jede mechanische Reinigung durch Saugglocke oder Spirale wirkt effektiver
WC-Reiniger	reagieren durch ihren Säuregehalt und durch Tenside	Achtung: der gemeinsame Gebrauch von alkalischen Sanitärreinigern mit den säurehaltigen WC-Reinigern kann zur Bildung des hochgiftigen Chlorgas führen. Desinfizierende Reiniger sind besonders gefährlich und unnötig.
WC-Beckensteine	enthalten z.T. paraDichlorbenzol = ein chlorierter Kohlenwasserstoff, der sehr schwer abbaubar ist und die Kläranlagen belastet	von ihrer Anwendung wird mittlerweile weitgehend abgesehen - ihre Verwendung entsprach einer „legalisierten" Sondermüllentsorgung in den kommunalen Kläranlagen
Allzweckreiniger	Die meisten der Allzweckreiniger sind heute frei von chlorierten Kohlenwasserstoffen, die meisten flüssigen Produkte enthalten 5-20% Tenside, 5-15% Phosphate, 0-10% Glykolether oder Alkohol, 0-5% Alkalien sowie Wasser, Duft- und Farbstoffe. Den sog. Grundreinigern wird noch etwas Ammoniak beigemischt	
Handspülmittel	10 - 40% anionische und/oder nichtionische Tenside (z.B. Alkylbenzolsulfonat), 0-10% Lösungsvermittler/Emulgatoren (z.B. Harnstoff, Alkohole, hochpolymere Phosphate), zusätzlich können sie Stabilisatoren wie z.B. EDTA, Desinfektionsmittel, Hautschutzstoffe, Duftstoffe, Farbstoffe und Enzyme enthalten	Handspülmittel mit gut abbaubaren Tensiden sind im sparsamen Verbrauch für Kläranlagen nicht problematisch
Geschirrspülmittel für Geschirrspülmaschinen	Reinigung durch Soda oder Natronlauge, daneben Silikate, Phosphate od. Citrate und eine chlorabgebende Substanz (z.B. Natriumdichlorcyanurat); Klarspüler enthalten organische Säuren	sehr viel aggressiver als Handspülmittel
Desinfektionsmittel (vgl. Tab. 14)	sehr unterschiedliche Zusammensetzungen aus einem od. mehreren Wirkstoffen (Phenole, Aldehyde Invertseifen oder Amphotenside)	je nach Konzentration können diese Stoffe zu erheblichen Störungen in Kläranlagen (insbesondere Bodenfilter, Pflanzenbeete) führen. Ihr Gebrauch im Haushalt ist unnötig und gefährdet Kinder.

Eingesetzte Mengen und Zusammensetzung der Waschmittel haben sich immer wieder innerhalb weniger Jahre stark verändert. Neben den Waschmitteln haben sich aber auch die Textilien stark verändert. Synthesefasern gelten zwar als pflegeleicht, an ihnen haftet jedoch, wegen ihrer elektrischen Aufladefähigkeit, der Schmutz leichter. Unangenehmer Geruch ist nicht so leicht durch Auslüften entfernbar. Auch Naturfasern haben diese Eigenschaft, wenn sie mit entsprechenden Appreturstoffen beschichtet sind (vgl. Kap. 3.4.2). Die Folge: höherer Waschmittelverbrauch.
Bei den Waschmitteln kommt die Reinigungswirkung hauptsächlich von den Tensiden. Sie finden sich aber auch in Reinigungs- und Körperpflegemitteln oder als Zusatz in Farben, Klebstoffen, Lötmitteln, Frostschutzmitteln, Korrosionsschutzmitteln und selbst in Arzneimitteln.
Es werden unterschieden

- Anionische Tenside
- Nichtionische Tenside und
- Kationische Tenside und
- Amphotenside

Literaturtip !
Öko-Test-Magazin-"Der Öko-Putzschrank (Sonderheft bei Öko-Test-Verlag, Postfach 900766, 60447 Frankfurt)

In den letzten 30 Jahren ist der Verbrauch an Tensiden auf das 4-5-fache angestiegen. Daß trotzdem weniger Tenside in die Gewässer gelangen, ist auf den Ausbau der Kläranlagen aber auch auf die grundsätzlich bessere Abbaubarkeit der Tenside zuruckzuführen.
Nach wie vor finden sich, insbesondere unter den nichtionischen Tensiden, einige Stoffe, über die man entweder sehr wenig weiß, oder von denen bereits bekannt ist, daß sie selbst oder ihre primären Abbauprodukte schwer abbaubar sind.

Tenside in Waschmitteln (Fallbeispiel LAS - FAS)

Ein Beispiel ist das LAS, ein Alkylbenzolsulfonat, das aus Erdöl hergestellt wird und zumindestens unter anaeroben Bedingungen als sehr schwer abbaubar gilt (Gilbert & Kleiser 1988, Steber et al. 1988, Kimerle 1989). Wie schnell sich die Zusammensetzung eines Waschmittels ändern kann, zeigt das Beispiel Plantaren. Mit Plantaren, einem aus pflanzlichen Ölen hergestellten nichtionischem Alkylpolyglykosid, verwendete die Firma Henkel als erstes ein relativ gut abbaubares Tensid aus nachwachsenden Rohstoffen. Da Persil-Plantaren aber nicht die gewünschten Verkaufszahlen erbrachte, wurde das FAS wieder durch das billigere LAS im Persil-Megaperls ersetzt. Unter welchen Bedingungen die nachwachsenden Rohstoffe angebaut werden, darüber machen sich jedoch erst einige wenige 'alternative' Waschmittelhersteller Gedanken. Immerhin gibt es bereits Produkte, für die angegeben wird, daß in ihnen nur nachwachsende Rohstoffe aus ökologisch und sozial verträglichem Anbau verwendet werden, wie z.B. Sodasan oder Awalan (nach Angaben aus Badische Zeitung v. 19.1.95). Waschmittel, die eine ausreichende Waschleistung aufweisen und zu keiner Gewässerbeeinträchtigung führen, gibt es noch nicht. Um so wichtiger ist ein sparsamer Umgang.

Weder bei Reinigungs- noch bei Waschmitteln gibt es das umweltfreundliche Patentrezept. In jedem Fall sind die Ansprüche an eine 'strahlende Sauberkeit' zu überdenken, wenn man auf umweltfreundliches Reinigen den notwendigen Wert legt. Mit der an die persönlichen Ansprüche angepaßten Kombination aus angemessenem Reinigungsverhalten und Reinigungsmittel läßt sich bereits vieles erreichen.

Literaturtip !
zu Wasch- und Putzverhalten: UBA (1994): Umweltbewußt leben.- UBA Berlin, 384 S., LANGBEIN et al. (1995): Kursbuch Lebensqualität.- KIEPENHEUER & WITSCH, 800 S.

Tips: Umweltfreundliches Waschen !

- bei der Dosierung die Wasserhärte beachten, vor allem bei Waschmittelkonzentraten
- die Beladungskapazität der Waschmaschine dem Waschprogramm entsprechend optimal ausnutzen
- Vollwaschmittel nur für stark verschmutzte Wäsche verwenden, in den übrigen Fällen sind Feinwaschmittel meist vollkommen ausreichend
- das Vorbehandeln von Flecken oder vorheriges Einweichen und das Lüften der Kleider kann ebenfalls Aufwand und Mittel sparen
- eigene Ansprüche an Sauberkeit und Hygiene immer wieder hinterfragen
- möglichst niedrige Waschtemperatur wählen, eine maximale Waschtemperatur von 60°C ist fast immer ausreichend
- Baukastenwaschmittel anderen Waschmitteln vorziehen. Dabei muß neben dem Basiswaschmittel erst ab dem Härtebereich 2 ein separater Enthärter (oder ggf. Magnet, s.u.) dazugegeben werden
- nach Möglichkeit sollte bei einem Waschmittel auf folgende Stoffe verzichtet werden: Phosphate, NTA, EDTA, Phosphonate, nichtionische Tenside (ausgenommen z.B. das leicht abbaubare Alkylpolyglykosid „Plantaren"), optische Aufheller, Enzyme, Borverbindungen (Perborat), unnötige Füllstoffe
- Notwendigkeit des Weichspülens überdenken (sehr schädlich !)
- Bleichmittel nur im Falle stark verfleckter weißer Wäsche verwenden
- Verwendung von Dosierkugeln od. Säckchen
- Beim Kauf einer Waschmaschine auf Strom- und Wasserverbrauch (Maschine mit Umflut- oder Abflußabdecksystem) achten, eventuell können auch nachträgliche Verbesserungen sinnvoll sein, wie z.B. der Warmwasseranschluß (vgl. 4.2.).

Es gibt erste empirische Untersuchungen, daß durch den Einsatz von Magneten um die Wasserleitung oder in der Waschmaschine auf Enthärter ganz verzichtet werden kann. Eigene qualitative Versuche der Autoren haben dieses bestätigt. Kalk kristallisiert nach einer Magnetbehandlung anders - bei der Waschmaschine wird er beim ersten Spülgang in Plättchenform ausgeworfen (Bezug z.B. Reformhäuser). Eingehendere Untersuchungen stehen noch aus - sollte sich ihre Funktionstüchtigkeit erweisen, könnte das Abwasser deutlich entlastet werden. Auch Reinigungsmittel könnten auf diese Weise eingespart werden.

Tab. 25: Entwicklung von Waschmitteln, Waschmethoden und Textilien (verändert nach HARDER 1981 zit. in STACHE & GROSSMANN 1992)

Jahr	Waschmitteltyp / Roh- / Wirkstoffe	Waschtechnik	Textilfasern	Regelungen/ Bemerkungen
1876	Universalwaschmittel/ Natriumsilicat, Seife, Stärke	Kesselwäsche	Baumwolle, Leinen, Wolle	
1878	Einweich-/enthärtungsmittel / Natriumcarbonat, Natriumsilicat			
1890			Cupro	
1907	schäumende Vollwaschmittel / Natriumperborat	Holzbottich-waschmaschine	Reyon, Acetatseide	
1920			Zellwolle	
1933	Neutral reagierendes Feinwaschmittel / erste Tenside, Carboxylmethylcellulose, Natriumdiphosphat, Magnesiumsilicat			
1950	optische Aufheller	Wellenrad- u. Waschflügelmasch.	Polyamide	
1954	Parfümöle	teilautom. Trommel-waschmaschine	Polyacrylnitril	
1957	schwach schäumende Vollwaschmittel, Schaumregulatoren	autom. Trommel-waschmaschine	Polyester, hochveredelte Baumwolle	
1960	Natriumtriphosphat		Polyester, Baumwolle	
1961	biologisch abbaubare Tenside			Detergentiengesetz Pflegekennzeichnung für Textilien
1963	Avivagemittel, Antistatica, kationische Tenside			
1965		Waschtrockenautomat, Weichspülerdosiereinr.	Polyurethane	
1966	Spezialaufheller, Enzyme			
1970	60° Waschmittel / Bleichaktivatoren	Wollwaschprogramme	hochveredeltes Leinen , filzarme Wolle	
1972				Textilkennzeichnungs-gesetz (sieht bisher eine Kennzeichnung der Ausrüstung (Textilbehandlungs-stoffe) nicht vor
1973	Vollwaschmittel m. härteabh. Dosierung, spezielle nichtionische Tenside		Vliesstoffe	
1975		Energie-, Wasserspar-programme		Waschmittelgesetz
1976	Natrium-aluminium-silikat (SASIL)		wildlederähnl. Vliesstoffe	
1977	Spezialwaschmittel m. Waschbadavivage, Formspüler	Einspülsystem für flüssige Waschmittel		
1978			modifizierte Polyacrylnitrilfasern	Computersteuerung, Sensorelektronik
1980		Kurzprogramme		Phosphathöchst-mengenverordnung
1985		automatische Waschm.dosierung Ökoschleuse, Kugelverschluß		
1987			modifizierte Synthesefasern	
1989	Baukastensysteme, Konzentrate			

Tab. 26: Jährliche Verbrauchsmengen einzelner Waschmittelinhaltsstoffe und deren Abbau- bzw. Eliminationsverhalten (Größenordnung) in kommunalen Kläranlagen (zusammengestellt nach Industrieverband Körperpflege und Waschmittel e.V., Lang 1991)

Wirkstoff(gruppe)	**biol. Abbau [%]**	**Elimination [%]**	**Verbrauch 1991 [t]**	**Verbrauch 1993 [t]**
Anionische Tenside	95 - 99		131 000	133 000
Linear Alkylbenzolsulfonate (LAS)	nur unter aeroben Bed. gut abbaubar (McAvoy et al. 1993)		47 000	
Fettalkoholsulfate (FAS)			14 000	
Alkansulfonate			22 000	
Fettalkoholethersulfate			33 000	
Nichtionische Tenside	73 - 99		61 000	62 000
Alkoholethoxylate			42 000	
Alkanolamide			4 000	
auf Kohlehydratbasis			1 000	
Amphotere Tenside			4 000	5 000
Kationische Tenside		100	10 000	10 000
Phosphate	-	20-40 (90*)	14 000	4 000
Natriumperborat	-	-	116 000	98 000
Natriumpercarbonat	-	-	—-	5 000
(Natrium)**Citrat**	> 90	-	—-	15 000
Silicate	-	-	41 000	25 000
NTA (Nitrilotriessigsäure)	60-75 bei hohen Konzentrationen		26	450
EDTA (Ethylendiamintetra-essigsäure)	< 10		400	
Polyvinylpyrolidon			63	850
Enzyme	50 - 90	-	4 000	3 000
Optische Aufheller	> 10	< 90	900	650
Na-Al-Silikate	-	96	—-	
Polycarbonsäuren	-	> 90	20 000	
Phosphonate	-	50	—-	
TAED (Tetraacetylendiamin)	-	> 90	12 000	
CMC (Carboxymethylcellulose)	-	> 90	—-	
Natriumsulfat	-	-	100 000	
Seife	-	85 - 100	100 000	

— = keine Angabe

2.7. Vergleich Stoffeinträge durch kommunale Abwässer, private Haushalte, über die Luft und durch die Landwirtschaft

Wie groß ist die Belastung des Grundwassers bei einer vollständigen Versickerung des Regenwassers und einer dezentralen Reinigung des Abwassers aus allen privaten Haushalten? Diese Frage läßt sich nur durch Schätzungen beantworten.

In den alten Bundesländern wird die Belastung des Bodens mit halogenierten Kohlenwasserstoffen aus den heute bestehenden Kleinkläranlagen auf 5-40 kg pro Tag geschätzt (GLÜCKLICH & KÖHN 1992). Da nur ca. 10 % der privaten Haushalte an Kleinkläranlagen angeschlossen sind, ergibt sich als fiktiver Wert für eine Emission aus allen privaten Haushalten eine Bodenbelastung von 500-4000 kg halogenierter Kohlenwasserstoffe pro Tag.

Die Menge dieser Stoffgruppe, die täglich mit Pestiziden in der Landwirtschaft ausgebracht wird, ist erheblich höher. Berechnet nach Angaben der Biologischen Bundesanstalt in Braunschweig liegt sie bei täglich etwa 80 000 kg / Tag (Angaben BBA 1992 a,b).

Würden wir in Deutschland den gesamten Klärschlamm in der Landwirtschaft ausbringen - das wären 3 Mio. Tonnen Trockensubstanz, zusammengesetzt aus Stoffen der privaten Haushalte und anderen Einleitern (z.B. Industriebetrieben) - so läge die tägliche Belastung mit halogenierten Kohlenwasserstoffen bei ca. 1.600 kg/Tag. Auch dieser Wert liegt weit unter den Mengen, die täglich von den Landwirten ausgebracht werden (berechnet nach mittleren AOX-Messungen aus POLETSCHNY 1994).

Derselbe Vergleich läßt sich für den Stickstoff (N) durchführen. CALMANO & GRÖNGRÖFT (1990) haben unter der möglichst ungünstigen Annahme, daß alle in den alten Bundesländern vorhandenen Kleinkläranlagen ihre Stickstofffracht vollständig an das Grundwasser abführen würden, eine Emission von ca. 10.000 t N/Jahr berechnet (Angaben bezogen auf die Abwässer von ca. 10 % der privaten Haushalte). Dem gegenüber steht ein **Stickstoffüberschuß** (Bezugsjahr 1987) in der Landwirtschaft von mehr als 1 000 000 t N /Jahr (nach MEYER et al. 1993, vgl. Tab. 18). Sämtliche privaten Haushalte produzieren mit einer Emission von 100 000 t N/Jahr also ein Zehntel der in der Landwirtschaft heute üblicherweise ausgebrachten Stoffmenge.

Dabei darf nicht die kleine Belastung mit Hinweis auf die großen Wasservergifter gerechtfertigt werden. Es soll lediglich aufgezeigt werden, daß der Anschluß abgelegener Häuser an eine zentrale Kläranlage nicht die vordringlichste Maßnahme ist und kaum etwas mit Gewässerschutz zu tun hat.

Die Stickstoffbelastung des Grundwassers kann daher auch im ungünstigsten Fall (bei Anschluß aller Bundesbürger an eine Kleinkläranlage und anschließender Versickerung) nur zum kleineren Teil den Frachten aus den 'privaten Haushalten' zugeschrieben werden. Bei ökologischen Sanitärkonzepten mit getrennter Düngemittelherstellung aus Urin und Fäkalien gäbe es bei angepaßter Verwendung ohnehin keine Emissionen (vgl. Kap. 3.5). Gleichzeitig muß eine Umstellung auf eine wassergerechte, ökologische Landwirtschaft erfolgen. Hier werden beide Belastungspfade beendet, da Küchenabfälle, Urin und Fäkalien aus den Haushalten nicht mehr das Grundwasser gefährden, sondern plötzlich wieder als wertvoller Dünger in der Landwirtschaft verwendet würden.

2.8. Was kostet Abwasser wirklich ?

Literaturtip !
Rügemer, Werner (1995): Staatsgeheimnis Abwasser.- Zebulon, Düsseldorf, 249 S.

Über finanzielle Fragen und Konzepte könnte man ein eigenes Buch schreiben. Wenn im konkreten Fall einer Planung Varianten verglichen werden, muß nicht die billigste die schlechteste sein - sie kann es aber sein. Wichtig ist dann eine korrekte Kostenrechnung in bezug auf die Investitionen und besonders auch auf die Betriebskosten. Zu den Kosten gehören selbstverständlich auch die Rückstellungen für die Wiederbeschaffung nach der Abschreibung. Hier kann ein weitausgedehntes Kanalnetz für relativ wenige Einwohner dann sehr schlecht aussehen. Bei kleinen ländlichen Gemeinden kann schon eine 3 km lange Überleitung teurer sein als eine eigene kleine Kläranlage.
Bei der Abwasserbehandlung standen deswegen nie allein die technische Machbarkeit, der Gewässerschutz oder die Verbesserung des hygienischen Standards im Vordergrund, sondern immer auch die Investitions- und Betriebskosten. Die Abwassergebühren sind dabei in den letzten Jahren, ähnlich den Gebühren für die Müllabfuhr, unverhältnismäßig stark gestiegen - stärker, als die anderen Wohnnebenkosten („Zweite Miete"), wie Wasserversorgung, Schornsteinfeger oder Straßenreinigung. Nach einer Umfrage der ATV aus dem Jahre 1994 betragen die Abwassergebühren für die Alten Bundesländer 3,60 DM pro m^3 mit steigender Tendenz (Korrespondenz Abwasser 1/95). Bei einer Schwankungsbreite zwischen unter 1,- DM/m^3 und über 10,- DM/m^3 Abwasser mußten 1994 bereits 5 % der Bürger mehr als 6,- DM/m^3 Abwasser zahlen. Dies obwohl die Abwassergebühren nicht kostendeckend sind und z.B. im Jahre 1992 gut 50 % der Kosten der Abwassersanierung aus Steuermitteln subventioniert wurden (vgl. Tab. 27). Die erheblichen volkswirtschaftlichen Kosten der Restverschmutzung (Makies 1988) sind hierbei ebenfalls nicht berücksichtigt.

Tab.27:

Kosten und Finanzierung der Abwassersanierung in der BRD 1992 (Geiler in: Öko-Institut 1995, Anhang II, S. 114)

Finanzierung	Kanalisationen				Kläranlagen			
	Land		Stadt		Land		Stadt	
	[Mio. DM]	%	[Mio. DM]	%	[Mio. DM]	%	[Mio. DM]	%
Eigenmittel der Bauträger	1117,1	43	1225,7	55	600,5	44	1281,4	61
Zuschüsse	1103,4	43	824,3	37	569,5	42	740	35
Zinsgünstige Darlehen	375,4	14	167,8	7,6	183,3	14	89,7	4,2
Ausführungskosten	2595,9	100	2217,8	100	1353,3	100	2111,1	100

	alte Bundesländer	neue Bundesländer
	Ländliche Gemeinden	
Kanalisation	1503 (1416)	1093 (652)
Kläranlagen	809 (998)	545 (198)
	Städte	
Kanalisation	1395 (1230)	823 (457)
Kläranlagen	1433 (1366)	678 (407)

Tab. 28:
Kosten [in Mio. DM] der Abwassersanierung in der BRD 1992 (in Klammern: Bausummen 1991) (GEILER 1995 in: ÖKO-INSTITUT 1995, S.II-113)

Nach der Umfrage der ATV machen bei der Berechnung der Abwassergebühr den Löwenanteil die sogenannten kalkulatorischen Kosten wie Abschreibung und Verzinsung aus. Dabei ist entscheidend, ob die Berechnung nach den Herstellungs- bzw. Anschaffungskosten oder nach den Wiederbeschaffungskosten berechnet werden. Kommunen, die die Abwassergebühren nach dem Wiederbeschaffungswert bemessen, erheben im Durchschnitt eine um 1,- DM höhere Gebühr.
Die von Direkteinleitern, also auch von allen Kläranlagen betreibenden Kommunen und Städten, zu zahlende Abwasserabgabe (vgl. Kap. Recht 2.9) hat mit ca. 5% Anteil kaum Einfluß auf die Abwassergebühr.
Wie sich die Privatisierung der kommunalen Entwässerung auf Gebühren auswirken kann, zeigt insbesondere das Beispiel in Darmstadt. Über Nutzen und Gefahren der Privatisierung wird seit einigen Jahren viel und kontrovers diskutiert (vgl. U.A.N. 1993, SPELTHAHN 1994).

Abwasserabgabe: Abgabe nach dem Abwasser-Abgaben-Gesetz von 1976 (AbwAG, 4. Novellierung: 1994); die Abwasserabgabe beträgt gegenwärtig 60 DM pro Schadeinheit, mit zahlreichen Verrechnungsmöglichkeiten. Ausgenommen sind landwirtschaftliche Einleitungen. Die Abwasserabgabe gilt nur für „Direkteinleiter" (also auch kommunale Kläranlagen); die Einführung für Indirekteinleiter wird erwogen (BMU, Umwelt 12/94, GAWEL & EWRINGMANN 1994)

Betriebskosten	[DM/Einwohner*Jahr]	120,-
Abwasserabgabe	[DM/Einwohner*Jahr]	10,-
Abschreibung	3,5 %	140,-
Zins	6 %	72,-
Summe Kosten	[DM/Einwohner*Jahr]	342,-
abzüglich öffentl. Kostenanteil	15 %	290,70
Gebühr	[DM/m³]	**5,81**

Tab. 29:
Durchschnittliche Kostenansätze bei einer Kommune zwischen 50 000 und 100 000 Einwohner und der Berechnung von Abschreibung und Verzinsung auf Grundlage des Wiederbeschaffungswertes (ATV 1994).

Darmstadts Abwassergebühren sind Spitze !

Die Sanierung der Abwasserbehandlung wurde in Darmstadt 1988 auf ca. 150 Millionen geschätzt. Mit dem Beschluß des Magistrates, den Abwasserbetrieb an die Südhessische Gas und Wasser AG zu verkaufen, schlug die Stadt zwei Fliegen mit einer Klappe. Sie war die Sanierungskosten der maroden Kläranlage los und bescherte dem städtischen Haushalt 27,3 Millionen Mehrheitsanteile. Diese Privatisierung, orakelte man damals schon, sollte die Bürger teuer zu stehen kommen. Ende 1994, so entschied der Magistrat, sollte sie mit der Erhöhung auf 9,30 DM pro Kubikmeter Abwasser die vorläufige Spitze erreichen. Seit 1989 war sie somit von 2,20 DM um - man höre und staune - 7,10 - DM pro Kubikmeter gestiegen. Das war denn doch für die gehorsamen Bürger zuviel des Guten. Sie schlossen sich 1995 zur „Interessengemeinschaft für reelle Abwassergebühren" zusammen und erhoben Widerspruch beim Magistrat. Im April 1996, so die Initiative, lagen Widersprüche von 13-14000 Wohnungen vor. Ein erster Erfolg war die Senkung der Gebühren auf DM 8,20. Bei ca. 6,- DM hätte man dagegen die Gebühr halten können - so die Interessengemeinschaft - wenn die Abwasserbeseitigung in städtischer Regie geblieben wäre (zusammengestellt aus der lokalen Presse).

Insbesondere in den Neuen Bundesländern kam es nach 1989 zu massiven Fehlentwicklungen. Scheinbar mit aller Gewalt und in kürzester Zeit wollte man den Ver- und Entsorgungsstandard der alten Länder erreichen (FÖRDERKREIS FÜR UNIVERSELLE UMWELTBILDUNG, UMWELTFORSCHUNG BERLIN-BRANDENBURG E.V. 1995). Das Wunschdenken der Verantwortungsträger und der Glaube an einen schnellen wirtschaftlichen Aufschwung führte zu vielen überdimensionierten Kläranlagen und Kanalnetzen. Inwieweit allerdings auch Unerfahrenheit der Entscheidungsträger, „übereifrige" Geschäftspraktiken westlicher Firmen oder Bestechung zu diesen Verhältnissen geführt haben, müßte im Einzelfall geprüft werden. Zum überstürzten Bau vieler Entwässerungseinrichtungen hat sicherlich auch jene Bestimmung im Einigungsvertrag beigetragen, die die Gemeinden dazu verpflichtet, ab dem 1.1.1993 Abwasserabgaben zu zahlen. So kam es dazu, daß in zahlreichen Fällen leichtfertig viele Millionen Mark Steuergelder ausgegeben wurden, ohne kostengünstige und ökologische Lösungen zu verwirklichen. Abwassergebühren von mehr als 13,- DM und Anschlußkosten zwischen 5.000,- und 50.000,- im ländlichen Raum sind nun in den neuen Ländern leider keine Ausnahme mehr (ARNSBERG 1994). Eine Vielzahl von **Abwasserzweckverbänden** mit einer ebenso großen Zahl gut entlohnter Geschäftsführer sind dabei nicht die einzigen Garanten hoher Gebühren. Mängel in der Koordination, in der Förderpolitik und in der Korrelation der Gewinne mit der Anlagengröße haben daran ebenfalls ihren Anteil.

Abwasser(zweck)verband: Meistens in der Rechtsform des Zweckverbandes bestehende Selbstverwaltungskörperschaft aus dem Zusammenschluß mehrerer Gemeinden und/oder Betriebe zum Sammeln, Fortleiten und Reinigen von Abwasser.

Ein besonderer Fall liegt vor, wenn ein bereits bestehendes Kanalnetz mit eigener Kläranlage in direkter Nähe zu neu anzuschließenden Einleitern existiert. Hier steht dann der kostengünstige Anschluß an die benachbarte zentrale Kläranlage gegen eine „eigene", fortschrittliche, dezentrale Lösung. Selbst wenn diese, z.B. als Pflanzenkläranlage geplant, im Ruf steht, ökologischer zu sein - sie ist in diesem Fall, als Neubau, eben doch oft teurer, als der Anschluß an das existierende System (vgl. z.B. Tagungsbericht des FÖRDERKREISES FÜR UNIVERSELLE UMWELTBILDUNG UND UMWELTFORSCHUNG BERLIN-BRANDENBURG E.V. 1995).

Besonders absurd sind schließlich Fälle, in denen im ländlichen Raum das Wohnhaus eines Hofes zu horrenden Preisen angeschlossen wird, gleichzeitig im Stall nebenan aber 100 Kühe stehen, die Fäkalien in der Größenordnung von 2 bis 3.000 Menschen produzieren. Solche Praktiken bedrohen nicht nur die Existenz dieser Höfe, sondern sind auch ökologisch nicht zu vertreten, da schon die Herstellung der langen Leitungen mehr schadet als die Abwasserreinigung nutzt.

Es ist zwar kein Wunder, daß sich bei solchen Praktiken die Meinung verbreiten kann, daß die Abwasserreinigung viel zu teuer wird und in Zukunft nicht mehr zu zahlen ist. Und gerade dort ist oft von leeren Haushaltskassen die Rede, wo die Abwasserreinigung komplett über den Abwasserpreis refinanziert wird. Es ist aber überhaupt nicht einzusehen, daß diese forcierte Spardiskussion eine verantwortungsbewußte Umweltpolitik verdrängt. Auch wenn die konventionellen Verfahren in Bezug auf ihre Tauglichkeit für zukünftiges Wirtschaften dringend überdacht werden müssen, darf an einem guten Standard im Gewässerschutz nicht gerüttelt werden. In verdichteten städtischen Gebieten ist die Abwasserreinigung vergleichsweise preiswert, auch wenn die Preise weiter steigen werden.

Wer in der Kneipe oder im Restaurant ein Glas Wasser bestellt, bezahlt 1.000,- bis 3.000,- DM pro m³ - soviel kann Wasser uns wert sein (zum Thema auch PFLÜGNER 1988, KAISER 1990). Dabei ist dessen Qualität oft nicht besser als „Leitungswasser". Was ist uns also der Service wert, den das Wasser bietet? Man stelle sich vor, die eigene Wasserleitung wird abgeklemmt. (In England kommt das vor - die privatisierte Wasserindustrie stellt Zahlungsunfähigen das Wasser ab). Die Toilette ist unbenutzbar, falls Sie nicht einen Komposter besitzen. Der Weg zum Häuschen draußen ist nicht sehr weit, aber mit Wartezeiten verbunden. Der Erpresser an der Wasserleitung verhandelt jetzt über eine monatliche Summe zur Wiederherstellung der Wasserversorgung und hätte wohl gute Chancen einen sehr viel höheren Preis als bisher zu erzielen.

Einsparpotentiale bei Abwasserkosten

Die höchsten Einsparpotentiale liegen im Kanalnetzbereich und bei der Nährstoffelimination in Kläranlagen (auf sie kann z.B. mit der getrennten Behandlung von Fäkalien ganz verzichtet werden Kap. 3.5). Wenn eine Versickerung oder anderweitige Speicherung/Ableitung des Regenwassers gelingt, kann mittels moderner Konzepte oft ganz auf ein Kanalnetz und die damit verbundenen Kosten verzichtet werden. Weitere Einsparmöglichkeiten ergeben sich beim Zusammenwirken von Fäkalienbehandlung und Düngung, da sowohl die Kosten für Handelsdünger als auch diejenigen, für die immer teurere Klärschlamm-"entsorgung" eingespart werden können. Die Abwasserbehandlung wird trotz Vermeidungsstrategien und Teilstrombehandlung teuer bleiben. Die Reinhaltung der Gewässer und der Erhalt der Ressourcen ist jedoch ein Vielfaches davon wert - die Zerstörung der Lebensgrundlagen kommt auf Dauer in jedem Fall teurer.

Abb.29:
„Zweite Miete" - Anstieg der Wohnnebenkosten von 1985-1995 in den alten Bundesländern in % (Quelle: STAT. BUNDESAMT)

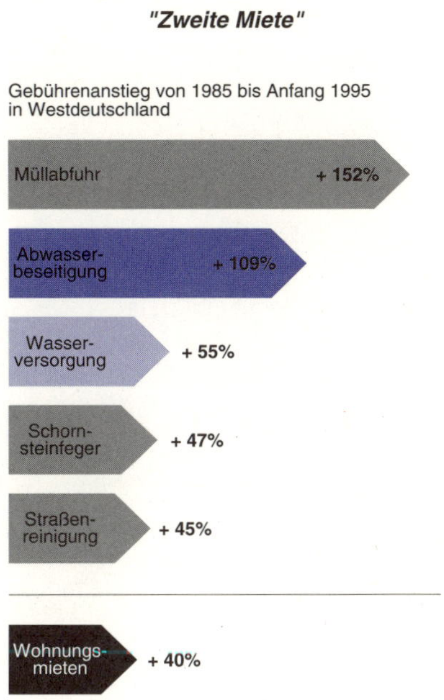

„**Contracting**" ist die Möglichkeit, Anlagen (z.B. in einem Stadtteil die Installation einer kombinierten Vakuum-Entwässerung) durch einen Unternehmer finanzieren zu lassen, der seine Unkosten in diesem Fall aus Abwassergebühren der Bewohner und den für die Erstellung von Siedlungsentwässerungssystemen üblichen Subventionen deckt. Investitionen, die nicht in die Bürokratie einer Stadtverwaltung passen, sich jedoch mittelfristig privatwirtschaftlich lohnen, können so durch freie Partner ausgeführt werden. Erprobt wurde das „Contracting" z.B. von den Stadtwerken Hannover.

Hinweise zu Technischen und Rechtlichen Regelungen siehe auch Kapitel 3.2-3.5)

Literaturtip !
BREUER, R. (1987): Öffentliches und privates Wasserrecht.- 2. Aufl. Beck, München
VOLKES, B. (1993): Vorsorge im Wasserrecht, Erich Schmidt, Berlin
vgl. auch FRANK (1992)

Vorschläge zur Wirtschaftlichkeit

- Kostenvergleiche verschiedener Abwasserbehandlungsvarianten sollten unter Einbezug aller Kosten, d.h. auch der Refinanzierung und Folgekosten (Gewässerschutz, volkswirtschaftliche Kosten bei Restverschmutzung) vorgenommen werden.
- Für Einkommensschwache in abgelegeneren Ortschaften sind die Kosten der konventionellen Abwasserbehandlung bei realistischer Kostenrechnung inzwischen derartig hoch, daß sie zur Verschärfung sozialer Probleme beitragen können. Hier sind die i.d.R. preiswerteren, modernen „dezentralen Lösungen" dringend zu erwägen.
- Trinkwasserversorgung und Abwasserentsorgung sollten künftig zusammen geplant und verwaltet werden. So könnten durch „Least-Cost Planning" erzielte Einsparungen in einen Bereich sinnvolle Maßnahmen im anderen Bereich mitfinanziert werden (FICHTNER 1994).
- „Contracting" (siehe Randspalte) schafft neue Möglichkeiten bei der Finanzierung mittelfristig billigerer dezentraler Lösungen.
- Änderung der Honorarordnung für Architekten und Ingenieure (HOAI), Berechnung des Honorars nicht mehr nach den „anrechenbaren Kosten", die sich nach der Bausumme richten. Ggf. könnten „Erfolgshonorare" einen Anreiz schaffen, zu möglichst kostengünstigen und ökologischen Lösungen zu kommen. Es könnte aber auch ähnlich den städtebaulichen Ideenwettbewerben ein Wettbewerb für die intelligenteste Lösung von den Kommunen ausgeschrieben werden.
- Zuschüsse sollten i.d.R. nur noch für zukunftsfähige Lösungen bei der Abwasservermeidung und -verwertung gewährt werden (vgl. Kap. 3.5). Dies setzt ein Nachdenken in den handelnden Stadtverwaltungen oft überhaupt erst in Gang.

2.9. Recht, Gesetze, Normen und Technische Regeln

„Während für viele Vorschriften der Vollzug durch fehlende Ausführungsbestimmungen unmöglich ist, füllen die geltenden Vorschriften (von Bund und Ländern) für die Lagerung und den Transport wassergefährdender Stoffe auch ohne jede Kommentierung bereits mehrere Loseblattordner. Alle abwasserrelevanten Vorschriften sind durch den Einzelnen bereits nicht mehr zu überblicken" (LÜBBE-WOLF 1994).

Für den Einzelnen (im besonderen für den juristischen Laien) wird es immer schwerer bzw. unmöglich, die Übersicht über die Umweltgesetzgebung zu behalten, selbst dann, wenn man sich wie im vorliegenden Fall, auf die Betrachtung der abwasserrelevanten Fragen im Bereich der privaten Haushalte mit dem Ziel einer vorsorgenden Wasserwirtschaft beschränkt.
Neben der Schwierigkeit, die gesetzlichen Regelungen in ihrer Reichweite zu beurteilen, wird es zunehmend schwieriger, ihre praktische Umsetzung zu verstehen. Ein konsequenter Vollzug scheitert an der fehlenden Übersichtlichkeit, der Fülle unbestimmter Rechtsbegriffe wie z.B. „schädliche Veränderungen", „Abwasser" (Wasserhaushaltsgesetz), „ordnungsgemäße Land- und Forst-

wirtschaft" (Bundesnaturschutzgesetz), „gute fachliche Praxis", „das übliche Maß der landwirtschaftlichen Düngung" (Abfallgesetz) oder der fehlenden Differenzierung einiger Begriffe, wie z.B. dem der „Abwasserqualität".

Gewässerschutzgrundsätze in Deutschland

Nach einer Information des Bundesumweltministeriums (Sonderteil: Bericht über den Stand des Gewässerschutzes in der Bundesrepublik in Umwelt 12/94) sind die wasserrechtlichen Bestimmungen in Deutschland im wesentlichen von folgenden Grundsätzen (Gewässerschutzstrategien) geprägt (vgl. auch Art. 2 des ECE Übereinkommens zum Schutz und zur Nutzung grenzüberschreitender Wasserläufe und internationaler Seen):

- dem ***Vorsorgeprinzip***, nach dem eine potentiell umweltbelastende Verhaltensweise schon dann unterbunden werden soll, wenn ihre Umweltschädlichkeit nicht erwiesen, sondern nur „nicht unwahrscheinlich" oder bloß „denkbar" ist. Unter anderem soll das Minimierungsgebot des § 7 a WHG diese Strategie zum Ausdruck bringen.
- dem ***Verursacherprinzip***, das fordert, daß die Kosten für die Vermeidung, Verringerung und Kontrolle der Gewässerverschmutzung vom Verursacher zu tragen sind (vgl. AbwAG und Gefährdungshaftung nach § 22 WHG).
- sowie dem Prinzip „***sustainability***" (Nachhaltigkeit), das zu einer Gewässerbewirtschaftung verpflichten soll, die auch zukünftigen Generationen die Deckung ihres Wasserbedarfs garantiert.

Der wasserrechtliche Vollzug beruht weitgehend auf dem Emissionskonzept, d.h. das Einleiten von Abwasser wird genau bestimmten, einheitlichen Einleitungsbedingungen unterworfen. Von der strikten Anwendung dieses Emissionskonzeptes wird erwartet, daß es den Gewässern die geringstmögliche Abwasserbelastung zuführt.

Das Emissionskonzept seinerseits beruht auf der sog. „end-of-pipe" - Philosophie. Betrachtet und gegebenenfalls begrenzt oder mit Abgaben versehen wird das, was aus dem 'Abwasserrohr' herauskommt. Die Quelle, die Entstehungsursache des Abwassers verschwindet damit aus dem Blickfeld. Das Konzept widerspricht damit dem genannten Vorsorgeprinzip. Es achtet lediglich darauf, daß Mindestanforderungen bei der Einleitung eingehalten werden. Es hält jedoch nicht dazu an, auch „zulässige" Einleitungen weitmöglichst zu minimieren.

Die Definition von Nachhaltigkeit, wie sie oben gegeben wurde, zielt ebenfalls nur darauf ab, eine Nutzung auch für nachfolgende Generationen zu ermöglichen, nicht aber die Erhaltung der Ressource in einer möglichst 'natürlichen Form'. Sowohl diese unzureichende Definition von Nachhaltigkeit, als auch die am Emissionskonzept orientierte Praxis in der Wasserwirtschaft widersprechen dem Minimierungsgebot des § 7 (WHG).

Die gesetzgeberische Zuständigkeit für jegliche Art der Wassernutzung liegt bei den Bundesländern. Die Bundesrepublik hat jedoch durch das Wasserhaushaltsgesetz (WHG) von ihrem Recht Gebrauch gemacht, Rahmenvorschriften zu erlassen (Grundsätze vgl. Kasten). Diese werden von den Landeswassergesetzen umgesetzt bzw. weiter ausgeführt. Die einzige Unterscheidung, die das WHG und damit die Landeswassergesetze bezüglich verschiedener Abwasserqualitäten treffen, ist die nach (vgl. Kap. 1.6 und 2.1)

- Abwasser, das nur nach Reinigung entsprechend der *„**allgemein anerkannten Regeln der Technik**“* in Gewässer eingeleitet werden darf und
- Abwasser *„**mit gefährlichen Stoffen**“*, das nach dem *„**Stand der Technik**“* zu reinigen ist (gilt auch für Indirekteinleiter).

Zu den „**Gefährlichen Stoffen**“ gehört nur eine kleine Auswahl von Stoffen, nach § 7a WHG und Folgeverordnungen: Aldrin, Dieldrin, Endrin, Isodrin; Asbest (Krokydolith, Aktinolith, Anthophyllit, Chrysotil, Amosit, Tremolit); Cadmium; Chlor; DDT; 1,2 Dichlorethan; Hexachlorbenzol, Hexachlorbutadien; Hexachlorcyclohexan; Pentachlorphenol; Quecksilber; Tetrachlorethen; Tetrachlormethan; Trichlorbenzol; Trichlorethen; Trichlormethan (Chloroform). Von den „gefährlichen Stoffen“ unterscheiden sich wiederum die „**wassergefährdenden Stoffe**“. Die sind nach § 19 des WHG solche Stoffe, die bei der Herstellung, Lagerung und beim Transport ein Gefährdungspotential für das Grundwasser besitzen. Im „Katalog wassergefährdender Stoffe“ sind 707 Substanzen in vier Wassergefährdungsklassen aufgeführt.

Gefährliche Stoffe sind solche, die 'giftig, langlebig, krebserzeugend, fruchtschädigend oder erbgutverändernd' sind oder sein können. Die bisher vertretene Begriffsauslegung von Bundes- und Länderverwaltungen besagt, daß zur Eigenschaft 'langlebig' bei einem in Frage stehenden Stoff noch mindestens eine weitere der genannten Schadwirkungen kommen muß, um ihn als „gefährlich“ im Sinne des WHG zu bezeichnen. Im Sinne einer Vorsorge sollte dies dahingehend geändert werden, daß auch die Eigenschaft 'langlebig' alleine ausreicht, damit ein Stoff im Sinne des § 7a WHG solange als 'gefährlich' gilt, bis seine Unschädlichkeit plausibel erwiesen werden kann (vgl. Kap. 2.4). Eine Erlaubnis für das Ableiten von Abwasser darf nur dann erteilt werden, wenn „gefährliche Stoffe“ nach dem Stand der Technik und allgemeines Abwasser nach den Regeln der Technik behandelt worden sind. Dies gilt unabhängig vom Zustand oder der Belastbarkeit eines Gewässers. Im § 7a Abs. 1 WHG wird festgelegt, daß die Bundesregierung mit Zustimmung des Bundesrats Mindestanforderungen für die Einleitung von Stoffen aufstellt. Sie sind in der Abwasserverwaltungsvorschrift festgelegt, die - mittlerweile nach Herkunft unterschieden - mehr als 50 Anhänge umfaßt.
Auf eine Anfrage der SPD-Fraktion zum „Verbot bestimmter gefährlicher Chemikalien“ setzt die Bundesregierung auf den freiwilligen Verzicht der Industrie: *„...Im Wasch- und Reinigungsmittelgesetz (WRMG) sind Anforderungen an die Mindestabbaubarkeit von Tensiden sowie zum Höchstmengengehalt an Phosphat festgelegt. Verordnungen zur Beschränkung bzw. zum Verbot bestimmter Inhaltsstoffe entsprechend §5 Abs. 1 WRMG wurden bisher nicht erlassen. Darüber hinaus gibt es eine Vielzahl von freiwilligen Vereinbarungen mit der betreffenden Industrie, auf bestimmte Inhaltsstoffe zu verzichten, wobei hier fast immer die*

Ökotoxizität gegenüber Gewässerorganismen bzw. Nichtabbaubarkeit in Gewässern im Vordergrund stand (Alkylphenolethoxylate [Abbauprodukt: Nonylphenol], das kationische Tensid DSDMAC in Weichspülern, Reduzierung von EDTA in Gewässern, Duftstoffe auf Basis von synthetischen Nitromoschus-Verbindungen.) Die Tensid-Richtlinie soll dahingehend überarbeitet werden, daß in die Anforderungen an die Tenside der vollständige Abbau einbezogen wird." (Antwort zu Frage 14 der SPD zur "Umwelt- und sozialverträglichen Abwasserbehandlung und Vermeidung" BTDrs. 13/1057).
Mit der Verabschiedung des Abwasserabgabengesetzes (AbwAG) im Jahre 1976 sollte erreicht werden, daß mehr Abwasser besser behandelt wird, was den Bau von kommunalen Kläranlagen bedeutet. Als Lenkungsabgabe sollte die Abwasserabgabe ein neuartiges Instrument für den Umweltschutz werden. Ob sie ihren Zweck erfüllt hat, wird unterschiedlich beurteilt (vgl. ATV 1988). Unter anderem verhinderte der durch das AbwAG ausgelöste Bauboom an Kläranlagen die dezentrale Vorbehandlung (Teilstrombehandlung) der Abwässer von gewerblichen und industriellen Indirekteinleitern. Zusätzlich waren die Baupreise stark angestiegen, wodurch mit den Investitionen weniger erreicht wurde. Die Einführung der Mindestanforderungen an die Einleitung hätte dagegen sowieso dazu geführt, Abwasser entsprechend zu behandeln - sofern darin „gefährliche Stoffe" zu erwarten waren. Das AbwAG des Bundes als Rahmenvorschrift findet seine Entsprechung in den Abwasserabgabegesetzen der Länder.
Für „**Kommunales Abwasser**" entscheidend ist der 1. Anhang der Abwasserverwaltungsvorschrift, der die **Mindestanforderungen** für Gemeinden formuliert. Er gilt für Mischwasser und stützt sich auf das Regelwerk der Abwassertechnischen Vereinigung (ATV, vgl. Tab. 30). Hierin sind die Mindestanforderungen nach Größenklassen der Gemeinden gegliedert.

Größenklasse [EW]	BSB	CSB	NH_4-N	Nges.	Pges.
	mg/l	mg/l	mg/l	mg/l	mg/l
< 1000	40	150			
1.000-5.000	25	110			
5.000-20.000	20	90	10	18	
20.000-100.000	20	90	10	18	2
>100.000	15	75	10	18	1

Tab. 30:
Mindestanforderungen, die an die Ablaufwerte der kommunalen Kläranlagen gestellt werden, unterschieden nach der Kläranlagengröße

Von den Ausführungsbestimmungen der Landeswassergesetze sind für kommunales Abwasser vor allem die „Indirekteinleiterverordnung", die „Reinhalteordnung kommunales Abwasser" sowie die „Eigenkontrollverordnung" besonders wichtig. Eine Übersicht der wichtigsten Vorschriften für kommunales Abwasser gibt Abb. 30. Die zeitliche Entwicklung der wichtigsten wasserrechtswirksamen Vorschriften gibt Tabelle 31 wieder.

Abb. 30:

Schema: Wesentliche Vorschriften der Abwassergesetzgebung (aus KUNZ 1995)

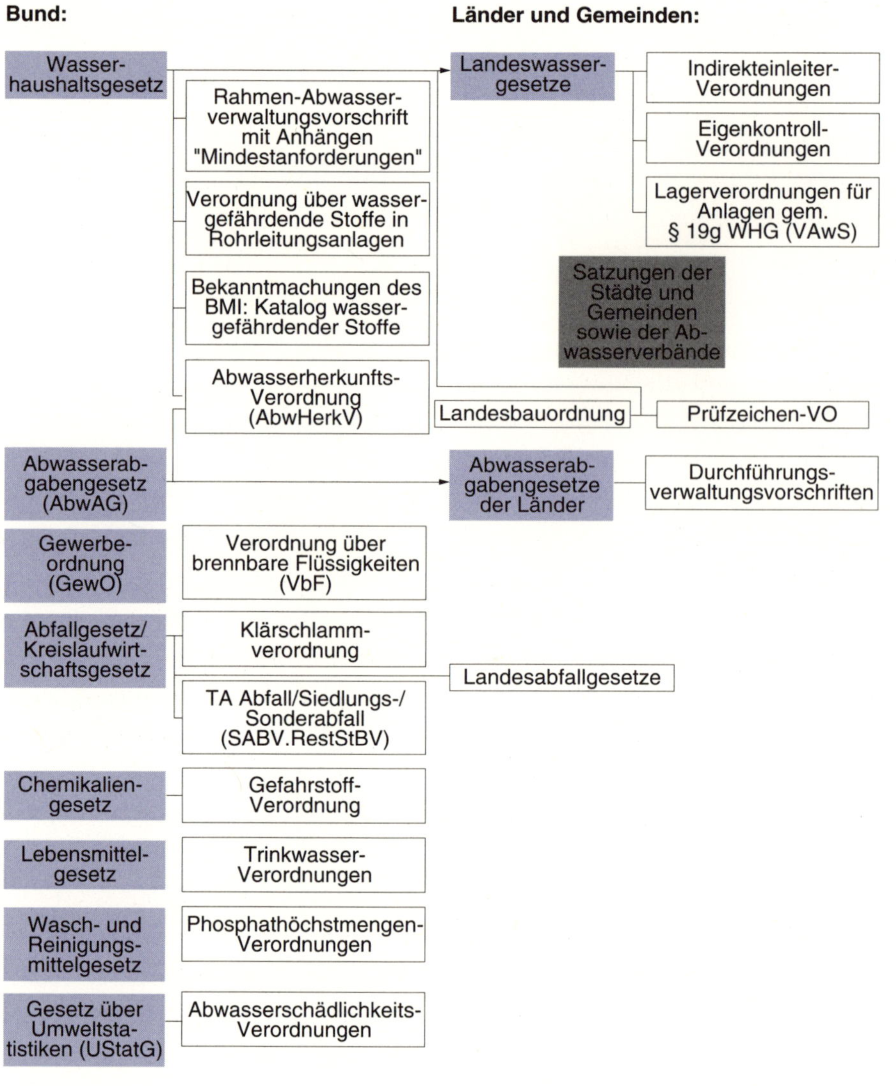

Wasserhaushaltsgesetz (WHG):

1957 verabschiedet, fünfmal novelliert. Gesetz zur Ordnung des Wasserhaushalts, Rahmengesetz für die Landeswassergesetze der Bundesländer.

Neben dem Wasserhaushaltsgesetz ist auch das **Strafrecht** eine wichtige gesetzliche Regelung zum Schutz der Wasserreinheit. Nach § 326 Strafgesetzbuch (StGB) macht sich strafbar, wer unbefugt besonders gefährliche Abfälle außerhalb einer dafür zugelassenen Anlage oder unter wesentlicher Abweichung von einem vorgeschriebenen oder dafür zugelassenen Verfahren behandelt, lagert, ablagert, abläßt oder sonst beseitigt. Hierunter sind auch Handlungen zu verstehen, die für Gewässer, Luft und Boden gefährlich sind, ohne daß es einer nachzuweisenden Verletzung oder konkreten Gefährdung des Gewässers bedarf. Nach § 324 StGB macht sich strafbar, „wer unbefugt ein Gewässer verunreinigt oder sonst seine Eigenschaften nachteilig verändert". Dieser Straftatbestand gilt auch bei mittelbarer Verschmutzung, so z.B. bei **Indirekteinleitern**, die in die Kanalisation einleiten. In der Praxis ist es jedoch noch zu keinem Strafverfahren gekommen, in dem das StGB auf diese Art und Weise ausgelegt worden wäre (vgl. RÜGEMER 1995).

Im Zusammenhang mit dem Kreislaufwirtschaftsgesetz wird vorgeschlagen, daß ganz allgemein das Wasserrecht dahingehend geändert werden sollte, daß die Regelungen des Abfallrechts auch für Abfälle zutreffen sollten, die mit dem Wasser entsorgt werden (SCHRAMM 1991, KLUGE & VACK 1994).

Tab. 31:

Wichtige gesetzliche Regelungen seit 1945, Übersicht über Rahmenregelungen, die im Zusammenhang geschlossener Stoffkreisläufe im Abwasserbereich berücksichtigt und gegebenenfalls überarbeitet werden müßten. Die Liste erhebt keinen Anspruch auf Vollständigkeit.

1946	In vielen Ländern sind die Ministerien für Ernährung, Landwirtschaft und Forsten für alle Bereiche der Wasserwirtschaft zuständig; es gibt ein dreistufiges Verwaltungssystem in den Ländern (gilt heute noch)
1949	Grundgesetz, 23.05.1949, letzte Änderung (Art.106): 03.11.1995
1952	Gesetz über die Errichtung des Bundesgesundheitsamtes
1953	Bildung des Wasserbeirates beim Landwirtschaftsminister, in dem die kommunalen Spitzenverbände, Industrie- und Handelskammern, Landwirtschaftskammern, Fachvereinigungen und Wasserwirtschaftler vertreten sind
1957	Wasserhaushaltsgesetz, 27.07.1957, letzte Fassung: 23.09.1986; letzte Änderung: 27.06.1994
1959	Gesetz zur Änderung der Gewerbeordnung und Ergänzung des Bürgerlichen Gesetzbuches vom 22. Dez. 1959;
1959/60	Trinkwasseraufbereitungsverordnung
1964	Detergentiengesetz
1965	Wassersicherstellungsgesetz; 24.08.1965, letzte Änderung: 14.12.1977.
1968	Bundeswasserstraßengesetz, 02.04.1968, letzte Änderung: 23.08.1990.
1972	Abfallbeseitigungsgesetz, 07.06.1972, letzte Fassung: 27.08.1986, letzte Änderung: 30.09.1994.
1973	Verordnung über wassergefährdende Stoffe bei der Beförderung in Rohrleitungsanlagen, 19.12.1973, geändert durch Verordnung vom 05.04.1976.
1975	Wasch- und Reinigungsmittelgesetz, 20.08.1975, letzte Fassung: 05.03.1987, und des Artikels 42 - der fünften Zuständigkeitsanpassungsverordnung: 26.02.1993.
1976	Abwasserabgabengesetz
1976	Bundesnaturschutzgesetz, 20.12.1976, letzte Änderung: 06.08.1993.
1977	Tensidverordnung, 30.01.1977, letzte Änderung: 04.06.1986.
1980	Phosphathöchstmengenverordnung, 04.06.1980.
1980	Verordnung über brennbare Flüssigkeiten
1984	Trinkwasserverordnung, 01.08.1984, letzte Änderung: 04.06.1986.
1986	Pflanzenschutzgesetz (Gesetz zum Schutz der Kulturpflanzen, s. auch Pflanzenschutzmittelhöchstmengenverordnung), 15.08.1986, letzte Änderung: 27.06.1994.
1987	Abwasserherkunftsverordnung (AbwHerkV); Verordnung über die Herkunftsbereiche von Abwasser vom 3.07.87, zuletzt geändert 1991. Definiert zehn Teilbereiche mit 55 Unterbereichen, aus denen im Sinne des §7a des WHG bestimmte Abwässer kommen; Bundesländer erlassen Indirekteinleiterverordnungen, außerdem:
1988	Abfallverbringungsverordnung, 18.11.1988, letzte Änderung: 30.04.1994.
1989	Düngemittelgesetz, Düngemittelanwendungsverordnung
1989	Rahmen-Abwasserverwaltungsvorschrift. Sie nennt vor allem die anzuwendenden Analyseverfahren. Grenzwerte und andere branchenspezifische Regelungen sind in den über 50 Anhängen festgelegt, z.B. Anhang 38 Textilherstellung, Textilveredlung (BR-Drs. 181/93 v. 18.3.93)
1989	Ruhrtalsperrengesetz (NRW), 05.06.1913, letzte Fassung der Änderungsgesetze: 21.10.1969, 26.06.1984, 20.06.1989.
1989	Chemikaliengesetz, letzte Fassung 25.07.1994, letzte Änderung: 27.09.1994.
1990	Abwasserabgabengesetz, 06.11.1990, geändert durch Gesetz: 05.11.1994.
1990	Bundesimmisionsschutzgesetz, 14.05.1990, letzte Änderung 19.07.1995. Störfallverordnung, 20.09.1991, letzte Änderung: 26.10.1993.
1990	Ruhrreinhaltungsgesetz (NRW), Gesetz zur Änderung wasserwirtschaftlicher Vorschriften für das Einzugsgebiet der Ruhr: 07.02.1990
1990	Bundeswasserstraßengesetz
1990	Gesetz über die Vermeidung und Entsorgung von Abfällen
1990	Umwelthaftungsgesetz
1990	Umweltverträglichkeitsprüfungsgesetz (UVPG), letzte Fassung 12.02.1992, letzte Änderung: 23.11.1994.
1990	Wassersicherstellungsgesetz
1991	Bodenschutzgesetz, 24.06.1991
1991	Gesetz über Wasser- und Bodenverbände (Wasserverbandsgesetz), 12.02.1991.
1991	Gefahrstoffverordnung, letzte Fassung 16.08.1994.
1992	Klärschlammverordnung,15.04.1992.
1994	Abfallverbringungsgesetz, 30.09.1994.
1996	Kreislaufwirtschaftsgesetz

Einer der wichtigsten Begriffe des Wasserrechts ist der der **Gewässerbenutzung** (Seiler 1976). Das WHG definiert Gewässerbenutzungen als Maßnahmen, die eine Veränderung der Beschaffenheit des Wassers herbeiführen. Solche Maßnahmen sind genehmigungspflichtig. In dieser Hinsicht sind auch traditionelle Entwässerungsmethoden und auch entwässerungstechnische Versickerungen genehmigungspflichtig.
Nach dem Abwasserabgabengesetz gilt auch **Niederschlagswasser** als **Abwasser**, sobald es aus dem Bereich von bebauten und befestigten Flächen abfließt. Dieses muß dann ordnungsgemäß abgeführt werden. In den Landeswassergesetzen ist festgelegt, daß **für die Entsorgung der Abwässer in der Regel die Kommune zuständig** und damit verantwortlich ist. Sie regelt durch eine entsprechende Satzung, unter welchen Voraussetzungen Abwasser als angefallen gilt, und in welcher Weise und Zusammensetzung ihr das Abwasser zu überlassen ist. Lediglich den Betrieb entsprechender Anlagen etc. kann sie an Dritte abgeben, nicht die Zuständigkeit. **Ausnahmen**, das heißt der Ausschluß von der Beseitigungspflicht, können in Abstimmung mit den Wasserbehörden dann erfolgen, wenn eine Übernahme aus technischen Gründen nicht möglich oder unverhältnismäßig ist. Diese Ausnahmeregelung wurde insbesondere für Hausgrundstücke im baurechtlichen Außenbereich gem. § 35 BauGB angewendet, in denen Abwasser in Kleinkläranlagen oder abflußlosen Sammelgruben beseitigt wird. Im Ausnahmefall hat „derjenige das Abwasser zu beseitigen, bei dem das Abwasser anfällt oder der nach dem Abwasserbeseitigungsplan hierzu verpflichtet ist".
Für die **Fäkal- (bzw. Faul-)schlamm - Entsorgung** aus Kleinkläranlagen sind grundsätzlich ebenfalls die Gemeinden zuständig. Eine Übersicht über die verschiedenen Möglichkeiten der Mitbehandlung von solchen Fäkalschlämmen gibt das ATV-Arbeitsblatt 123. Die kommunalen Kläranlagen müssen eine für die Aufnahme von Fäkalschlamm aus Kleinkläranlagen ausreichende Mindestkapazität aufweisen. Die Kosten für die Fäkalschlammbehandlung können regional stark variieren, durchschnittlich liegen sie bei 50,- DM / m^3 incl. Transport. Die Landeswassergesetze sehen die Möglichkeit vor, landwirtschaftlichen Betrieben die eigene Fäkalschlamm-Entsorgung zu übertragen. Bei der Ausbringung sind die Vorschriften der Klärschlammverordnung zu beachten (Ausbringung ausschließlich auf unbestellten, selbstbewirtschafteten Äckern unter sofortiger Einarbeitung). Durch die Auflagen (u.a. vorgeschriebene Analysen) der Klärschlammverordnung ist der Anreiz zur Ausbringung stark reduziert (vgl. Kap. 2.3.2).

Der **Anschlußzwang** an die Kanalisation resultiert historisch gesehen aus der noch älteren Pflicht des Anschlusses und der Benutzung an die öffentliche Wasserversorgung, wie sie z.B. in der Wasserversorgungsmustersatzung des Gemeindetags Baden-Württemberg steht (siehe z.B. § 5): *„Auf Grundstücken, die an die öffentliche Wasserversorgung angeschlossen sind, haben die Wasserabnehmer ihren gesamten Wasserbedarf zu decken"*
Die Abwassersatzungen sind daher noch immer weitgehend den Verhältnissen angepaßt, wie sie für die herkömmliche Wasserwirtschaft mit hohem

Trinkwasserverbrauch und kanalisierter Regenwasserableitung gelten. Noch immer ist der Anschlußzwang an die Kanalisation, (z.T. sogar der Zwang zur Benutzung der Einrichtungen) in vielen Ortssatzungen festgelegt. Ausnahmen von diesen Satzungen müssen einzeln beantragt werden. Die Zahl der Ortssatzungen, die zumindest für Teilbereiche (Neubaugebiete) oder außerhalb des geschlossenen Ortskerns z.B. das Wasser von Dachflächen von der Anschlußpflicht befreien, nimmt jedoch zu.

Tab.32:
Auszug aus den Regelwerk der ATV

H 254	Allgemeine Beurteilungskriterien für Kläranlagen mit besonderen Verfahrenskombinationen oder -varianten für Ausbaugrößen bis 10 000 Einwohnerwerte
H 259	Auf Kläranlagen Stromkosten sparen !
H 260	Erfassen, Auswerten und Darstellen von Betriebsdaten mit Hilfe von Prozeßdatenverarbeitungsanlagen auf Klärwerken
H 262	Behandlung von häuslichem Abwasser in Pflanzenbeeten
M 200	Grundsätze für die Abwasserentsorgung in ländlich strukturierten Gebieten
M 767	Abwasser aus Schlacht- und Fleischverarbeitungsbetrieben
A 106	Entwurf und Bauplanung von Abwasserbehandlungsanlagen
A 109	Richtlinien für den Anschluß von Autobahnnebenbetrieben an Kläranlagen
A 115	Einleiten von nicht häuslichem Abwasser in eine öffentliche Abwasseranlage
A 122	Grundsätze für Bemessung,Bau und Betrieb von kleinen Kläranlagen mit aerober, biologischer Reinigungsstufe für Anschlußwerte zwischen 50 und 500 Einwohnerwerten
A 123	Behandlung und Beseitigung von Schlamm aus Kleinkläranlagen
A 124	Dienst- und Betriebsanweisung für das Personal von Kläranlagen
A 126	Grundsätze für die Abwasserbehandlung in Kläranlagen nach dem Belebungsverfahren mit gemeinsamer Schlammstabilisierung bei Anschlußwerten zwischen 500 und 10 000 Einwohnerwerten
A 129	Abwasserbeseitigung aus Erholungs- und Fremdenverkehrseinrichtungen
A 131	Bemessung von einstufigen Belebungsanlagen ab 5 000 Einwohnerwerten
A 133	Erfassung, Bewertung und Fortschreibung des Vermögens kommunaler Entwässerungseinrichtungen
A 134	Planung und Bau von Abwasserpumpwerken mit kleinen Zuflüssen
A 138	Bau und Bemessung von Anlagen zur dezentralen Versickerung von nicht schädlich verunreinigtem Niederschlagwasser
A 142	Abwasserkanäle und -leitungen in Wassergewinnungsgebieten
A 202	Verfahren zur Elimination von Phosphor aus Abwasser
A 203	Abwasserfiltration durch Raumfilter nach biologischer Reinigung
In Vorbereitung	
A 262	Grundsätze für Bemessung, Bau und Betrieb von Pflanzenbeeten für kommunales Abwasser bei Ausbaugrößen bis 1000 Einwohnerwerte
ATV-Merkblatt	Belebungsanlagen mit Aufstaubetrieb (SBR-Technologie)

In aller Regel bemißt sich die Abwassergebühr nach der Menge des verbrauchten Trinkwassers, unabhängig davon, wieviel Abwasser, also Schmutz- oder Regenwasser, tatsächlich anfällt. Für den Verbraucher, der Maßnahmen zur Regenwasserversickerung auf seinem Grundstück vornimmt, hat das finanzielle Nachteile, der Bau von Regenwassernutzungsanlagen dagegen wird indirekt (teilweise bewußt) subventioniert.
Die Entsiegelung von Hofflächen, Anfahrten, etc. gilt als natürliche Versickerung und ist daher nicht genehmigungspflichtig. Sie kann im Bebauungsplan bindend vorgeschrieben werden.
Soll die Nutzung des Regenwassers, das heißt vorherige Speicherung auch im Sinne einer Rückhaltung wirksam sein, so ist zum einen ein flächendeckender Einsatz und die geeignete Versickerung des restlichen Niederschlagswassers (vgl. Kap. 3.3.1) Voraussetzung. Einige Gemeinden haben daher bereits vor Jahren in Bebauungsplänen den Bau von Regenwasserzisternen (wie z.B. Remshalden, BW) und/oder die Versickerung für Neubauten entgegen den damals geltenden wassergesetzlichen Vorgaben, festgeschrieben. Das Land Baden-Württemberg hat erst nach langen Diskussionen diesem Vorgehen durch die Änderung der Landesbauordnung zugestimmt. In Nordrhein-Westfalen muß in Neubaugebieten seit Anfang 1996 Regenwasser dort versickert werden, wo dies sinnvollerweise möglich ist.
Eine kurze Chronologie weiterer Aspekte der Wasserdebatte der letzten Jahre in Deutschland geben Kluge & Schramm 1995.
Die neueste gesetzliche Regelung, die auch abwasserrelevant ist, ist das Kreislaufwirtschaftsgesetz. Es ist ab Oktober 1996 vollständig in Kraft. Dessen Regelungen zur Vermeidung und Verwertung gelten für Abwasser, bevor es in Abwasseranlagen eingeleitet wird. Diese Regelung wird zu einer Neuorientierung des Umganges mit Abwasser führen.

Internationale Vereinbarungen, EU-Richtlinien

Neben den genannten nationalen Regelungen ist Deutschland an einige internationale Übereinkommen gebunden, in denen weitere Zielvorgaben festgelegt sind (z.B. Vereinbarungen der Internationalen Kommissionen zum Schutze des Rhein (IKSR), der Elbe (IKSE) und der Oder (IKSO) oder der Internationalen Nordseeschutz-Konferenz (INK). In diesem Zusammenhang sei vor allem das Paris-Übereinkommen zum Schutz der Meeresumwelt des Nordatlantiks (OSPAR) von 1992 genannt, in dem die Handlungsgrundsätze „Vorsorgeprinzip", „Verursacherprinzip", „beste Umweltpraxis" und „Stand der Technik" international rechtsverbindlich festgeschrieben worden sind. Die unterzeichnenden Staaten (Dänemark, Deutschland, Finnland, Frankreich, Großbritannien, Irland, Island, Niederlande, Norwegen, Portugal, Schweden, Schweiz, Spanien und EWG) sind die Verpflichtung eingegangen, den Eintrag toxischer, persistenter und bioakkumulierender Stoffe bis zum Jahr 2000 auf ein unschädliches Maß zu verringern. Ebenso sollen die Nährstoffeinträge um 50 % vermindert werden. Die internationalen Übereinkommen enthalten zahlreiche Empfehlungen, die große Anstrengungen erwarten lassen.

Während z.B. die Reduktionsziele beim Nährstoffeintrag aus punktuellen Quellen, also vor allem den kommunalen Kläranlagen, mit den derzeit sich abzeichnenden Maßnahmen erreichbar scheinen, gilt dies nicht für den Eintrag aus 'diffusen Quellen' (insbesondere für den Stickstoff aus der Landwirtschaft). Die Abkommen berücksichtigen weder die Schwierigkeiten (Technikfolgen), die damit in den Regionen selbst auftreten, noch das Verursacherprinzip. Die Empfehlungen hätten sonst differenzierter formuliert sein müssen (z.B. bezogen auf die Überschußmengen an Stickstoff in der Landwirtschaft, vgl. Kap. 2.5.1).
Im Zusammenhang mit der **Novellierung des Wasserhaushaltsgesetz** fand 1995/96 eine gewichtige Diskussion um die Begriffe **„Regeln der Technik“** und **„Stand der Technik“** statt. Die bisherigen Regelungen in Deutschland

- Richtlinie „über die Qualitätsanforderungen an Oberflächengewässer für die Trinkwassergewinnung in den Mitgliedsstaaten“ (75/440 EWG)
- Richtlinie „über die Qualität der Badegewässer“ (76/160 EWG)
- Richtlinie „betreffend die Verschmutzung infolge der Ableitung bestimmter gefährlicher Stoffe in die Gewässer der Gemeinschaft“ (76/464 EWG)
- Richtlinie „über das Verbot des Inverkehrbringens und der Anwendung von Pflanzenschutzmitteln, die bestimmte Wirkstoffe enthalten“ (79/117 EWG)
- Richtlinie „über den Schutz des Grundwassers gegen Verschmutzungen durch bestimmte gefährliche Stoffe“ (80/68 EWG)
- Richtlinie „über die Qualität des Wassers für den menschlichen Gebrauch“ (80/778 EWG)
- Richtlinie „über den Schutz der Umwelt und insbesondere der Böden bei der Verwendung von Klärschlamm in der Landwirtschaft“ (86/278 EWG)
- Richtlinie „zum Schutz der natürlichen und naturnahen Lebensräume sowie der wildlebenden Tier- und Pflanzenarten“
- Richtlinie „über das Inverkehrbringen von Pflanzenschutzmitteln“ (91/414 EWG)
- Richtlinie „zum Schutz der Gewässer vor Verunreinigung durch Nitrat aus landwirtschaftlichen Quellen“ (91/676 EWG)

Tab. 33:
Einige wichtige EU-Richtlinien, die im Zusammenhang geschlossener Stoffkreisläufe im Abwasserbereich berücksichtigt und gegebenenfalls überarbeitet werden müßten

sind gemessen an der Praxis anderer EU-Staaten als fortschrittlich zu bezeichnen, weil die Regeln der Technik relativ gut der Entwicklung der Abwassertechnik angepaßt sind. Der Stand der Technik, nach dem „gefährliche Stoffe“ behandelt werden müssen, läßt dagegen relativ wenig Spielraum. Der Entwurf zur Änderung des Wasserhaushaltsgesetzes vom April 1995 sieht in Anlehnung an bestehende und bevorstehende EU-Richtlinien vor, daß alle Abwässer nach dem „Stand der Technik“ zu behandeln seien. Dies scheint dem Wortlaut nach zunächst eine Verbesserung für den Gewässerschutz zu bedeuten.

„In § 5 Abs. 1 wird nach Satz 1 folgender Satz eingefügt:

Eine zusätzliche Anforderung nach Satz 1 Nr.1 darf nicht getroffen werden, wenn sie unverhältnismäßig ist, vor allem, wenn der mit der Erfüllung der Anforderung verbundene Aufwand außer Verhältnis zu dem mit der Anordnung angestrebten Erfolg steht; dabei sind insbesondere Art, Menge und Gefährlichkeit der einzubringenden und einzuleitenden Stoffe sowie die Nutzungsdauer und technische Besonderheiten der Anlage zu berücksichtigen." (aus: Entwurf eines Gesetzes zur Änderung des Wasserhaushaltsgesetzes, Drucksache 13/1207)

Dadurch, daß aber der Grundsatz der Verhältnismäßigkeit in §5 und §7a Abs.2 des Entwurfes ausdrücklich und sachverhaltsbezogen aufgenommen wurde, besteht in der Praxis die Gefahr, daß der Begriff „Stand der Technik" zum inhaltslosen Alibi verkommt und im Einzelfall sogar hinter die jetzigen „allgemein anerkannten Regeln der Technik" zurückfallen. Es muß befürchtet werden, daß der „Stand der Technik" nun vor allem wirtschaftlich definiert wird und der Gewässerschutz dabei schlechter abschneidet als die wirtschaftlichen Interessen mancher Gewerbe- und Industriebetriebe. Dies gilt insbesondere, weil der Bundesrat davon ausgeht, daß „die Änderungen insgesamt zu erheblichen Kosteneinsparungen führen" werden.
Im Vorfeld dieses Entwurfes wurde überlegt, ob „Stand der Technik" denn dann auch bedeute, die kommunalen Kläranlagen mit einer **weiteren Reinigungsstufe zur „Hygienisierung"** des Abwassers auszustatten, um die EU-Richtlinie „über die Qualität der Badegewässer" in Bezug auf die Keimbelastung einhalten zu können. Die Erweiterung um eine „hygienische" Stufe würde Beträge in zweistelliger Milliardenhöhe erfordern. Dafür käme man dem Ziel näher, in den Fließgewässern wieder schwimmen zu können.

2.10. Zusammenfassende Schlußfolgerungen

Die traditionelle Abwassertechnik hat sich vor allem mit Planung und Entwurf einzelner technischer Anlagen befaßt (z.B. Dimensionierung und Konstruktion von Kanalisationsnetzen, Mischwasserbecken, Kläranlagen, usw.).

In der Regel werden diese Elemente isoliert von ihrer Wirkung im urbanen Wasser- und Stofftransportsystem betrachtet und noch weniger in ihren Auswirkungen auf den Naturhaushalt oder die Wahrnehmung der Menschen. Die bisherige Konzeption der Siedlungsentwässerung sah zusammengefaßt folgende Ziele in der zeitlichen Reihenfolge ihrer Umsetzung vor:

- Gesundheitsvorsorge
- Entwässerung, Hochwasserschutz
- Gewässerschutz

Die Generallösung sah man in der Schwemmkanalisation und dem Bau von Kläranlagen. Die Bedeutung innerstädtischer Gewässer für die Naherholung, das Stadtklima oder Biotopverbundkonzepte wurden ebenso übersehen, wie z.B. die Folgen der Flächenversiegelung für den Grundwasserhaushalt. Es gilt, eine Vielzahl wichtiger Interessen zu koordinieren. Dazu bedarf es sowohl des Wissens einzelner Spezialisten als auch der multidisziplinären Absprache, um ökologisch wie sozial verträglichere entwässerungstechnische Lösungen umzusetzen.

Die Grundaussagen des Kapitels sind zusammengefaßt:

1) Der verschwenderische Umgang mit (Ab)Wasser und seinen Inhaltsstoffen durch Spültoilette und Schwemmkanal bringt eine Reihe bisher nicht gelöster Probleme mit sich. Der Gewässerschutz basiert noch immer auf der **„end-of-pipe"**-Philosophie, der Zentralkläranlage. Sie kann die Vielfalt der Stoffe nicht bewältigen und trotz guter Reinigungsleistung gehen aus Sicht zukünftiger Generationen noch immer wertvolle Düngerstoffe (z.B. Kalium, Phosphor) verloren. Die begrenzten abbauwürdigen Vorkommen von anorganischem Phosphor- und Kalidünger erfordern in Zukunft die Nutzung dieser Nährstoffe im Kreislauf unter Anwendung ökologischer Landbaumethoden.
2) Die gemeinsame Behandlung von Haushaltsabwasser mit gewerblichem und industriellen Abwasser (Indirekteinleiter) führt zu einem Stoffgemisch in Kanal und Kläranlage und Gewässern mit auf Dauer unüberschaubaren Risiken. Die Teilstrombehandlung und Kreislaufführung von Betriebswasser muß deutlich verbessert und ausgebaut werden.
3) Trotz der guten Reinigungsleistung kommunaler Kläranlagen kommt es zur allmählichen Anreicherung von Nähr- und Schadstoffen in den Gewässern. Unvorhergesehene Folgen wie das Auftreten toxischer Algen und das Wattsterben durch hohe Nährstoffgehalte und ein verändertes N/P-Verhältnis mit dem Wachstum toxischer Algen sind die Folge.
4) Die Abwasserbehandlung in kommunalen Kläranlagen benötigt in der Bilanz nicht unerhebliche Mengen an Energie zur Veratmung organischer Stoffe zu atmosphärischem CO_2, statt durch Vergärung in der Bilanz Energie (CH_4) bereitzustellen.
5) Die Menge an Klärschlamm wächst u.a. durch verbesserte Reinigungsstufen stetig. Die Verwertung durch die Landwirtschaft stößt auf erhebliche Akzeptanzprobleme. Klärschlamm ist somit zu einem bedeutenden ökologischen wie ökonomischen Problem geworden.
6) Die organischen Stoffe des Abfalls und des Abwassers sollten den landwirtschaftlichen Flächen zur Verbesserung der Humusschicht zugeführt werden, statt sie im deponierten oder verbrannten Klärschlamm in der Atmosphäre oder in Gewässern zu verschwenden.
7) Die Wasserwirtschaft darf nicht losgelöst von Industrie, Landwirtschaft, Klima und den Gewässern bis hin zum Meer betrachtet werden.

3. Lösungsansätze für dezentrale ökologisch verträgliche Entwässerungskonzepte

Dezentrale Lösungen der Siedlungsentwässerung und ihre Erforschung fanden in der Vergangenheit eher im kleinen Rahmen statt und wurden vom Großteil der Fachwelt kaum beachtet. Ein wesentlicher Grund dafür ist sicher darin zu suchen, daß bereits vor mehr als 100 Jahren mit immensen Investitionen in Forschung, Entwicklung und Bau zentral organisierter großtechnischer Systeme (Schwemmkanalisation, Kläranlagen usw.) eine andere Richtung eingeschlagen wurde. Erst in den letzten Jahren begann, durch die Erhöhung der Wasser- und Abwassergebühren, den vielfältigen Nachholbedarf in den neuen Bundesländern und die zunehmende Gegenwehr von Bürgern gegen Bestrebungen, auch dünn besiedelte Bereiche mit immensen Kosten zentral zu kanalisieren, das Interesse an dezentralen Lösungen zu wachsen (COSTNER 1986, BUYSCH 1989, BUND 1990, BIFFL 1992, FEHR 1992, RENNER 1994). Schon aus wirtschaftlichen Grunden ist ein Teil der Bevölkerung nicht an eine Kanalisation anschließbar (in den alten Bundesländern bis zu 10 %, in den neuen Bundesländern bis zu 30 %). Insbesondere in Ländern wie z.B. Schleswig-Holstein, wo ein weitgehende Kanalisation des ländlichen Raumes unfinanzierbar wäre, sind deshalb schon früh Untersuchungen vorgenommen worden, wie Haus- und Kleinkläranlagen so gebaut, saniert oder erweitert werden können, daß der Einfluß des Abwassers auf Grund- und Oberflächenwasser so gering wie möglich bleibt. An Einzelinitiativen zu bestimmten alternativen Verfahren fehlt es daher nicht. Jedoch wurden diese Erfahrungen bislang weder für Fachleute noch für die Bevölkerung gesammelt, bewertet oder in geeigneter Form aufbereitet.

Die baldige Aufarbeitung der bisher gesammelten Erfahrungen und eine daran anknüpfende Durchführung gut geplanter **Pilotprojekte** (mit entsprechender Begleitforschung zu offenen Fragen), wird eine wesentliche Voraussetzung für eine volkswirtschaftlich und ökologisch sinnvolle Abwägung sein. Pauschal formulierte Argumente gegen dezentrale Konzepte, wie z.B. die schlechteren Überwachungsmöglichkeiten oder die schleichende Gefahr lokaler Grundwassergefährdungen, sollten auf diese Weise leicht zu entkräften sein. Insbesondere vermeintliche Nachteile dezentraler Lösungen, wie eine schlechtere Kontrolle, können durch den **gemeinsamen Betrieb vieler kleiner Anlagen in einem Verbund** kompensiert werden. Die Vorteile solcher Verbundlösungen liegen in der besseren Ausstattung und Ausnutzung vorteilhafter Einrichtungen (z.B. Ersatzaggregate, Laborgeräten), der kontinuierlichen Überwachung und dem geringeren Personal-, Wartungs- und Kostenaufwand.

3.1. Leitbilder dezentraler Abwasserbehandlungsmethoden

Vor ca. 20 Jahren wurde man „ökologisch“. Seitdem wird mit diesem Schlagwort in zunehmenden Maße einfach alles etikettiert. Um sich davon abzusetzen, versucht man immer wieder, neue Begrifflichkeiten zu finden. Einer der wichtigsten Nachfolger des „Ökologischen“ ist die „Nachhaltigkeit“, ein Begriff, der Mitte der 80er Eingang in die umweltpolitische Diskussion vieler Länder fand und seit der UN-Konferenz in Rio 1992 zu weltweiter Bedeutung gelangt ist. Es bestehen jedoch unterschiedliche Auffassungen darüber, wie der Begriff zu belegen oder zu gebrauchen sei. Und ein Blick auf die Herkunft des Wortes ergibt, daß der Begriff „Nachhaltigkeit“ und seine englischen Äquivalente nicht - wie vielfach angenommen - aus der Forstwirtschaft in die Umweltdiskussion gelangt sind, sondern sich weitgehend unabhängig von ihr entwickelt haben.

Zum ersten Mal tauchte der Ausdruck im Zeitalter der Aufklärung auf, einer Zeit, in der die Menschen begannen, sich aktiv mit der Gestaltung ihrer Zukunft auseinanderzusetzen. So läßt sich als kleinster gemeinsamer Nenner aller Begriffsverwendungen von „Nachhaltigkeit“ oder „Sustainability“ bis heute nur der zeitliche Bezug zur Zukunft festmachen. Aus ökonomischen Diskussionszusammenhängen gelangte der Begriff dann in die Forstwirtschaft.

Heute lassen sich dem Begriff Nachhaltigkeit fünf inhaltliche Dimensionen zuordnen:

1. eine ökologische Dimension,
2. eine soziale Dimension,
3. eine ökonomische Dimension,
4. eine zeitliche Dimension,
5. eine räumliche Dimension.

Prinzipiell sind diese Dimensionen schon in der Forstwirtschaft des letzten Jahrhunderts zu erkennen, doch wird der Begriff dort vor allem für die Kontinuierlichkeit des Holzertrages verwendet, also in seiner ökonomischen Dimension. In dieser Verwendung entspricht er definitionsgemäß anderen Wirtschaftszweigen und damit Begriffen wie nomineller oder realer Kapitalerhaltung, reproduktiver oder leistungsäquivalenter Substanzerhaltung, Erfolgskapitalerhaltung u.ä.

Zentraler Aspekt im Zusammenhang mit der Verwendung des Begriffs „Nachhaltigkeit“ im Bereich des allgemeinen Wirtschaftens ist daher die Erhaltung von Produktionsgrundlagen. In den meisten Fällen greift diese vorwiegend ökonomische Begriffsverwendung jedoch zu kurz, denn es müssen auch alle zuvor genannten Dimensionen berücksichtigt werden. Für dieses Buch konnte keine eindeutige Begriffsklärung vorgenommen werden, die die anderen Dimensionen ausreichend berücksichtigt oder zum Ausdruck gebracht hätte.

Da der Begriff mittlerweile einer gewissen Abnutzung unterliegt, wird der neuere Ausdruck „zukunftsfähig" benutzt. Die Autoren gehen davon aus, daß alle Begriffe dieser Art ursprünglich an allgemeinen Leitbildern des nachhaltigen (oder ökologischen oder dezentralen) Wirtschaftens und Handelns orientiert waren (vgl. Tab. 34). Die Entwicklung neuer Sanitärstrategien ist an die Orientierung dieser Leitbilder geknüpft.

Tab.34:
Leitbilder der Nachhaltigkeit bzw. der Dezentralisierung, die der Entwicklung eines ökologischen Sanitärkonzeptes zu Grunde liegen sollten (ergänzt nach Bossel 1995)

Aspekt	Konkurrenz/Globalisierung	Nachhaltigkeit/ Dezentralisierung
Weltbild	mechanistisch, lineare, unabhängige Vorgänge	zusammenhängendes Gefüge mit Eigenwert
Interaktion	Konkurrenzkampf	Partnerschaft
Akteur	am eigenen Vorteil orientiert	Autonomie von Untereinheiten in partnerschaftlicher Verantwortung
Ressourcen-verfügbar-keit	Technischer Fortschritt hebt jede Kapazitätsgrenze auf, bzw. behebt jedes Umweltproblem	Ökologische Tragfähigkeit der Region nicht überschreiten
Ressourcen-nutzung	an Wachstum und hohem Durchsatz orientiert, um betriebswirtschaftliche Kosten zu minimieren	Regenerierbare Ressourcen nutzen, Verbrauch nichtregenerierbarer Ressourcen minimieren, im Kreislauf halten (recyceln); Abfall vermeiden vor verwerten, vor deponieren
Organisation	hierarchisch, technokratisch, orientiert an einheitlichen Ordnungskriterien, Regeln, Effizienz durch Größe	Selbstorganisation von Untereinheiten
Irreversi-bilität	liegt nicht im Blickfeld der Akteure	wird zu minimieren versucht
Information	wird als Ware gehandelt, zweckorientiert	Freie Verfügbarkeit
Regelung	am freien Markt orientiert	durch Setzung effizienter Randbedingungen
Besitz	Suchtverhalten in Bezug auf Besitz, Macht, Sicherheit, Einfluß wird zu maximieren versucht	verantwortungsvoller Umgang mit Besitz: Besitz verpflichtet und wird nach der Existenzsicherung als weniger wichtig erkannt
Charakter-eigen-schaften	verhärtet, egozentrisch, unsicher, kalt, Kindheitstraumata	Innere Ruhe, lebensfroh, Verständnis, Wärme, gesunde Sozialisierung, Anerkennung, „Ich" als Teil einer Gemeinschaft, eines Ganzen

Zu den wichtigsten und frühesten gesellschaftlichen Leitbildern gehört der Kreislauf. Einen wichtigen Beitrag dazu leistet ein Verbundprojekt an der Uni Kassel mit dem Titel „Wasserkreislauf und urban-ökologische Entwicklung

Abb. 31:

Beispiel für einen Stoffkreislauf; Schematische Darstellung der Stoffströme in einem ökologischen Sanitärkonzept (vgl. Kap. 3.5).

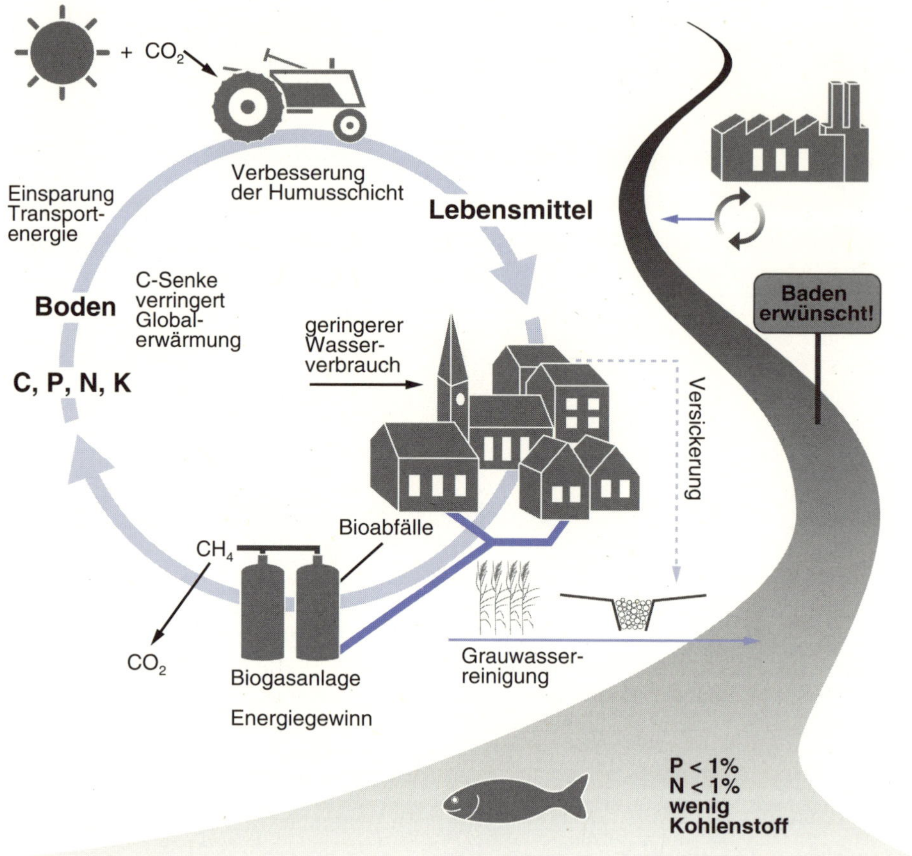

(Wasserkultur)“ unter Leitung von Prof. Dr. Detlev Ipsen. In einem Teilprojekt „Modellanalyse Wasserkreislauf“ des Institutes für sozial-ökologische Forschung (ISOE) werden derzeit Kreislaufmodelle zur 'nachhaltigen' Nutzung des städtischen Wasser- und Naturhaushaltes untersucht bzw. entwickelt (Kluge & Schramm 1994, 1995).

vgl. Zeitschrift Wasserkultur, bisher erschienen Nr. 1-7 des BMFT-Forschungsprojektes 'Wasserkultur', verantwortlicher Projektleiter Prof. Dr. Detlef Ipsen, zu beziehen über Gesamthochschule Kassel.

Bereits Dorau (1994) schlägt ein Kreislaufmodell vor, in dem zum einen mehr Flußwasser als bisher zur Trinkwasserversorgung herangezogen wird, zum anderen die Abwassereinleitung so weit wie möglich flußaufwärts stattfinden soll (vgl. Abb. 32). Er verspricht sich davon, daß die Anstrengungen zur Vermeidung toxischer Inhaltsstoffe im Abwasser erheblich intensiviert würden (Rückhaltung sämtlicher Krankheitserreger, Nährstoffe etc.) und die Güte des Flußwassers sich dabei in Richtung Trink- und Badewasserqualität verschiebe. Eine Trinkwasseraufbereitung hätte dann nur noch qualitätssichernde Funktion.

Das ISOE (1994) hat dieses Modell von Dorau in einigen Punkten weiter differenziert. Es fordert die Berücksichtigung sozialer Lösungspotentiale. Die Gewinnung von Trinkwasser aus Grundwasser und die Ableitung des Abwassers in unterirdischen Kanälen ist für die Einwohner unsichtbar und entzieht sich damit der alltäglichen Wahrnehmung. Erst wenn Herkunft sowie Qualität und Verbleib von Trink- und Abwasser wieder öffentlich wahrgenommen werden, lassen sich verschiedene Abwasserqualitäten unterscheiden und nutzen; Wassersparen bzw. Abwasservermeiden wird dann möglich und selbstverständlich (vgl. SCHRAMM 1994).

Neben der Weiterentwicklung des Leitbildes Stoffkreislauf bedarf es für die Umsetzung einer zukunftsfähigen Wasserwirtschaft:

- einer Weiterentwicklung praxisorientierter Kreislaufmodelle für Nährstoffe,
- einer Bündelung des Know Hows,
- einer Verbreitung des Know Hows bei Fachleuten,
- eines Problembewußtseins bei der breiten Bevölkerung,
- einer Zusammenfassung der verschiedenen Einzelkomponenten einer vorsorgenden Siedlungsentwässerung zu Visionen für zukunftsfähige Entwässerungskonzepte,
- einer Untersuchung wissenschaftlich bisher nicht greifbarer Probleme des kurzen Nahrungskreislaufes.

Im folgenden sollen daher einige wichtige Ansätze zu einer zukunftsfähigen Wasserwirtschaft vorgestellt werden.

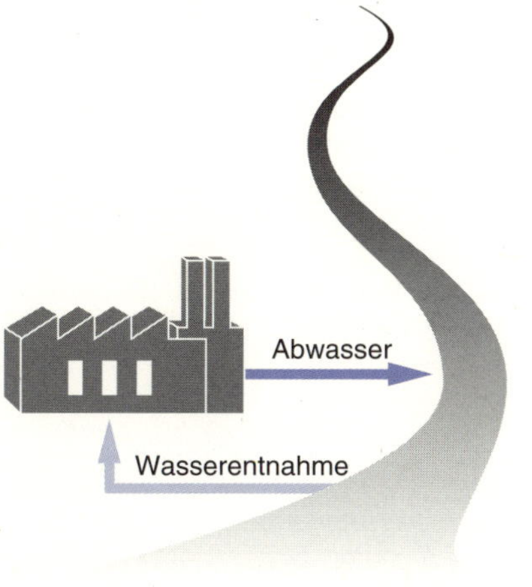

Abb. 32:
Fabrik, die Ihr Abwasser oben einleitet und unten entnimmt als Anreiz Wasser wiederzuverwenden und besser zu reinigen.

3.2. Wassersparen zur Abwasservermeidung in privaten Haushalten

In der Regel stößt die Forderung nach dem Sparen von Trinkwasser auf Akzeptanz. Trotzdem setzen sich Einrichtungen zum Wassersparen nur sehr langsam durch. Unter anderem liegt dies darin, daß viele nicht wissen, wie solche Wasserspartechniken funktionieren, große Skepsis herrscht, ob mit weniger Wasser der gewohnte Wasch- und Duschkomfort gewährleistet bleibt und vielfach der Montageaufwand für sehr hoch gehalten wird. Zudem wird die Notwendigkeit bestimmter Sparmaßnahmen unterschiedlich bewertet. Die Frage ist, weshalb Wasser überhaupt gespart werden soll?

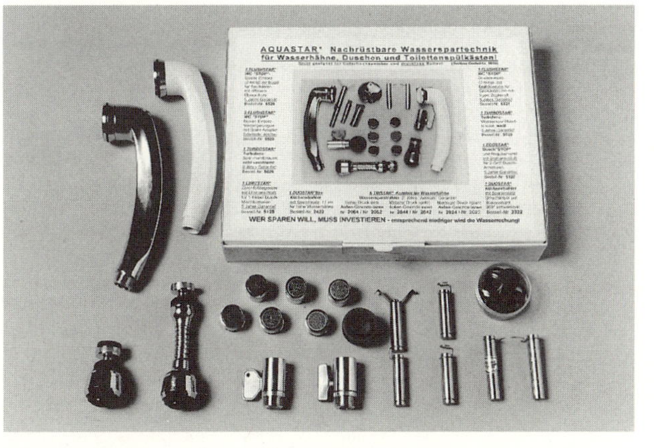

Abb. 33:
Wassersparpaket (Foto Fa. Hornig / Schmidkowski GmbH)

Immer häufiger kommt es vor, daß Wasserversorgungsunternehmen wegen der zunehmenden Grundwasserbelastung Schwierigkeiten haben, vorhandene Grundwassergewinnungsanlagen zu erhalten oder gar neue zu erschließen. So ist der Neubau von Trinkwassertalsperren politisch kaum mehr durchsetzbar. Viele Wasserversorgungsunternehmen treten darum nach anfänglichem Zögern durch Werbung und Information für das Wassersparen ein. Einige Versorgungsunternehmen unterstützen eine Wasserverbrauchsreduzierung sehr aktiv, und auch die Industrie geht immer mehr zu einer rationellen Wasserverwendung über.

In manchen Regionen ist schon heute keine Maßnahme zum Wassersparen mehr zu aufwendig, um Feuchtgebiete vor dem 'Trockenfallen' zu bewahren oder noch weitgehend unbeeinflußte Grundwasservorkommen in großer Tiefe zu schützen (Beispiel Hessisches Ried: Dort sind die Grundwasserstände

Literaturtip !
MÖNNINGHOFF (1993) [Hrsg.]: Wege zur ökologischen Wasserversorgung, Ökobuch-Verlag und KOENIGS 1995

innerhalb von 10-15 Jahren um 7-8 m gefallen). In anderen Regionen dagegen, die Wasser in guter Qualität und ausreichender Menge fördern, ohne dabei Grundwasser, Fauna und Flora in nennenswerter Weise zu beeinträchtigen, scheinen aufwendige Wassersparmaßnahmen noch übertrieben. Wassersparmaßnahmen können jedoch neben der Trinkwasserersparnis auch ganz andere Ziele verfolgen. So läßt sich z.B. durch die Nutzung von Regenwasser in Regionen mit kalkreichem Wasser Waschmittel sparen. Das Wassersparen vermindert auch den Energieaufwand für das Heranpumpen von Wasser aus der Ferne. Ein weiterer wichtiger Grund, Wasser zu sparen, ist die Entlastung der Kanalisation und der Kläranlagen. Mit der Konzentration des Abwassers steigt bei gleicher Fracht in aller Regel auch die Reinigungsleistung der Kläranlage. Je mehr sich Wassersparmaßnahmen durchsetzen, um so attraktiver und kostengünstiger werden auch dezentrale Lösungen der Abwasserbehandlung wie Pflanzenkläranlagen, Tropfkörperanlagen offene Regenwasserableitung etc..

Nur 2-3 % des Trinkwassers wird getrunken; ungefähr 1/4 des Trinkwassers wird dagegen allein für die Toilettenspülung benutzt (vgl. Abb. 11). Wasser höchster Qualität dient also zu einem großen Teil dem Fortschwemmen von Urin und Fäkalien, der Säuberung der Toilettenschüssel und dem Austausch des Sperrwassers. Über das erforderliche Spülvolumen gab es in den 80er Jahren heftige und kontroverse Diskussionen in Deutschland (DIN 19 542). In den USA kommt es auch heute noch in vereinzelten Fällen vor, daß mit bis zu 20-30 l/Gang gespült wird.

Die tatsächlichen Verbrauchszahlen an Trinkwasser schwanken stark von Region zu Region und von Haushalt zu Haushalt. Das persönliche Verhalten (z.B. gegenüber einem tropfenden Wasserhahn, der Benutzung einer WC-Unterbrechertaste, dem Laufenlassen des Wasserhahns oder die Waschgewohnheiten) hat einen großen Einfluß auf die angegebenen Werte. Zu einem erheblichen Teil kann man den Wasserverbrauch jedoch durch technische Maßnahmen verhaltensunabhängig senken.

Besonders hervorzuheben ist dabei z.B. das Kompostklo, das nahezu ohne Wasser auskommt und einen nicht unerheblichen Anteil des Kohlenstoffs und der Nährstoffe zurückhält und so für eine landwirtschaftliche Nutzung direkt verfügbar macht.

Tab. 35:
Wasserspartechnologien in der Übersicht. Die Amortisationszeit ist stark abhängig vom Wasser/Abwasserpreis, von der Benutzungshäufigkeit, sowie vom Energieverbrauch und den Kosten für die Energie von Warmwasser, sofern verwendet. Die Angaben sollen lediglich einen Anhaltspunkt darstellen. Eine genaue Berechnung hängt vom Einzelfall ab. Die Angaben beziehen sich nur auf den Aspekt Wasserersparnis.

Wasserspartechnologien	geschätzte Amortisationszeit bei häufigem Gebrauch
WassersparArmaturen	1- 2 Jahre
Durchflußbegrenzer	2 Monate
6 l WC ohne Spül-Stop-Taste	1-3 Jahre
6 l WC mit Spül-Stop-Taste	1-3 Jahre
4 l 'WSS'-WC	4 - 6 Jahre
Vakuumtoilette	> 10 Jahre
Kompostklo	5-15 Jahre
2 l-Urinale	0,6-2 Jahre
Wasserfreie Urinale	0,6-2 Jahre
Trenntoiletten	keine Angabe

Der Bau von zwei Leitungsnetzen - eines für Trinkwasser und eines für Betriebswasser - ist in Wohnsiedlungen wegen der damit verbundenen Mehrkosten zur Zeit schwer durchzusetzen. Die Bereitstellung von Betriebswasser durch vorhergehende Reinigung vor Ort kann inzwischen in Einzelfällen wirtschaftlich betrieben werden (vgl. Kap. 3.4.7).
Im folgenden werden die wichtigsten Spartechnologien näher beschrieben. Eine grobe Übersicht über die verschiedenen Wasserspartechnologien und geschätzte Amortisationszeiten gibt Tabelle 35.

3.2.1. Wassersparende Armaturen

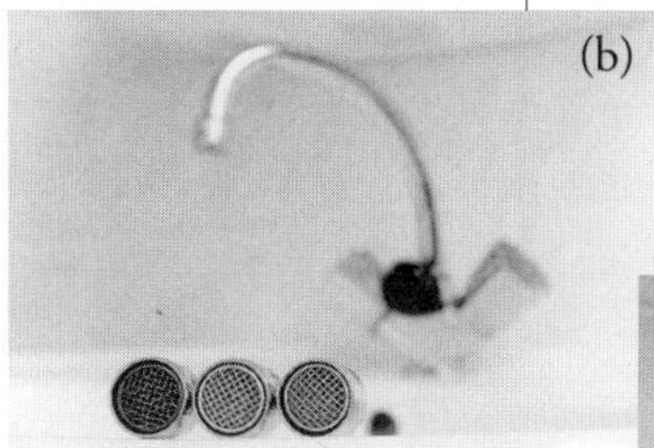

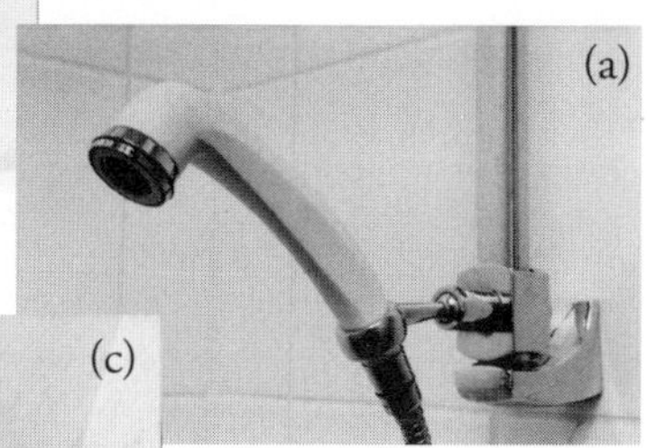

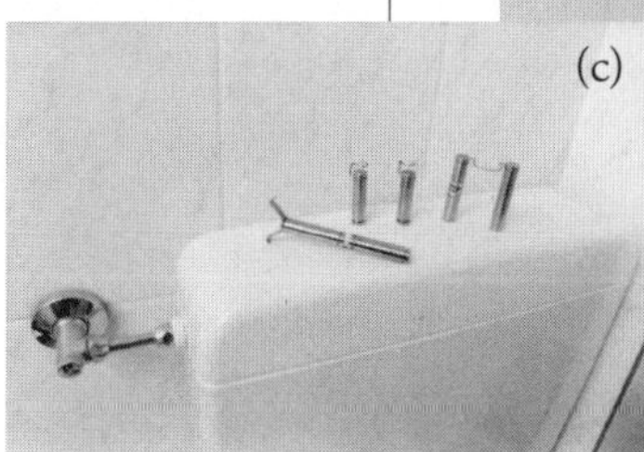

Abb. 34:
(a) Wassersparende Armatur, (b) Perlatoren, (c) Wasserstopeinrichtungen (Fotos Fa. Hornig / Schmidkowski GmbH)

Die Menge an Wasser, die durch eine Armatur läuft, hängt von der Druckdifferenz zwischen Leitungsdruck und umgebender Luft ab. Diese wiederum ist abhängig vom Versorgungsdruck (z.B. 4 bar), dem Druckverlust durch die Höhendifferenz (Druckabfall 1 bar/10 m) und den Druckverlusten durch Hausrohrleitungssystem (z.B. abhängig von Rohrwindungen etc., Gesamtreibungsverluste ca. 0,5 bar), dem Wasserzähler (durchschnittlich ca. 0,75 bar) und der Durchflußcharakteristik der Armatur. Eine wassersparende Armatur zeichnet sich dadurch aus, daß die Durchflußmenge/Zeiteinheit bei steigendem Wasserdruck weniger stark zunimmt als bei normalen Armaturen. Der Spareffekt unterscheidet sich von Armatur zu Armatur und kommt durch den Anteil an Luft, den die Armatur zum Wasser dazumischt, zustande. Die meisten Standard-Sparstrahler für Wasserhähne, die im Handel zu bekommen sind, kommen dabei auf ein Durchflußvolumen von 8 Liter pro Minute (8 l/min). In einigen Hotels werden jedoch auch schon Sparstrahler mit einem Durchflußvolumen von 6 l/min eingesetzt. Der Trick liegt darin, Wasser durch Luft zu ersetzten (Zerstäubung). Eine einfache und billige Möglichkeit, einen solchen Effekt nachträglich zu installieren, bieten die 'durchflußbegrenzenden Strahler' (die jedoch nur dann möglich sind, wenn keine Elektro-Durchlauferhitzer angeschlossen sind). Es gibt sie mit unterschiedlichen, fest eingestellten Ausflußmengen (zwischen 5 und 12 l/min); ab einem bestimmten Druck (z.B. 1,5 bar) halten sie die Ausflußmenge nahezu konstant. Bis zu diesem Druck verengt der zunehmende Wasserdruck den Durchgangsquerschnitt. Ihre Kosten belaufen sich pro Stück auf weniger als 10 DM und ihre Amortisationszeit liegt meist nur bei einigen Monaten. Zusammen mit einer WC-Unterbrechertaste und einem Luftsprudler (Perlatoren) sind sie bereits als das „kleine Wassersparpaket" bekannt geworden. Dieses hat sich bereits in mehreren Demonstrationsprojekten sehr bewährt.

vgl. z.B.
Hoppe 1985, Cichorowski et.al. 1986 oder Möhle 1994, 1995

Die Zerstäubung darf dabei nicht so stark sein, daß durch die Aerosolbildung die Gefahr einer Legionelleninfektion (Seidel 1987) entsteht. Legionellen sind Bakterien, die über versprühtes Wasser (Aerosole), z.B. beim Duschen oder durch Klimaanlagen, verbreitet werden. Die Infektion äußert sich als Grippe oder Lungenentzündung. In den alten Bundesländern werden ca. 1500 Todesfälle pro Jahr auf eine Legionelleninfektion zurückgeführt (Katalyse 1993).

Bei Handbrausen kann ebenfalls in gewissem Umfang durch nachträglich installierte Durchflußbegrenzer das Durchflußvolumen gesenkt werden. Noch effizienter sind neuentwickelte Wassersparbrausen, die lediglich ein Durchflußvolumen von 7- 9 l/min aufweisen, gegenüber herkömmlichen Brausen durch die 14 l /min fließen. Einige Autoren geben aufgrund von Befragungen

Untersuchungen in Schwimmbädern haben folgenden Duschwasserverbrauch pro Person in Abhängigkeit von der Armaturenart ergeben (MÖHLE 1994):

Zweigriff-mischarmatur	81-120 l
Selbstschluß-armatur*	50- 90 l
Näherungs-elektronik*	34 - 72 l

(*Duschwassertemperatur einheitlich vorgemischt)

bei Schwimmbadbesuchern als untere Grenze 8-10 l/min als notwendigen Volumenstrom beim Duschen an (MÖHLE 1994).

Ein weiteres Wassersparpotential liegt in den modernen Mischventilen, die eine schnelle Einstellung der richtigen Temperatur gewährleisten und so für einen geringeren Wasserverbrauch sorgen können, insbesondere dann, wenn sie nicht immer gleich bis zum Anschlag geöffnet werden. Die auf dem Markt befindlichen Mischarmaturen stellen bei der Mittelstellung Warmwasser zur Verfügung. Würde die Mittelstellung kaltes Wasser liefern, könnte damit erheblich Energie eingespart werden, da erst nach entsprechender Einstellung warmes Wasser käme und so nach Bedarf regelbar wäre (HEDIGER 1991).

Durch sogenannte Komfortarmaturen (thermostatische Mischarmaturen) können Wasserverluste beim Einregulieren der Warmwassertemperatur zum Duschen weitgehend vermieden werden. In Deutschland noch relativ selten, gestatten sie es, die Temperatur nahezu unabhängig von Entnahme und Kaltwasserdruck konstant zu halten.

3.2.2. Wassersparende Wasch- und Spülmaschinen

Über 90 % der deutschen Haushalte besitzen eine Waschmaschine (LANG 1991). In den letzten Jahren sind die Verbrauchswerte für Wasser und Strom bei 'Öko'-Modellen stark verringert worden (Verbrauchsdaten für 60°-Wäsche liegen derzeit bei ca. 11 l Wasser und 0,2 kWh Stromverbrauch pro kg Wäsche).

Tab. 36:
Verbesserungen bei der Waschmaschinentechnik, die über den Stand der modernen Geräte hinaus gehen (nach in MÖBIUS 1993)

	Einsparungen [%]		
Maßnahme	**Trinkwasser**	**Energie**	**Waschmittel**
Regenwassernutzung	bis 100	bis 30	
Warmwasserversorgung		bis 50	
Warmwasserversorgung über Solaranlage		bis 70	
Eingebauter Ionentauscher			bis 30
Wärmedämmung		bis 30	
Spülwasserrecycling	bis 20		
Mikroprocessor-gesteuerte Dosierung nach Wäsche, Verschmutzung u. Waschprogramm			bis 20

vgl. Stiftungs Warentest, Test-Ausgabe 1/1995 und Öko-Test 5/1996 sowie Test-Spezial Energie, Testbericht über 4 verschiedene Geräte mit Warmwasseranschluß.

Der größte Teil des Stroms wird bei einer Wasch- und Spülmaschine für das Erwärmen des Wassers eingesetzt. Primärenergetisch viel günstiger erfüllt diese Aufgabe der Heizkessel oder die Sonnenkollektoranlage; Maschinen, die noch nicht mit zusätzlichem **Warmwasseranschluß** ausgestattet sind, lassen sich mittels eines zusätzlichen Vorschaltgeräts für ca. 300 bis 400 DM nachrüsten. Unabhängig davon liegt eine deutliche Einsparmöglichkeit des Nutzers bei der Reduzierung der Wassertemperatur. Das Kochen ist in nahezu

allen Fällen unnötig; Bettücher oder Handtücher werden auch bei 90°C nicht keimfrei und brauchen es nicht zu sein (Ausnahme: Bei Wurmbefall sollte Bettwäsche gekocht werden).
Bei Spülmaschinen sind die Einsparmöglichkeiten bei weitem nicht so groß wie bei Waschmaschinen. Die benötigte Wassermenge pro Spülgang von durchschnittlich ca. 20 l bei modernen Geräten liegt kaum über dem, was man bei einem sparsamen Spülen mit der Hand benötigt. Ein Warmwasseranschluß könnte einige Energie einsparen (bei modernen Geräten liegt der Verbrauch pro Spülgang derzeit bei etwa 1,1 kWh).
Im Experimentierstadium gibt es bereits Waschmaschinen und Geschirrspüler (Zusatzkosten ca. 1.000,- DM), die das wenig verschmutzte Wasser der Nachwäsche auffangen und für die Vorwäsche wieder einsetzen. Dadurch könnten die Verbrauchswerte noch einmal um etwa die Hälfte reduziert werden. Dies ist dann die vorläufige Grenze.
Bei einer Waschmaschine lassen sich durch einen Anschluß an die Warmwasserversorgung (z.B. durch eine Solaranlage) mehr als 50 % Strom sparen, durch die Nutzung von Regenwasser bis zu 100 % Trinkwasser und bis zu 30 % Waschmittel, je nach Wasserhärte (vgl. Tab. 31).

Info z.B. durch Martin-Elektrotechnik, Buchwaldstr. 53, 97769 Bad Brückenau; Energie-Beratung-Service, Tirolerstr. 61, 60569 Frankfurt; Olfs & Ringen, Hauptstr. 28, 27412 Breddorf; Sternberg Elektro- und Solartechnik, Friedrichstr. 26, 32791 Lage

Das Einsparpotential hängt wesentlich von den lokalen Gegebenheiten (z.B. Art der Warmwasserversorgung, Leitungswege etc.) ab. Besonders bei umfangreicheren Renovierungsarbeiten sowie bei Neubauten sollten diese Einsparpotentiale geprüft und ausgenutzt werden.

Energiesparen bei der Warmwasserbereitung

Der durchschnittliche Warmwasserbedarf im Wohnungsbau liegt bei etwa 50 Litern pro Person und Tag, bei einer Temperatur von 50°C. Wie bei der Wärmeerzeugung für die Raumheizung entstehen auch bei der Warmwasserbereitstellung Wärmeverluste. Diese setzen sich aus den Wärmeverlusten des Kessels, des Warmwasserspeichers und des gesamten Leitungssystems zusammen. Die größten Verluste der zentralen Warmwasserversorgung entfallen auf die Wasserverteilung. Durch die Wahl des richtigen Verteilungssystems, durch verbrauchsnahe Standorte der zentralen Wärmeerzeuger, kurze Leitungsführung, ausreichende Wärmedämmung der Rohrleitung und die Begrenzung der Brauchwassertemperatur auf 60°C können die Verteilungsverluste reduziert werden. Die Warmwasserversorgung ist in der Regel an eine brennstoffbeheizte Zentralheizungsanlage gekoppelt. Diese Kombination erfordert eine dauernde Betriebsbereitschaft des ganzen Systems auch außerhalb der Heizperiode.
Um trotz langer Verbrauchspausen ein kontinuierliches Angebot an Brauchwasser gewährleisten zu können, ist bei diesem System eine Warmwasserspeicherung notwendig. Der Brauchwasserspeicher war früher im Heizkessel integriert, während der Speicher heutzutage meist außerhalb des Heizkessels angeordnet und mit dem Heizwasser im Kessel durch eine Leitung verbunden ist. Eine thermostatgesteuerte Ladepumpe führt Heizwasser durch einen Wärmetauscher im Brauchwasserspeicher und bringt so das Wasser auf Soll-Temperaturen. Wenn das Warmwasser die eingestellte Temperatur erreicht hat, schal-

tet der Warmwasserregler die Ladepumpe ab. Durch den Einsatz stehender Speicher mit „thermosiphonischer“ Schichtung wird eine Durchmischung wärmerer und kälterer Wasserschichten verhindert, wenn sich die kalte Zuführung unten befindet und die Warmwasserfortleitung im oberen Bereich beginnt. Die Durchmischung des Speicherinhalts, wie sie bei liegenden Speichern schon bei der Entnahme kleinerer Wassermengen auftritt, hat zur Folge, daß der Heizkessel auch in den Sommermonaten oft in Betrieb geht. Es sollte ein hochwärmegedämmter Standspeicher zum Einsatz kommen, der den Tagesbedarf des entsprechenden Haushaltes abdeckt und den Anschluß für zusätzliche Wärmetauscher für die Einbindung einer Sonnenkollektoranlage bietet. Liegen der Warmwasserspeicher und die Entnahmestellen für das Warmwasser weit auseinander, kühlt das in den Verbindungsleitungen stehende Warmwasser ab, so daß bei der Entnahme erst dieses abgekühlte Wasser abgelassen werden muß, bevor warmes Wasser entnommen werden kann. Um diese Wassermenge wenigstens zu minimieren, kann man eine dünne Rohrleitung einbauen. Nebenstehende Tabelle zeigt, welche Rohrlänge bei unterschiedlichem Innendurchmesser einen Liter Wasser aufnimmt.

Tab. 37.:

Einfluß des Innendurchmessers auf die Rohrlänge

Füllmenge	Innendurchmesser	Rohrlänge
1 l	10 mm	12,7 m
1 l	12 mm	8,8 m
1 l	20 mm	3,2 m

Zirkulationsleitungen ermöglichen einen Umlauf des Brauchwassers im Verteilsystem, so daß an jeder Entnahmestelle sofort warmes Wasser vorhanden ist. Diese durch die Zirkulation erreichte Wassereinsparung und Komfortsteigerung verursacht sehr hohe Wärmeverluste. Es muß überlegt werden, ob dieser Aufwand gerechtfertigt ist. Sind die Leitungswege kurz, so kann unter Umständen ganz auf die Zirkulationsleitung verzichtet werden. In allen anderen Fällen sollte der Betrieb der Zirkulationspumpe auf die Hauptnutzungszeiten am Morgen und am Abend begrenzt werden.

Tab. 38:

Jährlicher Stromverbrauch im 4-Personen-Haushalt und möglicher Stromverbrauch bei einem Energiesparhaushalt (kWh) in einem sehr gut gedämmten Haus (aus Huber et at. 1996)

	Bestand	Energiesparhaushalt
Gefriergerät	500	entfällt
Spülmaschine (mit Warmwasseranschluß)	500	150
Trockner	450	entfällt
Herd	450	Gasherd
Kühlschrank (mit **-Fach)**	350	180
Heizungspumpe	300	entfällt
Waschmaschine (mit Warmwasseranschluß)	300	100
Beleuchtung	250	100
Zirkulationspumpe	200	entfällt
Fernsehgerät	150	50
Sonstiges	150	150
Lüftungsanlage	0	270
Summe	**3.600**	**1.000**
Summe/m² Wfl.	30	10
erforderliche Primärenergie		
Summe/m² Wfl.	**90**	**30**

Die zukunftsfähigste Aufbereitung von Warmwasser geschieht derzeit mit Hilfe von **Sonnenkollektoren**. Eine solche Anlage besteht meist aus Sonnenkollektor, Solarspeicher mit Wärmetauschern, Umwälzpumpe und Steuerung. Die Solarstrahlung wird im Kollektor in Wärme umgewandelt und an eine frostgeschützte Flüssigkeit (geschlossener Kreislauf) abgegeben, die wiederum Wärme an das Gebrauchswasser abgibt. Eine Variante ohne Pumpe und Steuerung ist die Thermosiphonanlage, die nach dem Prinzip der Schwerkraftzirkulation arbeitet. Der Speicher muß hier unbedingt oberhalb des Kollektorfeldes angeordnet sein. Diese Anlagen weisen einen geringeren Jahreswirkungsgrad auf. Besonders effektiv arbeiten Speicherkollektoren, bei denen Kollektor und Speicher eine Baueinheit darstellen. Die Sonnenstrahlung passiert die Glasabdeckung des Kollektors und eine dahinter angeordnete transparente Wärmedämmung und erwärmt direkt und indirekt über ein innen verspiegeltes Chassis einen wasserführenden Edelstahlzylinder, der zugleich den Speicher mit z.B. 160 Liter Inhalt bildet. Der Speicherkollektor ist direkt in die Versorgungsleitung eingebunden. Das ganze System funktioniert aufgrund der transparenten Wärmedämmung aus lichtdurchlässigem PMMA (Polymethylmethacrylat), die ein Einfrieren des Wassers im Kollektor zuverlässig verhindert.

Die Erfahrungen zeigen, daß der Solaranteil für die Warmwasserbereitung in den Sommermonaten je nach System und Nutzung durchschnittlich ca. 85%, im Winter dagegen nur etwa 15% beträgt. Im Jahresdurchschnitt können mithin bis zu 65% des Energiebedarfs für die Warmwasserbereitung mit solarer Energie gedeckt werden.

Um eine grobe Vorstellung vom **Energie-Einsparpotential** im privaten Haushalt zu geben, sind der derzeitige und der mögliche Stromverbrauch in der Tab.38 gegenübergestellt.

Aqua Stop - Systeme - Fehlerfreundlichkeit praktisch

Durch undicht gewordene Schläuche oder Ventile sind schon oft große Wasserschäden enstanden. An dieser Stelle soll nur darauf hingewiesen werden, daß es relativ kostengünstige Möglichkeiten gibt, die Gefahr eines so erzeugten Wasserschadens zu minimieren. Dazu gibt es Fühler, die, unmittelbar über dem Boden angebracht, bei Feuchtigkeit ein entsprechendes Absperrventil automatisch schließen. Sie sind im Fachhandel oder auch in Baumärkten für etwa 100 DM zu bekommen. Solche Aqua-Stop-Einrichtungen sind besonders dann zu empfehlen, wenn man sich beim Betrieb der Maschinen nicht immer in der Nähe befindet. Bei nachgewiesener Verletzung dieser „Aufsichtspflicht“ kann sich die Versicherung im Schadensfall weigern, für den Schaden aufzukommen.

3.2.3. WC-Unterbrechertaste und wassersparende WCs

Gallone, die = angelsächsisches Hohlmaß, England = 4,546 l, USA 3,785 l)

Die Wasserspülmenge eines Klosetts war lange Zeit eine recht willkürlich festgesetzte Größe.
In Großbritannien wurde sie schon 1871 vom britischen Parlament auf 2 Gallonen (ca. 9 l) festgelegt. In Deutschland war es lange Zeit verboten, den einmal ausgelösten Spülvorgang zu unterbrechen. Erst seit wenigen Jahren sind diese unsinnigen Normungen überwunden und wassersparende WCs mit und ohne Spülstromunterbrechung können sich durchsetzen. Seit 1985 sind nahezu alle neuen Spülkästen mit Spartaste für die Ausspülung von Urin ausgerüstet und seit 1991 sind Spülkästen im Handel, die nur noch 6-l-Füllvolumen haben. Bei modernen Druckspülern liegt das Spülvolumen zwischen 3 (bei kurzer Betätigung, < 1 Sekunde) und 9 l.
Die sparsamsten Toiletten gibt es in Schweden, einem der wasserreichsten Länder Europas. Dort besteht die Auflage, in Gebäuden ohne Kanalanschluß das Fäkalabwasser in festen Tanks zu sammeln und durch Abtransport zu entsorgen. Die Besonderheiten dieser **„System Gustavsberg-Toiletten“** (Spülvolumen 3-4 l) sind der verkleinerte Geruchsverschluß, das Gummimembranbodenventil und die nachgeschaltete Heberanlage, die das Wasser mehrerer Spülungen auffängt. Der Inhaft entleert sich durch einen Hebereffekt in die Kanalisation.
Diese Toiletten sind auch in Deutschland zugelassen, werden aber bisher nur vereinzelt eingesetzt. In Japan werden solche Toiletten in Lizenz gefertigt und haben teilweise ein aufgesetztes Handwaschbecken zur Nutzung des Händewaschwassers für die Toilettenspülung.
Zuletzt sei an dieser Stelle, die **„Mini-Flush-Toilette“** genannt, die lediglich 0,8 l Spülwasser benötigt (in Schweden sind etwa 3.000 bis 5.000 Stück davon im Einsatz). Es handelt sich hierbei um eine Klappentoilette mit kleinem Geruchverschluß, deren Klappe sich bei Betätigung des Spülknopfes zum Auswurf der Fäkalien öffnet, so daß das Spülwasser unmittelbar aus dem Netz entnommen wird. Bei diesen Toiletten ist ein Mindestgefälle der Anschlußleitung von 5 % erforderlich, damit keine Verstopfungen auftreten.

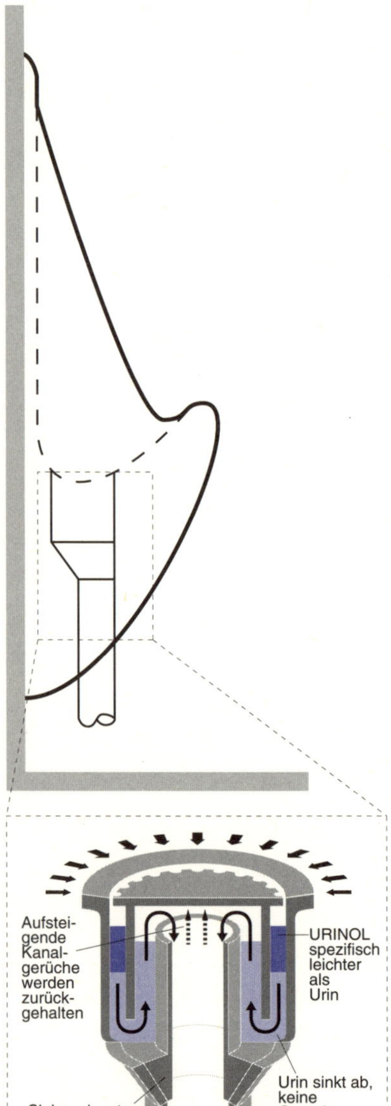

Abb. 35:
Wasserfreies Urinal mit Urinolsiphon

3.2.4. Wassersparende bzw. wasserfreie Urinale und Trenntoilette (Urinseparierungstoilette)

Auch bei den Urinalen gibt es bereits wassersparende Alternativen. Sie kommen mit 2 l Spülvolumen (moderne Absaugurinale) aus.
Unter den wassersparenden Urinalsteuerungen sind Selbstschlußventile oder Druckspüler mit Hand- oder Fußbetätigung zu nennen. Von Lichtschrankensteuerungen bei Reihenurinalen oder Zentralspülungen mit Zeitschaltuhr ist wegen Ihres hohen Wasserverbrauchs abzusehen. Bereits seit über 100 Jahren gibt es Urinale ohne Wasserspülung. Ursprünglich stammt die Erfindung von einem Herrn Beetz aus Wien. Übernommen hat das Prinzip dann der Gründervater der Firma Ernst in Zürich, die nach eigenen Angaben bis heute weltweit einzige Firma, die wasserfreie Urinale baut und vertreibt. Ein desinfizierender Anstrich auf den Urinalwänden und ein Geruchsverschluß mit Siphonöl

(Abb. 35) verhindern Geruchsentwicklungen durch Urinzersetzung. Bei den wasserfreien Urinalen ist eine ausreichende Wartung erforderlich. Ihre Verbreitung ist bisher noch relativ begrenzt. Eins der bekanntesten Beispiele ist der Alsterpavillon in Hamburg. In Hannover sind etwa 50 % der Schulen mit diesem System ausgerüstet. Vermutlich deshalb ist der personenbezogene Wasserverbrauch in den dortigen Schulen mit 14 l/Person und Tag geringer als z.B. in Wolfsburg mit 20 l/Person und Tag (MÖHLE 1994, 1995).

Urin-Separierung - Trenntoiletten

Seit einigen Jahren werden in Schweden Trenntoiletten (Urin-Separierungstoiletten) angeboten, die den Urin durch getrennte Kammern gesondert behandeln, um die darin angereicherten Nährstoffe zu nutzen (z.B. für landwirtschaftliche oder gartenbauliche Zwecke) und damit die Kläranlagen deutlich zu entlasten (vgl. Kap. 3.5).

Abb. 36:
Trenntoilette (Foto Fa. Innovation), zeigt die Toilette mit der Erfinderin der Toilette.

Trenntoilette im Schnitt (rechts)

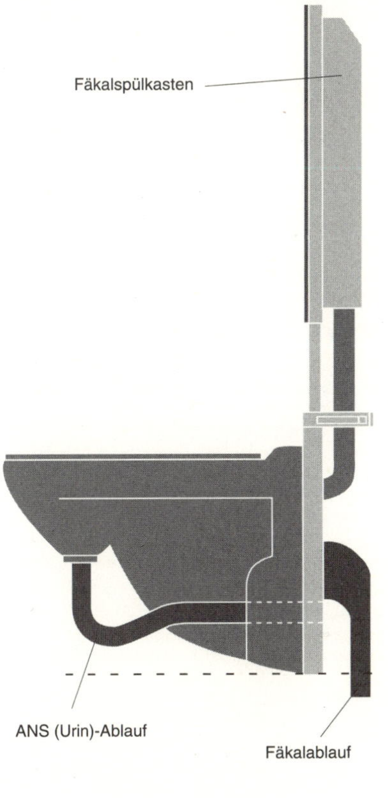

In der Schweiz ist derzeit ein Pilotprojekt zur Verwendung von Urin im Gartenbau begonnen worden (Info durch Ökozentrum Schattweid, siehe Adressenverzeichnis)

3.2.5. Kompost-Toiletten - Trockenklos

Die ersten Kompost- bzw. Trockenklos wurden „Erd-" oder „Streutoiletten" genannt. Am bekanntesten ist der um 1860 von dem englischen Pfarrer Moule konstruierte „Erdabort". Der unter dem Sitzbrett angebrachte Behälter war mit trockener Ackererde bedeckt, die den Urin aufnahm. Nach Verrichtung des Geschäfts rieselte aus einem Kasten hinter dem Sitz wieder Erde (z.B. mit beigemischter Asche) darauf. Der Geruch wurde so auf ein erträgliches Maß reduziert.

Literaturtip !
LORENZ-LADENER, C.(1993): Kompost-Toiletten - Wege zur sinnvollen Fäkalienentsorgung, Ökobuch-Verlag, Staufen

Im folgenden sollen nur solche Toilettentypen betrachtet werden, die tatsächlich eine Kompostierung anstreben. Daneben gibt es auch eine Reihe von Toiletten, die zwar als Kompost- oder Trockenklo bezeichnet werden, die Fäkalien aber nicht kompostieren, sondern z.B. nur in Plastikbeutel luftdicht einschließen und sie der Abfallbeseitigung zuführen oder gar verbrennen.
Der nach eigenen Angaben weltweit größte Hersteller für „biologische Zersetzungstoiletten" (Sanitation Ag, Schweden) behauptet, seit 1973 über 100.000 „LOCUS-Toiletten" (so der Fabrikatsname) installiert zu haben. In dem Werbematerial, das auf Anfrage zugeschickt wird, heißt es: „LOCUS eignet sich für den Einsatz in Einfamilienhäusern, Garten- und Wochenendhäusern, Bootshäusern, Kiosken, Baustellen, Unterkünften, Wohnwagen usw." Hieraus wird deutlich, daß sich der Markt solcher Kompost-Toiletten bisher vor allem auf den Freizeitbereich beschränkt. Aus dem Bauordnungsrecht der Bundesländer (Ausnahme Bayern) geht hervor, daß Toiletten grundsätzlich dann eine Wasserspülung haben müssen, wenn sie an eine geeignete Sammelkanalisation oder Kleinkläranlage angeschlossen werden können. Möchte man also ein Kompostklo in ein an die öffentliche Kanalisation angeschlossenes Haus einbauen, so müßte man dafür in der Regel einen offiziellen Antrag auf Befreiung von der Anschluß- und Benutzungspflicht stellen. So konnte z.B. im hessischen Witzenhausen eine Komposttoilettenanlage in einem 2-Familien-Haus nur mit Ausnahmegenehmigung der zuständigen Behörden gebaut werden.
Es werden 3 Typen von Kompostklos unterschieden:

- Großkammertoiletten zur gemeinsamen Kompostierung aller in privaten Haushalten anfallenden kompostierbaren Abfälle
- Kleinkammer-Toiletten zur internen Kompostierung
- Kleinkammer-Toiletten zur externen Kompostierung von Ausscheidungen

Abb. 37:
Erdklosetts a) mit Deckelstreubüchse und b) für den Einbau in mehrstöckige Häuser (aus ILLI1987)

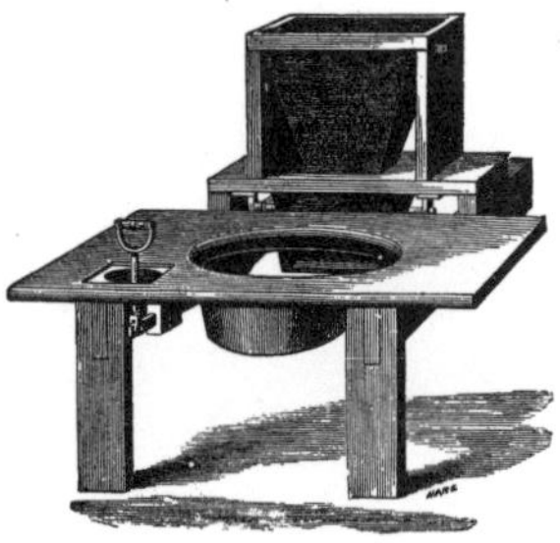

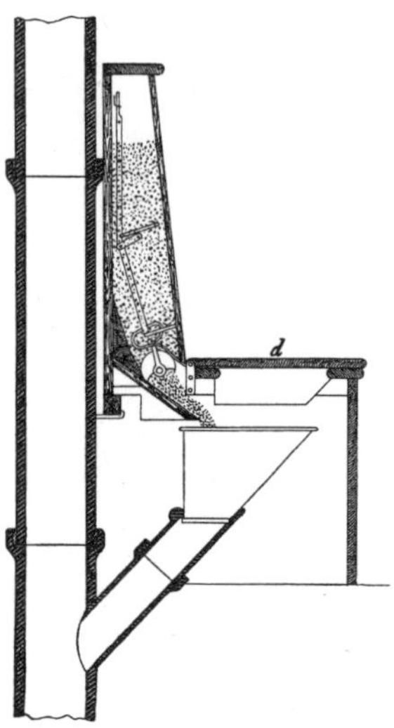

Das heute bekannte „Clivus-Multrum" wurde in den 30er Jahren von R. Lindström entwickelt (vgl. Abb. 38). Für die geruchsfreie Funktion und die nötige Verdunstung dieses Typs ist eine ausreichende Durchlüftung notwendig (meist verwirklicht durch einen kleinen Ventilator, Leistung 12 - 20 W). Statt Wasser wird von Zeit zu Zeit eine Handvoll humusfördernden Materials (z.B. aus einem Gemisch aus Sägespänen und Kernschrot im Verhältnis 5:1) zugegeben. Bis zu einem ausgereiften Kompost ist mit einer Verweilzeit von 2 - 5 Jahren zu rechnen. Wegen des großen Platzbedarfs wird es schwer bis unmöglich, solche Toiletten in bestehenden Häusern zu etablieren.
Die Kleinkammertoiletten sind dagegen in aller Regel klein genug, um damit ohne große bauliche Veränderungen herkömmliche Toiletten zu ersetzen. Bei dem Typ mit interner Kompostierung sorgt ein relativ starker Ventilator (ca. 25 W) für eine kräftige Durchlüftung. Die zu kompostierenden Fäkalien werden auf 30° C erhitzt, um überschüssige Flüssigkeit zu verdampfen; angeschlossene Leitungen und Überlauf entfallen damit. Bei einem 4-Personenhaushalt muß dabei mit einem jährlichen Stromverbrauch von bis zu 1000 kWh gerechnet werden, der den Einsatz von solchen Kleinkammer-Toiletten nur auf Ausnahmefälle beschränkt. Der Wärmebedarf kann bei entsprechenden klimatischen Bedingungen über Sonnenkollektoren sichergestellt werden, entspre-

chende Pilotanlagen wurden z.B. in Mexiko untersucht (WINBLAD 1995, vgl. Kap. 4). Ohne die Erwärmung verläuft der Rotteprozess sehr viel langsamer, überschüssiger Urin muß von Zeit zu Zeit entfernt werden. Organische Abfälle aus dem Haushalt sollten mit kompostiert werden. Zur Verbesserung der Kompostierung sind geeignete Kompostierungszugaben in gleicher Menge wie die Fäkalien notwendig. Geeignet ist z.B. reifer Kompost, Rindenschrot oder auch Laub (als Kohlenstoffquelle).

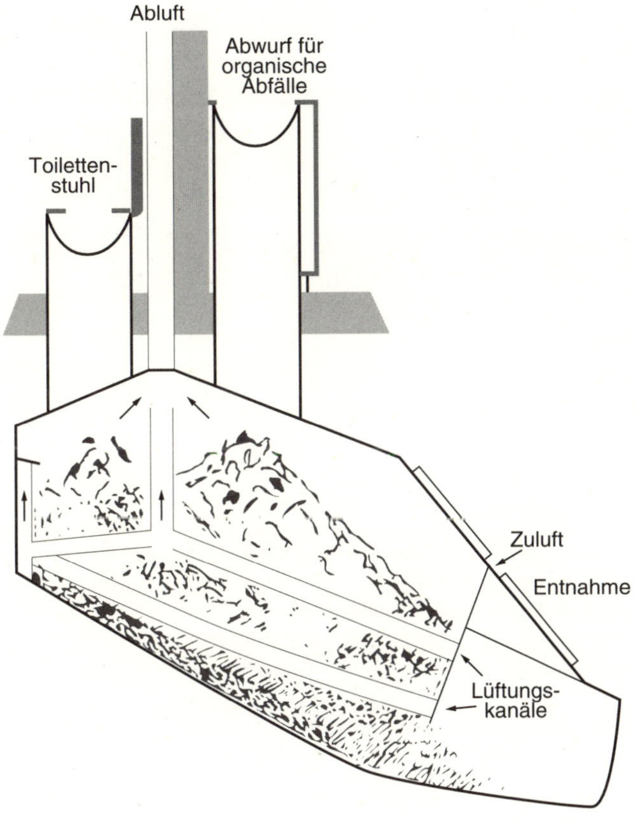

Abb. 38:
Komposttoilette (nach Vorbild „Clivus-Multrum", aus LAURENZ-LADENER, C. 1993, Fa. Berger Biotechnik)

Die Komposttoilette ist unter den aeroben Verfahren die effizienteste Lösung, um eine dezentrale Rückhaltung bzw. Kreislaufführung des Stickstoffs und des Phosphors unserer häuslichen Flüssigabfälle bzw. Fäkalien zu erreichen.
Ein komplettes Komposttoiletten-System mit Lüftung und Sammelbehälter kostet zwischen 6.000 bis 13.000 DM.
Das Problem der '**Benutzerakzeptanz**' darf bei Überlegungen zu Komposttoiletten nicht vergessen werden. Neben allen mittlerweile bekannten technischen Mängeln vorhandener Anlagen sind solche 'lebenden' Anlagen vom Standort, der Handhabung und individuellen Konstruktionsdetails wie z.B. der Abluftanlage (z.B. Stärke des Abzugsventilators, Abzugsrohrdurchmesser, Länge und Form des Abluftrohrs) abhängig.
Davon wiederum hängt die Zeit des Kompostierungsvorganges ab, die zwischen wenigen Monaten und 6 Jahren variieren kann. Ebenso ist das Problem des Sickerwasseranfalles bei Komposttoiletten von den genannten Details abhängig. Gegen Fliegenbefall können die Lüftungsrohre mit feinen Netzen verschlossen werden. Bei der Beurteilung der Effektivität muß auch der Verlust an

Heizenergie durch die Lüftung beachtet werden. Grundsätzlich verlangen solche Anlagen daher eine gewisse Flexibilität im Denken und Handeln.
Dieses Problem kann auch durch noch so gute Aufklärung od. Akzeptanzpropaganda nicht abgeschafft werden. Andererseits ist die Tatsache, daß technische Anlagen nur so gut funktionieren, wie sie geplant, gebaut, benutzt werden, eine Binsenweisheit, und bei alltäglich gewordenen Anlagen macht man sich darüber keine Gedanken mehr. Oft hat man sich an die ein oder andere Fehlplanung oder Unbequemlichkeit so gewöhnt, daß sie als solche nicht mehr empfunden wird. Fazit: Eine wesentliche Voraussetzung für die Durchsetzung des Kompostklos liegt damit im allgemeinen Umgang und der Gewöhnung.
Ein interessante Erfahrung ist von Kindern bekannt, die zuhause an Komposttoiletten gewöhnt sind, in Kindergarten und Schule regelmäßig vergessen, die WC-Spülung zu bedienen.

Abb. 39:

(a) Komposter

(b) Parallel verlegte Abwurfrohre bei Kompostern im Geschoßwohnungsbau

(c) Terranova Keramiktoilette (Fotos: Fa. Berger Biotechnik)

Eine Kombination zwischen Urinseparierungstoilette wird bereits von einer dänischen Firma (Fa. Fornyet) angeboten (Abb. 40).

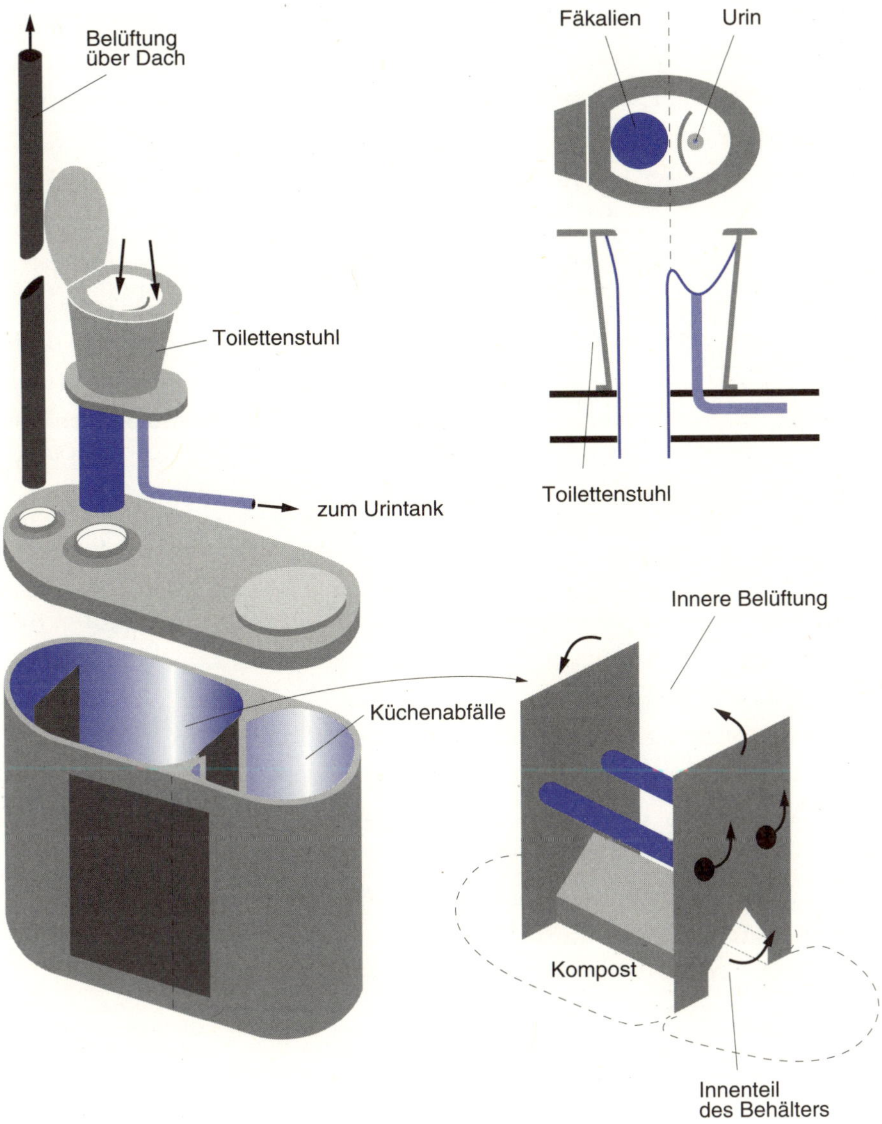

Abb. 40:
Komposttoilette mit Urintrennung (nach Fa. Foruyet, Dänemark)

3.2.6. Wassersparende Verhaltensweisen

In den letzten Jahren wurden zahlreiche Wohn- und Verwaltungsgebäude im Hinblick auf Wassersparmöglichkeiten untersucht. Die Ausrüstung von etwa 100 Mietwohnungen in Hannover mit neuen wassersparenden Armaturen und Toiletten z.B. ergab im Durchschnitt Verbrauchsreduzierungen von 37 l pro Einwohner und Tag (21 %). Nach der Umrüstung wurden die Bewohner befragt. Daraus ergaben sich folgende Erkenntnisse (MÖHLE 1994):

- Die Toiletten mit 6-l-Spülvolumen und Spartaste wurden überwiegend besser beurteilt als die alten mit 9-l-Spülvolumen.
- Die Durchflußbegrenzer in den Duschen wurden überwiegend abgelehnt. Sie haben hier auch keinen Spareffekt gezeigt.
- Die thermostatischen Mischbatterien haben - entgegen den Erfahrungen in Finnland - keinen Einspareffekt ergeben. Hinweis der Benutzer: „Das Duschen macht jetzt erst recht Spaß."

In den alten Bundesländern wird das an die Verbraucher abgegebene Wasser generell gemessen. (Wasserzählertarife). Dadurch ist die Höhe des Wasserverbrauchs der einzelnen Abnehmergruppen bekannt. Auch die Wasserverluste im Rohrnetz können eingegrenzt werden.
Die Zählertarife bieten außerdem ökonomische Anreize zum sparsamen Umgang mit Wasser für einen Teil der Bevölkerung (Einfamilienhausbesitzer). Darüber hinaus ist eine verbrauchsgerechte Abrechnung der Warmwasserkosten bei zentraler Warmwasserversorgung durch Verordnung vorgeschrieben.
Bei Mietern in Mehrfamilienhäusern werden die Wasserkosten und Abwassergebühren überwiegend nach der Wohnungsfläche oder der Personenzahl, unabhängig vom Verbrauch, umgelegt. Einzelne Mieter profitieren also nur anteilsmäßig an eigenen Investitionen in Wassersparmaßnahmen. Auch für die Hausbesitzer gibt es keinerlei Anreize in wassersparende Armaturen zu investieren, da hiervon über die niedrigeren Wasserkosten lediglich die Mieter profitieren.
Die Hamburger Wasserwerke haben ein Programm zur Einrichtung von Wohnungswasserzählern aufgestellt, um auch Mieter zum sparsamen Umgang mit Wasser anzuhalten. Bei Neubauten oder Wohnungsmodernisierungen sind Wohnungswasserzähler nach der hamburgischen Bauordnung vorgeschrieben, sie lassen sich verhältnismäßig problemlos einbauen. Für Altbauten wurde ein spezieller Ventilzähler entwickelt, der häufig in das Hauptabsperrventil der Wohnung eingesetzt werden kann. In 40.000 mit Wohnungswasserzählern ausgerüsteten Wohnungen reduzierte sich der Wasserverbrauch gegenüber dem übrigen Wohnungsbestand um 18%. Der Verbrauch beträgt in solchen Wohnungen 112 l pro Einwohner und Tag, in den übrigen 132 l pro Einwohner und Tag (MÖHLE 1994).

Tips zur Abwasservermeidung zum Wassersparen und zum Gewässerschutz durch Verhaltensänderungen (nach Öko-Institut 1995, Anhangsband Teil III, Schmid, S.34, verändert)

- Spartaste bei Toiletten, soweit vorhanden benutzen
- Duschen statt Baden, nicht täglich duschen (schont auch die Haut)
- Undichte Armaturen reparieren lassen
- Wasserfluß während des Zähneputzens oder Einseifens beim Duschen unterbrechen
- Geschirr und Gemüse nicht unter fließendem Wasser reinigen
- Wasch- und Spülmaschine ganz füllen; ggf. Spar- oder Kurzprogramme verwenden und auf Vorwäsche verzichten
- Kleider vermehrt auslüften statt waschen; Kleider aus Naturfasern müssen weniger häufig gewaschen werden
- Seife statt Shampoos, die in starkem Maße Schaum bilden, zur Körperpflege verwenden
- Pfannen und Töpfe nur mit der effektiv benötigten Wassermenge füllen (Deckel nicht vergessen)
- Badewasser oder Waschlauge zum Einweichen schmutziger Wäsche wiederverwenden
- Auto nur in Waschanlagen mit Wasserkreislauf waschen
- Garten am Abend wässern (weniger Verdunstungsverluste); Kanne und Regentonne statt Schlauch benutzen
- Gemüsekulturen hacken und mulchen statt wässern
- Wasserspeicherfähigkeit des Gartenbodens erhöhen durch Bodenverbesserungsstoffe wie Kompost usw. (Rasen braucht wegen seiner geringen Bodendurchwurzelung ein Vielfaches an Wasser als eine Naturwiese)
- Getränke im Sommer nicht unter fließendem Wasser kühlen
- Im Winter Leitungen nicht durch ständiges Laufenlassen vor dem Einfrieren schützen, sondern leeren
- Spültischabläufe und Toiletten sind keine Abfalleimer: Chemikalien, Zigarettenkippen, Wegwerfwindeln, Verpackungen, Bratölreste, organische Küchenabfälle usw. gehören in den Mülleimer, zur Sondermüll-Sammelstelle bzw. in den Komposter oder die Biogasanlage
- Verstopfte Abläufe mit Saugnapf statt Chemikalien reinigen
- Statt Duftspender in den Toilettenschüsseln andere Maßnahmen zur Sauberhaltung der Toiletten treffen (z.B. sollten Männer beim Pinkeln sitzen)
- Beim Kauf einer Waschmaschine Waschmittelverbrauch zum Kriterium machen; neue Techniken, z.B. sog. „Öko-Schleusen" haben zu einer Reduktion des Waschmittelbedarfs in den letzten Jahren um über 20 % geführt
- Richtige Vorbehandlung des Geschirrs spart Reinigungsmitteleinsatz in den Spülmaschinen
- In Ferienhäusern Toilettensyphons durch vollständiges Entleeren oder durch Beigabe von Wein statt Frostschutzmittel vor dem Einfrieren bewahren
- Gegen Eis Sägemehl, Sand oder Splitt statt Salz auf Gartenwege oder Einfahrten streuen
- Verwendung ökologischer Wasch-, Putz- und Fleckenmittel; sparsame Dosierung ! Magneten können offenbar Enthärter ersetzen (Testen !)
- Biologische Gartenbaumethoden statt Einsatz von Kunstdüngern, Unkrautvertilger usw.
- Kauf von Lebensmitteln aus ökologischem Anbau
- Regenwasser auf Grünflächen versickern statt ableiten
- Regenwasserzisternen für Toilette und Waschmaschine nutzen

3.3. Dezentrale Rückhaltemaßnahmen von Niederschlagswasser

Angesichts des zunehmenden Flächen"verbrauchs" und der damit verbundenen Versiegelung wird das Thema „Dezentrale Rückhaltemaßnahmen" immer wichtiger. Auf die Frage „Wie sollte die Nichtversiegelung bzw. Entsiegelung von Flächen sowie die Begrünung von Dächern, dezentrale Regenwasserversickerung und die Regenwassernutzung ordnungsrechtlich, über die Gebührengestaltung oder andere ökonomische Anreize gefördert werden (z.B. Abel 1993) ?"

In einer Anfrage der SPD zur "Umwelt- und sozialverträglichen Abwasserbehandlung und Vermeidung" (Frage 13, BTDrs. 13/1057) gibt die Bundesregierung zur Antwort: "Zur Einschränkung weiterer Bodenversiegelungen soll im Zusammenhang mit dem Erlaß des zur Zeit vorbereiteten Bundes-Bodenschutzgesetzes auch das Baugesetzbuch geändert werden. Vor allem die sogenannte Flächenverbrauchsklausel des Baugesetzbuches, die zu einem sparsamen und schonendem Umgang mit Grund und Boden verpflichtet (vgl. §1 Abs. 5 Satz 3 Baugesetzbuch), soll näher konkretisiert werden. Zielsetzung wäre bei der Bauleitplanung die Bodenversiegelung auf das notwendige Maß zu beschränken". Dem ist grundsätzlich nichts hinzuzufügen. Die Praxis entspricht dem leider jedoch noch nicht.

Maßnahmen zur dezentralen Rückhaltung von Niederschlagswasser können im wesentlichen zur Scheitelerniedrigung bei Hochwasser der Unterlieger beitragen (Adams 1993), Trinkwasser sparen (Regenwassernutzung, vgl. Kap. 3.3.3) oder zur Grundwasserneubildung beitragen.

Die weitergehenden Vorteile (Auswirkungen) der dezentralen Rückhaltemaßnahmen sind in einer Übersicht (Abb. 41) dargestellt.

Abb. 41:
Ziele und Auswirkungen von dezentralen Rückhaltemaßnahmen (verändert nach Mehler 1992)

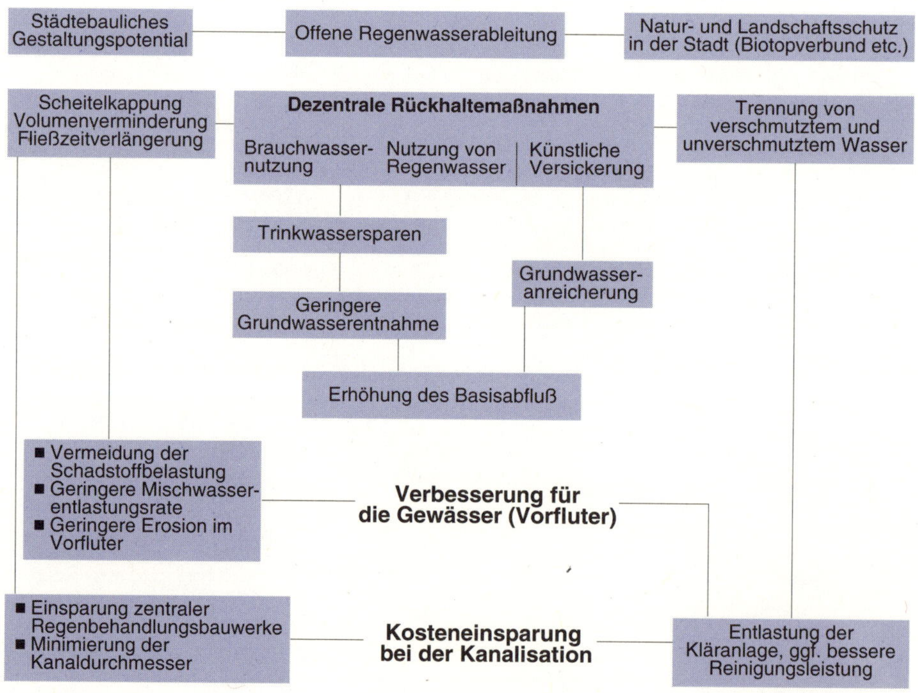

Neben den Vorteilen sind jedoch in jedem Fall vor der Entscheidung für die Versickerung von Niederschlagswasser die Gefährdung des Grundwassers zu prüfen (vgl. Borgwardt 1994).

3.3.1. Versickerung von Niederschlagswasser

Bisher ist durch das Arbeitsblatt A 138 - „Bau und Bemessung von Anlagen zur dezentralen Versickerung von nicht schädlich verunreinigtem Niederschlagswasser" nur das Versickern von Dachwasser anerkannte Regel der Technik. Die Versickerung der Abflüsse von Hof- und Verkehrsflächen wurde von der ATV in diesem Arbeitsblatt A 138 zunächst ausgeklammert, da zum Zeitpunkt der Bearbeitung nicht genügend Erfahrungen vorlagen.

Literaturtip !
GEIGER & DREISEITL (1995): Neue Wege für das Regenwasser.- Oldenbourg; vgl. auch SIEKER (1993) Plädoyer für die allgemeine Anwendbarkeit des Versickerungsprinzips, SuG Nr. 23, S. 3 ff

Mittlerweile herrscht auch seitens der konventionellen Wasserwirtschaft weitgehende Einigkeit über den grundsätzlichen Nutzen der Regenwasserversickerung. Die **potentielle Gefährdung des Grundwassers** durch Schadstoffe, die mit dem zu versickernden Niederschlagswasser ins Grundwasser gelangen könnten, tragen jedoch zum zögerlichen Einsatz bei. Daraus sollte jedoch lediglich der Schluß gezogen werden, daß kein Weg daran vorbei geht, die Schadstoffe an der Quelle zurückzuhalten oder noch besser ihre Entstehung ganz zu vermeiden (z.B. STECKER & HUHN 1993).

Die Versickerung der Abflüsse von Hof- und Verkehrsflächen aus Gründen des Grundwasserschutzes prinzipiell abzulehnen ist unverhältnismäßig gegenüber den Vorteilen (Verbesserung der Grundwasserneubildung und des städtischen Kleinklimas), die sie mit sich bringt (MÖNNINGHOF 1993). Im Sinne der Fehlerfreundlichkeit und der Vorsorge sollte eine Versickerung jedoch immer durch eine belebte Bodenschicht erfolgen. Einige Arbeiten haben gezeigt, daß vor allem die ersten Zentimeter Boden oder der Faulschlamm von Versickerungsteichen ein großes Rückhalte- und Umbauvermögen besitzen (z.B. GROTEHUSMANN et al. 1993, LESCHBER & PERNAK 1994). Die extremsten und längsten Erfahrungen mit Versickerung liegen bei Rieselfeldern vor. So zeigen Untersuchungen an verschiedenen Rieselfeldern (z.B. dem Freiburger Rieselfeld, auf dem über 80 Jahre die Abwässer Freiburgs verrieselt wurden), daß sowohl die Schadstoffbelastung der Böden sowie des Grundwassers zwar deutlich meßbar sind, aber lange nicht so hoch, wie man erwarten könnte (BLUME & HORN 1982, MEISSNER et al. 1993).

Zur Beschaffenheit des Niederschlagswassers:

Wie aus den Tab. 20 und 39 hervorgeht, ist Regenwasser, schon bevor es auf irgendwelche Flächen trifft, mit einer Vielzahl von Stoffen menschlicher (=anthropogener Herkunft) belastet. Aus Messungen der Inhaltsstoffe ergibt sich, daß die Belastung von Niederschlagswasser in der Reihenfolge Regenwasser - Dachablaufwasser - Straßenablaufwasser zunimmt (vgl. Tab. 39).

Tab. 39:

Konzentrationsbereiche einiger Parameter verschiedener Niederschlagswasser (übernommen aus MEHLER, 1992; zusammengestellt aus ATV LHB 1983, Bullermann et al. 1989, GROTEHUSMAN et al. 1993, GOLWER & SCHNEIDER 1979/82, GROTTKER 1987, TRINKWASSERVERORDNUNG 1989, XANTOPOULOS 1992). Die Tabelle gibt nur einen kleinen Ausschnitt der Belastung wieder. In Zeiten der Pestizidausbringung kommt es teilweise zu sehr hohen Wirkstoffkonzentrationen (AFS=Abfiltrierbare Stoffe, PAK=Polycyclische Aromatische Kohlenwasserstoffe)

Parameter	Niederschlag	Dachablaufwasser	Straßenablaufwasser	Regenwasser im qual. Trennsystem	Trinkwasserverordnung
pH-Wert	3 - 8,5	4,9 - 9,3	6,4 - 7,6	6,6 - 7,3	6,5 - 9,5
LF [µS/cm]	19 - 325	12 - 1.400	108 - 962	-	2.000
			[mg/l]		
AFS	5 - 13	3 - 949	134 - 937	134 - 252	
CSB	8 - 22,5	5 - 399	47 - 146	-	-
TOC	~ 1,5	0,9 - 96	12 - 28,3	-	-
NH4-N	~ 0,2	0,6 - 4	4 - 14,4	~ 0,8	< 1
NO3-N	0,6 - 0,7	0,2 - 8	0,04 - 11,4	-	< 50
NO2-N	~ 0,05	0,3 - 0,5	0,02 - 0,7	1,8 - 3,5	< 0,1
PO4-Ges.	0,04 - 0,3	0,02 - 1,7	0,6 - 2,3	0,3 - 1,7	< 6,7
Chloride	1 - 10	0,5 - 173	86 - 357	-	< 250
			[µg/l]		
Blei	1 - 80	1 - 300	21 - 900	163 - 304	< 40
Cadmium	1 - 3	1- 4,4	2,8 - 28	2,8 - 6,1	< 5
Zink	50 - 199	50 - 450	320 - 2000	320 - 440	-
Kupfer	7 - 200	10 - 880	10 - 400	58 - 136	-
Nickel	~ 5	0,5 - 10,6	35 - 63	~ 35	< 50
PAK	n.n.	~ 0,5	0,24 - 3	0,2 - 2,9	< 0,2

Die höchsten Belastungen zeigen selbstverständlich die Abwässer viel befahrener Straßen. Dabei sei vor allem auf die Untersuchung von KLEIN 1982 hingewiesen, die die Konzentrationen im Abwasser von 3 baden-württembergischen Autobahnabschnitten (BAB A6, A8 und A81) untersucht hat. (Neuere Zusammenstellungen über Konzentrationen im Niederschlagswasser finden sich u.a. bei HERRMANN et al. 1992, GROTEHUSMANN et al. 1993 und REMMLER & SCHÖTTLER 1994).

Die vergleichsweise geringe Belastung von Regen- und Dachablaufwasser läßt in aller Regel eine Versickerung durch eine 'belebte Bodenschicht' und eine Nutzung als Brauchwasser (Gartenbewässerung, Klospülung, Wäsche waschen), falls keine Tauben das Dach bewohnen, zu. Für die Regenwasserversickerung kommen auch REMMLER & SCHÖTTLER 1994 zu diesem Ergebnis und geben damit weitgehend den Diskussionsstand der ATV-Arbeitsgruppe 1.4.1 „Versickerung von Niederschlagswasser" vom Sommer 1994 wieder. Danach müssen für eine Versickerung folgende Voraussetzungen erfüllt sein:

- die mittlere Durchlässigkeit des Sickerraumes unterhalb der Versickerungsanlage sollte zwischen 10^{-5} und 10^{-3} m/s liegen
- die Distanz zum Grundwasser unterhalb der Versickerungsanlage sollte größer gleich einem Meter sein
- es sollten keine kritischen Vorbelastungen des Untergrundes mit mobilisierbaren wassergefährdenden Stoffen vorhanden sein

- das Verhältnis von Entwässerungsfläche zu Infiltrationsfläche sollte kleiner 15:1 sein
- die Versickerung sollte durch die belebte Bodenzone erfolgen
- die Anlage sollte außerhalb der Wasserschutzzonen I und II liegen

Die gleichen Autoren bewerten die dezentrale Versickerung von Dach- bzw. Terrassenabflüssen nach A 138 als unbedenklich, die Versickerung der Niederschlagsabflüsse von Straßen-, Parkplatz- und öffentlichen Flächen mit geeigneten Verfahren als **tolerierbar**, hingegen die Versickerung von Hof- und Wegeflächen von Industrie und Gewerbe für **nicht tolerierbar**. Wie bisher in der Wasserwirtschaft üblich, wird auch hier wieder ein Standard festgelegt, der bei dezentralen Lösungen meist keinen Sinn macht. Die Niederschlagsabflüsse aus Gewerbeflächen müssen nicht zwangsläufig stärker als Straßen mit Schadstoffen belastet sein. Eine Einzelfallprüfung nach Plausibilitätskriterien, die abschätzen, was im Niederschlagsabfluß überhaupt erwartet werden kann, macht mehr Sinn.

Unter den wissenschaftlichen Begleituntersuchungen zur Versickerung soll an dieser Stelle nur das derzeit laufende BMFT-Verbundprojekt „Möglichkeiten einer naturnahen Regenwasserbewirtschaftung in Siedlungsgebieten" genannt werden (SIEKER 1993). Das Gesamtziel des Forschungsvorhabens ist „die Untersuchung der wasserwirtschaftlichen, ökologischen, ökonomischen, soziologischen, städtebaulichen, landschaftsgestalterischen und rechtlichen Aspekte bei der Einführung eines naturnahen Verbundsystems zur Regenwasserbewirtschaftung als Alternative zur konventionellen Regenwasserableitung." Die Vorstellungen der WissenschaftlerInnen sollen in ausgewählten Teilgebieten in den Städten Dortmund und Zwickau umgesetzt werden.

Man erhofft sich folgende qualitative Auswirkungen von flächendeckenden Maßnahmen der Retention:

- hydraulische Entlastung des vorhandenen Kanalnetzes und damit Kosteneinsparung beim Neubau oder der Sanierung der Kanalisation (Für die Bemessung des Kanalnetzes - Neuerschließung oder Sanierung - sind Rückhaltemaßnahmen von unverschmutztem Wasser allerdings nur dann von Bedeutung (im Sinne einer kleineren Dimensionierung), wenn die Mengen der Rückhaltung mindestens so groß sind wie der Bemessungsniederschlag (siehe ATV-Arbeitsblätter A-118, 1977 u. A-138, 1990) für Kanalnetze)
- verbesserter Wirkungsgrad von Misch- und Regenwasserrückhaltung des Kanalnetzes
- verringerte Wasser- und Schmutzfrachtentlastungen in die Gewässer
- verringerte hydraulische Belastung der Kläranlage, dies kann zu einer Verbesserung der Reinigungsleistung führen
- Verringerung der Grundwasserabsenkung
- Erhöhung des Basisabflusses
- positive Auswirkungen auf das städtische Kleinklima und das Wohnen, wie z.B. die Nutzung des Regenwassers bei der „Park-, Garten- und Kinderspielplatzplanung, bei der Errichtung von Plätzen und Fußgängerzonen".

UHL (1993) errechnete mit Hilfe eines hydrodynamischen Modells (Hystem-Extran) die Auswirkungen von dezentralen Rückhaltemaßnahmen (Versikkerungen) auf Kanalnetz, Kläranlage und Gewässer. Für das Dorf Hameln-Tündern ergaben sich dabei für verschiedene Szenarien Einsparungen für die Kanalnetzsanierung bis über 50 %. Ähnliche Einsparungsmöglichkeiten ergaben sich im Rahmen einer Kanalnetzdimensionierung unterschiedlicher Ausbauvarianten für zwei Siedlungen bei Darmstadt (ALBRECHT 1988).

Hochwasser - Wer ist schuld ?

Die erste Sorge der „Wasserbauer" gilt dem Schutz vor (Schaden durch) Hochwasser. Schon früh sind entsprechende Maßnahmen an den Gewässern vorgenommen worden, dieses möglichst schnell abfließen zu lassen. Oftmals wurde damit das Hochwasserproblem nur an den Unterlieger weitergegeben, der dann ähnliche Maßnahmen in seinem Abschnitt unternahm usw. Bei kleineren Gewässern kann die Versiegelung und der damit verbundene schnellere Regenwasserabfluß (ggf. durch die Kanalisation) einen deutlichen Einfluß auf die Hochwasserintensität haben. Für Hochwasserereignisse an größeren Flüssen hat sie eher untergeordnete Bedeutung. Hierbei spielen die „Begradigung" der Bäche und Flüsse, sowie Erosion und Verdichtung der Böden und Waldschäden (PLATE et al. 1986) im gesamten Einzugsgebiet eine bedeutendere Rolle.

Beispiel Hochwasser am Rhein

Obwohl sich der Rhein durch ein relativ ausgeglichenes „Abflußregime" auszeichnet, kam es immer wieder zu katastrophalen Hochwassern. Dazu kommt es immer dann, wenn hohe Abflüsse aus Niederschlägen oder Schmelzwässern des Alpenvorlandes und des Einzuggebietes der Aare und die sich daran anschließenden Mittelgebirge zusammentreffen. So kommt es häufig vor, daß die Hochwasserwelle des Rheins mit der des Neckars zusammentrifft, da der Neckar aus dem gleichen Niederschlagsgebiet im Bereich des Schwarzwaldes gespeist wird wie der Rhein. Die Hochwasserwelle des Mains dagegen ist seit Beginn der Beobachtungen im 18. Jahrhundert nur ein einziges Mal (1970) mit der Hochwasserwelle des Rheins zusammengetroffen. Besonders im Oberrheingebiet lassen sich 2 Typen von Hochwassern unterscheiden:

- **Sommerhochwasser:** sie werden meist durch lokale hohe Niederschläge verursacht, so z.B. im Juni 1876 dem bisher höchsten Hochwasser, das am Pegel Basel (seit 1808 regelmäßige Aufzeichnungen) registriert worden ist. Außerordentlich starke Niederschläge und rasch abschmelzende Schneemassen ließen die Flüsse erheblich ansteigen. Im Einzugsgebiet der Thur fielen in drei Tagen über 300 mm Niederschlag und der Spiegel des Bodensees erhöhte sich innerhalb von 2 Tagen um 63 cm. Die hohen Abflüsse der Thur, der Töss und der Aare führten zu einer gewaltigen Flutwelle, die jedoch von Straßburg an abnahm, da sich Main und Mosel kaum beteiligten.
- **Winterhochwasser:** sie zeichnen sich durch gleichzeitige hohe Niederschläge und das Abschmelzen vorher entstandener Schneedecken. So entstand das Hochwasser um die Jahreswende 1882/1883, eines der am besten beobachteten und verheerendsten Hochwasser, bei dem die Deiche an vielen Stellen brachen. In ungünstigen Fällen sind die Niederschläge so verteilt, daß es zunächst im Voralpenland, dann im Schwarzwald und den Vogesen und noch später im restlichen Einzugsgebiet regnet, so daß die Hochwasserwellen des Rheins und der Nebenflüsse Neckar, Mosel und Main zusammentreffen. Dies geschah so beim Hochwasser der Jahreswende 1925/1926. Hier traf der Scheitel der Mosel am 1.1.1926 auf die Rheinwelle in Koblenz. Zu besonders hohen Überschwemmungen kommt es bei Eishochwassern auch dann, wenn sich durch Eisgang das Wasser staut.

Verfahren der Versickerung

Minimierung versiegelter Flächen, Entsiegelung - Direkte Versickerung

Hiermit ist die Versickerung mit durchlässigen Materialien gemeint. Mit ganz wenigen Ausnahmen, z.B. bei durchlässigen Böden oder zu starker Belastung durch Industrie und Verkehr, sind solche Maßnahmen fast immer zu empfehlen. Besonders interessant sind einige Pilotprojekte zu durchlässigen Straßenbelägen. In Haparanda (Finnland an der Grenze zu Schweden) wurde, wegen häufig auftretender Frostschäden, eine Straße mit **durchlässigem Asphalt** gebaut. Der Unterbau besteht aus Schotter auf einem Geotextil. Die Durchlässigkeit der Deckschicht nahm von 25 mm/min auf 6 mm/min im Laufe der Zeit ab, konnte jedoch mit einem Hochdruckreiniger wieder hergestellt werden. Schadstoffe akkumulieren über dem Geotextil, bisher sind bei solchen Straßen keine Anzeichen für eine Verschmutzungszunahme in darunterliegenden Bodenschichten erkennbar (GROTEHUSMANN & ROHLFING 1990). Ähnliche Erfahrungen liegen seit etwa 1980 auch aus Frankreich vor. So z.B. bei einem 1988 realisierten 700 m langen und 10 m breiten Straßenabschnitt mit porösem Belag durch ein Wohngebiet in Rezé bei Nantes. Bei diesem werden neben der Versickerung des Niederschlagswasser durch den **porösen Straßenbelag** auch die Dachabflüsse der angrenzenden Häuser in die Kiesschicht des Straßenbelags geleitet und versickert. Abb. 42 zeigt im Querschnitt den Aufbau des Straßenstücks.

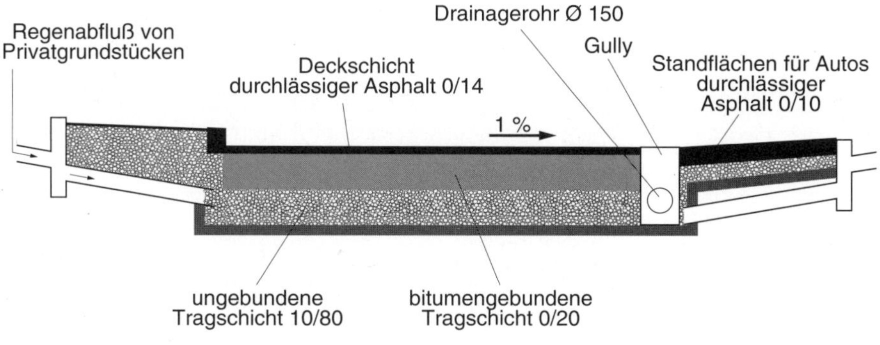

Abb. 42:
Querschnitt durch den porösen Straßenkörper bei Rezé (aus GEIGER & DREISEITL 1995, verändert nach RAIMBAULT)

Die oberste, ca. 6 cm starke Schicht des porösen Straßenbelags besteht aus 4-5% Bitumen (80/100) incl. Granulat (0/14) mit Ausfallkörnung (3/10) und ca. 15% Sandzuschlag (0/3). Darunter liegen zwei jeweils 10 cm starke Schichten poröseren Asphalts, die einen geringeren Bitumengehalt aufweisen. Die effektiv nutzbare Speicherkapazität beträgt etwa 14 % des Gesamtvolumens der beiden Schichten. Als unterste Schicht wird eine etwa 35 cm starke Kiesschicht mit einem effektiv zu nutzendem Porenvolumen von 36 % angelegt, die durch Geotextil vom Erdreich getrennt ist. Der Belag ist ähnlich belastbar wie jeder andere Straßenbelag. Die Durchlässigkeit des Belages kann entweder mit einer regelmäßigen Saugreinigung oder bei dichterer Verstopfung mit Wasserhochdruckgeräten wiederhergestellt. Nach vierjährigem Betrieb wurde der Schadstoffgehalt im Dränageabfluß gemessen. Dieser hatte einen deutlich niedrigeren Gehalt an Schadstoffen als der Oberflächenabfluß. Die Kosten des Projektes lagen etwa 5 % unter denen einer normalen Straßensanierung. In einem anderen Projekt wurde bei einer geplanten Parkplatzfläche (mit einem mittleren Geländegefälle von 2 %) ein poröser Straßenbelag mit einem grobkörnigen Unterbau als Zwischenspeicher für Regenwasser benutzt. Die Kapazität des vorhandenen Regensammlers hätte nicht ausgereicht, und im schiefrigen Untergrund wäre nur punktuell Regenwasser versickert. Der Zwischenspeicher hat seine Funktion bei einigen Starkregen bisher ohne Zwischenfälle erfüllt. Einfache Kehrmaßnahmen reichten zur Reinigung des Parkplatzes aus.

Zu Materialien, Durchlässigkeiten (Abflußbeiwerten), Vegetation etc. sei auf die einschlägige Literatur verwiesen (z.B. PÖPEL 1987, ATV Arbeitsblatt A 138, 1990, BUNDESAMT FÜR UMWELTSCHUTZ 1986, MUTH 1994).

Versickerung von Abflüssen von versiegelten Flächen:

Die meisten Verfahren (mit Ausnahme der Gründächer) der Rückhaltung bzw. Versickerung von Niederschlagsabfluß von versiegelten Flächen sind durch Veröffentlichung in den ATV-Blättern anerkannte Regeln der Technik. Zur Bemessung und Ausgestaltung der Rückhaltemaßnahmen siehe daher ATV-Arbeitsblätter A-118,1977 und A-138,1990 oder MEHLER 1992.

Man unterscheidet

- Flächenversickerung
- Muldenversickerung
- Rohr- oder Rigolenversickerung
- Schacht- und Beckenversickerung
- Schluckbrunnen
- und Gründächer.

In Baden-Württemberg werden in der Regel nur die Flächen- und Muldenversickerung zugelassen, da nur hier ein ausreichender **Grundwasserschutz** durch belebte Bodenschichten (Speicherung, Adsorption und Umwandlung von Schadstoffen) gewährleistet ist. In bestimmten Fällen, insbesondere wenn wenig Platz zur Verfügung steht, kann das **Mulden-Rigolen-System** - eine Kombination aus Flächen- und anschließender Rigolenversickerung (z.B. GROTEHUSMANN et al. 1992) - zur Methode der Wahl werden. Aus Pilotprojekten liegen bereits umfangreiche Erfahrungen vor (vgl. Kap. 3.7).

In welche Richtung sich die Versickerung von Niederschlagswasser entwickeln könnte, gibt das Beispiel des **'Experimental Sewer System (ESS)'** aus Japan. In einigen stark verdichteten Regionen wie der Tokyo Bay hat man begonnen, Niederschlagswasser, statt in Mischwasserbecken zurückzuhalten, mittels durchlässiger Oberflächen und unterirdischer Drainagen vor Ort zu versickern. Voraussetzung des 'Experimental Sewer System' ist eine relativ hohe Durchlässigkeit des Untergrundes, wie sie in Tokyo gegeben ist. Das neue System kombiniert verschiedene Methoden der Speicherung (Speicherschächte) und Versickerung (Rigolen, perforierte Rinnsteine, durchlässige U-förmige Regenwasserkanäle und poröse Beläge). Die Dachabflüsse kleiner Häuser münden in Versickerungsschächten, die der größeren in den U-förmigen Versickerungsrinnen. Bei Starkregen gelangt das Wasser in dem Rohr-/Rigolensystem (perforierte Rohre haben in der Regel einen Durchmesser von 20 cm) in den Seitenraum der Straße. Die Entwässerung von Plätzen, Gehwegen und Nebenstraßen erfolgt soweit möglich durch deren poröse Oberfläche, ansonsten über die genannten Anlagen. Schmutz- und Regenwasser von Hauptverkehrsstraßen bzw. Überlastungen des Systems münden in die Mischwasserkanalisation. Zwischen 1983 und 1992 sind 346 km perforierte Kanäle, 208 km Versickerungsgräben, 70 km U-förmige Versickerungsrinnen, 31 858 Regenwassereinläufe und 466 600 m² durchlässige Oberflächenbeläge im Rahmen des ESS-Projektes verbaut worden. An das System sind 170 000 Einwohner angeschlossen, die Baukosten betrugen ca. 5 390,- DM pro Einwohner. Das ESS ist nur ein kleiner Teil der gesamten in Tokyo verwirklichten Maßnahmen zur lokalen Regenwasserversickerung und -nutzung (FUJITA 1987).

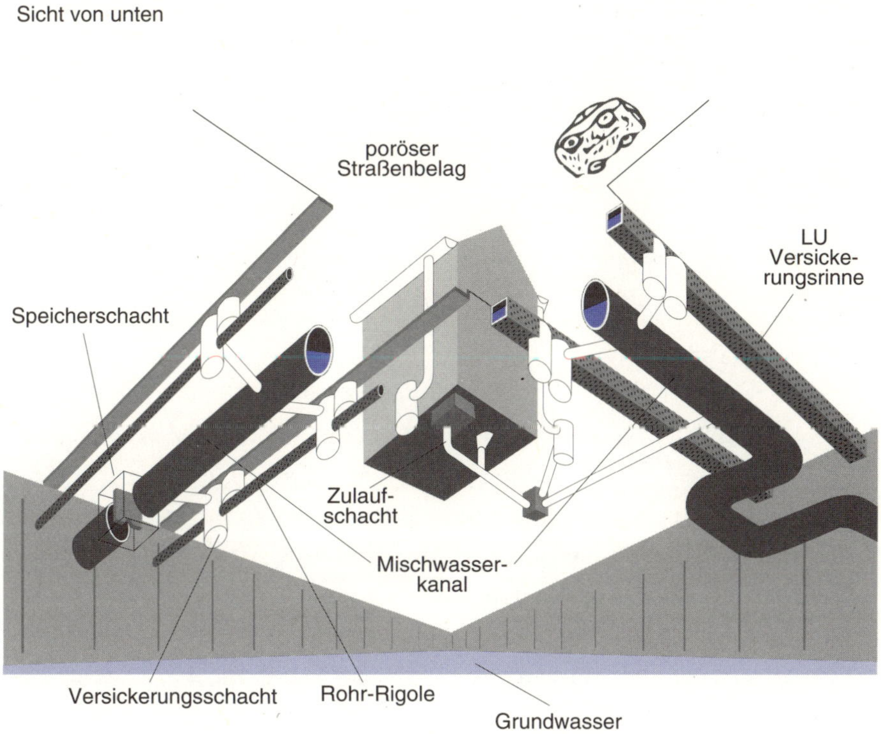

Abb. 43: Experimental Sewer System (ESS) in Tokyo von unten gesehen (aus GEIGER & DREISEITL 1995, verändert nach FUJITA)

3.3.2. Gründächer

Unter den Rückhaltemaßnahmen nehmen die Gründächer eine Sonderstellung ein. Bei nicht zu starkem Regen wirkt das aufgebrachte Substrat als Zwischenspeicher und ein Teil des Regenwassers wird vor allem durch die Pflanzen wieder an die Luft abgegeben (Evapotranspiration), entsprechend weniger Wasser steht für eine Grundwasseranreicherung zur Verfügung. Weitere Ausführungen zum Thema Dachbegrünungen in LIESECKE 1981, 1984, 1988, KRUPKA 1987, HEUSER 1989, MEHLER 1992. Ein Gründach schließt die Nutzung des Regenwassers weitgehend aus.
Funktionen für den Landschaftshaushalt:

- Stadtklima: Dachflächen haben einen wesentlichen Anteil an der Ausprägung des Stadtklimas. Dachbegrünung führt durch ihre Verdunstungsleistung zu einer Verringerung der Wärmebelastung im Sommer.
- Begrünte Dachflächen besitzen eine mehr oder minder hohe Staubbindungskapazität.

Literaturtips !

KRUPKA, B. (1992): Dachbegrünung (Ulmer)

LIESECKE, H.-J. et al. (1989): Grundlagen der Dachbegrünung - Berlin.

- Anfallendes Regenwasser wird zu einem hohen Anteil zurückgehalten - in niederschlagsärmeren Gebieten bis zu über 70 %.
- Grünflächen auf dem Dach sind wertvoller Lebensraum für Pflanzen und Tiere: In der Bodenschicht alter Dachbegrünungen konnte ein aktiveres Bodenleben festgestellt werden als im Boden gepflegter Parkrasenflächen. Extensiv begrünte Dächer sind aufgrund ihrer Flachgründigkeit, der zeitweise starken Erwärmung und Austrocknung Extremstandorte. Die hier erreichbare Artenvielfalt ist meist nur mäßig hoch. Es finden sich aber durchaus auch seltene für Sandrasen und Halbtrockenrasen typische Arten dort ein. Sie sind ansonsten aus der modernen Kulturlandschaft weitgehend verschwunden. Begrünte Dächer werden insbesondere von Bienen, Hummeln, Schmetterlingen und zahlreichen Vogelarten als Nahrungsbiotop angenommen.

Dachbegrünung ist sinnvoll auf allen flach geneigten Dächern, vor allem in Siedlungsbereichen mit hohem Anteil an überbauten und versiegelten Flächen.
Es sind grundsätzlich zwei verschiedene Kategorien von Dachbegrünungen zu unterscheiden:

Intensivbegrünung
Hier stehen gestalterische Ansprüche im Vordergrund. Mit meist relativ hohem Anlage- und Unterhaltungsaufwand werden z.B. dauergrüne Wiesen, Staudengärten oder Ziergehölzpflanzungen kultiviert. Diese Dachgärten werden gedüngt und bei Trockenheit bewässert. Der Beitrag dieser Dachgärten zur Verbesserung des Lokalklimas und zur Luftreinhaltung ist meist relativ hoch, derjenige für den Biotop- und Artenschutz gering.
Eine beim Entwurf von Ökostädten diskutierte Form der Dachbegrünung sind Nutzgärten, wo Obst und Gemüseanbau betrieben wird. Hier kann eine Dachterrasse entstehen, auf der Kinder bereits früh erfahren können, daß Lebensmittel nicht aus dem Supermarkt, sondern aus der Erde kommen. Nach Angaben aus Vancouver, Kanada kann ein Dachgarten von 6x6 m^2 pro Jahr etwa 150 kg hochwertiges Obst und Gemüse liefern (Projektdarstellung NGO-Forum der UN-Konferenz Habitat II, Istanbul 1996).

Extensivbegrünung
Die Aufwendungen für Anlage und Unterhaltung sind wesentlich reduziert. Der Begrünungsaufbau liegt je nach Ausführung bei einer Gesamtdicke von 2,5 bis 20 cm und hat eine Flächenlast von 25 bis 135 kg/m^2.
Als Begrünungsart können bei verschiedenen Aufbaustärken folgende Pflanzenmischungen aufgebracht werden (nähere Angaben bei KRUPKA 1992):

- Moos-Sedum-Begrünung (Aufbaustärke 2-5 cm)
- Sedum-Gras-Kraut-Begrünungen (Aufbaustärke 5-16 cm)
- Gras-Kraut-Begrünungen (Aufbaustärke 12->20 cm)

Die genannten Pflanzengemeinschaften kommen in ihrer Zusammensetzung den bestandsgefährdeten Sand- und Halbtrockenrasen der traditionellen Kul-

turlandschaft nahe. Ihr Beitrag zur Umfeld-Klimaverbesserung ist im trockenen Hochsommer geringer als bei der Intensivbegrünung, derjenige zum Biotop- und Artenschutz wesentlich höher.
Bei Extensivbegrünungen besteht folgender Pflegebedarf:

- regelmäßige Bewässerung bis zum Anwachsen (4-6 Wochen)
- Entfernen von Gehölzsämlingen (alle 3-5 Jahre)
- Kontrolle der Dachanschlüsse und Dacheinbauten

Die Baukosten der Begrünung von Dächern ist wegen höherer Lastannahmen in der Regel deutlich teurer. Die Unterhaltungskosten sind dagegen gering. Durch eine Begrünung kann die Lebensdauer einer Dachkonstruktion verlängert werden, da extreme Temperaturschwankungen auf der Dachhaut unterbleiben und sie gleichzeitig vor UV-Strahlung geschützt wird. Darüber hinaus ergänzt sie die vorhandene Wärmedämmung und trägt dadurch zur Heizkostenersparnis bei.

3.3.3. Regenwassernutzung

Der einfachste Fall der Regenwassernutzung ist die Regentonne. Die Nutzung von Regenwasser zählt zu den rückhaltenden Maßnahmen von Niederschlagswasser, geht aber über diesen Zweck hinaus. Sofern ihr Überlauf an das Kanalnetz angeschlossen ist, ist die Abflußminderung für die Kanalisation in der Regel < 10 %, sie spielt nur bei flächendeckendem Einsatz für die Berechnung des Kanalnetzes eine wenn auch meist geringe Rolle. Einen bedeutenderen Einfluß hat die lokale Speicherung in Kombination mit der Versickerung (vgl. Abb. 45)

Literaturtip !
König (1996): Regenwassernutzung von A-Z.- MALLBETON-Verlag, DS-Pfohren, Eigenverlag
(vgl. auch König 1996 b)

Regenwasser bietet sich vor allem als Brauchwasser für folgende Nutzungen in privaten Haushalten an:

- Klospülung
- Waschmaschinenwasser
- Garten- und Gründachbewässerung

Mittlerweile gibt es eine Reihe von Empfehlungen zur Nutzung von Regenwasser in privaten und öffentlichen Gebäuden. Diese Empfehlungen gelten allerdings noch nicht als Regeln der Technik und werden vor allem von Seiten der Gesundheitsämter noch immer scharf angegriffen.
Die Hauptargumente, die gegen eine Regenwassernutzung eingewendet werden sind:

- Gefahr von Fehlanschlüssen und damit eine hygienische Gefahr für das öffentliche Trinkwassernetz
- Gefahr der Verseuchung des Wassers entgegengesetzt zur Fließrichtung
- Gefahr von Verwechslungen

Diese Gefahren müssen ernst genommen werden, lassen sich jedoch leicht verhindern.

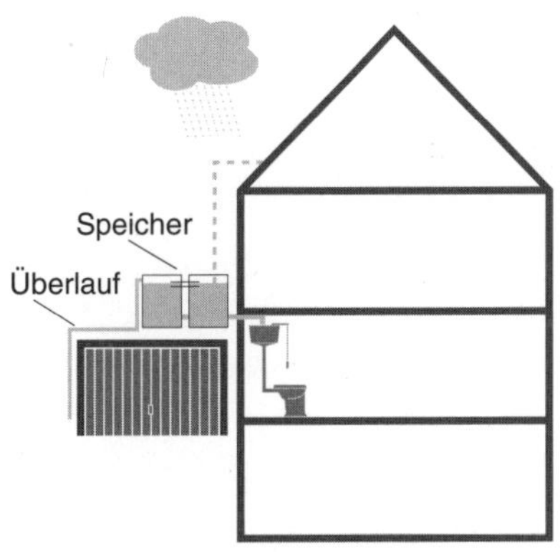

Abb. 44:
Einfache Regenwassernutzungsanlage

Aus den bisher vorliegenden wissenschaftlichen Begleituntersuchungen (u.a. BULLERMANN et al. 1989, HOLLÄNDER et al. 1993, 1994, LÜCKE 1993, ROTT & SCHLICHTIG 1994) liegen jedoch keine Erkenntnisse vor, die eine Gefährdung - richtige Installation (ggf. mit Rückschlagklappen) vorausgesetzt - durch benannte Gefahren in nennenswertem Umfang erwarten ließe. Das Zisternenwasser erfüllt in aller Regel die Richtlinien für Badewasserqualität. Bei der Nutzung von Zisternenwasser für die Waschmaschine hat sich herausgestellt, daß die Wäsche vor dem Waschen wesentlich mehr mit Bakterien belastet war als das Zisternenwasser, sowohl vor als auch nach dem Waschen (MOLL 1990, 1993). Trotzdem halten manche Staatlichen Gesundheitsämter ihre hygienischen Bedenken gegen die Regenwassernutzung noch immer aufrecht (vgl. UBA 1995). Die Praxis bestätigt diese Bedenken jedoch nicht. So kann man davon ausgehen, daß in Deutschland bereits über 100 000 Regenwassernutzungsanlagen existieren (Schätzung durch MALLBETON). Die weitaus meisten der Anlagen sind mit stark steigender Tendenz erst in den letzten 6-7 Jahren gebaut worden. In den Bundesländern Hessen, Hamburg, Bremen und dem Saarland, die landesweite Förderprogramme aufgestellt haben, sind die meisten Anlagen pro Einwohner realisiert. Schätzungen gehen davon aus, daß etwa jede fünfte Stadt über 50.000 Einwohner (ÖKOTEST 2/94) den Bau von Regenwasserzisternen fördert. In der Regel sind die Förderungen an bestimmte Bedingungen geknüpft. So z.B. in der Gemeinde Mönchweiler (bei Villingen-Schwenningen), die nur dann fördert, wenn das Regenwasser für mindestens die Klospülung und einen weiteren Gebrauchszweck verwendet wird. Städte wie Bräunlingen (bei Donaueschingen) zahlen bis zu 50 % der Investition, max. jedoch 1000,- DM, wenn das Regenwasser mindestens für die WC-Spülung benutzt wird.

Abb. 45:
Zisterne mit Versickerung („SICO"-Regenspeicher von MALLBETON)

Inzwischen hat sich herumgesprochen, daß sich die Nutzung von Regenwasser in vielen Fällen schon nach wenigen Jahren durch das Sparen von Wasser-

und Abwassergebühren auch wirtschaftlich lohnt. Deshalb wächst auch die Zahl gewerblich genutzter Anlagen ständig. Auch öffentliche Einrichtungen wie Schulen, Feuerwehren, Fuhrunternehmen, Stadtreinigungen, selbst Vereine folgen diesem Trend und nutzen das Regenwasser ihrer Dachflächen. Da sich die Nutzung offensichtlich wirtschaftlich lohnt, könnte man sich über die Förderung wundern. Es sollte jedoch im öffentlichen Interesse liegen, Aufbau und Zahl der Anlagen zu kennen; dies läßt sich sicherlich durch eine an geeignete Bedingungen geknüpfte Förderung am einfachsten erreichen. Eine Förderung von beispielsweise 1000 DM reicht außerdem aus, um sinnvolle sicherheitstechnische Einrichtungen, wie z.B. Rückschlagklappen (-ventile) bei der Trinkwassereinspeisung in die Zisterne, zu finanzieren (vorgeschrieben nach TrinkwV § 17 (1)). Einrichtungen, die bei 'schwarz' gebauten Anlagen unter Umständen sonst fehlen würden. Eine Regenwassernutzungsanlage kann in Eigenleistung installiert werden; es besteht keine Genehmigungspflicht. Lediglich folgende Vorgaben sind einzuhalten:

1. die Regenwassernutzungsanlage muß dem Trinkwasserversorgungsunternehmen gemeldet werden (AVBWasserV § 3, **Meldepflicht**)
2. Die **Trinkwassernachspeisung** muß ordnungsgemäß installiert sein, daß heißt zwischen der Trinkwasserleitung und Trichter zur Regenwasserzisterne muß ein Abstand von mind. 20 mm eingehalten werden. Die Steuerung kann entweder per Hand oder mit automatischem Magnetventil erfolgen.
3. Es besteht eine **Kennzeichnungspflicht** für alle Leitungen und Wasserhähne, etc. die Regenwasser führen.

Eine Anlage zur Regenwassernutzung kann ganz unterschiedlich hinsichtlich Funktionsweise, Ansprüchen, Aufbau und Aufwand (Material, Kosten) gestaltet sein. Die Kosten können bei Eigenbau von wenigen Hundert bis zu vielen Tausend DM reichen. Von der Regentonne für die Gartenbewässerung einmal abgesehen, ist die einfachste Lösung ein gebrauchter Regenwasserspeicher (z.B. alte Tanks od. ähnliches) für die Klospülung, der z.B. auf einem Nebengebäude wie einer Garage installiert mit einem einfachen Wasserschlauch an den Spülkasten eines WC angeschlossen werden kann. Günstig ist es, statt einem großen Behälter zwei oder mehrere kleine Behälter miteinander zu verbinden, so können sich in dem ersteren grobe Teile wie Blatteile besser absetzen (vgl. Abb. 44). Eine solche Anlage nutzt die Schwerkraft und kommt mit einem Minimum an technischem Aufwand und damit ohne Folgekosten aus. Als Filter kann z.B. am Überlauf des ersten Behälters ein alter Nylonstrumpf befestigt werden, den man nach Bedarf von Zeit zu Zeit leeren bzw. wechseln kann. Bei langer Trockenheit und während der Frostperioden wird weiterhin das Trinkwasser aus der öffentlichen Wasserversorgung genutzt.
Kommerzielle, professionelle Lösungen bestehen heute aus einer Vorfilterung, Zisterne und Pumpe.

Erstverwurf, Vorfilterung (Filter)

Das zu Beginn eines Regens abfließende Dachablaufwasser kann erheblich verschmutzt sein. Für besondere Nutzungen kann daher überlegt werden, ob eine technische Einrichtung vorgeschaltet wird, die den ersten Regenschwall

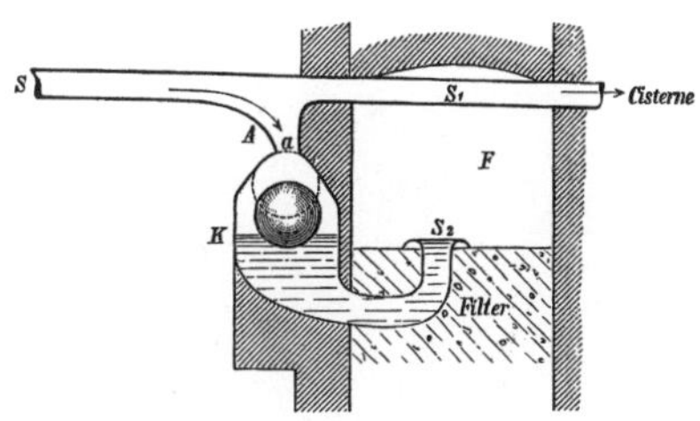

Abb.46:
Vorschlag für eine Einrichtung für den Erstverwurf (nach Bloudek 1903 aus König 1996)

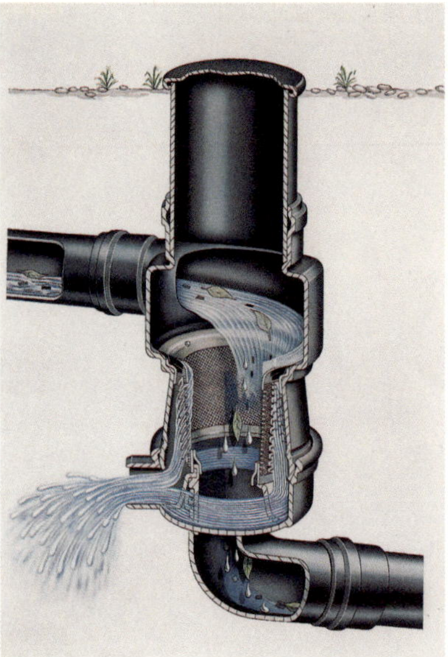

Abb.47:
Wirbel-Filter („Wisy“)
(Abb. Fa. Wisy)

Abb.48:
Filterplatte MALLBETON

Abb.49:
Schwimm-Ansaug-Filter
(Fa. Wisy)

abtrennt und gesondert abführt oder versickert. Für die meisten Anwendungen ist dieser Erstverwurf (Toilettenspülung, Gartenbewässerung, gewerbliche Anwendungen etc.) nicht notwendig, da die Wasserqualität nach Vorfilterung und Sedimentation der Grobstoffe in der Zisterne in der Regel ausreicht. Einrichtungen zum Erstverwurf sind bereits seit langem bekannt (vgl. Abb. 46). Zur Vorfilterung kommen im wesentlichen Verfahren in Frage, die die DIN 1986 einhalten. Diese DIN schreibt u.a. vor, daß Einrichtungen zur Regenwasserbehandlung nach dem „Bemessungsregen“ (300 l/s) ausgelegt sein müssen, das heißt auch bei Abflüssen von 300 l/s/m^2 nicht zu Verstopfungen bzw. Rückstau führen.

a) **„Wirbel-Filter“** (vgl. Abb. 47): darin wird das Regenwasser durch Verwirbelung und Filterung durch ein Stahlsieb (ca. 0,2 mm Maschenweite) von gröberen Schmutzstoffen (wie z.B. Blätter) getrennt. Ungefähr 10% des Regenwassers gehen dabei laut Herstellerangaben für die Speicherung und Nutzung verloren. Das Stahlsieb muß ca. 1/Jahr gereinigt werden. Ihr Vorteil liegt darin, daß sie auch nachträglich eingebaut werden können.

b) **Filterplatten aus Poren-Beton** (vgl. Abb. 48): Ihr Vorteil liegt darin, daß kein abgeleitetes Dachwasser verloren geht. Auch sie müssen nach Bedarf gereinigt werden.

c) **Korb-Filter** (vgl. Abb. 51, oben): Filter aus Stahl. Vorteil gegenüber Porenplatte; er ist leichter zu reinigen, Nachteil, er ist teurer.

d) **Schwimm-Ansaug-Filter** (vgl. Abb. 49): Er besteht aus einer beweglichen Saugleitung, einem Saugkorb und einer Schwimmkugel und wird in der Zisterne angebracht. Durch die Schwimmkugel wird immer das sauberste Wasser kurz unter der Oberfläche entnommen. Der Filter sorgt dafür, daß keine gröberen Teile in Pumpe und Leitung gelangen können. Der Schwimm-Ansaug-Filter empfiehlt sich insbesondere, wenn sonst keine Filterung vorgenommen wird, ist jedoch auch in Kombination mit einer der beiden zuvor genannten Filterungen zu empfehlen.

Früher wurden auch zwischen Pumpe und Leitung weitere „Feinfilter“ eingebaut mit Maschenweite < 2mm. Davon wird heute (von besonderen Ansprüchen abgesehen) abgeraten, da solche Feinfilter zur Verkeimung neigen und eine hygienische Gefährdung darstellen können.

Zisternen
Hier gibt es mehrere Möglichkeiten aus unterschiedlichsten Materialien (Beton, Stahl, Kunststoff). Unter Umständen hängt es von den örtlichen Gegebenheiten ab, welches die geeignete Zisterne ist. Betonzisternen z.B. lassen sich bedingt durch ihr hohes Gewicht nicht überall problemlos versetzen und einbauen.

Pumpen
Wenn der Regenwasserspeicher nicht auf höherem Niveau aufgestellt werden kann, ist eine Pumpanlage und ggf. ein Druckausgleichsbehälter zur Reduzierung der Schalthäufigkeit der Pumpe notwendig. Eine einfache Pumpe kann

nur dann verwendet werden, wenn zudem auch noch ein Zwischenbehälter auf höherem Niveau eingebaut wird. Bei den Pumpen lassen sich drei verschiedene Typen unterscheiden:

a) **Jetpumpen:** meist am verchromten Seitendeckel zu erkennen. Sie sind zwar sehr preiswert, die sie auszeichnende Membran ist jedoch sehr anfällig, der Stromverbrauch recht hoch

b) liegende **Kreiselpumpen:** sie werden heute in aller Regel empfohlen, da sie recht robust, preisgünstig und einen geringen Stromverbrauch aufweisen (vgl. Abb. 50)

c) **Tauchpumpen:** sind durch ihre Unterwassertauglichkeit robust, aber etwas teurer als die beiden anderen Typen, können jedoch je nach den lokalen Platzverhältnissen vorteilhaft sein.

Abb.50:
Liegende Kreiselpumpe (Abb. Fa. Wisy)

Kosten

Eine Regenwasserzisterne mit Pumpstation (ggf. mit Anschlüssen) kostet im Mittel zwischen DM 3.500,- nur für Gartenbewässerung und DM 10.000,- für Gartenbewässerung, Klospülung und Waschmaschine (Preise von 1995 beziehen sich auf ein Einfamilienhaus und einen fachgerechten Einbau). Die Amortisationszeit einer Regenwasseranlage hängt wesentlich von der Funktion, dem Eigenbauanteil, der Speichergröße, dem verwendeten Material, den lokalen Gegebenheiten sowie natürlich dem lokalen Wasser/Abwasserpreis ab. Bei professionell installierten Anlagen liegt sie meist zwischen 10 und 20 Jahren.

Abb.51:
Regenwasserspeicher mit Versikkerung und Filterkorb

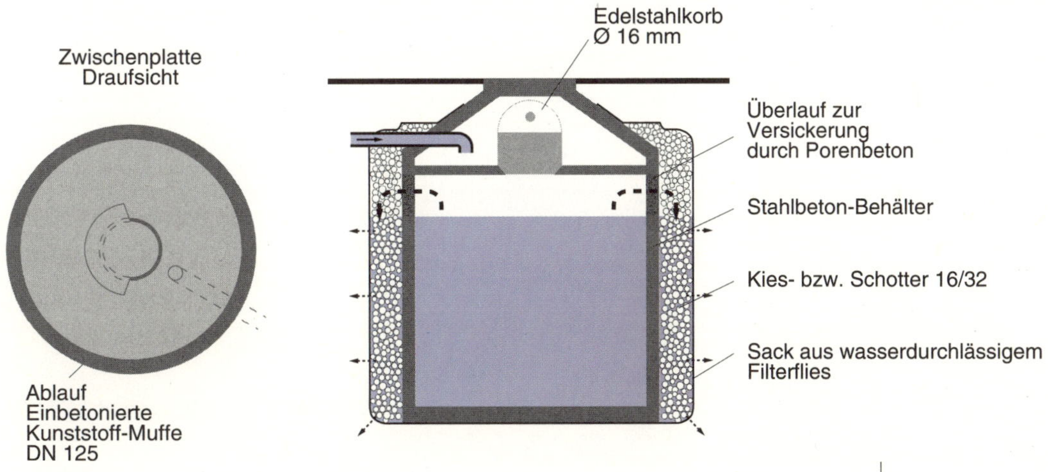

Dimensionierung

Die Dimensionierung einer Regenwasseranlage hängt sehr von den regionalen (vor allem klimatischen) Gegebenheiten ab. Für eine Anlage zur WC-Spülung sollten pro Einwohner mindestens 10 m^2 Dachfläche zur Verfügung stehen, für eine Anlage, die zusätzlich für die Waschmaschine genutzt werden soll, kann man etwa von der doppelten Fläche / Person ausgehen.

Zur Dimensionierung siehe z.B. ZENTR. F. ENERGIE-, WASSER- UND UMWELTTECHNIK 1991, WAGNER & CO. 1993, HESSISCHES MINISTERIUM FÜR UMWELT, ENERGIE UND BUNDESANGELEGENHEITEN 1994

Auf Details der Dimensionierung soll an dieser Stelle nicht weiter eingegangen werden. Hierzu liegt umfangreiche Literatur vor. Unter anderem stehen auch Softwareprogramme wie z.B. „Raining“ der Fa. Logistik, Röttenbacherstr. 46,

91325 Adelsdorf oder „Rainsoft III“ der Fa. Sanitärsystemtechnik zur Verfügung. Mittlerweile gibt es auch einige Selbsthilfegruppen, die in Rat und Tat vor Ort zur Seite stehen.

Ökobilanz

Ökobilanzen für die Regenwassernutzung liegen bisher nicht vor. Es steht zu erwarten, daß nicht immer eine Regenwassernutzungsanlage sinnvoll ist. Ein wichtiges Kriterium könnte z.B. der Stromverbrauch sein.
Der Stromverbrauch für gefördertes Trinkwasser der Wasserwerke liegt im Durchschnitt bei 0,5 kWh/m^3. Diesen Wert sollte das Hauswasserwerk am besten unterschreiten.

Tips !

(Ggf. vor dem Bau einer Regenwassernutzungsanlage zu beachten)

- Besteht im Versorgungsgebiet Wassermangel ?
- Stehen beim Wasserwerk qualitative Sprunginvestitionen an ?
- Kommt es bei der öffentlichen Rohwasserförderung zu ökologischen Schäden ?
- Stehen die Kosten der geplanten Regenwassernutzungsanlage in einem sinnvollen Verhältnis zur Einsparung bei den Wasser/Abwasser-Gebühren ?
- Energieverbrauch der öffentlichen Wasserversorgung im Vergleich zum Verbrauch der Pumpeinrichtungen zur Förderung des Dachablaufwassers (auf den energiesparenden Einsatz entsprechend energetisch-effizienter Pumpen ist zu achten)
- Kosten und „Graue Energie“ der verwendeten Baumaterialien ?
- Welchen Härtegrad besitzt das Wasser aus der öffentlichen Versorgung (ggf. führt der Bau einer Anlage nicht nur zur Einsparung von Wasser, sondern auch zum Einsparen von Waschmittel)
- Pädagogischer Nutzwert einer Regenwassernutzungsanlage (senkt durch entsprechendes Sparverhalten den Trinkwasser-Verbrauch zusätzlich)
- Soll der Bau aus ökologischen Gründen auch ohne Kostendeckung durchgeführt werden ?
- Wie sauber ist das Dach ?

Abb. 52:
Regenwasserspeicher ohne Versickerung mit Filterplatte

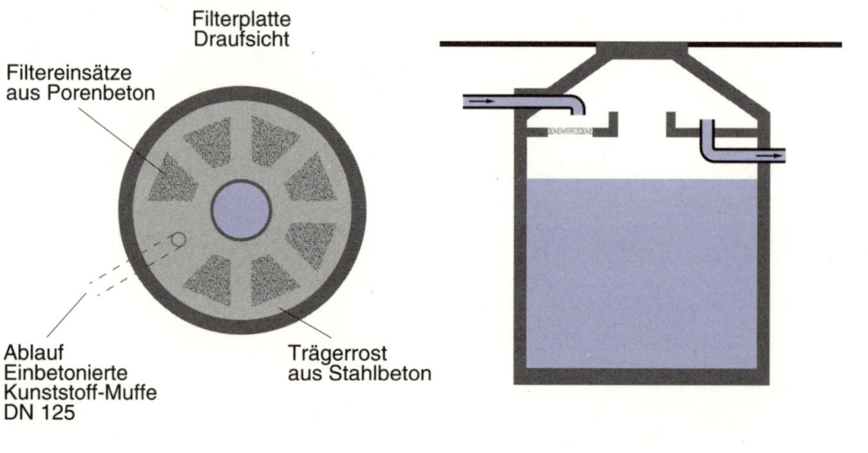

Regenwassernutzung und Versickerung in der Kombination

Als gelungene Kombination bietet sich die Kombination aus Regenwassernutzung und Versickerung an. Dabei wird das überschüssige Regenwasser statt in die Kanalisation in einen den Speicher umgebenden Kies- und Schotterkörper abgeleitet und versickert (vgl. Abb. 45). Über den wasserdurchlässigen Porenbeton des Speichers wird das Wasser sogar vorgereinigt. Die den Speicher umgebende Kiesschicht dient als Zwischenspeicher vor der Versickerung. Um das Eindringen von umgebendem Erdreich und damit ein Verstopfen zu verhindern ist diese Kiesschicht in einen Sack aus Geotextil gebettet.

3.4 Dezentrale Abwasserbehandlung für ländliche und städtische Gebiete

In vielen Industriestaaten liegt der Anschlußgrad an Kanalisation und kommunale Kläranlage bei annähernd 80 % oder darüber (IKSR 1994c). Die bisher nicht angeschlossenen Gebiete haben meist eine relativ geringe Einwohnerdichte, so daß ein Anschluß an eine Kanalisation nicht vertretbare Kosten mit

Literaturtip !
Zur konventionellen Abwasserbehandlung vgl. Kunz 1995

Folgende Aspekte sollten bei der Planung einer dezentralen Anlage beachtet werden:

- Es sollte immer ein „professioneller Planer“ hinzugezogen werden
- Mit Planern können HOAI-konforme „Erfolgshonorare“ vereinbart werden, die kostengünstige, energiesparende bzw. ökologische Lösungen fördern.
- Die Möglichkeiten zur Nutzung oder dem Bau einer größeren gemeinschaftlichen Anlage bzw. zum gemeinschaftlichen Betrieb (Kostenersparnis, ggf. Energieersparnis) sind zu prüfen
- Der weniger verschmutzte Fremdwasseranteil ist soweit wie möglich zu reduzieren. Möglichkeiten der Regenwassernutzung, -versickerung etc. sind entsprechend zu prüfen
- Spezielle Abwasserqualitäten von Indirekteinleitern sind zu erfassen und ggf. separat zu behandeln
- Unkonventionelle Möglichkeiten der Vor- bzw. Nachbehandlung sind bei Interesse zu prüfen (z.B. Wasserenthärtung, Schwermetallelimination durch Biopolymere etc.)
- Möglichkeiten zur Verbesserung des Kläranlagenablaufs vor Einmündung in ein Gewässer sind zu prüfen (z.B. Sauerstoffanreicherung durch kaskadenartiges Gefälle), ggf. ist die nachträgliche Ergänzung von Nachreinigungsstufen vorzusehen.
- Die Möglichkeiten zur naturnahen Behandlung von Klärschlamm (z.B. Klärschlammvererdung in Schilfanlagen) sind zu prüfen
- Kläranlagen sollten möglichst nahe der Siedlungen und nach Möglichkeit nicht in Talauen gebaut werden, um unnötigen Landschafts“verbrauch“ zu verhindern. Bei Anlagen mit Geruchsemissionen ist entsprechend Abstand zu halten
- Auf eine ansprechende Gestaltung der Kläranlagen sollte geachtet werden
- Es gibt keine Patentlösungen, die unter den verschiedensten Randbedingungen anwendbar sind.

sich bringen würde. Aus diesem Grund ist auch in der konventionellen Wasserwirtschaft das Interesse an dezentralen Verfahren erheblich gestiegen. Der Anwendungsbereich solcher Verfahren liegt zwischen 5 bis zu 2000 (bis max. 5000) angeschlossenen Einwohnern pro Anlage. Zum Ausdruck kommt das ansteigende Interesse z.B. durch zwei Internationale Konferenzen zu „Small Wastewater Treatment Plants" 1989 und 1993 in Norwegen (vgl. Kap. 5). Kleinkläranlagen unter einem Anschlußwert von 50 E wurden früher lediglich als Zwischenlösung bis zum Anschluß an ein zentrales Kanalnetz angesehen. Heute werden sie auch offiziell (z.B. Niedersachsen, Nordrhein-Westfalen) als Dauerlösung anerkannt. Die Leistungsfähigkeit und Betriebsstabilität ist inzwischen für unterschiedliche Anlagentypen vielfach nachgewiesen. Das Problem, daß bei dezentralen Anlagen keine ausgebildeten Klärwärter zur Verfügung stehen, kann zum Teil dadurch gelöst werden, daß mehrere Anlagen einer Region durch eine Person regelmäßig gewartet werden.

3.4.1. Überblick über verschiedene Abwasserreinigungsverfahren

Die Grundlagen der biologischen Abwasserreinigung leiten sich aus Beobachtungen der Selbstreinigungsvorgänge in Fließgewässern ab. Sie hängen im wesentlichen von der Aktivität der auf festen Oberflächen festsitzenden (sessilen) und den im Wasser freischwimmenden, oft zu Flocken zusammengefaßten Organismengemeinschaften, ab. Die Übergänge zwischen den Vorgängen festsitzender und freischwimmender Organismen sind dabei fließend. Verfahren, die mehr die sessilen Organismengemeinschaften fördern (Tropfkörper und andere Biofilm-, Festbettanlagen) eignen sich für Abwasser mit relativ gleichmäßiger Belastung spezifischer Abwässer besser, da sich im festen „Biofilm" Spezialisten mit besonderen Stoffwechselleistungen eher finden, als in freischwimmenden Flocken. Anlagen, die eher die Abbauleistungen der freischwimmenden Organismen ausnutzen, haben den Vorteil durch künstlich geschaffene hohe Sauerstoffeinträge die effektiveren aeroben Abbauleistungen fördern zu können. Einen Spezialfall nehmen die anaeroben Verfahren (z.B. Biogasanlagen) ein, die ihr Vorbild in Sedimenten haben, die reich an organischem Material sind. Hier können nur „Stoffwechselspezialisten", überleben, die ihre nötige Energie auch ohne Sauerstoff gewinnen können. Die Stoffwechselwege laufen jedoch sehr viel langsamer und leisten unter optimalen Bedingungen einen Abbau bis zum CH_4 (Methangas). Der unvollständige Abbau ist in Biogasanlagen jedoch gewünscht (vgl. Kap. 3.5.3).
In der Tabelle 40 werden verschiedene Verfahren der dezentralen Abwasserbehandlung vorgestellt. Die Tabelle erhebt keinen Anspruch auf Vollständigkeit. Verfahren, die in letzter Zeit besonders weiterentwickelt wurden, sich bewährt haben oder zunehmend Verbreitung erfahren (z.B. Pflanzenkläranlagen, SBR-Verfahren), werden in eigenen Kapiteln näher beschrieben. Bei den anderen Verfahren wird auf einschlägige Literatur, technische Hinweise, DIN-Normen oder Arbeitsblätter verwiesen. Die Tabelle teilt die Verfahren bewußt nicht ein

nach Vorklärung, Hauptklärstufe oder Nachklärung. Die Übergänge sind fließend und es gilt der Grundsatz, daß die lokalen Verhältnisse (Platzangebot, Abwasserqualität, Kosten, Untergrund etc.) darüber entscheiden, welches der Verfahren und in welcher Kombination am sinnvollsten zum Einsatz kommt (vgl. Abb. 53). Die Angaben zur Bemessung beziehen sich, sofern nichts anderes angegeben ist, auf durchschnittliches häusliches Abwasser (60g BSB_5/Einw.). Bei Grauwasser können niedrigere Bemessungswerte angenommen werden.

Abb.53:
Übersicht über dezentrale Verfahren der Fäkalien/Abwasserbehandlung

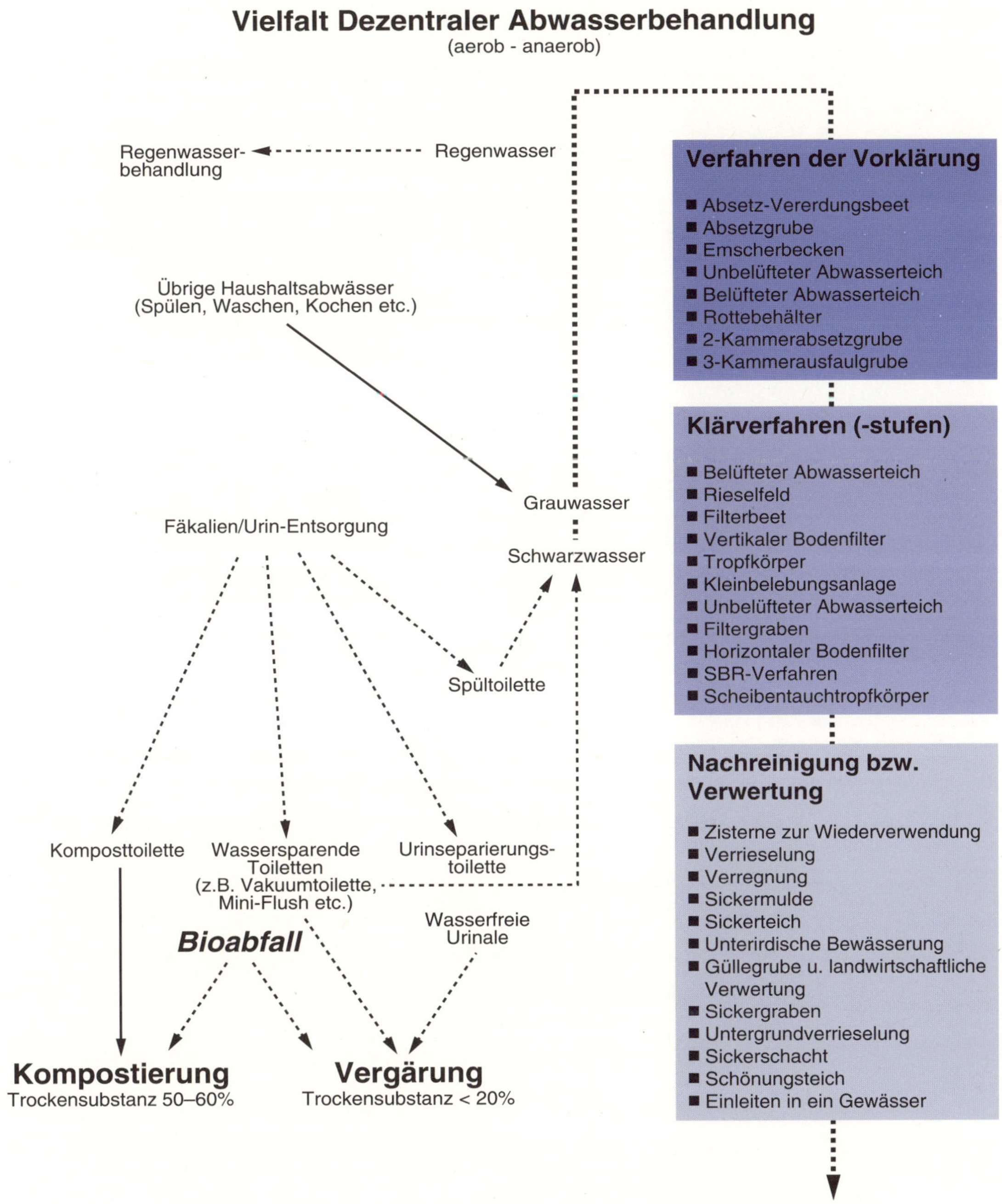

Wichtige Rahmenbedingungen, mit denen die meisten dezentralen Lösungen fertig werden müssen, sind die hohen Schwankungen in Menge und Nährstoffkonzentration der zu reinigenden Abwässer und dem Fehlen eines kompeten-

Tab.40:

Kurzbeschreibung der verschieden Verfahren zur dezentralen Abwasserreinigung

Gruben, Grobstofftrennung

Offene oder geschlossene Gruben zum Absetzen und teilweisen Ausfaulen der Feststoffe etc., **Absetzgruben (oder** sich bildenden „Schwimmschlamm“) zurück. Bemessung: 0,3-0,5 m^3/E, Mindest-**Absetzbecken)** Größe etwa 3 m^3; Schlammleerung nach Bedarf; ausschließlich zur Vorbehandlung geeignet.

Mehrkammerabsetzgruben

nach DIN 4261, Teil 1, genormt. Grobstoffe setzen sich in mehreren hintereinandergeschalteten Kammern ab. Tauchwände, T-Stücke oder Überläufe unterhalb des Wasserspiegels (ca. 30 cm) verhindern Schwimmschlammüberlauf; Bemessung ca. 0,3 m^3/E; Mindestgröße 3 m^3. > 4 m^3 mindestens 3 Kammern. Die 1. Kammer sollte etwa die Hälfte des Gesamtvolumens ausmachen; Grubentiefe 1,2-3 m. Wichtig ist, daß die Grube gut belüftet ist. Nach DIN 4261, Teil 3, sind Mehrkammerabsetzgruben jährlich zu leeren. Sinnvoll ist dies jedoch nur bei Bedarf (ca. 1/2 voll, Schlammspiegel kann mit Peilstab oder ähnlichem gemessen werden), ausschließlich zur Vorbehandlung geeignet.

Mehrkammerausfaulgruben

Unterscheiden sich von den Mehrkammerabsetzgruben nur durch ihre Größe: 1,5-3 m^3/E oder größer, Mindestgröße 6 m^3. Rechnerische Aufenthaltszeit ca. 10 Tage; es bildet sich Schwimmschlamm, der unter Luftzufuhr abgebaut wird und allmählich wieder absinken kann. In altem Schwimmschlamm leben auch z. B. Regenwürmer. Gute Mehrkammerausfaulgruben brauchen z. T. mehr als 10 Jahre nicht geleert zu werden. Der Schlamm fault dabei fast völlig aus. Nach DIN 4261, Teil 3, sind sie alle 2 Jahre zu leeren. Sinnvoll ist dies jedoch nur bei Bedarf (ca. 3/4 voll, Füllstand kann mit Peilstab gemessen werden), vorwiegend zur Vorbehandlung geeignet.

Emscherbecken (Emscherbrunnen)

Becken mit einem unten offenen Trichter und leicht seitlich geneigtem Auslaß. Das Abwasser läuft in den Trichter und auch oben wieder ab. Der sich absetzende Schlamm rutscht durch den Auslaß des Trichters in den darunter befindlichen Schlammfaulraum. Bei entsprechendem Abschluß läßt sich das entstehende Biogas sammeln. Bemessung: Schlammraum <0,1 m^3/E; vorwiegend zur Vorbehandlung geeignet; Diese Bauart hat den Vorteil, bei größeren Einheiten das Biogas nutzen oder zumindest verbrennen zu können (Methangas=Treibhausgas). Die höheren Baukosten machen diese Bauweise bei sehr kleinen Einheiten unwirtschaftlich.

Rottebehälter, Feststoffiltration

Behälter in dem über Sieb od. Filter (z.B. Schicht aus Sand und Kies od. Stroh und Hackschnitzel) die Grobstoffe des ungereinigten Abwassers zurückbleiben, belüftet werden und kompostieren. Eignet sich vor allem zur Vorklärung. Auf Grundlage der Trennung von Fest und Flüssig-Bestandteilen (Feststoffabscheidung) basieren weitere Verfahren, bei denen das filtrierte Abwasser in weiteren Filtern (Festbettreaktoren) einer anaeroben (Denitrifikation) und/oder aeroben Reinigung (Nitrifikation) unterzogen wird (z.B. FA Protec, vgl. Kap. 5).

Abb.54:

(a) Emscherbecken, (b) Rottebehälter (c) Scheibentropfkörper

(a) Emscherbecken

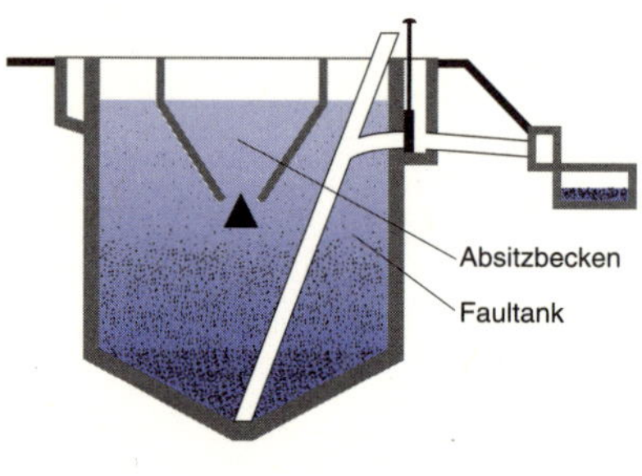

(b) Rottebehälter

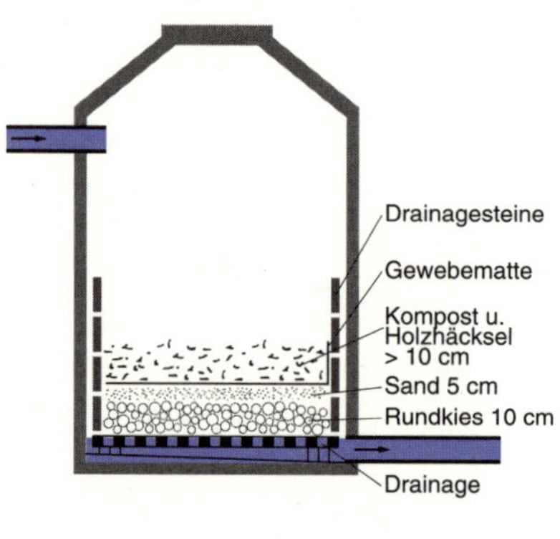

Verregnung (Versprühen) oder Ausbringung

z.B. mit Güllefaß, sowohl für unbehandeltes als auch gereinigtes Abwasser geeignet. Der Flächenbedarf für unbehandeltes Abwasser liegt bei ca. 330 m^2 / Einw.; vorgereinigtes Abwasser entsprechend weniger. Bei Vermischung des Abwassers mit Gülle bei Grünlandbauern sollte über eine Mehrkammergrube vorgereinigt werden; Bandwurmeier und sonstige Parasiten sterben in der Mehrkammergrube nach einiger Zeit ab. Einzelhöfe können Fäkalien in einer eigenen Grube sammeln und aufs Ackerland ausbringen, das Grauwasser (Bad, Dusche, Küche, Waschmaschine) kann dann direkt in die Güllegrube oder aufs Grünland.

Verrieselung

a) Staurieselung: Boden wird mit Abwasser überstaut,
b) Muldenversickerung,
c) Hangrieselung an einem leicht geneigten Hang,
d) Furchenrieselung über offene Gräben.

Bemessung siehe auch Verregnung; Rieselfelder 50 m^2/E, Ackerland 10 bis 20 m^2 bei Grünlandnutzung und 6 bis 20 m^2. Vorteil ist die Nutzung der gesamten belebten Bodenschicht.

Unterirdische Bewässerung

mit Sickerleitungen in 20 bis 30 cm Tiefe; diese Art der Versickerung nutzt teilweise Pflanzenbewuchs und Oberboden; hygienische Bedenken entfallen weitgehend (auch nach der DIN 19650). Nachteil Frostgefahr.

Untergrundverrieselung

nach DIN 4261, Teil 1, Sickerleitungen in einer Tiefe von 50 bis 100 cm. Bemessung 10 m Sickerlänge/ Einw. bei Kies und Sand, 15 m bei lehmigem Sand und 20 m bei sandigem Lehm. Wichtig ist, daß die Sickerleitungen von den Enden her belüftet sind. Nachteil: Die aktivste Bodenschicht wird nicht genutzt (wird derzeit kaum genehmigt).

Sickerschächte (Schluckbrunnen)

Ähnlich Schachtbrunnen, Bemessung z.B. nach DIN 4261, Teil I. Schacht in Grube mit gelochten Ringen, Schacht und Zwischenraum mit Feinkies gefüllt, darüber ca. 50 cm Sand als Filterschicht. Gleichmäßige Verteilung des Abwassers wichtig; Bemessung 1 m^2 /Einw. Werden derzeit kaum mehr genehmigt, da keine weitere Reinigung im Boden erfolgt.

Sickergraben, Sickerteich

Künstlich angelegter Sickergraben oder Teich, der nur Abwasser führt, das allmählich versickert. Mit diesen Gräben werden die Stoffwechselleistung eines Gewässers und seiner Pflanzen (z. B. Schilfbewuchs) und die Reinigungsleistung des Bodens bei der Versickerung kombiniert. Eine Vorreinigung ist in jedem Fall notwendig. In wärmeren Klimaten (in Europa z.B. in Italien) haben sich Abwassergräben und -teiche mit Wasserlinsen (Wasserpflanzen) bewährt (vgl. Faccini 1992). In der Regel sind sie dann jedoch abgedichtet und keine Versickerungsgräben mehr sondern münden in ein Gewässer. Auch in Kombination mit Fischteichen sind sie vor allem im Bereich der Nachklärung mit Erfolg einsetzbar.

Vertikal beschickte Pflanzenkläranlage
Mit Sand und Kies gefüllte Pflanzenbeete, durch die das Abwasser von oben nach unten strömt. Bemessung: bei Grauwasser mind. 2m² /Einw. bei Schwarzwasser mind. 3m²/E; Vorklärung vorausgesetzt, Tiefe > 1,00 m. Als Pflanze wird oft Schilf verwendet. Es eignen sich jedoch auch eine Reihe weiterer Pflanzen, wie z.B. der Rohrkolben-verschiedene Seggen oder Binsen.

Horizontal beschickte Pflanzenkläranlage
Pflanzenbeet mit Sand oder Kies gefüllt, das vorwiegend waagerecht durchströmt wird. Bemessung mind. 5m²/E, Tiefe ca. 0,8 m.

Flache bewachsene Kiesfilter (nach SEIDEL 1983)
ca. 50 cm flache Kiesfilter, waagerecht (horizontal) durchströmt. Im Kies gibt es anders als im Sand keine Kapillarkräfte, der Abbau findet vorwiegend am Boden statt, bekannt durch die Binsenkläranlagen von Käthe Seidel. Wegen der flachen Bauweise kann es passieren, daß die Bepflanzung den Kies so gut durchwurzelt, daß kein Wasser mehr durchkommt. Dann muß man einige Pflanzen entfernen.

Pflanzenkläranlagen mit bindigem Material
Bekannt auch als Wurzelraumanlagen nach Kickuth. Problem der bindigen Böden ist, daß das Wasser darin nicht ausreichend versickert. Die meisten Anlagen sind waagerecht durchströmt, im schlechtesten Fall nur überströmt. Den von Kickuth erwarteten Wurzelraumeffekt, daß Schilf den Boden entscheidend auflockert, konnte die Praxis nicht bestätigen. Von solchen Anlagen ist daher in aller Regel abzuraten. Bodenfilter sollten Durchlässigkeitswerte von 10^{-5} bis 10^{-4} m/s (z.B. feiner Sand) nicht unterschreiten. Es muß auch Raum für die Abbauprodukte sein (>30 Jahre).

Filtergräben (Sandfiltergräben)
Abgedichteter Graben mit einer Filterschicht aus Sand oder Kies; Beschickung mit Sickerleitungen; Entwässerung am Boden durch Dränagen. (z.B. nach DIN 4261, Teil 1, 60 cm dicke Feinkiesschicht, Ø 2 bis 8 mm, Tiefe 1,25 m, Breite ca. 50 cm. Bemessung ca. 6 m /Einw. Bei feinerem Material steigt die Reinigungsleistung; Reinigungsleistung gering.

Sandfilter, belüftet und unbelüftet (Filterbeete)
z.B. als Filterbeet mehrere Filtergräben nebeneinander. Sie können auch unterirdisch angelegt werden. Bei niedrigem Wasserstand und guter Belüftung wird Stickstoff (Harnstoff, Ammonium) zu Nitrat umgewandelt, wenn eine ausreichende Dimensionierung vorgenommen wurde. Bei hohem Wasserstand und niedrigem Sauerstoffgehalt (intermittierende Belüftung) holen sich die Bakterien den Sauerstoff aus dem Nitrat, und es entsteht Luftstickstoff. Belüftete Sandfilter eigenen sich auch gut zur Grauwasserreinigung, z.B. auch für Waschwasser. (z.B. bei Autowaschanlagen). Sie haben einen relativ kleinen Raumbedarf, dafür ist der Energiebedarf vergleichsweise hoch.

Filterschacht (aerob, anaerob)
Kompakte Variante des Filtergrabens od. Filterbeetes. Bemessung: ca. 2 m² / E. Wird das Abwasser im Schacht gestaut, entstehen anaerobe Verhältnisse. Hier eignet sich als Füllmaterial Blähton, Schaumstoffwürfel od. ähnliches; das Wasser strömt von unten nach oben. Anaerobe Schächte benötigen eine gute Vorklärung (Bemessung ca. 0,5 - 1 m³/E). Filterschächte werden nur noch selten eingesetzt (z.B. beim Umbau einer alten Güllegrube).

Tropfkörper

Behälter mit gröberem Material, z. B. Steine, Schlacke, Kunstoffkörper oder Blähton, ca. Ø 4 - 8 mm, über die das vorgeklärte Abwasser langsam tropfen kann. Tropfkörper benötigen eine gute Belüftung, Durchmischung und Nachklärung zum Absetzen des Schlamms. Bei modernen Tropfkörpern wird das Abwasser mehrmals über den Tropfkörper gepumt. Bemessung: nach DIN 4261, Teil 2, Füllung der Tropfkörper mindestens 1,5 m hoch, 0,4m^3/E. Tauchtropfkörper (Scheiben-Tauchtropfkörper) Mehrere meist per elektrischem Motor angetriebene Scheiben oder ähnliche Körper (Tauchkörper), die etwa zur Hälfte in das vorgereinigte Abwasser eintauchen, so daß die abbauenden Organismen abwechselnd im Wasser und an der Luft sind. Der Energiebedarf ist bei Anlagen > 50E geringer als beim Tropfkörper, da das Abwasser nicht gepumpt werden muß.

(c) Tropfkörper

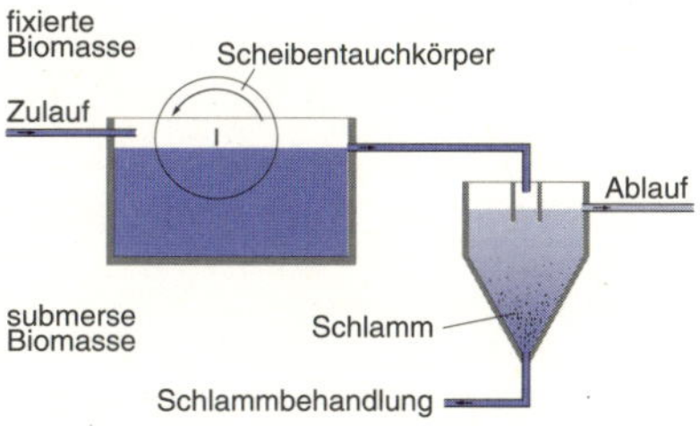

Absetzteiche (auch Erdbecken genannt)

vor allem zur Vorklärung, Aufenthaltszeit ca. 1 Tag, Berechnung ca. 500 l/Einwohner Unbelüftete Abwasserteiche (auch als Oxydationsteiche bezeichnet), flache Bauweise, um Belüftung durch die Wasseroberfläche, Wind und Pflanzen zu gewährleisten (1 bis 1,5 m tief). Bemessung nach der Oberfläche, ca. 10-15 m^2/Einwohner Aufenthaltszeit ca. 20 Tage. Schlammräumung nach Bedarf, ca. alle 5 Jahre. Relativ hoher Energiebedarf.

Belüftete Abwasserteiche

Durch die Belüftung können die Teiche kleiner gebaut werden (1,5 bis 2,5 m). Bemessung: 2-3 m^3/Einwohner; Schlammräumung alle 2 bis 5 Jahre.

Schönungsteiche

Abwasserteiche für die Nachbehandlung von Abwasser („Nachklärungsbecken"), z.B. hinter einem belüfteten Abwasserteich, einer Pflanzenkläranlage oder einer SBR-Anlage, Aufenthaltszeit 1-5 Tage; Bemessung ca. 0,2-1 m^3/ Einwohner; Schlammräumung nur etwa alle 10 Jahre; je nach Abdichtung auch als Versickerungseinrichtung nutzbar.

Kleinbelebungsanlagen

Anlage mit Vorreinigung (od. mind. Rechen) Belebungsbecken mit Belüftung und Absetzbecken, Bemessung nach DIN 4261, Teil 2, genormt. Durch künstliche Belüftung relativ großen Energieverbrauch.

Sequencing Batch Reactor (SBR)

Kläranlagen nach dem Belebtschlammverfahren. Im Gegensatz zur konventionellen Belebtschlammanlage, wo anaerobe, aerobe und Absetz-Vorgänge örtlich getrennt ablaufen, finden sie hier in zeitlich hintereinander ablaufenden Schritten im gleichen Becken statt.

Vergärung (Biogasanlagen)

Die Vergärung setzt in kälteren Klimaten Anteile an Trockenmasse von 10-20 % voraus. Zu stark verdünntes Toilettenspülwasser oder Grauwasser eignet sich daher nicht zur Biogasgewinnung. Eine effiziente Vergärung verläuft nur unter strengem Sauerstoffabschluß und relativ hohen Temperaturen (> 30°C) ab. In wärmeren Klimaten können Biogasanlagen eine wichtige Energiequelle darstellen. In Indien bestehen ca. 50 000 kleinste Biogasanlagen, die häusliches Abwasser und anderes organisches Material vergären. In gemäßigten Breiten erreichten Biogasanlagen als Faultürme der zentralen Kläranlagen für die Weiterbehandlung des Klärschlamms, in der Industrieabwasserbehandlung und in der Landwirtschaft zur Gülleverwertung Bedeutung. Der ausgefaulte Rückstand bei den landwirtschaftlichen Anlagen gilt nach entsprechender Erwärmung als hygienisch unbedenklich. Es gibt Meinungsverschiedenheiten darüber, ob er auch dann auf Grünland ausgebracht werden darf, wenn nennenswerte Mengen Abwasser darin verarbeitet werden. Bei Verwendung wassersparender Toiletten (z.B. Vakuumtoiletten) könnte auch in städtischen Bereichen Schwarzwasser zusammen mit organischen Hausabfällen zur Biogasproduktion und der Rückstand als Flüssigdünger genutzt werden (vgl. Kap. 3.5.3).

ten Klärwärters. Darüber hinaus müssen sich die Verfahren durch niedrige Bau- und Wartungskosten auszeichnen. Diese hängen weitgehend von der angestrebten Reinigungsleistung und dem zur Verfügung stehenden Platz ab.
Die heute zur Verfügung stehenden Verfahren benötigen sehr unterschiedliche Flächen bzw. Volumen (vgl. Tab. 41)
Auch die **Aufenthaltszeit** variiert von einigen Minuten bis zu mehreren Tagen. Nimmt man beide Kriterien zusammen, so lassen sich zwei Gruppen von Anlagen unterscheiden. Solche, die einen Flächenbedarf unter 0,3 m^2/Person und eine Aufenthaltszeit von max. 3 Tagen haben, von solchen, die einen Flächenbedarf von mehreren m^2 und eine Aufenthaltszeit von mehreren Tagen (Ausnahme Sandfilter) haben.
Ein weiteres wichtiges Kriterium ist die Abbauleistung bezüglich des Stickstoffes einer Kleinkläranlage. Stickstoff liegt im häuslichen Abwasser als Ammonium (z.B. als Abbauprodukt des Harnstoffs, NH_4^+), in organischer Form (z.B. Harnstoff oder anderen org. Verbind.) oder zum kleineren Teil als Nitrat (NO_3^-) oder Nitrit (NO_2^-) vor. Die Stickstoff-Elimination aus dem Abwasser erfolgt zum einen über die Entnahme von Faulschlamm (Biomasse) oder über die „Reduktion" von NO_3^- zu molekularem Stickstoff durch Bakterien (vgl. Abb. 24). Die Oxidation von Ammonium bzw. Ammoniak durch Bakterien zum Nitrat über das Nitrit bezeichnet man als **Nitrifikation**. Sie tritt nur bei niedriger Belastung auf. Die „Reduktion" (Respiration) des oxidierten Stickstoffs (Nitrat oder Nitrit) zum molekularen Stickstoff (N_2) durch Bakterien bezeichnet man als **Denitrifikation**. Der Stoffwechsel der denitrifizierenden Bakterien kann unter sauerstofffreien Bedingungen, einem annähernd neutralen pH-Wert und hohen Konzentrationen an NOx und organisch abbaubaren Substanzen erfolgen. Es verwundert daher nicht, daß nur bestimmte Anlagen den Stickstoff denitrifizieren. Verfahren mit Belüftung müssen zu diesem Zweck eine eigene anoxische Stufe einrichten. Dies geschieht meist durch Rückführung nitrathaltigen Wassers in ein vorgeschaltetes Denitrifikationsbecken, kann aber auch unter bestimmten Bedingungen „simultan" (d.h. im gleichen Bekken) erfolgen. Überwiegend anaerobe Klärstufen zeichnen sich dadurch aus, daß sie nur unzureichend nitrifizieren. Dies führt zu hohen Ammoniumwerten im Ablauf.

Verfahren	Fläche/ Einw. m^2	Volumen/ Einw. m^3	Aufenthalts- zeit	Nitrifika- tion
Nicht belüftete Teiche	10	10 - 15	> 20 Tage	+
Bodenfilter	4 - 20	7 - 12	-	±
Belüftete Teiche	3	4 - 7	> 3 - 6 Tage	±
Pflanzenbeete	2 - 12	2 - 6	4 - 10 Tage	+
Sandfilter	4 - 6	4 - 6	1 Std.-7 Tage	+
Nitrifizierender Tropfkörper	0,17 - 0,3	0,45 - 0,6	6 - 10 min.	+
zusätzliche Belüftung	0,12 - 0,25	0,35 - 0,6	1 - 3 Tage	+
SBR-Verfahren	0,1 - 0,2	0,3 - 0,5	1 - 3 Tage	+
Nitrifizierende Tauchtropfkörper	0,1 - 0,18	0,17 - 0,25	10 - 20 Std.	+
Nichtnitrifizierende Tropfkörper	0,05 - 0,08	0,13 - 0,18	3 - 6 min.	-
Nichtnitrifizierende Tauchtropfkörper	0,04 - 0,07	0,07 - 0,13	8 - 15 Std.	-

Tab. 41:
Flächen- und Volumenbedarf verschiedener dezentraler Abwasserreinigungsverfahren, verändert (BOLLER 1994)

Tabelle 41 gibt eine Übersicht über den **Flächen- und Volumenbedarf** verschiedener dezentraler Abwasserreinigungsverfahren sowie ihre Nitrifikationsleistung. Die Kosten hängen sehr von lokalen Gegebenheiten, Konstruktion und Materialkosten ab (vgl. Tab. 42 und 43). Eine Übersicht über verschiedene Kostenbetrachtungen aus verschiedenen Ländern gibt BOLLER (1994). Dabei liegen die **Kosten** / Einwohner abhängig von der Anlagengröße zwischen ca. 150 DM und 3000 DM. Die Wartungskosten scheinen in aller Regel relativ gering zu sein. Die Energiekosten variieren von Verfahren zu Verfahren dagegen stark. Vor der Entscheidung für das ein oder andere Verfahren ist eine genaue Analyse des Abwasserproblems und der lokalen Verhältnisse vorzunehmen. Für die dezentrale Behandlung von Grauwasser sind Pflanzenkläranlagen und belüftete Sandfilter besonders geeignete Verfahren. Unter anderem deshalb, weil sich bei ihnen die kleinere Dimensionierung für Grauwasser in deutlich niedrigeren Kosten niederschlägt.

Tab. 42:

Vergleich der Investitionskosten (Material und Einbau), des Stromverbrauchs, des Schlammanfalls sowie der Wartungskosten verschiedener Verfahren kleiner Kläranlagen für häusliches **Schmutzwasser** für 8 EW und 100 EW (Kostenschätzung MALLBETON, Stand 1996, [1]=Fäkalschlamm; [2]=stabilisierter Schlamm, [3]=nach derzeitigen Bemessungsregeln (3-Kammer-Vorklärung), Änderungen zu erwarten; Alternative z.B. Vorklärung als Vorrotte (vgl. Kap. 3.4.1)

Verfahren	Material DM	Einbau DM	Energie kWh/a	Schlamm l	Wartung DM/Jahr
	für 8 EW				
Pflanzenkläranlage	14.500,-	10.000,-	0-?	12.000[1,3]	700,-
Tropfkörper	13.500,-	9.000,-	288	2.800[1]	700,-
Belebungsanlage	12.800,-	8.000,-	1.440	3.400[2]	700,-
SBR	20.000,-	5.000,-	1.440	2.500[2]	700,-
	für 100 EW				
Pflanzenkläranlage	75.000,-	30.000,-	0-?	50.000[1,3]	1.500,-
Tropfkörper	48.000,-	22.000,-	1.200	12.500[1]	1.500,-
Belebungsanlage	45.000,-	20.000,-	8.600	12.500[2]	1.500,-
SBR	80.000,-	15.000,-	8.500	10.000[2]	1.500,-

Tab. 43:

Vergleich der Investitionskosten (Material und Einbau), des Stromverbrauchs, des Schlammanfalls sowie der Wartungskosten verschiedener Verfahren kleiner Kläranlagen für kommunales **Grauwasser** für 100 EW (Kostenschätzung MALLBETON, Stand 1996, [1]=Fäkalschlamm; [2]=stabilisierter Schlamm)

Verfahren	Material und Einbau DM	Energie kWh/d.E	Schlamm DM/a	Wartung DM/a
	für 10 EW (Grauwasser)			
Pflanzenkläranlage	12.000,-	0-?	300,-[1,3]	1.000,-
Belüfteter Sandfilter	15.000,-	0,2 kWh	?,-[2]	1.000,-
	für 100 EW (Grauwasser)			
Pflanzenkläranlage	45.000,-	0-?	3.000,-[1,3]	1.000,-
Belüfteter Sandfilter	33.000,-	0,2 kWh	?,-[2]	1.000,-

Folgende Aspekte sollten bei der Auswahl eines bestimmten Verfahrens beachtet werden:

- die Nährstoffkonzentration und Menge des Abwasser (hängt z.B. davon ab, ob ein Kompostklo vorgesehen ist)
- die Anforderungen an die Reinigungsleistung
- die zur Verfügung stehende Fläche
- der geplante Verbleib des gereinigten Abwassers (event. Grauwassernutzung)
- die Menge an verfügbarem Kapital
- die Erfahrungen von Planern bei vergleichbaren Verhältnissen
- die Materialbeschaffung
- der Eigenbauanteil
- das Genehmigungsverfahren
- der Wartungsaufwand

3.4.2. Abwasserteiche

Die Reinigung von Abwasser durch Teiche ist ein lang bekanntes und gut untersuchtes Verfahren. Zunächst verdrängt durch die rasche Entwicklung der zentralen Abwasserreinigung wurde die Idee zunächst in den 50er und 60er Jahren in den USA wieder aufgegriffen. Vor allem durch die steigenden Kosten interessiert man sich seit einigen Jahren auch in Deutschland wieder für dieses 'großflächige biologische Reinigungsverfahren'. Ein wesentlicher Unterschied zur mechanisch-biologischen Kläranlage oder zu den kleinflächig anzuwendenden biologischen Verfahren liegt darin, daß bei Abwasserteichen sehr viel mehr Einflüsse existieren, die die Reinigungsleistung bestimmen. Daher kann man auch sehr viele Kriterien für die Einteilung von Abwasserteichen definieren. Auch bei einer sehr 'ingenieur-betonten' Sicht wird eine sinnvolle systematische Einteilung nicht gelingen. Die Einteilung wie auch die Formulierung von technischen Regeln müssen notgedrungenerweise sehr allgemein bleiben. Dies hat jedoch den Vorteil, örtliche Gegebenheiten in die Planungen angemessen mit einbeziehen zu können. Eine grobe Einteilung der Abwasserteiche unterscheidet:

vgl. U.A.N. 1990

- *Absetzteiche* dienen, wie der Name sagt, zur Abscheidung und Ausfaulung absetzbarer Stoffe. Bei der Bemessung gilt es, die richtige Aufenthaltszeit sowie das günstigste Intervall der Schlammräumung zu finden.
- *unbelüftete Abwasserteiche* dienen der Verminderung der nicht absetzbaren und gelösten organischen Stoffe; damit der Teich im überwiegenden Teil der Wassersäule aerob, d.h. ausreichend mit Sauerstoff versorgt bleibt, muß er ausreichend groß bemessen sein.
- *belüftete Abwasserteiche* kommen dem Belebungsbecken einer Kläranlage schon sehr nahe, ihre Belastung kann nach dem Rauminhalt und der eingetragenen Sauerstoffmenge bemessen werden.
- *Schönungsteiche* dienen der weiteren Verbesserung bereits gereinigten Abwassers (z.B. als Erweiterung einer Pflanzenkläranlage, eines Tropfkörpers oder auch als 3. Reinigungsstufe einer kommunalen Kläranlage), sie können auch als schmaler, langsam fließender Schönungsgraben geplant werden (zur Verwendung von Schönungsteichen mit Wasserlinsen (*Lemna sp.*) zur Abwasserreinigung liegen vor allem aus Italien umfangreiche Erfahrungen vor, z.B. Faccini 1992).

Die meisten Erfahrungen mit Abwasserteichen liegen in Niedersachsen vor. Eine Studie von 72 Abwasserteichen im Zeitraum zwischen 1980 und 1983 ergab, daß die meisten der Anlagen aus einem 3-Teich-System ohne vorgeschalteten Absetzteich bestehen, wobei der 2. Teich meist etwas größer dimensioniert ist als die beiden anderen. Bis auf 7 reinigen die Anlagen das Abwasser aus einem Mischsystem. Dabei sorgt ein Regenüberlauf dafür, daß sobald es stärker regnet und der Trockenabfluß um das 10 - 15-fache übertroffen wird, das darüberhinaus anfallende Abwasser am 1. Teich (bzw. am Absetzteich) vorbei direkt in den 2. und 3. Teich geleitet wird. Diese Maßnahme verhindert das Auflösen des abgesetzten Faulschlamms.

Die spezifische Fläche erreicht Werte zwischen 3 und 50 m^2/E, der Durchschnitt liegt bei etwa 14 m^2/E. Auch die rechnerische Durchflußzeit variiert zwischen 12 und 570 Tagen sehr stark, im Mittel etwa 110 Tage. Eine wichtige Weiterentwicklung von Abwasserteichen ist in der Kombination mit anderen Abwasserbehandlungsverfahren zu sehen. Die Schönungsteiche als dritte Reinigungsstufe sind nur eine Möglichkeit, die Vorschaltung einer technischen Stufe, z.B. eines Tropfkörpers eine andere (vgl. z.B. JOCHIMS 1987).

3.4.3. Kleine Belebungsanlagen

Für kleine Belebungsanlagen (= Belebtschlammanlagen) mit einem kontinuierlichen Betrieb (im Gegensatz zu SBR-Anlagen, siehe Kap. 3.4.4) gelten völlig andere Rahmenbedingungen als für Großanlagen. Das Verfahren ist zwar das gleiche, kann aber bei Kleinanlagen bei weitem nicht so differenziert ausgelegt werden.

Abb. 55:
Kleine Belebungsanlage (Fa. MALLBETON)

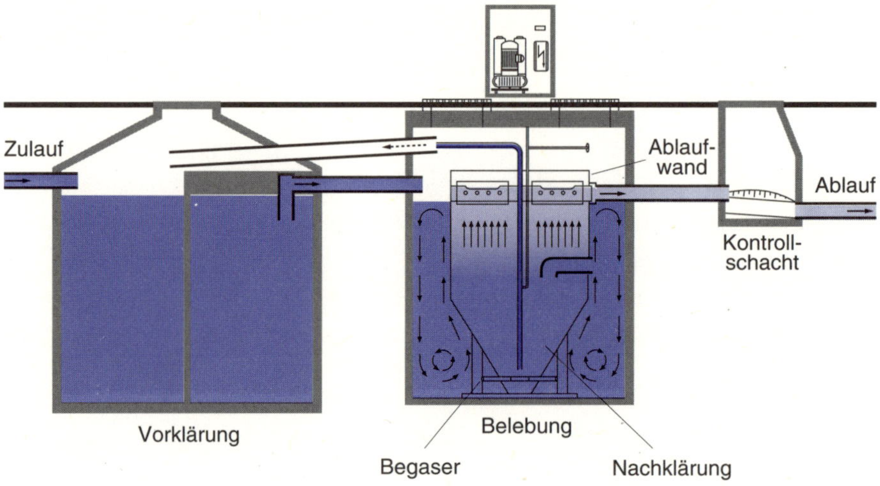

Gleichzeitig sind sie wesentlich stärker von Belastungsschwankungen betroffen. Die spezifischen Kosten des reinen Anlagenvolumens sind naturgemäß sehr viel höher, was sich aber mit dem eingesparten Kanalnetz bei dünner besiedelten Gebieten sehr schnell mehr als ausgleicht. Kleine Belebungsanlagen stellen relativ hohe Anforderungen an die Betriebsführung, daher sollten sie nicht unter Einwohnerwerten von 20 E ausgeführt werden. Bei ungünstigen Betriebsbedingungen kann der Belebtschlamm seine Flockenstruktur verlieren oder durch fadenförmige Mikroorganismen schwimmende Flocken bilden, die sich dann nicht mehr absetzen. Unter solchen Bedingungen, die auch in Großanlagen nicht ausgeschlossen werden können, geht nicht nur die Reinigungsleistung völlig verloren, sondern es kommt zu einem Ausschwemmen des Belebtschlammes. Durch seine extrem starke Sauerstoffzehrung kann der Schlamm in kurzer Zeit ein Gewässer zum "Umkippen" bringen, was eine Belebtschlammanlage zu einer Gefahrenquelle werden läßt. Dieser Zustand kann auch durch Nährstoffmangel hervorgerufen werden, was das Belebungsverfahren für die Grauwasserbehandlung verbietet. Aus diesen Gründen sind Verfahren mit Aufwuchsflächen (Biofilmverfahren) bei sehr kleinen Anschlußgrößen vorzuziehen.

3.4.4. Sequencing Batch Reactor (SBR)

'Sequencing Batch Reactors' (SBR) sind Kläranlagen nach dem Belebtschlammverfahren, die chargenweise (batch-) betrieben werden. Vorteile gegenüber konventionellen kleinen Belebungsanlagen liegen darin:

- das sie frachtunabhängig zu steuern sind
- energiesparender arbeiten
- und in der Regel bessere Ablaufwerte aufweisen

Vorgänge, die in der biologischen Stufe einer herkömmlichen kommunalen Anlage örtlich getrennt ablaufen, finden hier in hintereinander ablaufenden Schritten im gleichen Becken statt. Der Preis eines Behälters steigert sich in bestimmten Größenbereichen nicht linear mit dem Beckenvolumen, zusätzlich ist die Erstellung zweier identischer Bauteile oft billiger als der Bau eines Belebungsbeckens und eines Nachklärbeckens. SBR-Anlagen sind daher besonders für kleinere Anschlußgrößen etwa ab 8 Einwohner geeignet, da sie dort kostengünstiger erstellt werden können als kontinuierliche Anlagen. Es ist allerdings immer eine Steuerung erforderlich.

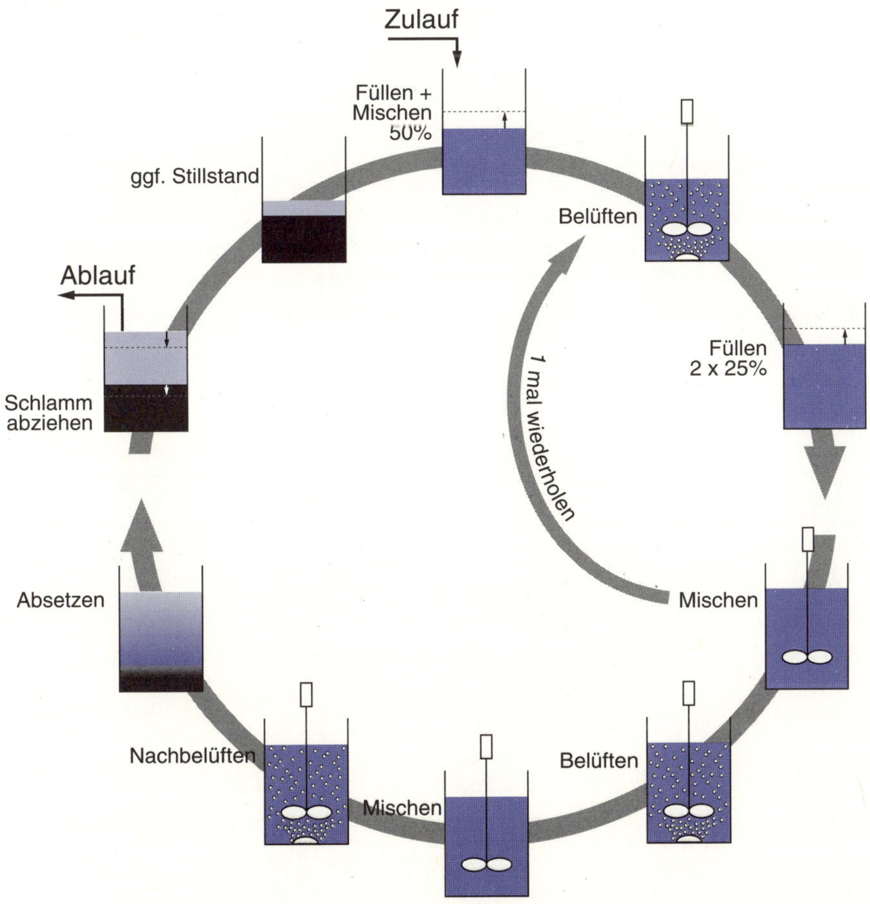

Abb. 56:
Reinigungsphasen SBR-Anlage (SBR-Zyklus)

Eine kleinere SBR-Anlage besteht meistens aus einem zweikammerigen Aufnahmetank. Er übernimmt die mechanische Vorreinigung, also das Absetzen gröberer und schwererer Feststoffe und dient zur Pufferung von Abwassermenge und -konzentration. Von dort aus gelangt das Abwasser in vordefinierten Steuerungsintervallen in den eigentlichen Reaktorbehälter. Es gibt verschiedene Steuerungsabläufe - diese können folgendermaßen aussehen: Während des Füllens und für eine vorgegebene Zeit danach wird der Schlamm künstlich belüftet. Nach der Belüftung setzt sich der Schlamm auf den Grund des Reaktorbehälters ab. Von dort wird ein Teil des Belebtschlammes (Überschußschlamm) in einen Schlammtank gepumpt, bevor das geklärte Wasser abfließt. Danach wird der jetzt noch zu ca. 30 bis 70% (je nach Auslegung) gefüllte Reaktor in festgelegten Abständen belüftet, bis wieder frisches Abwasser unter Belüftung hineingepumpt wird. Bei Nichtbelüftung wird ein Rührer eingeschaltet. Durch eine entsprechende Wahl der Rührintervalle kann bei Anlagen mit Nitrifikation (niedrige Belastung, erhöhter Belüftungsaufwand) eine Denitrifikation durchgeführt wird. Dafür sollte während und nach dem Füllen gerührt werden, damit das im vorausgegangenen Zyklus gebildete Nitrat veratmet werden kann. Damit wird Belüftungsenergie eingespart. Das geklärte Abwasser wird ggf. bei höheren Reinigungsanforderungen z.B. noch mit einer chemischen Phosphatfällung weitergehend behandelt.

Abb. 57:
MALL-SBR-Anlage

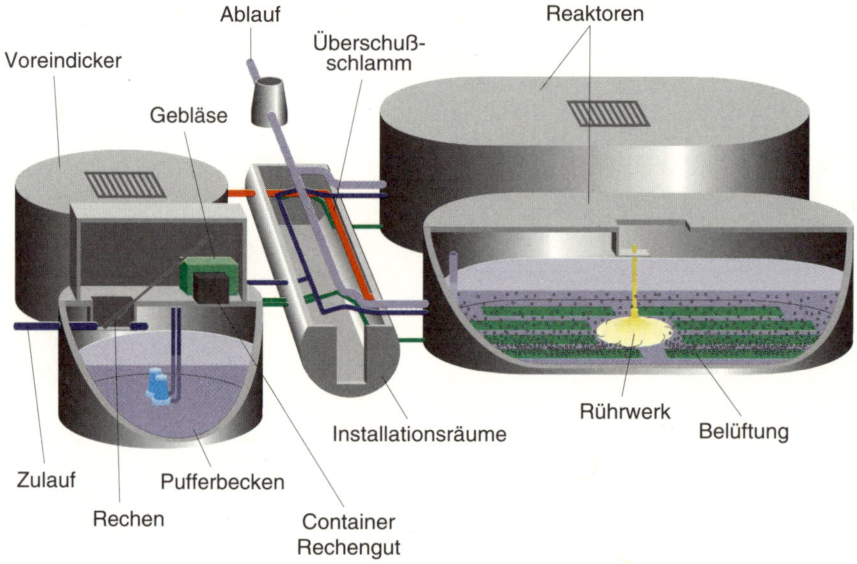

Allein in Europa existieren schätzungsweise einige Tausend Anlagen nach dem SBR-Verfahren, die meisten für kleinere Anschlußgrößen. Die Verfahrenstechnik ist sehr weit entwickelt, Pumpen und Ventile lassen sich vollautomatisch steuern und die Anlagen lassen sich per Datenfernübertragung (Telefonleitung) überwachen. Solche Anlagen sind meist in Gebäuden untergebracht und werden sogar schon als fertige Bausteine (Containermodule) angeboten. Die Reinigungsleistung entspricht bei richtiger Dimensionierung und Steuerung weitgehend denen herkömmlicher kommunaler Zentralkläranlagen. Nachteil dieser technisch relativ aufwendigen Anlagen sind wie bei allen kleineren technischen Kläranlagen die hohen spezifischen Anschaffungs-, Betriebs- und Wartungskosten.

Die Auslegung von SBR-Anlagen erfolgt wie bei kontinuierlichen Belebtschlammanlagen nach dem erforderlichen Schlammalter. Dabei wird nach dem Reinigungsziel unterschieden. Anlagen mit Nitrifikation und Denitrifikation benötigen etwa das 2 bis 3fache Volumen einer Anlage, die lediglich die organische Belastung des Wassers reduziert. Dagegen erfordert die Phosphatelimination kaum zusätzliches Beckenvolumen. Zusätzlich erhöht sich der Schlammanfall um etwa 20%. Es ist darauf zu achten, daß eine Anlage nicht bei höheren Abwassertemperaturen weitgehend nitrifiziert, weil dann wie bei allen Belebtschlammverfahren in der Absetzphase eine ungeplante Denitrifikation mit Stickstoffreisetzung das Absetzen stört. Dieser nachteilige Effekt kann durch entsprechende Belüftersteuerung ausgeglichen werden.

3.4.5. Tropfkörper und andere Festbettverfahren

Tropfkörper gehören mit zu den ältesten Abwasserreinigungsverfahren (seit 1893 aus England bekannt). Im Gegensatz zum Belebtschlammverfahren, das sich die Mikroorganismen des Freiwassers zunutze macht, werden im Tropfkörper die Mikroorganismen angereichert, die zur Selbstreinigung auf der Sohle oder an Pflanzenoberflächen in Fließgewässern beitragen. Es wird ein Füllmaterial mit großer Oberfläche eingebaut (heute bestehen Tropfkörper meist aus Kunststoff), um eine möglichst hohe Dichte an Mikroorganismen anzusiedeln (SCHMIDT 1975).

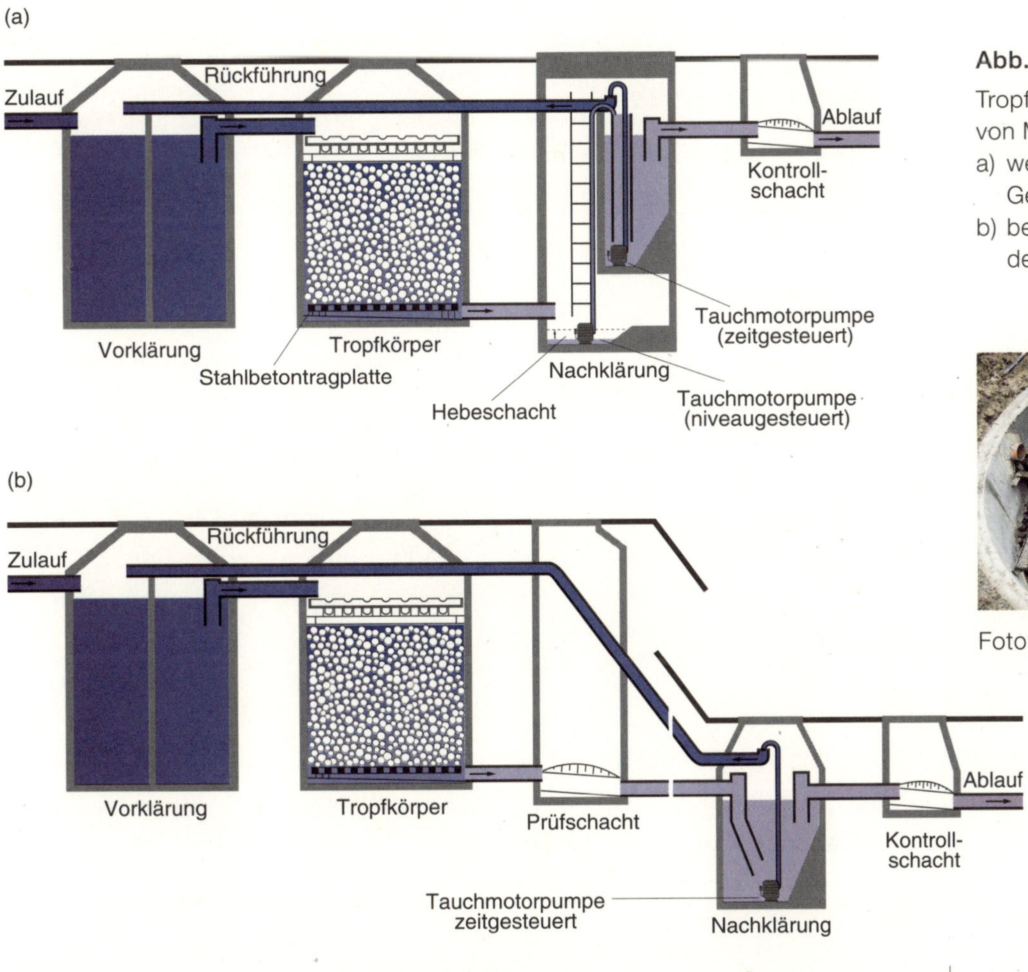

Abb. 58:
Tropfkörperanlage von MALLBETON
a) wenn kein Gefälle vorhanden ist
b) bei ausreichendem Gefälle des Geländes

Foto: Tropfkörper

Die Abwasserschicht, die über den Tropfkörper herabrieselt, ist dünn genug, um eine ausreichende Sauerstoffversorgung der Mikroorganismen zu gewährleisten. Die mit dem Abwasser abgespülten Mikroorganismen-Plaquen

(Biomasse) haben im nachgeschalteten Nachklärbecken meist gute Absetzeigenschaften. Tropfkörper gibt es in den verschiedensten Ausführungen, z.B. als 'Tauchtropfkörper' oder als rotierende Scheiben ('Scheibentropfkörper', auch Scheibentauchkörper). Die Milieubedingungen innerhalb eines Tropfkörpers können sehr stark variieren, d.h. im Abwassereinlaufbereich können hohe Umsatzraten mit hohen Biomassendichten erzielt werden, während im Ablaufbereich sich unter den Mikroorganismen eher Spezialisten ansiedeln, die z.B. schwerer abbaubare Stoffe umwandeln können. Gleichzeitig sind innerhalb der nur wenige zehntelmillimeter "dicken" Schicht an der Außenseite ganz andere Stoffkonzentrationen vorhanden, als sie sich aus Diffusion und Stoffwechsel im Inneren des Films einstellen. Somit eignen sich Tropfkörper vor allem für konzentrierte und in ihrer Zusammensetzung wenig schwankende Abwässer. Starke Schwankungen der Qualität und Menge des Abwassers führen bei Tropfkörpern dagegen zu einer erheblich schwächeren Reinigungsleistung, da es auf den Tropfkörpern im Gegensatz zum großen Wasservolumen in Belebtschlammbecken keine Verdünnung od. Pufferung des Abwassers gibt. Ein weiterer Nachteil von Tropfkörpern ist die geringere Reinigungsleistung bei niedrigeren Temperaturen also z.B. im Winter. Unter aeroben Bedingungen kommt es im Tropfkörper bei geringeren Belastungen zur Umwandlung von Ammonium zu Nitrat (Nitrifikation). Möchte man mit einem Tropfkörper auch eine Denitrifikation erreichen, so nutzt man dazu die sauerstoffreien Bereiche des Tropfkörpers, die sich im Einlaufbereich in den untersten Schichten des Biofilms befindet, indem man das nitrifizierte Abwasser nochmals über den Tropfkörper leitet. Für eine weitgehende Denitrifikation kann auch ein luftdicht verschlossener Tropfkörper vorgeschaltet werden, wo das nitrathaltige Wasser vom Ablauf des zweiten zusammen mit dem zehrstoffhaltigen Zulauf unter reiner Nitratatmung behandelt wird.
In zwei Pilotprojekten des Bundesministeriums für Raumordnung, Bauwesen und Städtebau wurden zwei verschiedene Anlagen zur Grauwasserreinigung getestet. Im „Block 103", Berlin-Kreuzberg wurde eine Tauchtropfkörperanlage verwendet, während bei der Sanierung eines gründerzeitlichen Altbaues in München-"Pariser Straße" eine Scheibentropfanlage verwendet wurde (vgl. Kap. 3.7). Es hat sich gezeigt, daß auch bei Nährsalzmangel sehr gute Ablaufergebnisse zu erzielen sind. Stickstoff und Phosphat stehen nach dem Absterben der Biomasse im Film andern Organismen direkt wieder zur Verfügung. Bei Belebtschlammsystemen würde es durch Schädigung des Schlammes leicht zu verstärktem Biomassenabtrieb und damit zu weiterem Nährsalzverlust kommen.

Neben den genannten Verfahren gibt es eine Reihe anderer Biofilmverfahren. Pflanzenkläranlagen gehören ebenso dazu wie belüftete Sandfilter. Die letzteren können besonders platzsparend sein, wenn sie unterirdisch angelegt werden und gleichzeitig eine Transportfunktion erfüllen. Diese kann bei beengten Verhältnissen in einer Siedlung mit dezentraler Grauwasserreinigung umgesetzt werden. Ein weiteres Biofilmverfahren zählt nicht zu den Festbettverfahren, da die Aufwuchsfläche als Wirbelschicht gefahren wird. Dieses Verfahren wird in größeren Kläranlagen in Frankreich verstärkt eingesetzt. Es zeichnet sich durch große Umsatzraten und kleine Reaktionsvolumen aus. Ein Nachteil ist der hohe spezifische Energiebedarf. Die erste Anlage dieser Art in Deutschland wird zur Zeit in Herford (Westfalen) wegen angrenzender Wohnbebauung und Platzmangel gebaut. Ob dieses Verfahren für kleine und kleinste Anlagen relevant wird, ist noch nicht abzusehen.

3.4.6. Pflanzenkläranlagen, Bodenfilter

Die Funktionsfähigkeit 'naturnaher' Abwasserreinigungsverfahren durch belebte Bodenschichten gilt unter Fachleuten inzwischen als unstrittig (BURKA & LAWRENCE 1990, BÖRNER 1992, FEHR & SCHÜTTE 1992, GELLER et al. 1992, THOFERN 1994 a,b, HABERL et al. 1994, HABERL & PERFLER 1994, UBA 1994, ZENTRALVERBAND GARTENBAU 1994, BILLETER et al. 1996). Dies bezieht sich auch auf die Zurückhaltung von Keimen (z.B. KURPAS 1980) und schwer abbaubare Substanzen (z.B. AFFIFI 1990). Die Kunst der Bodenpassage besteht vor allem im richtigen Verhältnis von Durchlässigkeit und Aufenthaltszeit des Abwassers (Hydraulische Verhältnisse). Es gibt sehr unterschiedliche Varianten an 'bewachsenen' Bodenfiltern. Sie unterscheiden sich hinsichtlich Beschickungsart, Durchströmungsrichtung, Pflanzenarten und unterschiedlicher Füllsubstrate. Ganz entscheidend für den Aufbau eines Bodenfilters ist die Konzentration des zu behandelnden Abwassers. In Bezug auf die privaten Haushalte kommt es darauf an, ob Urin und Fäkalien mitbehandelt werden oder nicht. Ist ihre Mitbehandlung nicht vorgesehen, spricht man von Grauwasser, also z.B. den Abwässern aus Küche und Dusche.

Literaturtips !
WISSING, FRIEDRICH (1995): Wasserreinigung mit Pflanzen, Ulmer, Stuttgart: 207 S.;
BAHLO & WACH (1993): Naturnahe Abwasserreinigung, Ökobuch-Verlag

Genehmigungsfähigkeit von Pflanzenkläranlagen in der Bundesrepublik

§ 7a des WHG legt die Anforderungen fest, daß Abwasser mindestens nach den allgemein anerkannten Regeln der Technik entsorgt werden muß. Im Hinweisblatt H 262 (vom August 1989) der Abwassertechnischen Vereinigung (ATV) steht noch ausdrücklich, daß Pflanzenkläranlagen nicht dem Stand der Technik entsprechen. Abwasserteiche entsprechen dagegen den anerkannten Regeln der Technik.

In der Zwischenzeit sind jedoch fast alle Bundesländer dazu übergegangen, bestimmte Anlagentypen aufgrund neuerer Untersuchungen zu genehmigen und damit den anerkannten Regeln der Technik gleichzusetzen. Pflanzenkläranlagen sind damit gemehmigungsfähig (Übersicht über die entsprechenden Verwaltungsvorschriften vgl. Tab. 44). Die Ländervorschriften stützen sich meist auf das ATV-Hinweisblatt 262. Dieses Hinweisblatt soll in Zukunft durch ein Arbeitsblatt ersetzt werden (Ein entsprechender Änderungsvorschlag für ein ATV-Merkblatt der Arbeitsgruppe Pflanzenkläranlagen vom April 1992 wurde als Diskussionsgrundlage von der ATV noch abgelehnt). Ein entsprechender Entwurf vom Dezember 1995 läßt u.a. folgenden Unterschied zum ursprünglichen Hinweisblatt erkennen. Der neue Entwurf unterscheidet horizontal- von vertikal durchflossenen Bodenfilter. Die Fläche darf bei vorwiegend horizontalem Durchfluß $5 m^2/E$ (Mindestfläche $25 m^2$), bei vertikalem Durchfluß $3 m^2/E$ (Mindestfläche $15\ m^2$) nicht unterschreiten.

Tab. 44: Verwaltungsvorschriften für Pflanzenkläranlagen der Bundesländer

Baden-Württemberg (Umweltministerium)	Einsatz von Pflanzenbeeten für die biologische Reinigung häuslichen Abwassers in kommunalen Käranlagen (18.2.94) Verwa!tungsvorschrift des Umweltministeriums über die Abwasserbeseitigung im ländlichen Raum, in Vorbereitung (Entwurf v. 11.1.96)
Bayern (Landesamt für Wasserwirtschaft)	Vorläufige Hinweise zum Einsatz von Pflanzenbeeten für die biologische Reinigung häuslichen Abwassers in kommunalen Kläranlagen Stand 1991 (27.4.1992)
Brandenburg (Ministerium für Umwelt, Naturschutz und Raumordnung)	Hinweise über den Einsatz von Pflanzenbeeten für die biologische Reinigung häuslichen Abwassers in kommunalen Kläranlagen (9.2.93)
Hessen (Ministerium für Umwelt, Energie, und Bundesangelegenheiten)	Einsatz von Pflanzenbeeten für die biologische Reinigung von häuslichem Abwasser, 7.10.93 Breitflächige Versickerung von häuslichem Abwasser aus Kleinkläranlagen, 10.9.91
Mecklenburg-Vorpommern (Umweltministerium)	Verwaltungsvorschrift über die Zulassung und das Verfahren bei der Zulassung von Pflanzenkläranlagen (26.9.94)
Niedersachsen (Umweltministerium)	Hinweise zum Einsatz von Pflanzenbeeten für die biologische Reinigung häuslichen Abwassers in kommunalen Kläranlagen, 8.10.91 Abwasserbehandlung in Kleinkläranlagen (Broschüre) (1992)
Nordrhein-Westfalen (Landesamt für Wasser u. Abfall)	Pflanzenkläranlagen und Abwasserteiche für Anschlußwerte bis 50 Einwohner (Merkblatt) (1989)
Rheinland-Pfalz (Ministerium für Umwelt)	Abwasserbeseitigung in Rheinland-Pfalz (8.12.93)
Sachsen (Landesamt für Umwelt u. Geologie)	Stufenweiser Ausbau der Abwasserbehandlung, Anhang 3, Hinweise zur Genehmigung von Pflanzenkläranlagen /Wurzelraumanlagen (1.3.93)
Sachsen-Anhalt (Ministerium für Umwelt u. Naturschutz)	Hinweise zum Einsatz von Pflanzenkläranlagen für die biologische Reinigung von häuslichem Abwasser, in Vorbereitung
Schleswig-Holstein (Ministerium für Natur, Umwelt u. Landesentwicklung)	Zulassung von Pflanzenbeeten zur Nachrüstung von Kleinkläranlagen im Sinne der Förderungsrichtlinien, 10.2.90 Hinweise für die Zulassung von Pflanzenbeeten zur Nachrüstung von Klein-kläranlagen im Sinne der Förderungsrichtlinien (5.7.90)
Thüringen (Ministerium für Umwelt und Landesplanung)	Hinweise zum Einsatz von Pflanzenkläranlagen für die biologische Reinigung von häuslichem Abwasser (15.3.94)
Saarland, Hamburg und Bremen	bisher keine Verwaltungsvorschriften

Eine unterschiedliche **Bemessung** nach der Belastung des Abwassers sollte auch bei Pflanzenkläranlagen möglich sein.
z.B.:

Schwarzwasser, horizontaler Durchfluß	> 5m^2
Schwarzwasser, vertikaler Durchfluß	> 3m^2 (od. 3 m^3)
Grauwasser, vertikaler Durchfluß	> 2m^2 (od.1,5-2m^3)

Die Ausbaugröße wird im neuen Entwurf auf 1000 Einnwohnerwerte beschränkt.
Zuständig für eine **wasserrechtliche Genehmigung** ist die untere Wasserbehörde. Da der Verwaltungsvollzug in diesem Bereich im Zuständigkeitsbereich der Länder liegt (Art. 30 und 83 GG) richtet er sich nach der jeweils unterschiedlichen Verwaltungshierachie. Der Widerspruch gegen eine Entscheidung ist an die Landesmittelbehörde zu richten, das sind i.d.R. die Regierungspräsidenten. In den Stadtstaaten richtet sich ein Widerspruch an den zuständigen Senat.
Im wesentlichen gehen die als „Pflanzenkläranlagen“ (auch Pflanzenbeet oder bewachsene Bodenfilter genannt) bekannt gewordenen Anlagen auf die frühen Arbeiten von Frau Dr. Käthe Seidel zurück, die die Aufnahme von Nährstoffen durch verschiedene Pflanzen und die Abbauleistung in 'bepflanzten Bodenfiltern' untersucht hat (SEIDEL 1956, 1964, 1965, 1966a,b, 1967, 1978, 1983 SEIDEL & KICKUTH 1970). Unter den Pflanzen haben sich vor allem Schilf und Binsen bewährt.
Nach der Pflanzenkläranlage kann das Abwasser, insbesondere Grauwasser soweit gereinigt werden, daß es für eine WC-Spülung und die Gartenbewässerung verwendet werden kann (vgl. Kap. 3.4.7).
Nach bisherigen **Erfahrungen** kann bei geeignetem Bodensubstrat und ausreichender Größe (1 - 5 m^2 / Einwohner und einer üblichen Bautiefe von 0,6 - 1 m) mit einer Lebensdauer von mind. 15-30 Jahren gerechnet werden (HIRTH & SCHÖNBORN 1994, SCHÖNBORN & ZÜST 1994). Sofern das Abwasser nicht mit schwer bzw. nicht abbaubaren oder toxischen Substanzen (z.B. Pestizide, Schwermetalle etc.) belastet wurde, kann das Substrat des Bodenfilters als Dünger verwendet oder nach einer Spülung wiederverwendet werden.

vgl. auch die achtjährige Untersuchung „Untersuchung zur umwelt- und seuchenhygienischen Bewertung naturnaher Abwassersysteme“ (UBA, 1994: Texte des Umweltbundesamtes 60) hingewiesen. Sie kommt zu dem Schluß, daß naturnahe Abwasserbehandlungssysteme im ländlichen Raum eine kostengünstige und umweltfreundliche Alternative sind.

Die Anlagen entsprechen in der Regel den gesetzlichen Anforderungen (Abwasserverwaltungsvorschrift vgl. Tab. 30) und das sowohl im Sommer als auch, bei entsprechender Konstruktion, im Winter. Auch die Eliminationsleistung um 1-3 Zehnerpotenzen von coliformen und anderen Keimen ist erstaunlich hoch. Erklärt wird das u.a. mit pflanzeneigenen Toxinen, die antibakterielle Wirkung haben (vgl. u.a. SEIDEL 1964, KURPRAS 1980, GRADL & LENZ 1994), aussagekräftige Untersuchungen dazu fehlen jedoch.
Vorklärung erfolgt in der Regel eine Mehrkammerausfaulgrube nach DIN 4261 Teil 1. Es wird derzeit noch ein Vorklärvolumen von >1.500 l/EW angesetzt. Über Volumen und die Aufenthaltszeit der Vorklärung herrschen unterschiedliche Auffassungen. Die **Beschickung** des Filterbeetes kann z.B. über seine gesamte Fläche mit horizontal verlegten, gelochten Kunststoffrohren DN 50 mm (Abb. 62) vorgenommen werden. Die Verteilung des Wassers auf die Kunststoffrohre erfolgt über eine Verteilerleitung (DN 100). Die gleich-

Abb. 59:
Schilfrhizom
(Foto: Anne Pohla)

mäßige Beschickung wird z.B. durch eine mechanische Schwalleinrichtung (z.B. System Reppert, Abb. 61) gewährleistet. Alle wasserführenden Leitungen müssen frostfrei verlegt werden (hängt ggf. von den lokalen Gegebenheiten ab). Das eigentliche Filterbeet kann aus einer oder mehrerern Schichten mineralischer Schüttung verschiedener Körnung bestehen.

Pflanzenkläranlagen gelten als Einrichtung zur Abwasserreinigung und es muß daher gegen den anstehenden Untergrund eine **Abdichtung** erfolgen, um eine unkontrollierte Verunreinigung des Grundwassers zu verhindern. Die Vorklärung und die Beschickungseinrichtungen bestehen in der Regel aus Betonfertigteilen nach DIN 4034, das Filterbeet selbst kann durch z.B. eine PE-HD Folie > 1mm Stärke oder durch eine mindestens 60 cm starke dichte Tonschicht ($Kf=10^{-8}$)abgedichtet werden. Die Anschlüsse können durch serienmäßig hergestellte PE-HD Anschlußstutzen hergestellt werden.

Die Kontrollierbarkeit und Vergleichbarkeit des Reinigungsergebnisses ist zu gewährleisten. So sollten folgende **Qualitätsziele** eingehalten werden können:

Absetzbare Stoffe:	0,3 ml/l in 80 % aller Untersuchungen 2,0 ml/l als arithmetisches Mittel aus 5 aufeinanderfolgenden Untersuchungen
BSB_5	25 mg/l aus einer 24-h-Mischprobe 40 mg/l aus einer 2-h-Mischprobe oder einer qualifizierten Stichprobe
CSB	110 mg/l aus einer 24-h-Mischprobe 150 mg/l aus einer 2-h-Mischprobe oder einer qualifizierten Stichprobe

Abb. 60:
Pflanzenkläranlage
(MALLBETON)

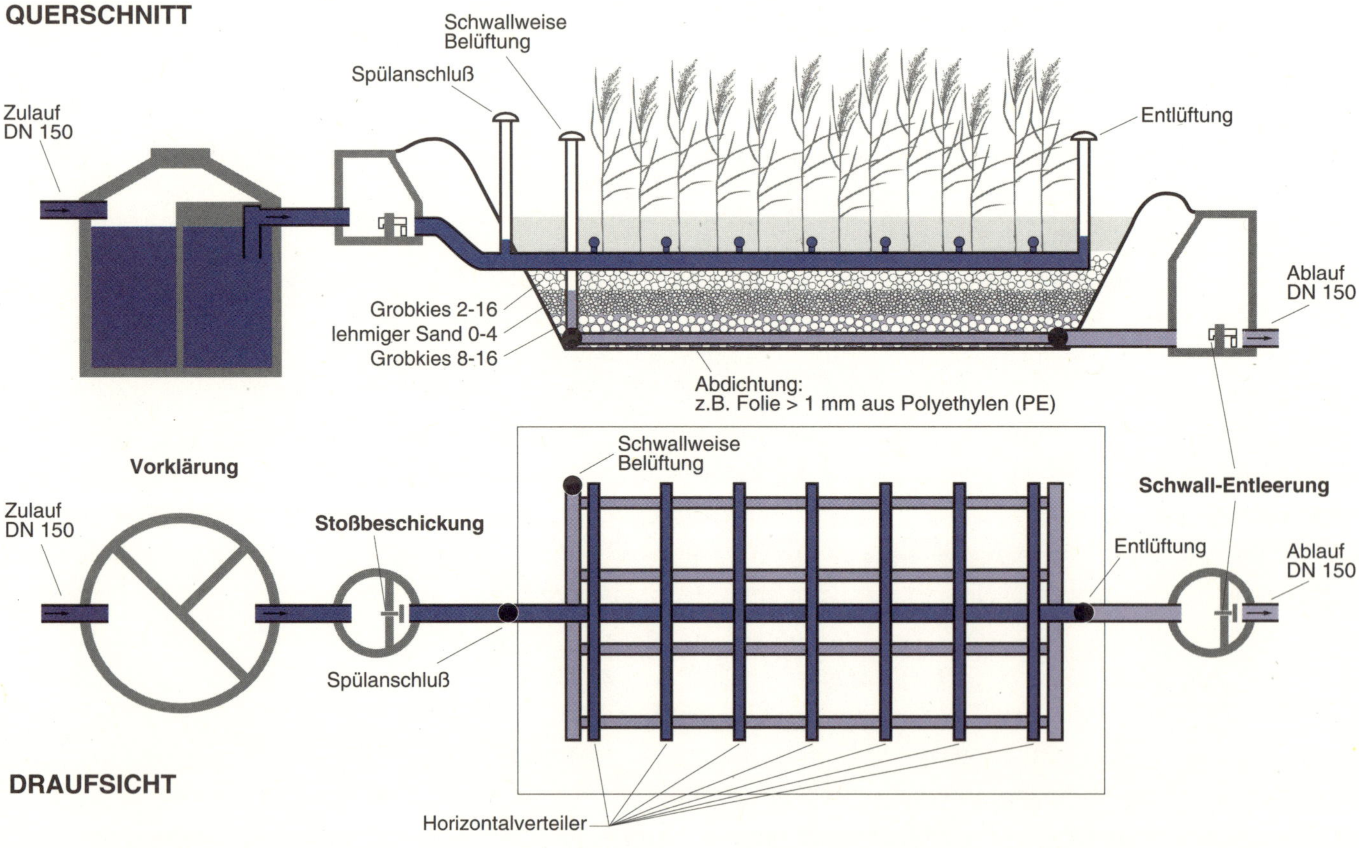

Diese **Ablaufqualitäten** entsprechen dem Anhang 1 zur „Rahmen-Abwasserverwaltungsvorschrift".

Planungstips

- Fachgerechte Planung, Beaufsichtigung beim Bau und Wartung sind unbedingt notwendig und sind den regionalen Gegebenheiten anzupassen
- Anlagentyp und Bemessung sollte sich nach dem zu behandelnden Abwasser richten. Grauwasser z.B. (häusliches Abwasser ohne Urin und Fäkalien) kann anders behandelt werden als „Mischabwasser" (häusliches Abwasser mit Urin und Fäkalien).
- Eine geeignete Vorbehandlung, z.B. durch Mehrkammergrube, Emscherbrunnen oder Vorrotte ist notwendig
- Die Anlage sollte genügend abgedichtet sein, entweder Tonabdichtung (> 50cm/ Durchlässigkeitsbeiwert Kf $\geq 10^{-8}$ m/s) oder z.B. durch PE-Folie (Stärke > 0,8 mm), Betonwanne etc.
- Wenn möglich ist ein sonniger, windabgewandter Standort zu wählen
- Die Beschickung sollte in der Regel unter einer Kiesschicht erfolgen, um Geruchsbelästigungen zu vermeiden und frostsicher zu sein
- Kurze Leitungswege sind von Vorteil, um Abkühlung des Abwassers zu vermeiden
- Verwendung eines Substrates mit einer Versickerungskapazität (Sickergeschwindigkeit zwischen 10^{-3} und 10^{-4} m/s), tonhaltige Anteile (Schichten) zur Bindung des Phosphats sind nur von Vorteil, wenn auch Fäkalien und Urin mitbehandelt werden sollen, besonders dann ist auf eine ausreichende Durchlässigkeit zu achten
- Ausbildung einer gut wachsenden Wasserpflanzendecke (Über das Mähen bzw. Zurückschneiden der Pflanzen einer Kläranlage herrschen unterschiedliche Meinungen)
- Außer bei Anlagen mit entsprechend groben, kaum verdichtbarem Substrat dürfen die Pflanzenbeete nicht durch Betreten verdichtet werden
- Durch geeignete Vorrichtungen (Verteiler) ist eine möglichst große horizontale Infiltrationsoberfläche zu erreichen, oberflächliches Abfließen von Abwasser ist in jedem Fall zu verhindern
- Auf die Wartung der Anlage ist großer Wert zu legen, dazu gehören die regelmäßige Überprüfung der Beschickungseinrichtungen und ggf. das Entfernen von störenden Pflanzen, wie z.B. Brennesseln, Disteln etc.

In den letzten Jahren wurden in dieser Hinsicht sehr gute Erfahrungen mit vertikal durchflossenen, bewachsenen, 3-schichtigen Bodenfiltern gemacht. Bei einer gut konstruierten Anlage und geeignetem Substrat können heute bis zu 95 % der P-Fracht zurückgehalten werden und Ablaufwerte unter 2 mg/l P eingehalten werden. Hinsichtlich der Keimzahlen werden die Mindestanforderungen für Badewasser nach EU-Richtlinie deutlich unterschritten.
Diese Filter bestehen aus einer mehrere Dezimeter starken, aus Bodensubstrat und Schilfwurzeln bestehenden Deckschicht und drei darunterliegenden Filterschichten. Der obere Bereich besteht aus einer 30-40 cm starken Schüttung aus Grobkies (8 -16 mm). Hier wird das vorgereinigte Abwasser verteilt und

Zu den unterschiedlichen Verfahren, der unterschiedlichen Eignung von Pflanzen sowie zu den Kosten finden sich umfangreiche Angaben z.B. bei den Zusammenstellungen von KRAFT 1987, BAHLO & WACH 1992, KOCSIS 1993 und WISSING 1995.

Ausführlichere Grundlagen zu physikalischen Kenngrößen von Böden (Filtersubstraten), Korngrößenverteilungen sowie Durchlässigkeitsbeiwerten finden sich bei WISSING 1995.

mit Sauerstoff versorgt. Die zweite Schicht aus lehmigem Sand (< 4 mm) staut das Wasser auf und sorgt für eine hohe biologisch aktive Oberfläche. An den Tonteilchen wird ein Teil des Phosphors absorbiert. Durch das geringe Porenvolumen (=Volumen der luft- oder wassergefüllten Zwischenräume im Filtersubstrat) entsteht ein anaerobes Milieu, das denitrifizierende Abbauvorgänge unterstützt. Die unterste ca. 40 cm starke Schicht aus Kies (8 -16 mm) fängt das Wasser auf. Das gereinigte Wasser wird dann mit einer mechanischen **Schwallvorrichtung** - auch **Stoßentleerung** genannt - aus dem Klärfilter abgezogen. Durch die schwallartige Be- und Entwässerung ist die Aufenthaltszeit im Klärfilter definiert und weniger von Stoßbelastungen im Zulauf abhängig. Gleichzeitig wird durch das stoßweise Abziehen des Wassers aus dem unteren Bereich des Filterbeetes eine intensive Belüftung erreicht. Durch den periodischen Aufstau des unteren Filterteiles wird hier ein wechselndes Sauerstoffmilieu erzeugt und somit die Reinigungsleistung verbessert. Zu den Bau- und Betriebskosten siehe Tabelle 42 und 43. Sie sind erheblich von der tatsächlichen Größe der Anlage sowie den notwendigen Längen der Anschlußleitungen abhängig.

Abb. 61:

Schwallbeschickung, Schwallentleerung (System Reppert)

Abb. 62:

Pflanzenkläranlage (Vertikalfilter während des Baus, links Beschickungsrohr, rechts Entwässerungsdrainagen) MALLBETON

3.4.7. Betriebswassernutzung - Grauwasserreinigung

Für die Nutzung von Betriebswasser bei industriell-gewerblichen Anlagen gibt es bereits Beispiele im großen Maßstab. So werden z.B. in einem Werk der Volkswagen AG 0,7 Mio m³/a an Toilettenspülwasser ausschließlich aus gereinigtem Abwasser bereitgestellt. Im Haushalt ist die Nutzung von Betriebswasser - von wenigen Pilotanlagen abgesehen - noch neu (VSA 1991). Vor allem ökologische aber auch ökonomische und gesundheitliche Gründe sprechen dafür, Grundwasser von höchster Qualität in Zukunft vorwiegend für die Bereiche Trinken, Kochen, Geschirrspülen und die Körperpflege zu nutzen. Der Trinkwasserbedarf dafür schwankt in der Regel zwischen 25-45 % des gesamten Trinkwasserverbrauchs in den Haushalten.

Unter *Grauwasser* versteht man im Gegensatz zum Fäkalabwasser, dem 'Schwarzwasser', das Abwasser z.B. aus Waschmaschine, Dusche und Küche. Um dieses als „Betriebswasser" wiederverwenden zu können, ist eine vorherige Reinigung notwendig. Eine großflächige Nutzung von Betriebswasser könnte vor allem in niederschlagsschwachen aber dicht besiedelten Gebieten zu einer deutlichen Schonung der Grundwasserreserven führen. Von einer breiteren Nutzung können Stillegungen einzelner Wasserwerke und Entlastungen der Klärwerke erwartet werden. Für Betriebswasser, welches z.B. zur Nutzung als Toilettenspülwasser verwendet werden soll, reicht es aus, die EU-Richtlinie für Badegewässer einzuhalten, um eine hygienische Gefährdung auszuschließen.

Grauwasser:
Ressource, die im Gegensatz zu Regenwasser, in Menge und Qualität gut kalkulierbar ist.

Betriebswasser:
Gereinigtes und hygienisch einwandfreies Grauwasser („Nicht"-Trinkwasser)

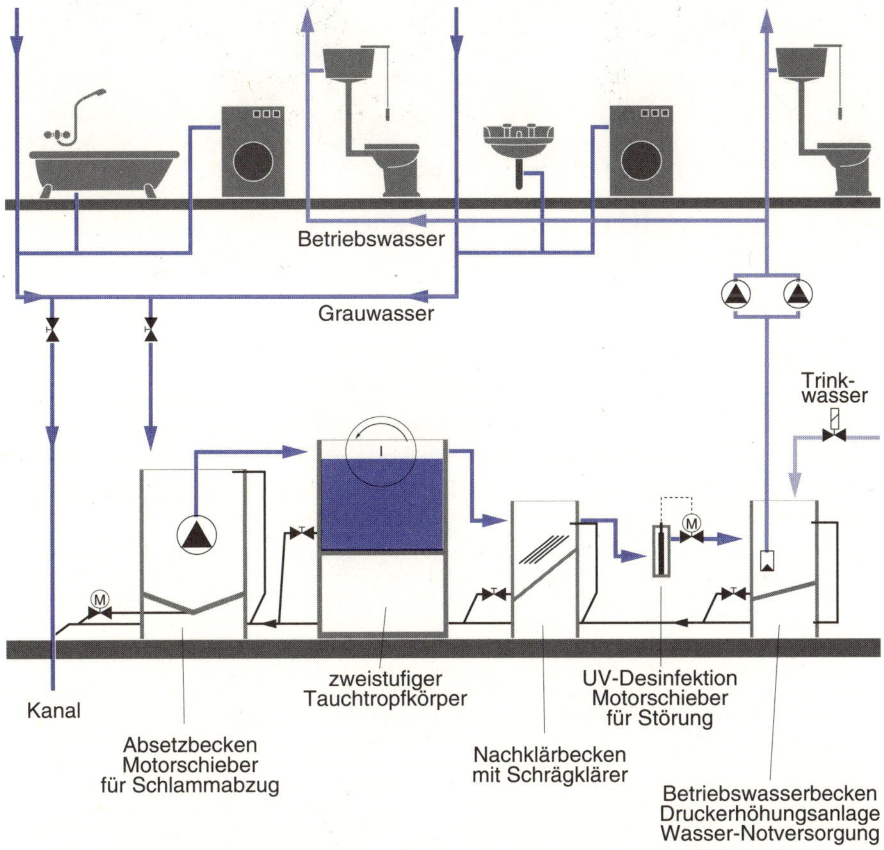

Abb.63:
Aufbau der Grauwasseranlage Hannover-Hägewiesen (nach Jochen Zeisel)

Betriebserfahrungen

Seit etwa 1989 liegen positive Erfahrungen mit einigen wenigen Betriebswasseranlagen (Berlin, Hannover und Offenbach) vor (vgl. Nolde 1995). Bewährt haben sich Pilotanlagen:

- mit mehrstufigen Tauchtropfkörpern oder
- vertikal beschickte Bodenfilter (Pflanzenkläranlagen)

als eigentliche Reinigungsstufe. Im Anschluß an die Reinigungsanlage ist eine **UV-Desinfektion** zu empfehlen (Abb. 65).

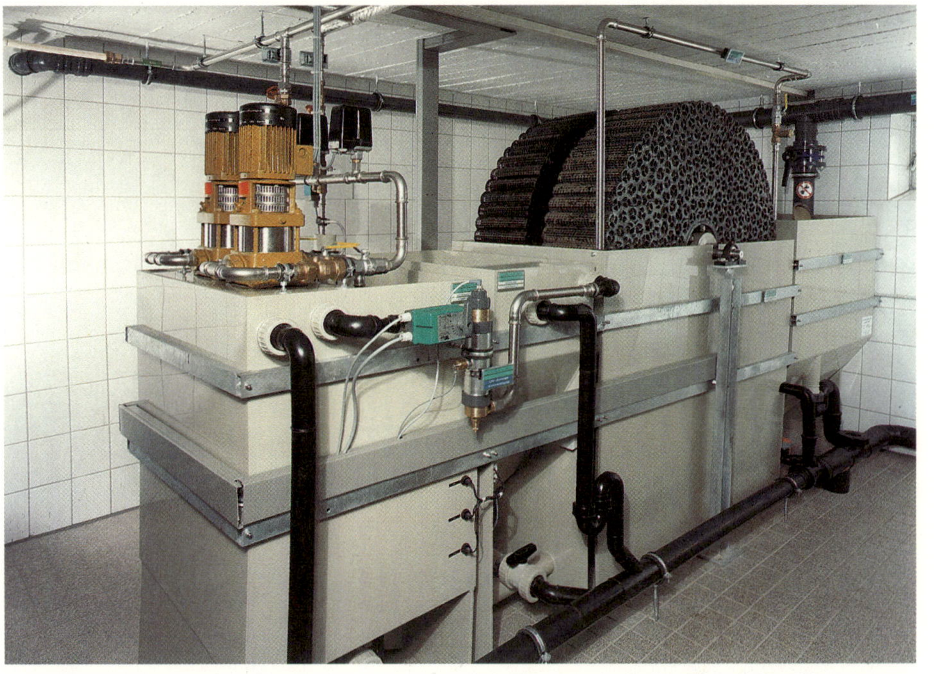

Abb. 64:

Rotations-Tauchtropfkörper, Grauwasseranlage Hannover-Hägewiesen (Foto: Knut Zeisel)

Die folgenden **Qualitätsziele** können bzw. sollten bei Grauwasseranlagen eingehalten - ggf. garantiert - werden (vgl. Merkblatt „Betriebswassernutzung in Gebäuden" der SENATSVERWALTUNG FÜR BAU- UND WOHNUNGSWESEN, Berlin 1995):

Qualitätsziele

• Gesamtcoliforme Bakterien	0/0,01 ml (<100/ml)
• Fäkalcoliforme Bakterien	0/0,1 ml (<10/ml)
• Pseudomonas aeruginosa	0/1,0 ml (<1/ml)
• BSB_7	< 5mg/l
• Sauerstoffsättigung	> 50 %
• nicht fäulnisfähig	
• nahezu geruchlos	
• schwebstoffarm	
• Fe (Eisen)	< 0,5 mg/l
• farblos/klar (UV-Transmission bei 245 nm in 1 cm Küvette > 60 %)	

Energiebedarf

Für den Antrieb des Tauchtropfkörpers oder die Beschickungspumpe des Bodenfilters sind etwa 0,5-1 kWh pro m^3 zu reinigendes Grauwasser anzusetzen. Eine aus Sicherheitsgründen nachgeschaltete UV-Desinfektionsanlage kann mit 10 Watt Anschlußleistung täglich bis zu 6000 Liter desinfizieren (das entspricht etwa 0,3-0,5 kWh pro m^3; für die Druckerhöhungsanlage sind etwa 0,3-0,5 kWh pro m^3 zu veranschlagen.

Hinweise zu Genehmigung, Bau und Betrieb

Die verfahrensrechtliche Behandlung des Vorhabens richtet sich nach den Bestimmungen der jeweiligen Landesbauordnung (Informieren !). In der Regel sind Betriebswasseranlagen genehmigungsverfahrensfrei. In jedem Fall müssen sie jedoch so angeordnet, hergestellt und unterhalten werden, daß sie im Betrieb sicher sind und keine Gefahren oder unzumutbare Belästigungen entstehen.

Beim Bau sind u.a. folgende technische Vorschriften zu beachten:

- DIN 1986 (Entwässerungsanlagen für Gebäude und Grundstücke), u.a. rückstausichere Anschlüsse
- DIN 1988 Teil 4 Abs. 4.2.1 (Trinkwasserinstallation) u. Abs. 3.3.2 (Kennzeichnung von Entnahmestellen, die mit Betriebswasser gespeist sind)
- DIN 2403, Abs. 7.4. (Kennzeichnung von Leitungen), Kennzeichnung der Betriebswasserleitung „Betriebswasser" od. „Kein Trinkwasser"

Beim Bau sollte auf eine günstige Anordnung der Behälter geachtet werden. Der Mehraufwand an Material für Leitungen und Behälter ist nicht zu vernachlässigen. Pro Wohneinheit ist im mehrgeschossigen Wohnungsbau mit ca. 10 m Rohrleitung zu rechnen. Es sollten PE(-PP)-Behälter und Rohre verwendet werden. Der Wartungsaufwand einer Grauwasseranlage wird auf weniger als eine Stunde pro Woche geschätzt. Verantwortlichkeit und Zuständigkeiten sind in jedem Fall zu klären.

Die geringen Konzentrationen an N und P (< 0,5 mg/l) sind für eine Nutzung als Toilettenspülwasser nicht maßgebend; entscheidend sind niedrige BSB -Werte.

Für die Planung einer sinnvollen Gesamtlösung, z.B. eines 'weitgehend abwasserfreien Hauses' existieren zwar viele Ansätze und Ideen, aber in Deutschland erst sehr wenige funktionierende, praxisnahe Realisierungen.

Abb. 65:
UV-Strahler (Foto: Knut Zeisel)

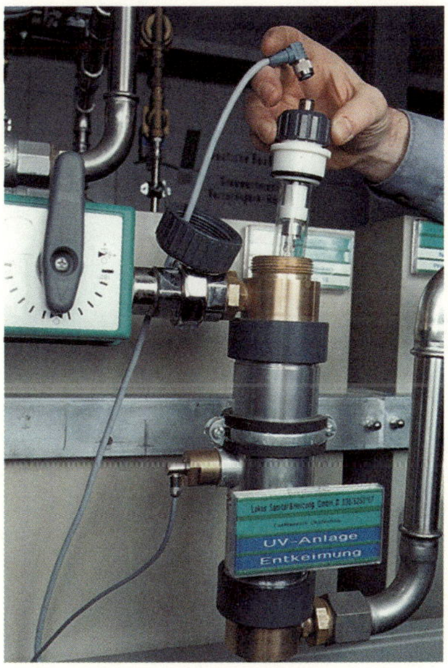

Abwasserbehandlung in Japan

Ein Beispiel dafür, daß die Nutzung von Grauwasser einen wichtigen Stellenwert einnehmen kann, ist Japan (Goda 1991). Seit über 300 Jahren ist dort ein ganz anderes Entwässerungssystem üblich. Bis heute haben dort viele Häuser zwei Abwasserleitungssyteme; eines für das *Grauwasser* (Abwässer aus Küche, Waschbecken und Bad) und ein zweites für Toilettenabwässer. Die grauen Abwässer gelangen über ein System von offenen Kanälen zusammen mit dem Regenwasser meist ungereinigt in die Flüsse oder versickern in den Untergrund. Die Toilettenabwässer dagegen sammelt man in Fäkaliengruben und der Grubeninhalt („night soil") wird als Dünger verwendet. Zum Abtransport dienen heute spezielle Vakuumtankwagen. Ihr Inhalt wird in speziellen **„night soil-"** Behandlungsanlagen aufbereitet. Die Vermutung liegt nahe, daß dieses System mit dazu beitrug, daß große Seuchen wie sie im letzten Jahrhundert in Europa aufgetreten sind, in Japan nicht auftraten (Pinnekamp 1987 a,b). Japan ist ein Beispiel mehr dafür, daß die Idee, Fäkalien in möglichst konzentrierter oder gar trockener Form zu entsorgen weder neu noch unüblich ist, sofern man seinen Blick entweder in die Geschichte oder über Europa hinauslenkt. Der Anschlußgrad an eine Kanalisation liegt in Japan auch heute noch im Landesdurchschnitt bei etwa 40 %. Nur in den Städten ist er wesentlich höher, so stieg der Anschlußgrad in Tokyo beispielsweise von 33 % im Jahre 1963 bis auf 89 % im Jahre 1988 (GRÜNEBAUM 1990, KUBO 1991). Heute rechnet Japan in den riesigen Stadtregionen an der Tokyo Bay, der Ise Mikawa Bay und der Seto Inland Bay (insgesamt 63 Millionen Einwohner) bis zum 21. Jahrhundert mit Engpässen bei der Wasserversorgung. Dies ist der Anlaß für mehrere große Projekte in Japan, geklärtes Abwasser wieder zu verwenden. Ein Projekt bereitet täglich etwa 138 000 m^3 geklärtes Abwasser durch nochmalige Flockung, Fällung, Schnellfiltration und Desinfektion zum industriellen Gebrauch und zur Toilettenspülung in Hochhauskomplexen auf. In einem anderen Projekt wird das Regenwasser vom 8 300 m^2 großen Dach des *Smou Stadions* aufgefangen und wiederverwendet (ISHIBASHI 1991).

Ein Beispiel für eine solche Gesamtkonzeption ist z.B. ein „Umwelthaus" in Norderstedt. In diesem werden die WC- und Küchenabwässer in einer 3-Kammer-Grube im Keller des Hauses vorgereinigt. Dort setzen sich die Schwebstoffe ab und faulen aus. Die Behälter sind abgeschlossen und werden über das Dach entlüftet. Das so vorgeklärte Abwasser wird zusammen mit dem Bade- und Duschwasser in ein Klärgewächshaus gepumpt, dort durch ein Pflanzenbeet geleitet und schließlich über einen Kiesfilter versickert. In einer letzten Reinigungsstufe wird das Abwasser durch einen Bodensandfilter im Garten geschickt und zusammen mit dem Regenwasser in einem 'Grauwassertank' gesammelt. Mittels einer Pumpe steht es nun zur Klospülung und Gartenbewässerung zur Verfügung.

3.4.8. Nutzung der Resource Abwasser in Aquakulturen

Unter dem Begriff Aquakultur versteht man die Produktion von Nahrungs- oder Futtermittel in aquatischen Systemen. Die Idee dazu stammt aus dem ostasiatischen Raum und ist Jahrtausende alt. Noch heute werden z.B. in Indien rund 30 % des Abwassers (1,1 Mio m^3 / Tag) in 'Abwasserfarmen' auf einer Fläche von ca. 12 000 ha in erster Linie zur Hälterung von Karpfen und Tilapia genutzt. Während in den obengenannten Pflanzenkläranlagen das Abwasser vorwiegend durch Adsorption und die Aktivität der Mikroorganismen gereinigt wird, tragen in den Aquakulturteichen auch höhere Organismen wie Fische, Muscheln oder Krebse zur Reinigung bei. Man versucht, die Vorgänge, die man in natürlichen, stehenden Gewässern kennt, möglichst effizient im Sinne einer Nahrungsmittelproduktion zu steuern. Die Endprodukte einer jeden trophischen Stufe sind Ausgangsmaterial für die nächste. Die Schwierigkeit besteht darin, die einzelnen Stufen räumlich und zeitlich so anzuordnen, daß die Nährstoffe möglichst vollständig in nutzbare Biomasse überführt werden. In Europa gibt es erst sehr wenige Anlagen, die sich stark an Entwicklungen in den USA orientieren und somit nur wenig mit Anlagen aus dem asiatischen Raum zu tun haben. Aufgrund des gemäßigten Klimas müssen sie in einem Treibhaus untergebracht werden und erfordern oft modernste Einrichtungen (z.B. die Steuerung). Die erwarteten Vorteile solcher Anlagen gegenüber herkömmlichen Kläranlagen liegen darin:

- daß statt Klärschlamm proteinreiche Nahrung entsteht
- und daß auch ohne Zugabe von Chemikalien mineralisierte Bestandteile (durch pflanzliche, d.h. autotrophe Aktivität) aus dem Abwasser entfernt werden.

Dies erfordert wesentlich höhere Verweilzeiten des Abwassers in der Anlage und somit einen sehr viel höheren Flächenbedarf gegenüber konventionellen Abwasserreinigungsanlagen (oder auch Pflanzenkläranlagen). Derzeit sind solche Anlagen noch am weitesten davon entfernt, in größerem Umfang eingesetzt zu werden. Dies liegt zum einen am mangelnden Kenntnisstand, zum anderen aber vielleicht auch daran, daß die Frage der Akkumulation von Schadstoffen aus Abwasser in solchen Anlagen von besonderer Brisanz sein wird, da ja die Endprodukte des Anreicherungsprozesses frisch auf den Tisch sollen.

Aquakulturanlage 'Stensunds Vattenbruk'

Für die Abwässer der Volkshochschule Stensund ging 1989 in Trosa, Schweden, eine Aquakultur-Versuchsanlage für etwa 100 EW nach erfolgreichen Vorversuchen in Betrieb.

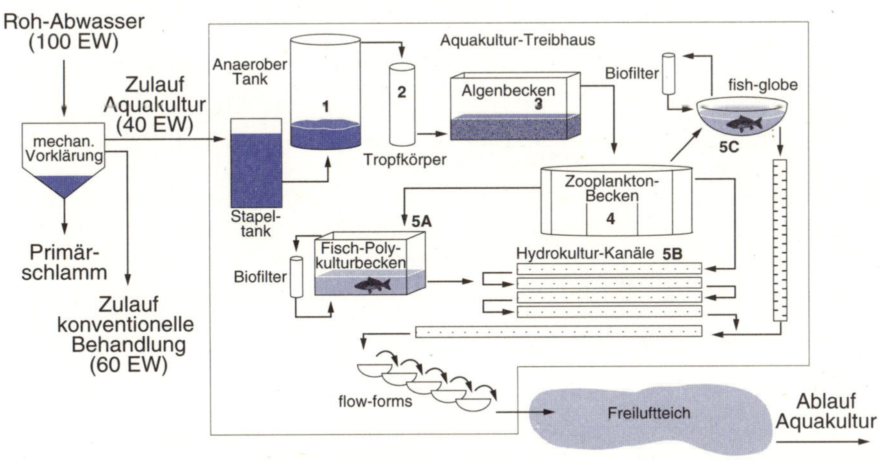

Abb. 66: Schematische Darstellung der Aquakulturanlage „Stensunds Vattenbruck“; Zahlen 1-5 sind im Text erläutert = Stufe 1-5 (nach STAUDENMANN 1994)

Die Anlage ist in einem Treibhaus untergebracht und es lassen sich 6 Reinigungsstufen unterscheiden (vgl. Abb. 66). In der ersten Stufe werden in anaerobem Milieu vor allem Metalle ausgefällt, indem sie mit den Stoffwechselprodukten schwefelatmender Bakterien schwerlösliche Verbindungen eingehen. Die zweite Stufe dient der Oxidation von Sulfiden und Ammonium, außerdem werden auch organische Stoffe abgebaut und mineralisiert.

In der dritten Stufe nehmen Algen und autotrophe Bakterien die gelösten Nährstoffe auf und dienen anschließend im nächsten Becken (Stufe 4) dem Zooplankton, das hier kultiviert wird, als Nahrung. In diesem Becken wachsen außerdem verschiedene Wasserpflanzen, um eine geeignete Umgebung für das Zooplankton zu erreichen. Sie sorgen für Beschattung (begrenzen damit die photoautotrophe Produktion der Algen) und nehmen einen Teil der Mineralstoffe aus dem Abwasser auf. In der 5. Stufe leben nach chinesischem Vorbild Fische, Muscheln und Krebse und ernähren sich vom Zooplankton und den partikulären Inhaltsstoffen des Abwassers. In der letzten Stufe fließt das Wasser durch eine Hydrokultur mit verschiedenen terrestrischen Pflanzen wie Tomatenstauden, Wasserkresse oder Birken. Die Anlage erfüllt bisher die Einleitbedingungen, doch liegt die Elimination von Stickstoff und Phosphor mit rund 60 % unter den Erwartungen. Die Reduktion des BSB (98 %), CSB (96 %) sowie der koliformen Keime (>99,95 %) scheint dagegen hoch effizient zu sein (Staudenmann 1994). Ein Problem stellt der hohe Energiebedarf für die großen Lampen dar, die das Wachstum der Pflanzen besonders im Winter in Gang halten. Ein besonderer Wert liegt in der Vermittlung einer Vision für die große Zahl der Besucher.

3.5. Ökologische Sanitärkonzepte auch für städtische Gebiete

Das Leben auf der Erde sollte auch in einigen hundert Jahren noch möglich sein. Dieses erfordert ganz entscheidend auch dauerhafte Sanitärkonzepte, welche die menschliche Ernährung in natürliche Kreisläufe integrieren, insbesondere auch in städtischen Gebieten. Spültoilette und Schwemmkanal mit zentraler Kläranlage haben als „end-of-pipe"-Technologie gravierende Nachteile: Wasserverbrauch, belasteten Klärschlamm (Abfall!), ständige Nährstoffverluste in die Gewässer und einen relativ hohen Energieverbrauch. Ein Ersatz dieser Systeme ist längerfristig unumgänglich, wie sich durch Massenbilanzen zeigen läßt. Die Unterscheidung verschiedener (Ab-)Wasser- und Abfall-Qualitäten ist nicht nur in der Industrie, sondern auch in den privaten Haushalten erforderlich.

Die in Wohnsiedlungen anfallenden Stoffe bzw. Abwässer lassen sich im Hinblick auf Wiederverwendung und sinnvolle Behandlungsmöglichkeiten in 5 Gruppen einteilen:

1. Bioabfälle (reich an organisch gebundenem Kohlenstoff)
2. Fäkalien und Urin (reich an Nährstoffen)
3. Regenwasser
4. Grauwasser (in der Regel wenig Nährstoffe, aber oft auch stark organisch belastet)
5. Restmüll (bei rationeller Wiederverwendung von Verpackungen sehr kleine Fraktion).

Auf der Basis dieser Einteilung können verschiedene Sanitärkonzepte entwickelt werden. Ziele eines ökologischen Sanitärkonzeptes müssen der verminderte Einsatz nicht regenerierbarer Ressourcen (insbesondere Energieträger) und die Nutzung der Stoffe in einem Kreislauf sein. Eine Anreicherung mit nur schwer oder nicht abbaubaren Stoffen muß dabei unbedingt vermieden werden. Diese Konzepte können ein notwendiger Basisbestandteil einer dauerhaften Landwirtschaft sein. Zusätzlich können sie durch die Anhebung des Kohlenstoffgehaltes im Humus dem anthropogen verstärkten **Treibhauseffekt** entgegenwirken (vgl. Arrhenius 1992 und Arrhenius, & Strong 1993, Abb. 19).

Im folgenden werden die Grundgedanken einiger ökologischer Sanitärstrategien vorgestellt:

1) Komposttoilette für Fäkalien und Bioabfälle, Grauwasserbehandlung
2) Vakuumsammlung und anaerobe Behandlung von menschlichen Fäkalien, Urin und organischem Hausmüll zu Biogas sowie gesonderter Grauwasserreinigung
3) Separate Teilstrombehandlung von „Anthropogenic Nutrient Solutions“ (ANS=Urin) in der kommunalen Kläranlage

Allesamt versuchen sie, die Nährstoffe möglichst an der Quelle zu erfassen und abgetrennt vom restlichen Abwasser in einen Wertstoff zu verwandeln. Die den drei Konzepten zugrunde liegenden Ideen:

a) Kompostierung
b) Vergärung
c) Separate Urinbehandlung in der kommunalen Kläranlage

sollten in Zukunft als Grundlage für weitere Konzepte und Kombinationsmöglichkeiten dienen. Die Anwendung neuer Lösungen verlangt auch das Kreislaufwirtschaftsgesetz.

3.5.1. Komposttoilette und Grauwasserbehandlung

Die Komposttoilette erlaubt die Kompostierung von Urin mit Fäkalien und Bioabfällen. Das Grauwasser kann durch unterschiedliche Verfahren (z.B. Pflanzenkläranlage belüfteter Sandfilter oder kommunale Kläranlage) weiterbehandelt werden. Dieses Konzept ist am weitesten entwickelt und unter bekannten Rahmenbedingungen optimierbar.

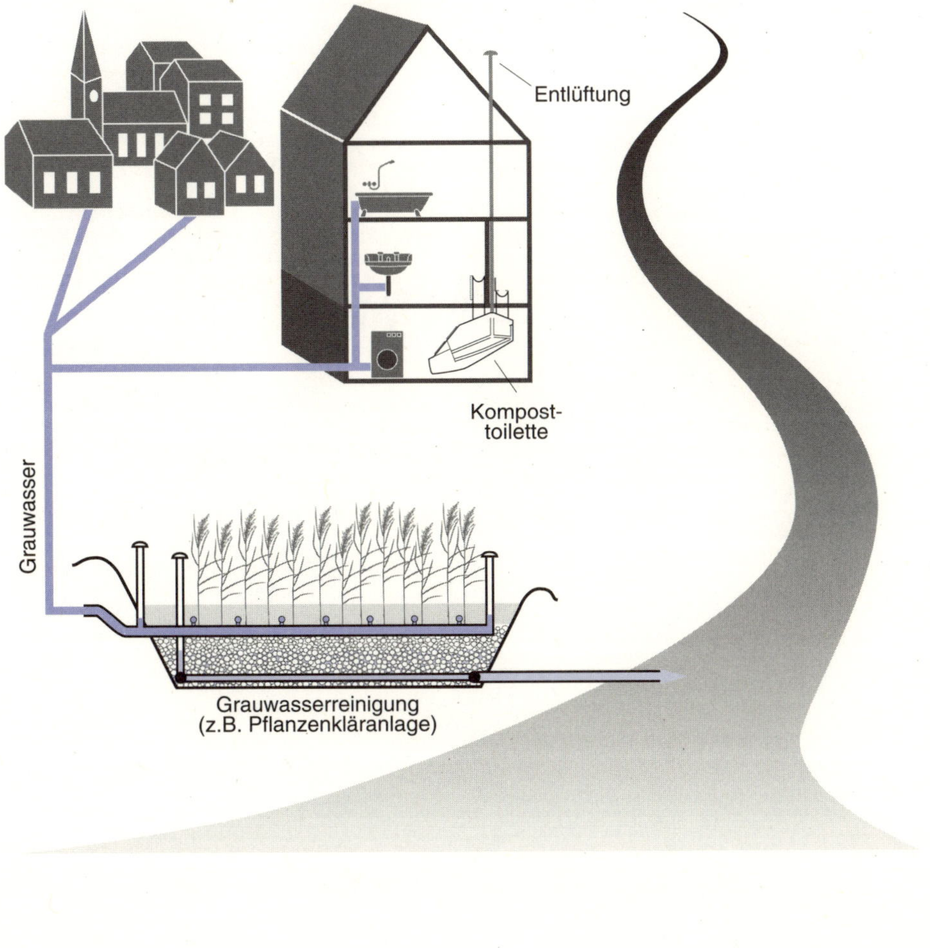

Abb. 67:
Komposttoilette und Grauwasserbehandlung

Auf die verschiedenen Verfahren und die Komposttoilette wurde bereits eingegangen, so daß hier auf eine nähere Beschreibung verzichtet werden kann. Das Konzept eignet sich bisher vor allem für niedrige Gebäude bzw. dann, wenn entsprechendes Platzangebot zur Unterbringung des Komposters besteht. Kompostanlagen für 3-4-geschossige Gebäude in der Stadt sind bisher die seltene Ausnahme. Konflikte treten auch im Zusammenhang mit Niedrigenergiehäusern/Passivhäusern (sehr gut gedämmte Häuser) auf. Der relativ hohe Luftaustausch der Komposttoilette kollidiert mit dem Anspruch dieser Häuser, die warme Luft nicht unkontrolliert zu verlieren. Bisher wurde noch nicht versucht, die Wärmeverluste über eine Wärmerückgewinnungsanlage (kontrollierte Lüftungsanlagen sind insbesondere für Passivhäuser üblich) zu minimieren (selbst geringste Undichtigkeiten könnten zu einer Geruchsbelästigungen führen).

Literaturtip !
Huber, J., G. Müller & S. Oberländer (1996): Das Niedrigenergiehaus - Ein Handbuch mit Planungsregeln zum Passivhaus. - Kohlhammer, Stuttgart, 144 S.

3.5.2. Separate Teilstrombehandlung von „Anthropogenic Nutrient Solutions“ (ANS=Urin)

Das Konzept (vgl. Abb. 68) geht von der Voraussetzung aus, auch unter konventionellen Bedingungen (Schwemmkanalisation und Zentralkläranlage) kostengünstig einsetzbar zu sein. Grundidee ist auch hierbei, den größten Teil der Nährstoffe an der Quelle zu sammeln und gesondert zu behandeln (hier des Urins, von den AutorInnen LARSEN & GUJER 1996 „Anthropogenic Nutrient

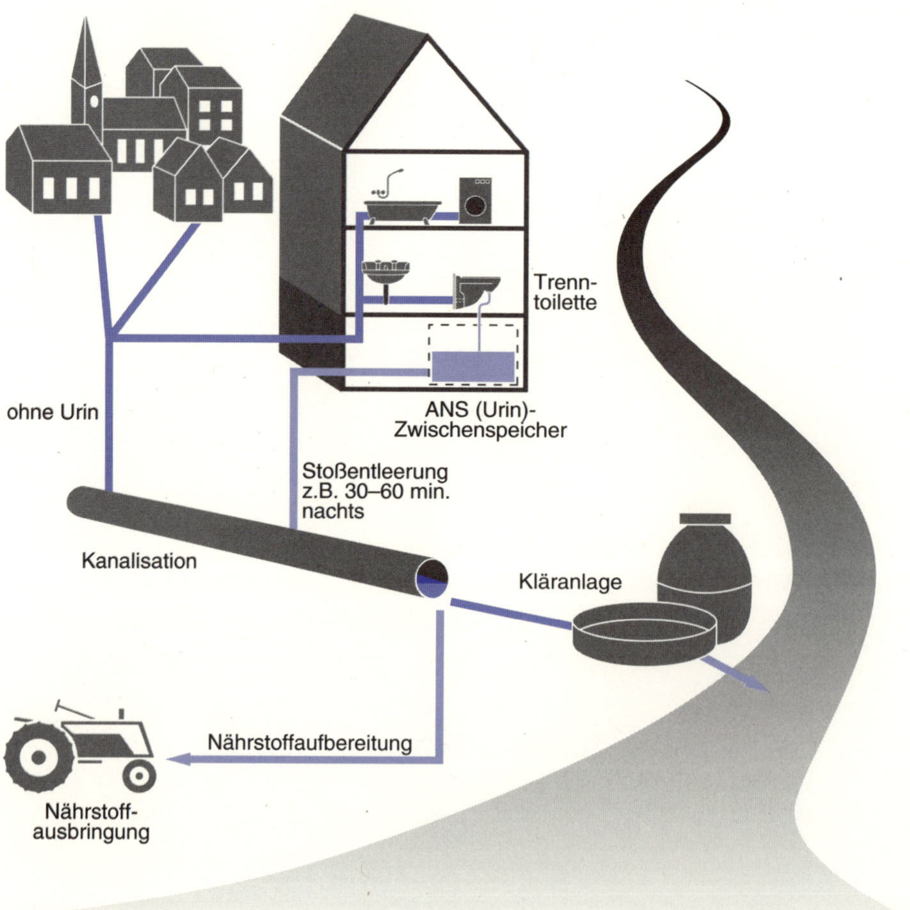

Abb. 68:
Separate Teilstrombehandlung des Urins („Anthropogenic Nutrient Solutions“)

Solutions" genannt). Dies kann geschehen z.B. durch Trenntoiletten , die den Urin mit wenig oder ohne Wasser (vgl. Kap. 3.2.4) von den restlichen Abwässern getrennt sammeln. Sie können dann über Zwischenbehälter, so die Idee von LARSEN & GUJER 1996, zu bestimmten Zeiten mit geringem Abfluß (z.B. in der Nacht) über die Kanalisation als konzentrierter Stoß der Kläranlage zugeleitet werden, in der dieser „Teilstrom" dann gesondert behandelt werden kann. Die ANS (Urin) enthalten etwa 75 % des Gesamtstickstoffes und 50% des Phosphors (vgl. Kap. 2.1 Tab. 9) aus häuslichem Abwasser, aber nur einen geringen Teils der organischen Substanz (vgl. Tab. 9).

Parameter	Einh.	Mittel	Standard-abweichung	Typische Konzentra-tion	Aufnahme-rate
Menge	$l\ d^{-1}$	1,25	< 2,7		
pH		-6,2	0,5		
COD	$g\ d^{-1}$	15		$12\ 000\ g\ m^{-3}$	
Stickstoff	$g\ N\ d^{-1}$	11,5	2,3	$9\ 200\ g\ m^{-3}$	85 - 90 %
Harnstoff-N	$g\ N\ d^{-1}$	9,6	1,9	$7\ 700\ g\ m^{-3}$	
Gesamt-phosphor	$g\ P\ d^{-1}$	1,2	< 2,0	$1000\ g\ m^{-3}$	50 - 80 %
$H_2PO_4^-$	$g\ P\ d^{-1}$	1,1			
HCO_3^-	$mol\ d^{-1}$	~0		$<5\ mol\ m^{-3}$	
Gesamt-schwefel	$g\ S\ d^{-1}$	1,3	< 1,5	$1\ 000\ g\ m^{-3}$	~ 100%
SO_4^{2-}	$g\ S\ d^{-1}$	1,2			
Ca^{2+}	$mg\ Ca\ d^{-1}$	210	70	$170\ g\ m^{-3}$	20-30 %
Mg^{2+}	$mg\ Mg\ d^{-1}$	120	35	$100\ g\ m^{-3}$	25-50 %
Na^+	$g\ Na\ d^{-1}$	5,2	2,2	$4\ 200\ g\ m^{-3}$	>95 %
K^+	$g\ K\ d^{-1}$	2,7	<3,9	$2\ 200\ g\ m^{-3}$	80-90 %
Cl^-	$g\ Cl\ d^{-1}$	4,8	<9,6	$3\ 800\ g\ m^{-3}$	~ 100%

Tab. 45:
Durchschnittliche Menge und Zusammensetzung des Urins eines Erwachsenen. (CIBA-GEIGY, 1977 zit. in LARSEN & GUJER 1996)

Mit einer Teilstrombehandlung der ANS ließen sich so erhebliche Mengen an Nährstoffen aufbereiten und landwirtschaftlich wiederverwerten. Bei einer vollständigen Teilbehandlung der Nährstoffe des ANS würden die Investitionen zur Nitrifikation und Denitrifikation in kommunalen Kläranlagen wegfallen, u.U. würde der biologische Abbau in den Kläranlagen nun durch Nährstoffe limitiert (vgl. Tab. 9). Der Abbau könnte mit geringem Sauerstoffeintrag und geringerem Energieeinsatz erfolgen. In der Konsequenz könnte dies zu Abwasserbehandlungsverfahren führen, die nur 1/3 der Behandlungsvolumina hätten und bei vorhandener Faulung in etwa energieautark sein könnten.

Tab. 46:
Zusammensetzung des Abwassers mit und ohne Urin unter der Annahme, daß das gesamte Abwasser anthropogener Herkunft (0,25 m^{-3} pro Person und Tag aus Haushalten und 0,1 m^{-3} pro Person und Tag aus diffusen Quellen) und der gesamte Urin einmal am Tag während 30 min. abgetrennt werden kann (LARSEN & GUJER 1996)

Parameter	Einheit	Schmutz-wasser	Schmutzwasser ohne Urin	Urin mit klarem Wasser
Menge	$m^3 d^{-1}$	0,35	0,345	0,005
TSS	$g d^{-1}$	200	200	?
COD	$g d^{-1}$	320	280	3000
TKN	$g N d^{-1}$	32	4	2000
NH_4^+	$g N d^{-1}$	24		1700
Gesamt-P	$g P d^{-1}$	4	1,7	160
HCO_3^-	$mol m^{-3}$	6,7	5	125

Tab. 47:
Änderung der Abwasser-zusammensetzung bei der Teilstrombehandlung des Urins unter idealen Bedingungen (LARSEN & GUJER 1996)

Abwasserqualität	CSB	/ Nges (Kjedahl)	/ Pges.
		Verhältnis	
Schmutzwasser	100	/ 10	/ 1,25
Schmutzwasser ohne Urin	100	/ 1,4	/ 0,6
Urin	100	/ 67	/ 5,3

Die größten Vorteile dieses Konzeptes liegen darin, daß es sich Schritt für Schritt auch bei Schwemmkanalisationen einführen läßt. Als Nachteile bzw. Schwierigkeiten des Konzeptes geben LARSEN & GUJER 1996 an, daß

- Urin instabil ist und durch das „ubiquitär" (überall) vorhandene Enzym Urease (zum Abbau des Harnstoffs) in Ammoniak und Kohlendioxid hydrolysiert wird; die Verluste an Ammonium durch Zwischenlagerung und im Kanal wären ein Problem. Die Urease müßte daher reversibel gehemmt werden.
- längere Regenereignisse oder Schneeschmelze die getrennte Sammlung über den Kanal verhindern könnten, der Überlauf lokaler ANS-Speicher würde zu einer stärkeren Nährstoffbelastung im Abfluß der Kläranlage führen.
- der entsprechend nachträgliche Umbau von Toiletten bzw. Badezimmern auf große Akzeptanzprobleme stoßen könnte (zu Beginn kommen daher auch hier am ehesten öffentliche Gebäude sowie Neubauten in Frage).

Das System ist bei sehr flachen Kanalnetzen dann nicht anwendbar, wenn der Transport zu lange dauert und sich der Urin mit stehendem Abwasser vermischt. Bei der Ausbringung des Urins müssen dringend weitere Erfahrungen gesammelt werden. Unter anderem hat das Ökozentrum Schattweid, Schweiz (Adresse siehe Kap. 5) eine Untersuchung zur Verwendung von ANS im Gartenbau begonnen. Grundsätzlich ist verdünnter Urin als Dünger verwendbar.

3.5.3. Vakuumsammlung und anaerobe Behandlung von menschlichen Fäkalien, Urin und organischem Hausmüll zu Biogas

Die Vakuumsammlung und anaerobe Behandlung von menschlichen Fäkalien, Urin und organischem Hausmüll zu Biogas („**kombinierte Vakuumentwässerung**" = „**Kombivak**") ist ein neues Konzept, das derzeit für ein Neubaugebiet in Lübeck erstmalig kurz vor der Ausführung steht und in Freiburg für den sozialökologischen Stadtteil „Vauban" vorgeschlagen wird. Dieses Konzept basiert auf einer gesonderten Abführung von Fäkalien und Urin mit Vakuum-Toiletten (VC). Diese ermöglichen durch geringe Verdünnung eine getrennte anaerobe Verarbeitung (Energie-Gewinn statt Verlust bei aerober Behandlung) von Fäkalien zusammen mit vorsortierten organischen Haushaltsabfällen zu flüssigem Volldünger (Nahrungskreislauf, Wertstoff statt Abfall, Ersatz der energieaufwendigen Handelsdüngerproduktion). Der semizentrale Anaerobreaktor wird durch ein Vakuum-Leitungssystem beschickt (DN 50), das gleichzeitig den Unterdruck für die Toiletten liefert (Doppelnutzung).

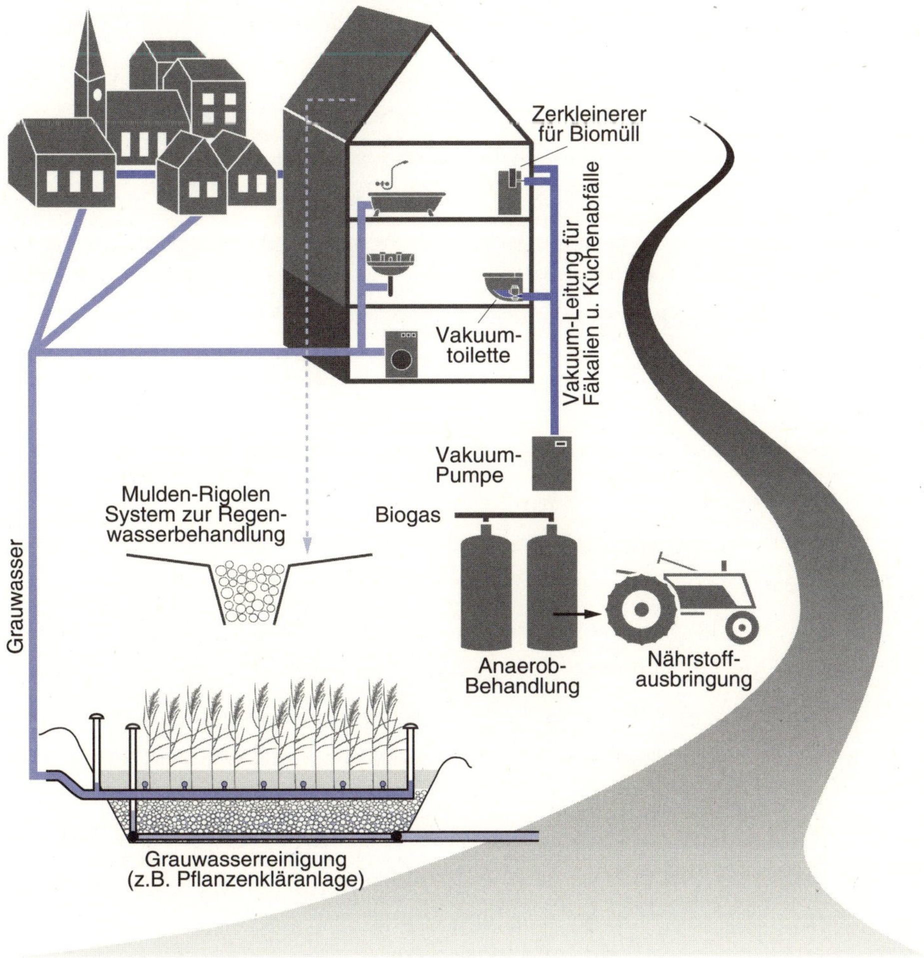

Abb. 69:
Prinzipskizze eines neuen Sanitärkonzeptes mit Vakuumtoiletten, Grauwasserreinigung und semizentraler Biogasanlage

Die Anlage ist abflußlos. Ihr Inhalt wird nach Abschluß des Gärprozesses in saisonale Speicherbecken zum Landwirt transportiert. Das übrige anfallende Abwasser (Grauwasser) ist relativ leicht zu reinigen, da keine Nährstoff-

elimination nötig ist. In Lübeck sind dezentrale Pflanzenkläranlagen vorgesehen, die äußerst energieeffizient arbeiten. Andere Verfahren sind bei noch geringerem Platzangebot in Innenstädten denkbar (unterirdische belüftete Sandfilter, Scheibentauchkörper, Tropfkörper etc.). Regenwasser wird vor Ort mit einem Mulden-Rigolensystem versickert. Die Rigolen bilden gleichzeitig die Vorflut für das gereinigte Grauwasser (Doppelnutzung). Auf ein teures, zentrales Kanalnetz kann somit verzichtet werden (vgl. Abb. 69).
Vakuumtoiletten, die im Schiffbau (ähnlich wie in Flugzeug oder ICE-Waggon) seit Jahrzehnten bewährt sind, benötigen pro Spülvorgang nur etwa 1 l Wasser. Diese geringe Verdünnung erlaubt die Behandlung in Anaerobreaktoren (Biogasanlagen), wenn eine separate Grauwasserreinigung vorgenommen und das Regenwasser getrennt abgeleitet wird (vgl. Abb. 69).
Die Grundvoraussetzung zur Kombination von Vakuumtoiletten, Vakuumtransport und Vergärung, die in den Grundzügen 1993 erstmals veröffentlicht wurde (OTTERPOHL & NAUMANN 1993), ist die gesonderte Behandlung von Fäkalien zusammen mit organischen Haushaltsabfällen.

Es findet keine Vermischung mit dem übrigen Abwasser statt. Das dabei entstehende Produkt ist ein in die Landwirtschaft rezyklierbarer Flüssig-Volldünger. Durch die gesonderte Behandlung werden eine ganze Reihe von Problemen vermieden:

(1) Etwa 30-50 Gewichtsprozent des Hausmülls (heutige Zusammensetzung) werden einer echten Verwertung im Kreislauf zugeführt (Kostenersparnis, Kreislaufwirtschaftsgesetz).

(2) Das fäkalienfreie Abwasser (Grauwasser) hat keinen Nährstoffüberschuß (Stickstoff und Phosphor) und ist damit einfach und mit geringem Energieaufwand zu reinigen (Kostenersparnis).

(3) Der **Wasserverbrauch** sinkt um etwa 20 - 40% (Kostenersparnis).

(4) Für die Hausinstallation und Grundstücksentwässerung können kleinere Nennweiten verwendet werden (Kostenersparnis).

(5) Bei der meist auch in städtischen Gebieten möglichen Versickerung von Regenwasser kann auf eine zentrale Kanalisation verzichtet werden (große Kostenersparnis).

(6) Nährstoffe können fast vollständig in die Landwirtschaft zurückgeführt werden (auch Kalium, Kreislaufwirtschaftsgesetz).

(7) Die Humusschicht der landwirtschaftlichen Flächen kann durch Rückführung organischer Stoffe erhalten und verbessert werden. Damit wird der **Globalerwärmung** durch C-Anreicherung im Oberboden entgegengewirkt (ARRHENIUS 1992, Kreislaufwirtschaftsgesetz, vgl. Abb. 19).

(8) Der Energieverbrauch für die aerobe Behandlung des Abwassers wird stark verringert, der für die Nitrifikation (größter Anteil) entfällt. Gleichzeitig kann der erhebliche Energieaufwand zur Herstellung von Handelsdünger eingespart werden. Bei der Anaerobbehandlung wird statt dessen nutzbare Energie frei.

(9) Das Problem der Mischwasserentlastung bei Kanalnetzen im Mischsystem (Rohabwasser in Gewässer) wird entschärft oder ganz vermieden.

(10) Sehr weitgehender Gewässerschutz ohne extreme Kosten. Das Baden in den Fließgewässern wäre wieder möglich (lokale Lebensqualität), da die Belastung mit pathogenen oder fäkalen Bakterien weitgehend oder ganz vermieden wird.

Vakuumleitungen

befördern Abwasser durch Druckdifferenz. Diese Idee ist über 100 Jahre alt. Der Holländer Liernur (1873) hatte schon im letzten Drittel des vorigen Jahrhunderts ein Vakuumsystem entwickelt, das unter anderem von den Mitgliedern des 'Internationalen Vereins für Reinhaltung der Flüsse, des Bodens und der Luft' als Alternative zur Schwemmkanalisation gehandelt wurde und in einigen Städten Hollands zum Einsatz kam (vgl. Kap. 1.3 oder z.B. Hobrecht 1869, Ewich 1873, Varrentrapp 1877, Eulenberg 1884). Die Fäkalien wurden in entsprechenden Behältern in den Häusern gesammelt und von Zeit zu Zeit abgefahren. Das Vakuumsystem ist von Joel Liljendahl in Schweden in den 50er Jahren wieder eingeführt worden. Heute werden in vielen Gemeinden u.a. Schwedens, Deutschlands und den Niederlanden die Abwässer von ganzen Ortschaften durch Vakuumleitungen entwässert. Der Nachteil gegenüber den anderen Ableitungssystemen liegt in den relativ hohen Kosten einer zentralen Vakuumstation. Trotzdem sind in den Niederlanden immerhin 10 % der Einwohner an ein Vakuumsystem angeschlossen. Bei der Ableitung von häuslichem Mischabwasser entsteht ein erheblicher Energieaufwand.

Vakuumtoiletten

Heute werden Vakuumtoiletten vor allem auf Schiffen, in Flugzeugen (z.B. Airbus A 320, mit 0,2 l Spülvolumen) und in Zügen (z.B. im ICE) verwendet. Jeder Spülvorgang verbraucht ca. 1 Liter Wasser. Bei jeder Spülung werden ca. 60 - 70 Liter Luft in das Rohrleitungssystem eingesaugt. Diese Luft drückt den Flüssigkeitspfropfen durch die Rohrleitung in Richtung Sammelbehälter. Die Förderung und damit auch die Pumpleistung erfolgt nur, wenn die Toilette gespült wird.

Ein spezielles Einsatzgebiet für Vakuumtoiletten sind die radiologischen Abteilungen der Krankenhäuser. Um die Emission radioaktiver Stoffe zu reduzieren, kommt es hier darauf an, möglichst wenig Abwasser anfallen zu lassen und dieses möglichst lange „abklingen" zu lassen.

In Wohnhäusern sind Vakuumtoiletten bisher eine Rarität und nur in ganz wenigen Pilotprojekten eingesetzt. In einem Wohnblock in Norderstedt (bei Hamburg) wurde sie mit einer biologischen, belüfteten Abwasseraufbereitungsanlage kombiniert. Die beiden Anlagen sind im Keller installiert. Zwei Vakuumpumpen und der in der Abwasseraufbereitungsanlage befindliche 'Ejektor' mindern den Druck im Rohrleitungssystem und im Sammelbehälter auf einen Druck von 0,45 bar. Die abgesaugte Luft gelangt in die Atmosphäre und sollte bei größeren Anlagen über einen Kompostfilter von Gerüchen befreit werden.

Die Wirtschaftlichkeit einer Vakuumanlage gegenüber der herkömmlichen Entsorgungstechnik läßt sich wegen des Pilotcharakters solcher Anlagen derzeit nicht angeben. Die zusätzlichen Stromkosten (ca. 1.215 kWh/100 Personen u. Jahr, nach Angaben von Firma Triton-Belko, Hamburg) einer entsprechenden, für 100 Personen ausgelegten Anlage, liegen etwa in der Größenordnung von einem Viertel der anzunehmenden Kostenersparnis durch die Wasser/Abwasser-Gebühren.

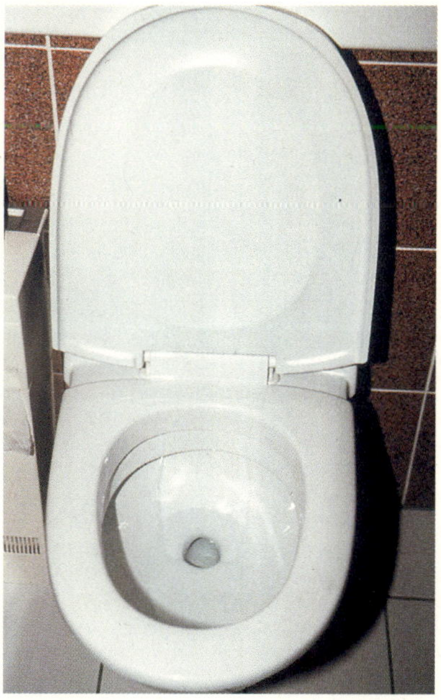

Abb. 70:
Vakuumtoilette (Foto: Triton-Belco)

Das vorgestellte Konzept hat folgende Nachteile bzw. Probleme:

1.) Die Unterdruckanlage für die Vakuumtoiletten ist relativ teuer und amortisiert sich nur bei der Zusammenfassung mehrerer Gebäude.

2.) Biogasanlagen erfordern zur kostengünstigen Behandlung und zur Energienutzung zur Zeit eine Mindestgröße von ca. 100 m^3 (500 - 1000 E).

3.) Die Unterdruckanlage benötigt Energie. Der Energieaufwand von ca. 1-2 Watt/Person wird jedoch in der Regel durch die nicht benötigte Pumpleistung für das eingesparte Wasser in etwa ausgeglichen (nur Schwarzwassertransport).

4.) Vakuumtoiletten (VC) sind etwas lauter als Spültoiletten (WC), halten aber die Norm für Hausinstallation ein. Es werden auch besonders leise Modelle angeboten. Zudem ist das Geräusch nur sehr kurz.

5.) Abnahme durch Landwirte, Transport und jahreszeitliche Lagerung des produzierten Flüssigdüngers aus der Biogasanlage müssen sichergestellt werden. Wegen des geringen Wasserverbrauches der VC sind die anfallenden Schlammengen beherrschbar.

Insgesamt gesehen überwiegen die Vorteile des beschriebenen Systems bei einer umfassenden, langfristigen Bewertung deutlich und sollten in größeren Neubau- oder Sanierungsgebieten in Betracht gezogen werden. Das vorgestellte Konzept für eine **ökologische Sanitärstrategie** der Zukunft ist reif für

Tab 48:

Qualitativer Vergleich des „Kombivak" mit dem traditionellen Sanitärkonzept

Problemfeld	Vakuumsystem mit Grauwasserbehandlung	Schwemmsystem mit zentraler Kläranlage
Reduktion pathogener Keime	+	- (Gewässer)
Wasserreinhaltung	++	-
Nährstoffkreislauf	++	- bis --
Wasserverbrauch	+	--
Wiederverwendung von Wasser	möglich	empfehlenswert
Mitbehandlung Bioabfall	erforderlich	--
Teilstrombehandlung	ja	nein
Energieeffizienz gesamt	+	±
Eignung für Großstädte	+	++
Kleinere Gemeinden/ Vororte	++	+
Ländliche Gebiete*	+ bis -	-
Baukosten*	hoch	mittel-sehr hoch
Betriebs- und Unterhaltungskosten*	± bis -	± bis --
Externe Kosten	gering	hoch
Mögliche Probleme	Geräusche	Geruch, Leckagen
** = je nach lokalen Gegebenheiten*		

den Einsatz in der Praxis im Rahmen von Pilotprojekten. Tabelle 48 stellt qualitativ die Stärken und Schwächen des ökologischen Systems dem traditio-

nellen Sanitärkonzept gegenüber. Bei allen Konzepten muß darauf geachtet werden, daß die favorisierte Lösung nicht blind immer wieder angewendet wird.
Für ökologische Sanitärsysteme spielt der Energieverbrauch eine große Rolle. Ein Vergleich des neuen Systems zum traditionellen Ansatz der Industrieländer ist in Tabelle 49 dargestellt. Die Grauwasserreinigung mit Pflanzenkläranlagen hat einen sehr geringen Energieverbrauch - bei der Verwendung von Technologien mit technischer Belüftung oder Umwälzung ist der Verbrauch für diesen Teil allerdings höher. Die Gegenüberstellung zeigt, daß mit dem vorgeschlagenen System energieeffizient gearbeitet werden kann. Durch die Gewinnung von Biogas anstelle des energieaufwendigen aeroben Abbaus der organischen Stoffe und der nicht erforderlichen Nitrifikation hat das vorgeschlagene System hier Vorteile. Die bessere Energieeffizienz geht allerdings verloren, wenn sehr lange Transportwege nötig werden. Für den Vergleich wurde eine einfache Entfernung von 25 km zugrundegelegt. Der Energieaufwand für die Erstellung der Infrastruktur (graue Energie) wurde nicht berücksichtigt (wird derzeit am Wuppertal-Institut untersucht und scheint bei der Kombivak deutlich niedriger zu liegen als beim traditionellen Schwemmsystem). Auch der Energiebedarf für die beim traditionellen System erforderliche Handelsdüngerproduktion mit energieaufwendigen Verfahren zur Stickstoffgewinnung aus der Luft, Phosphatabbau in anderen Kontinenten und der bergbaulichen Kaliförderung sind nicht enthalten.

Tab 49:
Abschätzung des Energieverbrauches des traditionellen Systems (Schwemmkanal und Zentralkläranlage) im Vergleich zur kombinierten Vakuumentwässerung

	Traditionelles System KWh/E/a	**Vakuum/Biogas System KWh/E/a**
Energiebedarf für die Trinkwasserversorgung	ca. 25 (-75)	ca. 20 (-56)
Energiebedarf für die Abwasserreinigung	ca. (35-) 90	-
Grauwasserreinigung (PKA)	-	ca. 2
Vakuumsystem	-	ca. 25
Schlammtransport (2*/Monat 50 Km)	Klärschlamm-transport ?	ca. 20
Gewinn Biogas (netto)	-	-45
Graue Energie	?	?
	Handelsdüngerproduktion ?	-vermiedene Düngerproduktion ?
Summe	**ca. 115**	**ca. 22**

Das oben vorgestellte Konzept basiert auf der Idee einer Zusammenarbeit mit Landwirten aus der Region, die den erzeugten Flüssigdünger langfristig verwenden. Das Konzept kann nur dann funktionieren, wenn ein oder mehrere zuverlässige Abnehmer gefunden werden. Im Gegenzug können die Produkte des entsprechenden Betriebes im Siedlungsgebiet angeboten werden. Da im Sinne der Dauerhaftigkeit ökologisch wirtschaftende Betriebe auf natürliche Kreisläufe setzen, ist das Schließen des Nahrungskreislaufes eine konsequente Fortführung der Grundideen. Die neuen Möglichkeiten müssen allerdings mit

Abb. 71:

Vakuumanlage für ein (a) Einfamilienhaus und eine (b) Großanlage (Fotos: Triton-Belco)

Abb. 72

a) Hausanschlußschacht mit Vakuumventil

b) Vakuumventil

(Fotos: Fa. Roediger)

den Anbauverbänden diskutiert werden und dann Eingang in die jeweiligen Richtlinien finden. Bei biologisch-dynamischen Landwirten wird die zu schnelle Wiederverwendung von menschlichen Ausscheidungen abgelehnt. Es sollten Nutzpflanzen oder Energiewälder gedüngt werden. Die Zusammenhänge sind wissenschaftlich noch nicht greifbar. Nach EU-Recht ist die Verwendung des Düngers bei Biobauern zur Zeit untersagt.

Kosten

Für das genannte Projekt in Lübeck (Fa. Trautsch Bau, 375 Einwohner in 107 Wohneinheiten und eine Baugebietfläche von 3,4ha) werden die jährlichen Kosten (vereinfachte Annuitätenrechnung mit einem Zins- und Tilgungssatz von 7 %) auf 250.000 - 300.000 DM geschätzt, sie liegen damit höher als für eine konventionelle Planung, die für das Projekt auf 230.000 DM geschätzt wird (Stand Juli 1996). Dabei sollte man nicht vergessen, daß es sich um ein Pilotprojekt handelt und das Konzept, sollte es in Serie gehen können, noch deutliche Rationaliserungs- bzw. Einsparpotentiale besitzt. Für eine grobe Abschätzung kann man im Moment davon ausgehen, daß für innerstädtische Gebiete die Investitionskosten in der Größenordnung von 25-50 % teuerer veranschlagt werden müssen, dafür können die jährlichen Betriebskosten bis zu 20 % niedriger ausfallen. Diese Angaben beziehen sich auf durschnittliche Wasser- und Abwassergebührensätze.

Obwohl das Gesamtkonzept neu ist, sind sämtliche Komponenten dieses Sanitärkonzeptes in anderen Zusammenhängen seit Jahrzehnten im praktischen Einsatz (vgl. z.B. Brand 1994). Vakuumtoiletten sind in einer auch für die Hausinstallation geeigneten Form als Standardlösung in der Schiffahrt üblich. In Hamburg-Norderstedt wurde ein größeres Wohnhaus damit ausgestattet.

Anaerobreaktoren oder Biogasanlagen (bei Nutzung des Gases) sind in großer Zahl bei der Industrieabwasser- und Güllebehandlung im Einsatz. In China und Indien gibt es eine große Zahl von Biogasanlagen zur Fäkalienbehandlung. In gemäßigten Klimazonen müssen die Reaktoren beheizt werden, um kurze Behandlungszeiten und damit für dichter bebaute Gebiete vertretbare Behältergrößen zu erreichen.

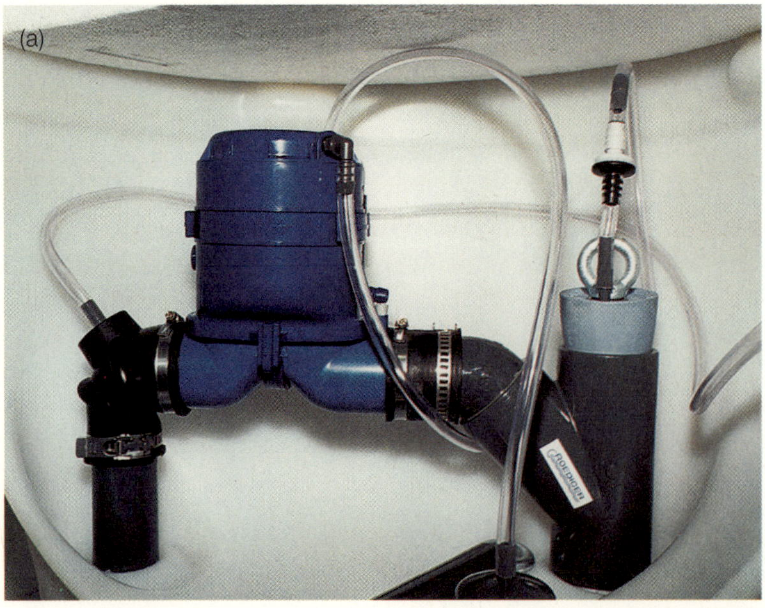

Derzeit sind weitere Projekte auf der Grundlage von Vakuumtoiletten in Planung. Bei diesen Projekten ist jedoch keine Anaerobbehandlung vorgesehen, sie nutzen damit von den geschilderten möglichen Vorteilen lediglich den der allerdings erheblichen Wasserersparnis.
Die **Grauwasserbehandlung** ist relativ einfach, da Grauwasser keinen Nährstoffüberschuß aufweist. Es sind vielfältige Technologien vorhanden, die dezentral oder semizentral anwendbar sind (z.B. Pflanzenkläranlagen, belüftete Sandfilter oder Scheibentauchtropfkörper). Um geringe Restbelastungen zu erreichen, müssen die im Einzugsgebiet verwendeten Stoffe wie Wasch- und Reinigungsmittel gut abbaubar sein. Das gereinigte Grauwasser kann in das gleiche Versickerungs- oder Ableitungssystem wie das Regenwasser eingeleitet werden. Dabei sind auch oberirdische Mulden verwendbar, da das Grauwasser nach der Behandlung keine hygienischen Probleme aufwirft. Damit ist eine Rückführung in den kleinräumigen Wasserkreislauf durchführbar.
Die Vakuumleitungen haben wesentlich kleinere Querschnitte (DN 50 ≙ 5 cm), als die herkömmlichen Freispiegelkanäle. Es kann mit dem Nahwärmenetz eines Blockheizkraftwerkes (BHKW) und anderen Leitungen zusammen verlegt werden, da es kein Gefälle benötigt. Das Biogas wird im BHKW in Strom und Wärme umgewandelt, wobei auch die Wärme für die Beheizung der Biogasanlage erzeugt wird. Bioabfälle könnten über Zerkleinerer in das Vakuumsystem eingebracht oder aber auch in Biotonnen gesammelt werden, wo sie besser zu kontrollieren wären. Das Grauwasser wird aus den Häusern in einen Pumpensumpf mit Siebung und Fettfang geleitet und dann schwallweise auf die Grobsand/Feinkiesbeete gepumpt. Der Ablauf der Pflanzenkläranlage wird teilweise im Rigolensystem versickert und ansonsten oberflächlich einem Schönungsteich zugeleitet, der wiederum in das Fließgewässer überläuft. In den oberen Teil der Feinkiesschicht soll unsichtbar ein fester Maschendraht eingelegt werden, um Kinder vom „Brunnenbau" abzuhalten. Eine Umzäunung der Anlagen ist unnötig. Der Feinkies könnte durch Aufbereitung des anstehenden Materials vor Ort gewonnen werden, sollte aber zumindest aus der Region kommen.
Für das Funktionieren der Vakuumleitungen, der Biogasanlage und der Grauwasserreinigung wird für das Pilotprojekt in Lübeck derzeit eine Betreibergesellschaft (Infranova GmbH) gegründet werden, die gleichzeitig für den Betrieb von BHKW, Sonnenkollektoren, Photovoltaikanlagen und den Betrieb von Stellpätzen zuständig ist. Diese Gesellschaft muß die Infrastruktur vorfinanzieren und entsprechende Gebührenumlagen machen.
Insgesamt gesehen scheint die vorgestellte Infrastruktur zur Ver- und Entsorgung trotz eventuell höherer Investitionskosten durch geringere Betriebskosten zu den ortsüblichen Preisen betreibbar zu sein. Dieses ist nur dadurch möglich, daß hier durch die Regenwasserversickerung auf den Bau eines Freispiegelkanals und einen Anschluß an das öffentliche Kanalnetz verzichtet werden kann.
Die Umsetzung des neuen Sanitärkonzeptes muß als Mindesteinzugsgebiet bei städtischer Bebauung mehrere große Wohnhäuser umfassen. Andernfalls sind die Anlagenkosten, die bei größeren Einheiten spezifisch geringer sind, nicht amortisierbar. Ein derartiges Projekt muß in Zusammenarbeit mit den

Abb. 73:
Vielfältige Bezüge des Konzeptes der Vakuumsammlung und anaerobe Behandlung von menschlichen Fäkalien, Urin und organischem Hausmüll.

örtlichen Wasserbehörden und dem Umweltamt an das Gesamtkonzept des Ortes oder der Stadt angepaßt werden. Die Wechselwirkung mit anderen Themen der Stadtplanung skizziert Abb. 73.

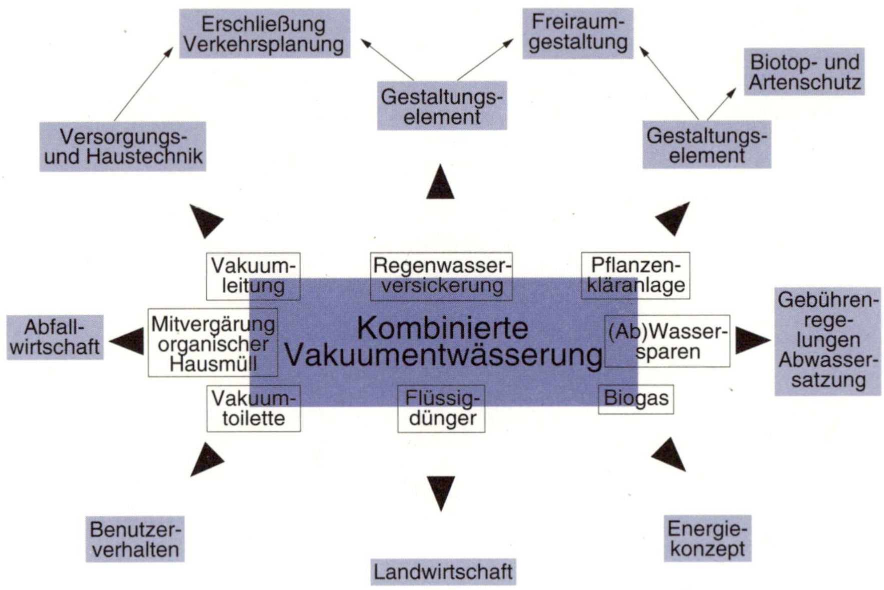

Ganz konkret !

Eine Bauherrengemeinschaft könnte damit beginnen, für z.B. einen Häuserblock vorerst nur Vakuumtoiletten und ein Vakuumleitungssystem zu installieren. Fäkalien und Bioabfälle könnten zunächst gesammelt und in regelmäßigem Abstand von einem Bauern der Umgebung abgeholt werden, der diese als Ausgangssubstrat für seine Biogasanlage nutzt und als Dünger weiterverwertet. Sobald mehrere solcher kleiner Einheiten zusammengekommen sind, könnten diese in einem späteren Schritt gegebenenfalls eine gemeinsame Biogasanlage planen und bauen.
Das Konzept erlaubt eine ganze Reihe von Varianten und Möglichkeiten sich an die örtlichen Bedingungen anzupassen. Selbst die relativ aufwendige Vakuumtechnologie ließe sich ggf. durch andere Wasserspartoiletten z.B. „Mini-Flush" (vgl. Kap. 3.2) ersetzen.

Biogas - Nutzungspotential und Düngerproduktion
Die Biogastechnologie feiert derzeit ihr 100-jähriges Bestehen. Erstmals wurde in Exeter (England) Biogas aus einer Abwasserschlammfaulanlage gewonnen.

Literaturtips !

Schulz, Heinz (1996): Biogas-Praxis - Grundlagen, Planung, Anlagenbau, Beispiele.- Ökobuch, Staufen bei Freiburg, 187

vgl. auch Mach & Blickwedel 1983, Maurer & Winkler 1982

In Biogasanlagen wird Biomasse bei hohem Wassergehalt unter Luftabschluß und bei einer Verweildauer von wenigen Tagen bis Monaten zu Methan und Kohlendioxid vergoren. Mikrobiologisch läßt sich die Vergärung in 4 Stufen unterteilen. Die Bakterien der **Stufe 1** spalten zunächst die leicht aufschließbaren Anteile der Biomasse durch ausgeschiedene Enzyme in die leichtlöslichen Kohlenhydrate, Eiweiße und Fette. Bakterien der **Stufe 1 und 2** vergären diese zunächst zu „vorläufigen Endprodukten" wie Alkoholen oder kurzkettigen Carbonsäuren. Die Mikroorganismen der **Stufe 1 und 2** sind im tierischen Kot in hohen Keimzahlen vorhanden. Bei der Umwandlung der vorläufigen Endprodukte durch Bakterien der **Stufe 3** entstehen Essigsäure, Wasserstoff,

Ameisensäure und Bicarbonat. Diese werden durch die „Methanbakterien" (**Stufe 4**) schließlich in Methangas (CH_4) und Kohlendioxid (CO_2) umgewandelt. Je nach Substrat variiert die Zusammensetzung des entstehenden Biogases. Bei gleichen Anteilen Kohlenhydraten, Fetten und Eiweißen ergäbe sich die Zusammensetzung

CH_4: 53 %
CO_2: 39 %
NH_3: 6 %
H_2S: 2 %

Aus thermodynamischen Gründen können die Bakterien unter Sauerstoffausschluß nur sehr wenig Energie gewinnen, sie sind daher auf einen großen Umsatz angewiesen.

Die Vergärung kann zwischen 15 - 65°C vorgenommen werden. Mit zunehmender Temperatur nimmt die erforderliche Verweildauer ab und die Gasproduktion zu. Als wirtschaftliche Optima gelten Temperaturen um 37°C (=**mesophil**) oder um 55°C (=**thermophil**). Temperaturschwankungen von mehr als 5°C in 48 Stunden sollten vermieden werden. In tropischen Ländern hat die Umgebung eine Temperatur über 30°C, wodurch sich hier relativ einfach Biogasanlagen bauen lassen.

Die Umwandlung von Glucose zu Biogas erfordert etwa nur 14 % (405 kJ/mol) der Energie, die bei der Veratmung verbrannt werden. 86 % (2475 kJ/mol) der Energie verbleiben im Biogas und können daher genutzt werden. Dies heißt auch, daß bei der Vergärung nur sehr wenig Wärme entsteht.

Die anaerobe Behandlung von 50 % des in der BRD anfallenden organischen Haushaltsmüll birgt ein **Potential** von ca. 200 Mio. m^3 Biogas, das entspricht etwa 100 Mio l Öl. Bei der Mitbehandlung von Fäkalien erhöht sich dieser Wert erheblich. Die Nutzung bzw. Verbrennung des Gases führt im Gegensatz zu fossilen Brennstoffen, zu keiner zusätzlichen Kohlendioxid-Emission in die Atmosphäre (KÖTTNER 1995, vgl. Abb. 19).

vgl. KROLL, RAINER; DIEKMANN, REINHARD; LINDERT, MARK: Behandlung von Bioabfall in Vergärungsanlagen - eine Marktübersicht, Entsorgungspraxis 5/95

3.6. Zukünftige Entwässerungsstrategien und ihre Bedeutung für Wohnen und Umwelt

Der Umgang mit Abfall und Wasser ist ein eindrückliches Beispiel für die Umgestaltung der Städte. Das Wasser kommt aus dem Hahn und muß nicht mehr von einem Brunnen, an dem man sich begegnet, geholt werden. Die Ver- und Entsorgung haben heute städtische Ämter übernommen, sie liegt nicht mehr in der Verantwortung des Einzelnen oder der Brunnennachbarschaft, die oft auch eine soziale Integration geleistet hat. Geschlossene Wasserklosetts und Kanäle ersetzen die früher für alle einsehbaren Latrinen. Das Badezimmer ist Teil der Wohnungen - des Privaten geworden. Die gemeinschaftlichen Abtritte und die für jeden sichtbare Abfuhr der Fäkalien zu den Gärten und Feldern vor der Stadt werden von dem kanalisierten Ablauf abgelöst. Wasser und Abwasser fließen heute unsichtbar in Leitungen und Kanälen. Das Wasser ist nur ein Beispiel dafür, daß wesentliche Grundlagen des Lebens der allgemeinen Aufmerksamkeit entzogen sind. Mit dem Maß des Ver- und Entsorgtseins nimmt die Fähigkeit, sich selber zu versorgen, ab. Damit einhergehende ökologische Probleme und soziale Vereinsamung werden primär durch spezialisierte Architekten gestalterisch zu lösen versucht. Die multidisziplinäre Arbeitsgruppe, die die Bewohner berät und gemeinsame, verantwortungsvolle Lösungen sucht, fehlt.

Der moderne Haushalt zeichnet sich durch zahllose Geräte der Bequemlichkeit aus. Luxus und Komfort lassen die Stoff-, Energie- und Abfallströme stetig wachsen. Die potentielle Machbarkeit suggeriert die technische Lösbarkeit aller damit einhergehenden Probleme. Die Folge sind Müllverbrennungsanlagen statt Abfallvermeidungsstrategien, Katalysatoren an Stelle angepaßter Mobilitätssysteme, zentrale Kläranlagen statt Teilstrombehandlung. Ein eigenes Zimmer, in jeder Wohnung ein Bad, oft noch zusätzlich eine Dusche, getrennt davon ein Klo und nicht selten eine Gästetoilette besitzen viele erst seit einigen Jahren oder wenigen Jahrzehnten. Gegen einen massiven ökologischen Wandel steht die weitverbreitete Angst vor Experimenten. Nur nichts verändern, nichts von den erlangten Bequemlichkeiten aufgeben müssen. Was kann man dieser Angst entgegenhalten, wie kann man sie ausräumen ?

Eine heute schon nachweisbar umsetzbare Perspektive der Technik ist, daß man mit regenerierbaren Rohstoffen und sparsameren Geräten den weitaus größten Teil der erlangten **„Bequemlichkeitsstandards“** aufrecht erhalten kann. Mit Blockheizkraftwerken, Wärmerückgewinnungsanlagen, intelligenteren Mobilitätsangeboten, leichteren Verkehrsmitteln, effizienteren Antrieben, Biogasanlagen und Komposttoiletten oder Vakuumtoiletten läßt sich auch wirtschaften und Geld verdienen. Die kommunale Stadtplanung nimmt dabei eine bedeutende Funktion bei der Gestaltung „alternativer Bequemlichkeiten“ ein. Der Stand der Technik müßte durch einen „ökologischen“ Stand der Technik definiert bzw. ersetzt werden.

Ökologisches Bauen

Das ökologische Bauen und Wohnen besitzt viele geistige Wurzeln, die meisten davon stammen aus den USA. Die Energiekrise verhalf solchen Initiativen auch in Deutschland zu größerer Aufmerksamkeit und es entstanden auch hier einige zukunftsweisende Initiativen und Projekte. Im Vordergrund stand zunächst die Energieversorgung. Am Ende der 70er entwickelten sich auch in Deutschland umfassendere Ansätze ökologischen Bauens. So z.B. im ‘Block 108’ in Berlin-Kreuzberg, mit dessen Planung die Gruppe ‘Oekotop’ im Auftrag des Umweltbundesamtes und der Bauaustellung Berlin einen wegweisenden Grundstein für eine ökologische Stadterneuerung legte. In der Folge erschien 1982 das vom Umweltbundesamt herausgegebene Buch „Ökologisches Bauen“ KRUSCHE et al. 1982).

Dieses Buch ist auch heute noch von großem Wert. Zum einen, weil es eine reichhaltige Ideensammlung beinhaltet, zum anderen, weil es heute, nach 15 Jahren, einen Vergleich erlaubt, welche der damals schon vorhandenen Ideen und Konzepte sich wie weiterentwickelt haben. In dem Buch werden zwei ausländische Projekte, das „Naturhuset“ (Stockholm) und die „Arche“ (Kanada) vorgestellt, da sie „erstmalig außer der Energieversorgung und der Nahrungsmittel- und Wasserversorgung auch die Abfall- und Abwasserentsorgung, ökologisch zu lösen versuchten“. Bereits diese beiden Projekte strebten, insbesondere bei der Abwasser- und Abfallentsorgung möglichst geschlossene Kreisläufe an. Im Zentrum beider Projekte steht beim Thema Wasser daher das Kompostklo „Clivus multrum". Das Projekt „Arche" hat in Europa mittlerweile einen Nachfolger, das Haus „Ramshusene" in Dänemark, es ähnelt dem Archekonzept sehr stark (Orum-Nielsen 1993).

Ökologische Stadterneuerung

Neben der Umsetzung solcher Bau- und Wohnformen im kleineren Rahmen des 'Aussiedlerhofes' bleibt es eine weiterhin dringende und reizvolle Aufgabe, solche Konzepte auch im städtischen Raum zu realisieren. 1987 wurde dazu vom Bundesministerium für Raumordnung, Bauwesen und Städtebau ein Forschungsprogramm „Stadtökologie und umweltgerechtes Bauen" eingerichtet. Innerhalb des Forschungsprogrammes wurden 38 **Modellvorhaben** aus unterschiedlichsten Stadtbereichen unterstützt. Die einzelnen Projekte sind an verschiedenen Stellen gut dokumentiert, so daß auf eine Beschreibung an dieser Stelle verzichtet wird (z.B. Ifs 1990, 1991 a,b, Iwu 1991).

Wie die Forschungsvorhaben zeigen, lassen sich viele der ökologischen Verbesserungen auch im dicht besiedelten Raum verwirklichen. Auf einige, so scheint es, muß jedoch unter dem Primat, möglichst wenig Fläche zu beanspruchen, verzichtet werden. Dieses Knappheitsdenken verbaut unter Umständen die Möglichkeit, viele der Ansprüche zu verwirklichen, die mit ökologischem Wohnen und sozialem Leben verbunden werden.

So ist in Zukunft verstärkt darüber nachzudenken, ob Nachverdichtungen in den Städten weiterhin sinnvoll sind, wenn dabei z.B. auf Pflanzenkläranlagen, Regenwasserversickerung oder eine offene Gewässerführung in der Stadt verzichtet werden müßte. Im Gegenzug ist das Konzept der freistehenden Einfamilienhäuser zu überdenken. Neue Konzepte ermöglichen anspruchsvolle, relativ dichte Siedlungen (mit kleinem Privatgarten) und erhalten gemeinsame, größere Naturgebiete. Selbst Belange des Arten- und Biotopschutz sollten mit in die ökologische Stadtplanung einbezogen werden. Moderne Naturschutzstrategien wie die Biotopvernetzung fordern Naturschutz auf 100 % der Fläche, d.h. Vernetzungsstrukturen auch in der Stadt. Hierzu bedarf es der Initiierung neuer Pilotprojekte, die mit multidisziplinärem Sachverstand planen und prüfen, ob sich mit entsprechend angepaßten, 'begrünten' Gebäuden und größeren Flächen zwischen den Wohngebäuden nicht nur die angestrebten ökologischen und sozialen Ziele besser verwirklichen lassen, sondern auch Belange des Arten- und Biotopschutzes. Sollten solche Projekte erfolgreich sein, so könnte man vom konservierenden Arten- und Biotopschutz in Schutzgebieten hin zu Konzepten gelangen, die den Menschen miteinbeziehen.

3.7. Projektbeispiele

Tab. 50:
Einige ausgewählte Projekte zum Thema Wasser, Abwasser

Ort	Projektbeschreibung
Sulzbach	Private Regenrückhaltung: im B-Plan eines Neubaugebietes wurde festgeschrieben, daß das anfallende Niederschlagswasser in Zisternen aufzufangen ist.
Hamburg Allermöhe	Alle Häuser mit Komposttoilette ausgestattet, Bewohner betreiben gemeinschaftlich Pflanzenkläranlage
Kiel-Hassee	Grasdächer, Komposttoiletten, Pflanzenkläranlage (20 Holzhäuser+Gemeinschaftshaus Anf. 93 fertig)
Berlin-Kreuzberg: Block 6	siehe Beschreibungen z.B. bei GELFORT et al. 1993
Berlin-Kreuzberg, Block 103/4	Pflanzenkläranlage als Vertikalsumpf; Pflanzen kläranlage mit Teich, mehrere Grauwasseranlagen
München-Haidhausen	Scheibentauchtropfkörperanlage zur Reinigung des Grauwassers (bis jetzt nicht genehmigt, Probebetrieb ergab gute Ergebnisse)
Berlin-Tiergarten: Ökohaus Corneliusstraße	einige Grauwasseranlagen
Dammhausen (bei Buxdehude)	Ganzer Ortsteil mit Vakuumentwässerung, lediglich Ersatz zum Freispiegelkanal
Norderstedt	Vakuumtoiletten in 12-Familienhaus, seit über 5 Jahren problemloser Betrieb
Hamburg-Alsterpavillion	Vakuumtoilette und wasserfreie Urinale für Gastwirtschaftsbetrieb
Berlin - Potsdamer Platz	Regenwassernutzung, Versickerung, in Planung/Bau
Nürnberg-Gostenhof	Naturklimakonzept, Regenwassernutzung, Regenwasserversickerung, in Planung/Bau
Berlin-Moritzplatz	Naturklimakonzept, Regenwassernutzung
Kissleg	Pflanzenkläranlage
Herten / Bachumer Tal	Wohngebiet 7,5 ha, 1000 Einw., IBA-Emscherpark-Projekt, Mulden-Rigolenversickerung, Bodenpassagen auch von Parkplätzen, Straßen (in Planung bis 2000)
Hannover / Bemerode Ost	Wohngebiet, Siedlungsprojekt i.R. EXPO 2000, oberflächliche Regenwasserableitung
Hannover, Hägewiesen	Grauwasserversuchspark z.B. zweistufige Tauchtropfkörperanlage für 6 Wohneinheiten, arbeitet seit 11/1994
Kassel, Hasenhecke	Zweistufige Tauchtropfkörperanlage zur Grauwasserreinigung für 60 Personen; im Rahmen des Wasserspar-Vergleichsvorhabens des Landes Hessen in Konkurrenz zur Regenwassernutzung, seit 1/1996

Ort	Projektbeschreibung
Börkhauser Feld, Solingen	Neubausiedlung (1989-1996, 1000 Einw.), Nutzung Regenwasser für WC und Waschmaschine, Versickerung
Ingenieurdienst Nord GmbH, Oyten	Versickerung und Gründachretention des Dienstleistungsgebäude (350 m² Dachfläche)
Maschinenfabrik Willibald, Sentenhard	Versickerung mit Staukanal in einem Gewerbegebiet (z.B. 2600 m² Dachfläche), teilweise über Abscheideanlage
3 Orte im LK Schwäbisch-Hall Sternenfels	3 Untergrundverrieselungen, Laufzeit > 20 Jahre Regenwassernutzung für ein Wohn- und ein Gewerbegebiet
Bad Krozingen	Regenwasserableitung in einem Gewerbegebiet an der L123 !
Dischingen-Osterhofen	Separate Dachwasserableitung durch altes Kanalnetz bei der Sanierung
Lauchheim-Hüllen	Ableitung der Dachwässer über Bodenfilter mit anschließender Versickerung
Mannheim Wallstadt-Nord	26 ha, 3000 Einw. Pflanzenkläranlage, Bodenfilteranlage, Regenwasserversickerung (in Planung)
Viernheim/ Am Schmittsberg	Wohngebiet 10 ha, 1000 Einw. (im Bau), Regenwasserversickerung
Offenbach, Hotel „Arabella" (400 Betten)	6-stufige Grauwasseranlage, Reinigungsleistung 20.000 l/Tag seit 1/1996 in Betrieb
Wien-Gänserndorf (gebaut seit 1989)	Wohngebiet für 300 Einw. Komposttoilette, Regenwassernutzung für WC und Waschmaschine, Pflanzenkläranlage (Untersuchungsbericht der Uni Wien!), Einführungsseminar für die Bewohner
Hameau de la Fontaine, Echallens (Schweiz)	Versickerung und offene Ableitung von Regenwasser, Nutzung des Regenwassers
Neubausiedlung (400 E) seit 1984	für einen Dorfbrunnen, Spiel- u. Erfahrungsfeld
Schattweid, Schweiz	Pflanzenkläranlage seit 10 Jahren im Betrieb, intensive wissenschaftliche Begleitforschung
Tanum, Schweden	Der Gemeinderat der kleinen Stadt Tanum hat vor einigen Jahren beschlossen, ab dem Jahre 2000 in Neubauten keine Wasserklosetts mehr zuzulassen und alle anderen Haushalte nach und nach mit Kompostklos umzurüsten. Seit dem Beschluß sind 2/3 aller neuen Wohnhäuser mit Trockentoiletten ausgestattet worden.
Haus 'Ramshusene' in Dänemark	Basiert auf der Idee anzustrebender Stoffkreisläufe - Abfallprodukte sollen wieder nutzbar gemacht werden. Auf einer Fläche von 625 m² sind 8 Wohnungen untergebracht. 2/3 der Fläche sind privater Wohnbereich, 1/3 Gemeinschaftsteil - ein nach Süden ausgerichtetes Gewächshaus. Das Gebäude ist mit

Kompostklos ausgerüstet. Die Fäkalien werden vorkompostiert, dann auf 70°C erhitzt (damit auf 10 % des ursprünglichen Volumens vermindert) und anschließend mit kompostierten Küchenabfällen zusammen als Dünger benutzt. In einer aufwendigen Anlage wird ein Teil der Abwässer aus den Haushalten zusammen mit dem Abwasser einer Fischzuchtanlage gereinigt und zur Wiederverwendung aufbereitet. Die Küchenabwässer werden zusammen mit dem Oberflächenabfluß und dem überschüssigen Wasser der Reinigungsanlage durch einen ca. 56 m² großen Bodenfilter in den Bach geleitet. Besonderheit des Gewächshauses ist eine Kondensierungsanlage, deren Wasser ebenfalls für die Fischzuchtanlage benutzt wird.

Aquakulturprojekt 'Wädenswil'

Im Rahmen der Planung der neuen Studienrichtung „Umwelttechnik" der Ingenieurschule Wädenswil läuft derzeit ein Pilotprojekt an, bei dem vor allem Abwässer des Gärtnereibetriebes der Ingenieurschule gereinigt werden sollen. Die Anlage bietet die Möglichkeit, exakt vorgegebene Düngezusammensetzungen in drei voneinander unabhängigen Bahnen einzuleiten, so daß der Einfluß der Abwasserzusammensetzung, sowie verschiedene Varianten des Pflanzenbesatzes etc. genau untersucht werden können.

Abb. 74:
Ökologische Siedlung Kiel Hassee, mit Komposttoiletten ausgerüstet (Foto: Berger Biotechnik)

3.8. Zukunftsfähige Wasserwirtschaft - Perspektiven

Im Bereich der internationalen Forschung sind die ersten Anzeichen eines Richtungswechsels zu erkennen. Neue Ansätze der Bewertung werden die Wichtigkeit anderer Konzepte im Bezug auf ihre Zukunftsfähigkeit oder Nachhaltigkeit erkennen lassen. Gleichzeitig mit dem langsamen Anwachsen des Interesses der Forschung werden die ersten **Pilotprojekte** bereits gebaut, erste begleitende Forschungsanträge sind gestellt. Dieses wird weitere Forschungsaktivitäten zur Folge haben.
Damit sich eine ökologisch orientierte Siedlungsentwässerung durchsetzen kann, bedarf es der verstärkten Umweltaufklärung über abwasserrelevante Themen, der Darstellung und Verbreitung vorhandener Alternativen, der weitgehenden Vermeidung schwer abbaubarer Stoffe (bzw. ihrer 'geschlossenen Kreislaufführung'), der Initiierung großflächig angelegter Pilotprojekte, die Kombinationen einzelner Verfahren in der Praxis testet, sowie der Schaffung geeigneter rechtlicher Grundlagen für den allgemeinen Einsatz dezentraler Verfahren in der Siedlungsentwässerung.

- **Zur Rechtspraxis**

Gesetzgebung sowie die rechtliche Praxis bedürfen dringend des Überdenkens. So sind Fehlentscheidungen derzeit einerseits auf unklare Begriffsverwendungen, und andererseits den fehlenden Sachverstand bzw. die zu starre (u.E. falschen) Auslegung der Gerichte zurückzuführen. So spricht das WHG von Abwasserbeseitigung. Genau genommen kann man jedoch Abwasser nicht beseitigen (sondern höchstens umwandeln) und Abwasser ist als Begriff im WHG nicht definiert. Der konventionellen Praxis entsprechend, lassen sich auch in der Rechtsprechung verschiedene Qualitäten des Abwassers nicht unterscheiden. Aus Gründen der schlechten offiziellen Dokumentation des Leistungspotentials dezentraler Abwasserbehandlungsstrategien (insbesondere der Pflanzenkläranlagen) ist die Rechtsprechung bis heute oft nicht in der Lage, diese Verfahren als genehmigungsfähige Alternativen mit einzubeziehen bzw. mit konventionellen Systemen zu vergleichen und zu bewerten. Hier sind Ökologen, Ingenieure, Juristen aber auch Kulturwissenschaftler gleichermaßen dringend gefragt, eine bessere und vor allem stark vereinfachte Grundlage zu schaffen.

So wie man begradigte Flußläufe heute wieder versucht zu renaturieren, Asbestbauten oder mit 'Holzschutzmittel' verseuchte Gebäude saniert, könnte es auch im Abwasserbereich zu einem Umdenken kommen. So wie sich auch konventionelle Vertreter der Wasserwirtschaft bereits heute mehr und mehr dazu durchringen, die Regenwasserableitung in unterirdischen Kanälen als teuren ökologischen Unsinn zu entlarven, könnte es auch bei der Einschätzung von Pflanzenkläranlagen bald zu einem Umschwenken kommen. Auf diese mögliche Entwicklung sollte sich die Gesetzgebung und Rechtsprechung rechtzeitig einstellen bzw. durch entsprechende Beratung und Weiterbildung vorbereiten. Sie hat einen entscheidenden Einfluß darauf, wie rasch sich ein Umdenken auch in Taten realisieren läßt, wie schnell sich also ökologisch wie ökonomisch Sinnvolles durchsetzen kann.

- **Vorschriften / Regelwerk**

Bis vor einigen Jahren konnte man die ATV für den Abwasserbereich als die einzige maßgebende Organisation ansehen, die technische Regeln, Bemessungsvorschriften etc. für den Bereich Abwasser definierte. Inzwischen versuchen sich auch andere Vereinigungen zu Teilbereichen an dieser Arbeit. In vielen Bundesländern werden zusätzliche Richtlinien erarbeitet, die unzureichende oder veraltete ATV-Arbeitsblätter ersetzen. Diese Konkurenz kann für alle Beteiligten nur von Vorteil sein und unterstützt Innovationen.

- **Zur Koordination - Aufbereitung des Diskussionsstandes**

Um die Fragestellungen einer vorsorgenden Nutzung der Ressource Wasser und die möglichen Lösungswege zügig, gemäß dem aktuellen Forschungsstand, darstellen zu können, steht längst zu den sehr unterschiedlichen Themenbereichen eine Aufbereitung des Diskussionsstandes unter Städte-, Raumplanern, Architekten, und Naturschützern aus. Dazu werden einerseits die Fachleute der verschiedenen Teilgebiete und Institutionen (Behörden, Universitäten, Planungsbüros) direkt befragt werden müssen, andererseits die Menschen, die unter den 'anderen' Bedingungen leben sollen/wollen. Dabei ist es wichtig, auch Kinder von solchen Befragungen nicht auszunehmen. Gerade sie könnten bereits andere Verhaltensmuster (z.B. zum Thema Wassersparen) übernommen haben. Zum Beispiel kann das Abdrehen des Wasserhahns beim Zähneputzen bei Kindern schon selbstverständlich sein, während es für Erwachsene noch als Zumutung empfunden wird.
Um Fachleuten zu illustrieren, welche technischen Möglichkeiten und Ideen es nicht nur in ihrem eigenen Segment, sondern auch in den anderen Bereichen der Siedlungsentwässerung gibt, müßte ein **Technologiekatalog** die wesentlichen und zukunftsweisenden Elemente und Konzepte der integrierten Siedlungshydrologie erarbeiten und darstellen. Moderne Möglichkeiten kostengünstiger Verlegung von Kanalrohrleitungen sollen ebenso erklärt werden wie das zukunftsweisende Konzept, Regenwasser, das nicht vor Ort versickert werden kann, offen abzuleiten - mit voraussichtlich weitreichenden positiven Folgen für Stadtökologie und Wasserhaushalt. Der Technologiekatalog sollte vor allem auch eine Liste mit den Adressen der Hersteller und Ingenieurbüros enthalten, die entsprechende Planungen und Produkte schon heute anbieten können. Ein wesentlicher Punkt wird es sein, die Bedeutung der Siedlungshydrologie für moderne Naturschutzstrategien (Biotopverbund etc.) deutlich zu machen. Schon in der Planungsphase muß die Bedeutung von wieder offengelegtem Wasser, niedrig(er)en Bebauungsdichten, Bodenfilteranlagen und Renaturierungszonen von Gewässern für die ökologischen Funktionen einer Region (Wasserhaushalt, Gewässerschutz, Arten- und Biotopschutz, Naturschutz im besiedelten Bereich) in ihrer Tragweite deutlich sein. Ebenso muß für die Planer leicht abschätzbar sein, mit welchen höheren (oder niedrigeren!) Kosten sich diese übergeordneten Ziele mit berücksichtigen lassen.

- **Zur Geschichte**

Die Umweltgeschichte allgemein ist in Deutschland ein sehr vernachlässigtes Forschungsfeld. In den USA gibt es seit Jahren '**Rückblickende Technikfolgenabschätzungen** (retrospective technology assessment)'. In Deutschland herrschen insbesondere hinsichtlich solcher Fragen wie z.B., zu welcher Zeit wieviel Wasser für welchen Zweck benötigt wurde oder welche Rückschlüsse man mit Hilfe eines **rückblickenden Biomonitorings** heute noch auf den früheren Zustand der Gewässer ziehen kann, als es noch keine ausgeprägte Wasseranalytik gab, große Wissenslücken.
Es ist zu fragen, warum sich damals wie heute die Alternativen zur Schwemmkanalisation nicht durchgesetzt haben. Liegt bzw. lag es daran,

- daß die vorhandenen Alternativen zu kompliziert und nicht ausgereift waren (vgl. Liernursystem)
- oder daß alternative Lösungen nicht in normierbare Regeln zu gießen sind und damit schwerer zu verwalten
- oder waren es vor allem individuelle politische und ökonomische Gründe (einseitige Geschäftsinteressen).

Darüber hinaus bleibt sowohl für die historische, wie die aktuelle Diskussion zu fragen, ob nicht durch eine massive **Umweltaufklärung** (z.B. über Alternativen und ihre anfänglichen Bedienungsfehler) und soziale Absprachen die Einbahnstraße Schwemmkanalisation in einigen Fällen hätte verhindert werden können /bzw. in Zukunft ersetzt werden kann. Auch in der Abfallwirtschaft wurde die Trennung von Papier, Glas und Metall wieder aufgenommen und die Bürger sind längst daran gewöhnt. Warum sollte sich die notwendige Unterscheidung und differenzierte Behandlung von häuslichem Schmutzwasser (Grauwasser), Regenwasser und Fäkalien und Urin nicht ebenso erlernen lassen ?

- **Zur Relevanz von städtischen Gewässern für Belange des städtischen Naturhaushaltes, sowie des Naturschutzes**

Es bedarf dringend der Untersuchung, ob sich moderne Naturschutzstrategien wie die Biotopvernetzung nicht auch in stadtökologischen Projekten verwirklichen lassen. Hier könnten revitalisierte (d.h. wieder offengelegte Bäche), offen abgeleitetes Regenwasser, Versickerungsflächen, Schönungsteiche und Pflanzenkläranlagen eine wichtige Funktion einnehmen.

- **Zu Ökologischen Sanitärkonzepten**

Die Entwicklung ökologischer (zukunftsfähiger) Sanitärkonzepte steht noch ganz am Anfang. Ansätze, wie sie von Larsen & Gujer (1996) zur Teilstrombehandlung von Urin (**Anthropogenic Nutrient Solutions=ANS**) formuliert worden sind, müssen baldmöglichst zu praktikablen Pilotvorhaben weiterentwickelt werden. Ähnliches gilt für die **kombinierte Vakuumentwässerung.** Die bisherigen technischen Lösungen waren entweder an Spezialproblemen (Schiffe,

Flugzeuge, Züge) orientiert oder lediglich aus Kostengründen als Ersatz zum herkömmlichen Freispiegelkanal oder der Druckentwässerung entwickelt worden. In der Entwicklung der Vakuumtechnologie zu einem ökologischen und praktikablen Sanitärkonzept könnte insbesondere für sehr dicht besiedelte Bereiche, eine wichtige Alternative liegen.

- **Zu Pflanzenkläranlagen/Bodenfiltern etc.**

Obwohl in den letzten Jahren einige systematische Untersuchungen zu Pflanzenkläranlagen vorliegen und auf Erfahrungen mit z.T. über 15 Jahre alten Anlagen zurückgegriffen werden kann, fehlt noch immer die systematische Erfassung und Darstellung der Erfahrungen im Vergleich verschiedener Anlagetypen und den dazugehörigen Randbedingungen (Abwasserqualität, Einbindung in entwässerungstechnische Gesamtkonzepte etc.). Darüberhinaus liegen über Lebensdauer und vor allem die mögliche Verwendung des gesättigten Bodenfiltermaterials zur Zeit noch keine verläßlichen Erfahrungen unter verschiedenen Einsatzbedingungen vor. Dies wird sehr von Bauart der Anlage und Beschaffenheit des Abwassers abhängig sein. Prinzipiell sollte es jedoch möglich sein, das durch mineralisierte Abbauprodukte verdichtete Filtersubstrat als Dünger einzusetzen, bzw. durch Spülen für eine Wiederverwendung aufzubereiten. Eine bisher auch noch wenig bearbeitete Fragestellung ist die der geeigneten Korngröße. Hier könnte die systematische Bestimmung des Porenvolumens der Sande und Kiese unter verschiedenen Randbedingungen und zu unterschiedlichen Laufzeiten einer Anlage zuverlässigere Aussagen über die hydraulischen Bedingungen, die ein Substrat auch nach Jahren noch erfüllt, zulassen. Das **Porenvolumen** läßt sich leicht durch Bestimmung der Differenz des Trockengewichts zum Sättigungsgewicht bestimmen.
Ebenso wichtig wären gezielte Untersuchungen zu den Mikroorganismen in einer Pflanzenkläranlage unter verschiedenen Randbedingungen, bisher werden nur Zu- und Ablaufwerte gemessen, der eigentliche Filter ist bisher als "Black Box" weitgehend unberücksichtigt geblieben.

3.9. Zusammenfassung

Viele der dezentralen Lösungsansätze zur Siedlungsentwässerung (z.B. Regenwassernutzung, Pflanzenkläranlagen) haben sich in den letzten 10 Jahren so weit entwickelt, daß sie bei guter Planung und Ausführung in ihrer Leistungfähigkeit den zentralen in nichts nachstehen. Im Gegenteil sind viele der alternativen Konzepte in weniger dicht besiedelten Gebieten schon heute als kostengünstiger einzustufen.
In der Tabelle 51 werden die einzelnen Verfahren nach Betriebserfahrung, ihrer ökologischen Bedeutung und ihrer Wirtschaftlichkeit bewertet sowie der zukünftige Forschungsbedarf abgeschätzt.
Der größte **Forschungsbedarf** dürfte in der sinnvollen Kombination der einzelnen Verfahren liegen. Erst wenn geeignete dezentrale Gesamtkonzeptionen sich zumindest in einigen Pilotregionen flächendeckend durchsetzen, werden sich deren entscheidende Vorteile (Scheitelerniedrigung von Hochwässern, Stoffkreisläufe, geringere Stoffexporte) demonstrieren lassen.

Zusammengefaßt liegen die Chancen der genannten Alternativen

- in der **Wahrnehmung** verschiedener Abwasserqualitäten
- im Sparen von Trinkwasser und der **Abwasservermeidung**
- in der möglichen **Kreislaufführung der Stoffe**, insbesondere Stickstoff, Phosphor und Kalium im Teilstrom der privaten Haushalte
- in der verstärkten **Rückhaltung von Regenwasser** und der damit verstärkten **Grundwasseranreicherung** (Nutzung und Versickerung vor Ort)
- in der Nutzung und Einbeziehung von entwässerungstechnischen Maßnahmen für Belange des **Arten- und Biotopschutzes** und des ökologischen Wohnens und sozialen Lebens

Ein wichtiger Ansatzpunkt für eine zukunftsfähige Wasserwirtschaft liegt in der Unterscheidung und differenzierten Behandlung verschiedener (Ab-) Wasserqualitäten der privaten Haushalte (Schwarzwasser, Grauwasser, Regenwasser). Die Unterscheidung verschiedener Abwasserqualitäten scheint dazu geeignet, das öffentliche Bewußtsein zum Thema Abwasser, Fäkalien, Urin zu steigern und damit auch den verantwortungsvolleren Umgang mit Wasser zu fördern. Um die getrennte Behandlung von Urin und Fäkalien in größerem Umfang realisieren zu können, bedarf es in aller nächster Zukunft der Entwicklung entsprechender ökologischer Sanitärkonzepte wie der „kombinierten Vakuumentwässerung“ oder der „ANS-Separierung“ und ihrer praxisorientierten Überprüfung in ausgedehnten Pilotprojekten. Bei der großen Bedeutung für die Zukunft müßte hier die Priorität der Forschung liegen. Parallel dazu sind die Voraussetzungen (Aufklärung, ökologische Produktentwicklung, finanzielle Anreize) dafür zu schaffen, daß in den privaten Haushalten nur noch abbaubare Stoffe zur Anwendung kommen.

Tab. 51:

Zusammenfassende Bewertung der verschiedenen Wasserspar- und Abwasserbehandlungsverfahren

Verfahren	Bewertungskrit.				Bemerkungen
	1	2	3	4	
Wassersparmaßnahmen					
4 l-WC	±	+	-	-	von den Gegebenheiten abhängig
0,8 l WC (Mini-Flush)	-	+	+	+	wenig Erfahrungen in Deutschland, Alternative zur Vakuumtoilette ?
Vakuumtoiletten	-	+	-	+	Pilotproj. notw., hohes Komb.pot., event. zur Energiegewinnung
Komposttoiletten	+	+	-	±	sehr empfehlenswert
Rückhaltemaßnahmen					
Schachtversickerung	±	-	?	-	Grundwasserschutz beachten!
Mulden und Rigolen-Versickerung	+	+	?	±	setzt sich zunehmend durch
poröse Straßenbel., Experimentel Sewer System	-	?	?	+	Pilotprojekte notwendig
Regenwnutzung f. WC	+	?	+	-	schon weit verbreitet
Regenwnutzung f. WC u. Waschm.	+	?	±	-	vor allem bei hartem Wasser empfehlenswert
Abwasserreinigungsverfahren					
Bodenfilter	±	+	±	±	vor allem für Straßenabwässer
horizontale Pflanzenkläranlagen	±	±	±	±	je nach Anlage
vertikale Pflanzenkläranlagen	+	+	±	+	vielversprechend
Tropfkörper	+	±	±	-	kostengünstige Lösung
SBR-Verfahren	+	+	±	±	hochtechnische Lösung
Abwasserteiche	±	?	+	-	hoher Platzbedarf, kostengünstig
Schönungsteiche	+	+	?	±	z.B. als Ergänzung zum Tropfk.
Aquakultur	-	?	?	+	kaum Erfahrungen vorhanden
Ökologische Sanitärkonzepte u.a.					
Vakuumentwässerung	-	+	?	+	erste Pilotprojekte
ANS-Separierung	-	+	?	+	Pilotprojekte notwendig
Betriebswassernutzung	±	+	±	±	erste Erfahrungen

Spalte	Bewertungskriterium	+	±	-
1	Betriebserfahrungen	gut	mittel	wenig
2	Bedeutung für Stoffkreislauf	gut	mittel	wenig
3	Wirtschaftlichkeit	gut	mittel	wenig
4	Forschungsbedarf	hoch	mittel	gering

4. Vorbild für Länder mit geringerer Industrialisierung und für andere Klimaverhältnisse ?

In den Industrieländern wird unabhängig von den spezifischen Bedingungen fast immer das System Spültoilette, einheitlicher Schwemmkanal und zentrale Kläranlage eingesetzt. Dieses hat in vielen Fällen in weniger dicht besiedelten Gebieten, zu unangepaßten Lösungen mit Kanallängen von 20 m Kanal pro Person und mehr geführt (siehe Kap. 2.8). Durch den Bau der langen Kanäle haben sich bereits einige Gemeinden trotz hoher Zuschüsse für lange Zeit verschuldet. Dieses Problem würde in vielen Ländern der Welt für den ländlichen Bereich genauso zutreffen. Darüber hinaus gibt es eine Vielzahl von Rahmenbedingungen, die Spülklo und Schwemmkanal in vielen Fällen verbietet. In Regionen mit Wassermangel ist die Einführung von Spültoiletten ein Weg in die weitere Verelendung der ärmsten Bevölkerungsteile, für die dann kein Wasser verbleibt - es wird dann in den Toiletten der Bessergestellten verschwinden. Die Verschwendung der wertvollen Inhaltsstoffe von Fäkalien und Urin kann sich nur eine Industriegesellschaft leisten, die die Begrenztheit von Ressourcen zugunsten eines profitablen Strohfeuers aus dem Bewußtsein verdrängt. Wir wollen uns nicht anmaßen, Lösungen für weniger industrialisierte Länder anzubieten. Unser Interesse ist die Veränderung in dem Bereich, den wir gut kennen. Damit möchten wir anderen Ländern signalisieren, daß der Umgang mit Wasser auch anders aussehen kann. Der Versuch, machbare Konzepte für ländliche Bereiche in anderen Klimazonen aufzuzeigen, wurde von der BORDA, Bremen unternommen. Die BORDA arbeitet seit langem auf diesem Gebiet und hat das Prinzip, nur mit lokalen Organisationen zusammenzuarbeiten. Es wurde eine Vielzahl von Projekten, oft mit Biogasanlagen durchgeführt. In der konkreten Arbeit vor Ort zeigen sich die Beschränkungen unserer auf Geld und Know-How aufgebauten "Lösungen". Eine Übersicht über die Erfahrungen und der Versuch des Vorschlages machbarer Konzepte ist von SASSE & OTTERPOHL 1996 veröffentlicht worden.

Gespräche mit Fachleuten der Abwassertechnik, die in materiell **armen Ländern** tätig sind, geben ein desillusionierendes Bild von Entscheidungsfindungen ab. Die treibende Kraft ist Geld. Für die anbietenden Firmen wie für die Entscheidungsträger vor Ort sind allerdings nur sehr große Summen interessant. Wenn ein Firmenvertreter eine riesige High-Tech-Kläranlage bauen will, werden ihm Tür und Tor geöffnet. Bei derartigen Projekten wird oft Geld der Weltbank oder anderen Geldgebern mitgebracht und es fließen sehr häufig erhebliche Summen an Schmiergeldern. Oft werden Summen bis zur Hälfte der Investitionssumme offen dafür einkalkuliert, an die verschiedensten (Selbstbe-)Diener des entsprechenden Staates zu gehen. Diese Praxis ist Diebstahl, vergrößert die unerträgliche Schuldenlast finanziell armer Länder und

Literaturtips ! SASSE, LUDWIG & OTTERPOHL, RALF (1996): Status Report on Decentralised Low Maitenance Wastewater Treatment Systems (LOMWATS).- Commission of The European Union, BORDA, Bremen, 145 S.

LANZ, KLAUS (1995): Das Greenpeace Buch vom Wasser.- Naturbuch, Augsburg, 165 S.

WINBLAD & WEN KILAMA (1985): Sanitation without water.- Macmillan Education Ltd., London, 161 S.,
WINBLAD, UNO (1996): Recent Development in Sanitation, (Lund-Konf), vgl. auch DARROW & SAXENIAN 1986

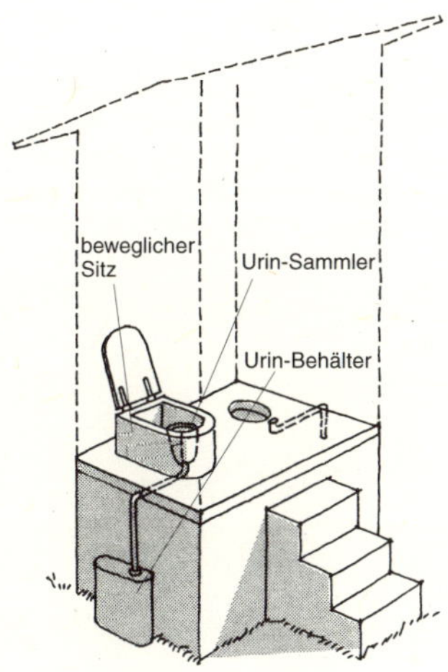

Abb. 75:
Komposttoilette mit Urintrennung (aus WINBLAD 1985)

Transparency International (TI)

Die Koalition gegen Korruption in internationalen Geschäftsbeziehungen. Es handelt sich um eine gemeinnützige Nichtregierungsorganisation. Es gibt Büros in verschiedenen Ländern der Welt. Weitere Informationen in Deutschland: Heylstraße 33, 10825 Berlin, Tel.:030-787-5908, fax -5707, E-mail: ti@contrib.de, Internet: http://www.is.in-berlin.de/Service/ti.html

macht auch vor Industrieländern keinen Halt. Eine Organisation namens "Transparency international" hat sich der Aufgabe gestellt, durch Bildung von Koalitionen die Korruption einzudämmen. Aufgrund der privaten Geld- und Geltungssucht besteht also hohes Interesse an Großprojekten - Kläranlagen werden also oft nicht für die Abwasserreinigung gebraucht, das interessiert oft nicht mal am Rande. Nach der Finanzierung der Anfangsinvestition kostet der Betrieb dann Geld aus öffentlichen Kassen, wenn kein Gebührenmodell etabliert werden kann. Damit sind die Betriebstage einer Anlage gezählt. Wenn engagierte Organisationen einfache, preiswerte und angepaßte Technologien umsetzen wollen, gibt es auf Regierungsebene hauptsächlich geschlossene Türen. Die genannten Aussagen bauen auf Gesprächen mit vielen Fachleuten aus verschiedenen Ländern und Bereichen auf. Sie sind subjektiv und lassen sich nicht beweisen, ohne Karrieren zu zerstören. Es soll hier auch nur darauf hingewiesen werden, wie Entscheidungen für eine grundlegend wichtige Infrastruktur in armen Ländern ablaufen. Es liegt dabei kein technisches Problem vor. Hier können und müssen internationale Regelungen helfen.

Agenda 21

Eine der fortschrittlichsten Papiere dazu ist die auf der Konferenz in Rio de Janeiro 1992 beschlossene AGENDA 21. Für den Bereich der Abwasserbehandlung fehlen jedoch klare ökologische Grundsätze. Folgt man der AGENDA 21 in diesem Bereich, wird für alle Welt das System Spültoilette, Schwemmkanal und zentrale Kläranlage gebaut. Wenn die Konsequenzen einer solchen Entwicklung berechnet werden, kommen viele Fragen auf. Wie soll der Energiebedarf der Kläranlagen gedeckt werden? Er läge für sehr arme Länder bei bis zu 50 % des Gesamtenergieverbrauches. Woher soll das Wasser in den vielen Regionen mit heute schon extremen **Wassermangel** kommen? Wer soll diese Anlagen betreiben - moderne Kläranlagen in weniger industrialisierten Ländern sind oft nach wenigen Jahren nicht mehr in Betrieb. Wie soll die Bodenfruchtbarkeit erhalten werden, wenn organische und anorganische Inhaltsstoffe von Fäkalien und Urin energieaufwendig vernichtet oder ins Meer geleitet werden? Schon heute fehlt in einigen Ländern der Humus zur Aufrechterhaltung des Ackerbaus. Die teuer importierten und mit viel Energieaufwand bereitgestellten Handelsdünger wären überflüssig, wenn die organischen Abfälle zurückgeführt würden. Die immer höheren Konzentrationen an Nährsalzen zerstören die Möglichkeiten des Fischfangs, der oft eine wichtige Nahrungsgrundlage darstellt. Das Spülklo und der Schwemmkanal greifen also in die wichtigsten Bereiche des Lebens ein. Die von einer millardenschweren Industrie aus nachvollziehbaren Motiven vorangetriebene Verbreitung der Standardlösung der Industrieländer (die auch in diesen auf Dauer nicht tragbar ist) muß hinterfragt werden. Viele der dabei tätigen Ingenieure sind überzeugt, etwas gutes zu tun - was im Einzelfall und in einer Kurzzeitbetrachtung auch stimmen mag. Es ist unabdingbar, Alternativen zu diskutieren und deren Einsatz zu prüfen. Oft sind althergebrachte Ansätze mit geringerem Aufwand an die heutigen hygienischen Anforderungen anzupassen.

Es gibt einige Ansätze, die bei entsprechenden Rahmenbedingungen zu geringen Kosten und mit großen volkswirtschaftlichen Vorteilen umgesetzt werden können. Die Bedingungen für den Einsatz von wasserfreien Toilettensystemen sind in vielen Ländern des papierbenutzenden Teils der Erde gegeben. Bei diesen Anlagen muß entschieden werden, ob eine Trocknungstoilette (heiße Klimate) oder eine Komposttoilette sinnvoll ist. Das große Problem bei den letzteren ist, daß ein bestimmter Feuchtigkeitsbereich eingehalten werden muß. Er liegt für die Trocknung bei unter 20 % und bei der Kompostierung bei etwa 50 % bis 60 %. Näheres dazu ist bei WINBLAD (1996) zu finden. WINBLAD ist nach 35 Jahren Forschungsarbeit vor Ort der Meinung, daß in vielen Ländern **Trocknungstoiletten mit Solarerwärmung** das beste System darstellen. Das Material kann nicht zu trocken werden, während bei Kompostern der Bereich schwer einzuhalten ist.

In dem Teil der Welt, wo die Analreinigung traditionell mit Wasser erfolgt (die Papiermethode gilt dort oft als unhygienisch), kann nur schwer ein Kompostierungssystem etabliert werden. Die Reinigung müßte das Wasser in andere Bahnen leiten. Hier bestehen bei tropischem Klima eventuell eher Möglichkeiten, mit Biogasanlagen zu arbeiten. Bei allen Überlegungen sind die traditionellen Ansätze sowie religiöse und soziale Fragen zu beachten. Es sollte nie ohne die Fachleute aus der Region gearbeitet werden, deren Arbeit aber auch kritisch hinterfragt werden muß. Es gibt keine Patentrezepte, eine **angepaßte Low-Tech-Lösung** zu finden ist die höchste Leistung und gehört zu den wichtigsten humanitären Aufgaben. Die Menschenrechte kommender Generationen zählen zur Zeit wenig, was aber nicht deren Mißachtung rechtfertigt. Die **zukunftsfähigen Sanitärstrategien** für die Menschen in materiell armen Ländern sind wahrscheinlich nicht die, mit denen aktuell am meisten Geld für externe Investoren zu verdienen ist. Hier muß das Prinzip der Hilfe zur Selbsthilfe ernstgenommen werden.

Abb. 76:
Internationale Toilette mit Toilettenpapier zur trockenen Hygiene und dem Wasserhahn zur feuchten Hygiene (aufgenommen in Istanbul auf der UNO-Konferenz Habitat II)

5. Institutionen, Tagungen & Adressen

Institutionen

In den letzten Jahren sind zahlreiche lokale Bürgerinitiativen entstanden, die sich gegen die Bestrebungen, auch dünn besiedelte Bereiche zentral zu kanalisieren oder mit Wasser zu versorgen, zur Wehr setzen. An dezentralen Wasserver- und -entsorgungseinrichtungen Interessierte fangen an, sich in entsprechenden Verbänden zu organisieren. Darunter sind kleinere Bürgerinitiativen, wie die 1989 in Kißlegg gegründete „Bürgerinitiative für dezentrale Wasserversorgung (BDW)" oder die größere „Interessengemeinschaft Kommunale Trinkwasserversorgung (IKT)", die in Baden-Württemberg seit 1992 einen eigenen Landesverband gegründet hat. Mitglieder des IKT sind Gemeinden, Wasserwerke, Verbände, Firmen, Bürger und Zusammenschlüsse von Hausbrunnen- und Kleinkläranlagenbesitzern.
Der als gemeinnützig anerkannte Verein „Bundesverband Interessengemeinschaft Dezentrale Abwasserbehandlung (IDA)" wurde Ende Oktober 1992 ebenfalls in Kißlegg gegründet. Die IDA ist aus dem Zusammenschluß zahlreicher lokaler Bürgerinitiativen hervorgegangen. Ihr wichtigstes Ziel ist „die Förderung aller Methoden, die zum Aufbau kleiner Wasserkreisläufe, zur Wassereinsparung und -wiederverwendung führen. Erreichen will der Verband dies durch Fachtagungen, Informationsveranstaltungen und Gesprächen mit Kommunen, Verbänden, Behörden, Politikern und Wasserbauingenieuren, ferner durch Planung und Förderung von Forschungsarbeiten und der Sammlung und Veröffentlichung einschlägiger Forschungsergebnisse. Der Aufbau eines Informationsdienstes soll den Mitgliedern des Verbandes, aber auch interessierten BürgerInnen, Kommunen und Behörden ermöglichen, sachliche Informationen über die Vor- und Nachteile dezentraler Verfahren bzw. ökologischer Sanitärkonzepte zu erhalten. Damit soll die Scheu vor zukunftsfähigen Abwasserbehandlung aus den Amtsstuben vertrieben und die Gleichberechtigung dezentraler Anlagen gezeigt werden."
Neben solchen landes- oder bundesweit organisierten Gruppen mit häufig stattfindenden kleinen Tagungen, gab es zum Thema „Kleine Kläranlagen" mittlerweile zwei Internationale Tagungen, zum Thema Pflanzenkläranlagen („wetlands") vier und 1995 fand die „2nd International Conference On Ecological Engineering For Wastewater Treatment" in der Schweiz statt.

Einige Tagungen zum Thema

UNESCO-IHP-Symposium 1995

Integrated Water Management in Urban Areas - searching for new, realistic approaches with respect to developing world (Proceedings können bestellt werden bei Transtec Publications Ltd, Anton Graff-Str. 6, CH-8400 Winterthur, Schweiz, Fax: 0041-52-2040711)

Erste und Zweite Internationale Konferenz über Ökotechnologie in der Abwasserbehandlung der Internationl Engineering Society (IEES)

c/o Dr. Johannes Heeb, Zentrum für angewandte Ökologie, Bahnhofstrasse 2, CH-6110 Wolhusen

(Etnier, Carl & Björn Guterstam [Hrsg.] (1991): Ecological Engineering for Wastewater Treatment, Proceedings of the International Conference, 24.-28.März, 365 S.)

5th International Conference on Wetland Systems for Water Pollution Control (Wien, Österreich), 15.-19.9. 1996 der International Association on Water Quality (IAWQ)

c/o Eva Braumann, ICWS Secretariat, Universität für Bodenkultur Wien, Nussdorfer Lände, A-1190 Wien, Österreich

3rd International Specialized Conference on Design and Operation of Small Wastewater Treatment Plants for Tropical & Subtropical Regions veranstaltet von der International Association on Water Quality (IAWQ)

Adressenverzeichnis

Das folgende Adressenverzeichnis erhebt keinen Anspruch auf Vollständigkeit. Die Autoren bitten die Leser für eventuelle kommende Auflagen um kritische Durchsicht, Ergänzungsvorschläge sowie Aktualisierungen oder Berichtigungen.

Danke, die Verfasser

Adressenverzeichnis

Verbände, Vereine, Gruppen und Beratungsstellen

Adresse	Telefon/Fax	Bemerkung
Abwassertechnische Vereinigung e. V. (ATV), Theodor-Heuß-Allee 17, 53773 Hennef	T: 02242/8720 F: 02242/872-135	Organ: Korrespondenz Abwasser; (Ernst-Kuntze-Preis, Karl-Imhoff-Preis)
AK-Wasser im BUND (Sebastian Schönauer), Setzbornstr. 38, 63860 Rotenbuch	T: 06094/457	
AK-Wasser im LBU Niedersachsen (Gero Lamberti), Waldheimstr.9, 30519 Hannover	T: 0511/830873 F: 0511/830898	
AK-Wasser Bundesverband der Bürgerinitiativen Umweltschutz (BBU) (Nikolaus Geiler), Rennerstraße 10, 79106 Freiburg	T: 0761/275693 F: 0761/288216	AK-Wasser-Rundbrief
Arbeitsgemeinschaft Repositionspflanzen (Siegfried Ziepke), Schwanheimer Str. 79, 64625 Bensheim		
Arbeitsgemeinschaft Rheinwasserwerke (ARW) c/o Gas-, Elektrizitäts- und Wasserwerke Köln AG, Parkgürtel 24, 50823 Köln	T: 0221/78-29 90	
Arche - Grün-ökologisches Netzwerk, Plesserstr. 2, 12435 Berlin	T: 030/2727104 F: 030/2727104	Luftverschmutzung, Wasserverschmutzung, Energie, Abfall
ARGE Biogas (W Graf), Lindengasse 4/10-11, A-1018 Wien	T: 0043/1/4064579	Biogas
Bauernschule Hohenlohe, Weckelweiler, 74592 Kirchberg	T: 07954/328	Biogas
Bayerisches Landesamt für Wasserwirtschaft, Postfach 190241 (Lazarett Str. 67) 80636 München	T: 089/12100 F: 089/12101435	
BGL-Arbeitsgruppe: Wasserreinigung mit Pflanzen (Michael Henze), Haus der Landschaft, 53604 Bad-Honnef		
Bioland Verband für organisch-biologischen Landbau e.V. (Hans-Jörg Däuwel), Postfach: 208 (Nördliche Ringstr. 91), 73033 Göppingen	T: 07161/31012 F: 07161/37819	1971 gegründet, größter deutscher Anbauverband des ökologischen Landbaus
BORDA, Breitenweg 55, 28195 Bremen	T: 0421/13718	Biogasanlagen in Entwicklungsländern
Bund für Ingenieure für Wasserwirtschaft, Abfallwirtschaft und Kulturbau (BKW), Pappelweg 31, 40489 Düsseldorf	T: 0211/1590-212	Organ: Wasser und Boden (Aufl. 7500)
Bund für Umwelt und Naturschutz Deutschland e.V.: Bundesgeschäftsstelle (Mick Petersmann), Im Rheingarten 7, 53225 Bonn	T: 0228/400970 F: 0228/4009740	Luft- und Wasserverschmutzung, Energie, Klimaveränderungen, Landwirtschaft
Bundesanstalt für Gewässerkunde (BfG), Kaiserin-Augusta-Anlagen 15-17, 56068 Koblenz	T: 0261/13060 F: 0261/1306302	
Bundesanstalt für Wasserbau (BAW), Kußmaulstr.17, 76187 Karlsruhe	T: 0721/97260.	
Bundesverband der deutschen Gas- und Wasserwirtschaft (BGW), Josef Wirmer-Str.1, 53123 Bonn	T: 0228/25980 F:0228/5208 120	Organ: gwf-Das Gas- und Wasserfach (Aufl. 4000)

Adressenverzeichnis

Verbände, Vereine, Gruppen und Beratungsstellen

Adresse	Telefon/Fax	Bemerkung
Bundesverband Interessengemeinschaft Dezentrale Abwasserbehandlung (IDA), c/o Siegbert Mahal, Wiershausen 1, 37589 Wiershausen	T: 05553/2578	
Bundesverband physikalische Wasserbehandlung e.V., Heinestraße 169, 70597 Stuttgart (BVPW)	T: 0711/9765817 F: 0711/9765830	Physikalische Wasserbehandlung
Bundschuh-Biogasgruppe Stuttgart D. Spielberg, Züler Weg 55, 71522 Backnang	T: 07191/87153	Biogas
Bürgerinitiative „Stoppt den Vorfluter Süd" c/o Ulrich Meyer-Steinhaus, Piusstr. 28, 50171 Kerpen	T: 02237/2521	
Bürgerinitiative für dezentrale Wasserversorgung (BDW) Michael Verderber, Oberrot 7, 88353 Kißlegg		
Climate Network Europe (Delia VillaGraca), 44 rue du Taciturne, B-1050 Brüssel, Belgien	T: 0032/2 /2310180 F: 0032 /2/2305713	Luft- und Wasserverschmutzung, Energie
Deutscher Verband für Wasserwirtschaft und Kulturbau e.V. (DVWK), Wolfram Dirksen, Gluckstr. 2, 53115 Bonn	T: 0228 /631446 od. T: 0228 /983870 F: 0228 /9838733	Organ: Wasser und Boden (Aufl. 7500), Wasserwirtschaft (Aufl. 3500)
Deutscher Verein des Gas- und Wasserfaches e.V. (DVGW) / (M.Gille), Postfach 5240 (Hauptstr. 71-79), 65760 Eschborn	T: 06196 /7017-0 F: 06196 /481152	gwf-Das Gas- und Wasserfach
Deutscher Wetterdienst Geschäftsfeld Klima und Umweltberatung (Dr. W. Thommes) bzw. Hydrometeorologie (Dipl.-Met. H. Bartels), Postfach 100465, 63067 Offenbach	T: 069/8062-0 F: 069 /80622993	Klimadaten; Niederschlags- und Verdunstungsdaten
DIN-Normenausschuß Wasserwesen (NAW), Burggrafenstraße 6, 10787 Berlin	T: 030/2601-1(0)	Organ: DIN-Miteliungen (Aufl. 6400)
Dokumentationszentrale Wasser beim Umweltbundesamt, Rochusstr. 36, 40479 Düsseldorf	0211/482 041/2	Bibliothek zum Thema Wasser
European Environmental Bureau (Karola Taschner), Rue de la Victoire 22-26, B-1060 Brüssel, Belgien	T: 0032/2539007 F: 0032/25390921	Europäisches Umweltzeichen, technische Normung
Fachverband Biogas (M. Köttner), Am Feuersee 8, 74592 Kirchberg	T: 07954/1270	Biogas
• Biogasgruppe Nord (H. Grobrügge), Mitteldorf 12, 27383 Westerwesede		Biogas
• Regionalverband Berlin, Brandenburg (R. Schnell), Grünbergerstr. 12, 10245 Berlin	T: 030/7861885	Biogas
• Regionalverband Sachsen, (A. Kretschmer), Dorfstr.1, 04720 Austerwitz	F: 030/8550238	Biogas
• Regionalverband Sachsen-Anhalt, Thüringen (Dr. Tentschler), Neidschützer Str 1, 06618 Prießnitz	T: 034466-/20633	Biogas
Fachvereinigung Betriebs- und Regenwassernutzung e.V. (fbr), Kasslerstraße 1a, 60486 Frankfurt	T: 069/97074647 F: 069/97074648	gegründet 1995; erste Fachtagung Juni 1996

Adressenverzeichnis

Verbände, Vereine, Gruppen und Beratungsstellen

Adresse	Telefon/Fax	Bemerkung
Folkecenter (P Maegard), P.O.B. 208, DK-7760 Hurup, Thy Dänemark	T: 0045/979/56555	Biogas
Förderkreis Biogas, Biogas-Förderverein Schwarzwald-Baar-Heuberg c/o Otto Körner, Burgring 8, 78199 Bräunlingen	T: 07705/5641	Biogas
Gerolsteiner Brunnen GmbH & Co., 54568 Gerolstein/Vulkaneifel	T: 06591/140	u.a. Vergabe eines Umweltpreises für hervorragende journalistische Arbeiten in der Limnologie, Hydrologie, Hydrogeologie/Gewässerschutz
Gesellschaft Deutscher Chemiker, Fachgruppe Wasserchemie c/o Prof. Dr. K-E. Quentin, Gustav-Adolf Str. 20, 95326 Kulmbach	T: 09221/7975	Organ: Vom Wasser, Zeitschrift für Wasser- und Abwasserforschung
GTZ Abt. GATE OE, Deutsches Zentrum für Entwicklungstechnologien C. Rudolph, Postfach 5180, 65726 Eschborn	T: 06196/790	Biogas
Ingenieurökologische Vereinigung Deutschland (IÖV), -Geschäftsstelle, Alpenstraße 13, 86159 Augsburg	F: 0821/582472	
Initiative „Sauberes Abwasser - saubere Gebühren", c/o Kristall e. V., Weinsbergstraße 190, 50825 Köln	T: 0221/54 36 24	
Innovationsstelle und Förderungswerk für das holz- und kunststoffverarbeitende Handwerk e. V., Washingtonstraße 75, 65189 Wiesbaden	T: 0611/70 23 94	
Institut für Baubiologie + Ökologie (IBN), Holzham 25, 83115 Neubeuern	T: 08035/2039 F: 08035/8164	Zeitschrift Wohnen und Gesundheit, z.B. Schriftenreihe Heft 24 Komposttoiletten, 29,80 DM
Institut für gewerbliche Wasserwirtschaft und Luftreinhaltung e. V. (iwl), Wankelstraße 33, 50996 Köln	T: 0221/390911	
Institut für Wasser-, Boden- und Lufthygiene des Umweltbundesamtes, Pressestelle UBA, Postfach 330022 (Corrensplatz 1), 14195 Berlin	T: 030/89030 F: 030/89031380	Abwasserreinigung und Gewässerschutz
Interessengemeinschaft für Beitragsgerechtigkeit e.V. (IGB) (Armin Keil), Im Riedbrunnen 18, 72124 Pliezhausen-Rübgarten	T: 07127/8519	
Interessengemeinschaft Kommunale Trinkwasserversorgung (IKT), Mainstraße 54, 97276 Margetshöchheim	T: 0931/461071	
International Association on Water Quality (IAWQ), 1 Queen Anne's Gate, London SW1H 9BT, England	T: 0044/1712223848 F: 1712331197	Organe: Water Quality International (informiert über Internationale Tagungen), Water Research, Water Science & Technology
International Ecological Engineering Society c/o Dr. Johannes Heeb, Zentrum für angewandte Ökologie, Bahnhofstrasse 2, CH-6110 Wolhusen, Schweiz	T: 0041-41-4904074 (auch Fax)	gegründet 1993, als Plattform zur Zusammenarbeit zwischen Ingenieuren und Ökologen, Organ: Ecological Engineering

Adressenverzeichnis

Verbände, Vereine, Gruppen und Beratungsstellen

Adresse	Telefon/Fax	Bemerkung
Internationale Kommission zum Schutz der Elbe (IKSE), Fürstenwall 20, 39104 Magdeburg		
KTBL (Dr v. Oheimb, Dr. Kuhn) Bartningstr 49, 64289 Darmstadt	06151-70010	Biogas
Landberatung Bremervörde, Beratungsring West, Albrecht-Thär-Str 6 27432 Bremervörde	04761-992110	Biogas
Länderarbeitsgemeinschaft Wasser (LAWA)		Vorsitz wechselt zweijährlich Umweltministerien der Länder
Landtechnischer Verein in Bayern, Vöttinger Str 36, 85354 Freising	T: 08161/5885	Biogas
Landwirtschaftsamt (Dr. Weiler), Hohenheimer Str 40, 71522 Backnang	T: 07191/12332 (-320)	Biogas
Oekofonds (J. Schummer), BP 75 L-9001 Ettelbruck, Luxemburg	T: 00352/81778	Biogas
ÖKL, Schwindgasse 5, A-1041 Wien, Österreich		Biogas
Ökozentrum Langenbruck, Schwenigstraße 12, CH-4438 Langenbruck	T: 0041/62/603111	Solarenergienutzung, „Solar-pluviales Waschen", Komposttoiletten
RENERGIE, Stockach 189, 87474 Buchenberg	T: 08378/7147	Biogas
Schulungszentrum Regenwassernutzung Kefenrod (SRK) [Inh. Norbert Winkler, Klaus Kissel (Geschäftsführer)], Brachttalstr. 18, 63699 Kefenrod	T: 06054/2750 F: 06054/6556	Seminare, Schulungen, zum Thema Regenwassernutzung
Verband der privaten Abwasserentsorger e. V. (VpA), Stockumer Str.10, 58453 Witten	T: 02302 - 64442	
Verband Industrieabwasser, Postfach 103237, 68032 Mannheim	T: 0621/8789/680	
Verein für Bio-Energie e.V., 34582 Borken, Marienrode	T: 05682/3862 F: 05682/5822	Unterstützung von Aktivitäten zur Erzeugung und Nutzung von Energie aus nachwachsenden Rohstoffen und Bio-Reststoffen
Verein zum Schutze des Rheins und seiner Nebenflüsse, Ginsterstraße 2, 46348 Raesfeld - Erle	T: 02865/6978	
Verein zur Reinhaltung der Gewässer e.V., (Dr. Hoffmann-Walbeck), Celler Str. 67, 38114 Braunschweig	T: 0531/55275 F: 0531/570043	Wasserwirtschaft
Vereinigung Deutscher Gewässerschutz, Mathias-Grünewaldstr. 1-3, 53175 Bonn	T: 0228/375007	Organ: Schriftenreihe zum Gewässerschutz
Zentrum für angewandte Ökologie, CH-6114 Steinhuserberg, Schweiz	T: 0041/41/4901793 F: 0041/41/4904075	Pflanzenkläranlagen, Urinseparierung etc.

Wissenschaft und Forschung (im Bereich neuer Sanitärkonzepte, Biogas)

Adresse	Telefon/Fax	Bemerkung
Universität Karlsruhe, Inst. für Siedlungswasserwirtschaft (Prof. H. H. Hahn ph. D.) c/o Imke Fritschen, Kaiserstr. 12, 76131 Karlsruhe	T: 0721/608-4115 F: 0721/607151	Neue Sanitärkonzepte
Biophil GmbH (Fr Dr. P Rabe), Rudower Chaussee 5,12489 Berlin	T: 030/6392-6125	Biogas
Fachhochschule Hamburg, Fachbereich Bio-Ingenieurwesen (Prof. P Scherer), Lohbrugger Kirchstr. 65, 21033 Hamburg	T: 040/7252-2664	Biogas
FAT, Eidgenössische Forschungsanstalt für Betriebswirtschaft und Landtechnik, CH-8356 Tänikon, Schweiz	T: 0041/52/623131	Biogas
Fraunhofer Institut für Grenzflächenforschung und Bioverfahrenstechnik Dr Trösch, Nobelstr.12, 70569 Stuttgart	T: 0711/97000	Biogas
Institut für Agrartechnik (Dr Oechsner), Universität Hohenheim, Postfach 700562, 70599 Stuttgart	T: 0711/459-2684	Biogas
Institut für Landtechnik und Energiewirtschaft (Prof. Boxberger), Universität für Bodenkultur, Abteilung Landtechnik A-1190 Wien, Österreich	0043/1/476543500	Biogas
Institut für Energie und Umwelttechnik in der Lebensmittelindustrie (Dr. Behmel), TUM, 85354 Freising-Weihenstephan	T: 08161/71/3109	Biogas
Institut für Technologie (Prof. Weiland), Bundesforschungsanstalt für Landwirtschaft, Bundesallee 50, 38116 Braunschweig	T: 0531/596-508	Biogas
Institut für Tiermedizin und Tierhygiene (Dr. Philipp), Postfach 700562, 70599 Stuttgart	T: 0711/459-2448	Biogas
Labor für Anaerobe Verfahrenstechnik (Prof. Gosch), FH Gießen-Friedberg, Wiesenstraße 14, 35390 Gießen	T: 0641/309-605 (1)	Biogas
Landtechnik Weihenstephan, TUM (Dr Schulz, Mitterleitner) Vöttinger Str 36, 85354 Freising	08161/71-3461, 3302	Biogas
Verband Agrarforschung Thüringen, Dr. Vollmer, Kommunikatiosweg 11, 99734 Nordhausen	T: 03631/656-961	Biogas
COST-Aktion 682 der Kommission der europäischen Union, Cooperation in Science and Technology: Integrated Wastewater Management, gegründet bzw. umbenannt 1996 (Deutscher Vertreter: Dr. Ralf Otterpohl), Untergruppe Sustainable Sanitation (Leitung Prof. Dr. Willi Gujer, ETH Zürich, Schweiz)	T: 0041/1/633-3067	Beschäftigt sich mit den wissenschaftlichen Grundlagen und dem Forschungsbedarf dauerhafter Sanitärkonzepte
Eidg. Anst. f. Wasserversorgung, Abwasserreinigung und Gewässerschutz (EAWAG) - Abteilung Ingenieurwissenschaften, c/o Prof. Dr. Willi Gujer, Überlandstr. 133, CH-8600 Dübendorf, Schweiz	T: 0041/1823-5036	Neue Sanitärkonzepte
RWTH Aachen, Inst. für Siedlungswasserwirtschaft (Prof. Dr. Max Dohmann), c/o Renate Hamacher, 52056 Aachen	T: 0241/80-6448 F: 0241/8888-285	Neue Sanitärkonzepte

Wissenschaft und Forschung (im Bereich neuer Sanitärkonzepte, Biogas)

Adresse	Telefon/Fax	Bemerkung
Otterpohl Wasserkonzepte, c/o Dr. Ralf Otterpohl, Kanalstr. 52, 23552 Lübeck	T: 0451/70-200-51 F: 0451/70-200-52	Neue Sanitärkonzepte
Arbeitsgruppe empirische Planungsforschung, Uni GH Kassel (Prof. Dr. Detlef Ipsen), Mönchebergstraße 17, 34109 Kassel	T: 0561/804-3554 F: 0561-804-2485	BMBF-Forschungsprojekt: Wasserkreislauf und urban-ökologische Entwicklung, Organ: Wasserkultur
Institut für Sozialökologische Forschung (ISOE), Hamburger Allee 45, 60486 Frankfurt	T: 069/700012 F: 069/777341	u.a. BMBF-Forschungsprojekt: Wasserkreislauf und urban-ökologische Entwicklung

6.2. Anbieterverzeichnis (Planer und Hersteller)

Seit etwa 10 Jahren steigt die Zahl von Planern und Anbietern zu einzelnen Komponenten/Verfahren alternativer Siedlungsentwässerung stetig an, trotzdem sind alternative Verfahren im Bereich der Planung und der Installation solcher Anlagen immer noch die Ausnahme; nur wenige sind über lokale Zusammenhänge hinaus bekannt. Meist erfahren Interessierte nicht, daß es auch in ihrer Nähe einen entsprechenden Anbieter gibt. Ein bundesweites Anbieterverzeichnis fehlt unseres Wissens bislang, Erfahrungsaustausch ist noch immer selten und eine Qualitätskontrolle ist bisher kaum gewährleistet. Die folgende Liste erhebt keinen Anspruch auf Vollständigkeit. Im Gegenteil stellt sie nur einen Anfang dar. Ein umfangreicheres und informativeres Verzeichnis wäre eine eigene Arbeit. Die Autoren würden sich trotzdem freuen, wenn Interessenten das Fehlen oder Änderungen Ihres Eintrags mitteilen.

Ingenieurbüros, Planer (Biogas, Naturnahe Abwasserreinigung, Pflanzenkläranlagen, Bodenfilter, Wasserspartechnologien, Neue Sanitärstrategien etc.)

Adresse	Telefon/Fax	Bemerkung
Adams-Consult Planungs GmbH (Fr. M. Winkelmann), Dodoweg 17, 26386 Wilhelmshaven	T: 04421/9882-0	Biogas
Biogas-Beratung, Hans Hochreiter Steinau, 83530 Schnaitsee	T: 08622/366	Biogas
Biogasanlagenbau (Hans-Jürgen Schnell), Gewerbegebiet Geiselharz, Schattenbucher Str 11, 88279 Amtzell	07520/5288	Biogas
BIOGASKONTOR (Elwin Köberle), Hauptstr. 6, 89611 Obermarchtal	T: 07375/392	Biogas
BioTech (Dr. Wolfgang Tentscher) Neidschützerstr. 1, 06618 Prießnitz	T: 034466/20633	Biogas
BTA, Rottmannstr.18, 80333 München	T: 089/522014	Biogas
BVU Bioverfahrenstechnik, Fuggering 21, 87733 Markt Rettenbach	T: 08392/1004	Biogas
Dykhoff, Gabriele, Metzstz 11, 81667 München	T: 089/4801994	Biogas
Energie- und Umwelttechnik, Herbert Bischoff, Luisenstr. 3, 63067 Offenbach	T: 069/8004966	Biogas
Glück, Michael, Gut Sonnenhausen, 85625 Glonn	T: 08093/3112	Biogas
IEG, M. Winkler, Münchner Str 15, 84359 Simbach	T: 08571/91240	Biogas
INFOSOLAR, CH-8356 Tänikon, Schweiz		Biogas
INNOVAS, Wilhelm-Hale-Str 46, 80639 München	T: 089/12228016	Biogas
Matec, K.H. Brachthäuser, Fuchsweg 36, 85598 Baldham	T: 08106/7633	Biogas
Neubert, Alfred, Hinterholz 18, 91578 Leutershausen	T: 09823/8943	Biogas
Niederlöhner GmbH, Wolfsbronn 17, 91802 Meinheim	T: 09146/253	Biogas
Novatech, Am Schlegelsberg 27, 74541 Vellberg (zusammen mit Gesellschaft für dezentrale Energieanlagen mbH & Co. [GEDEA], Brennäckerstr. 7, 71540 Murrhard	T: 07907/2063	Biogas, GEDEA organisiert Kommanditgesellschaft zum gemeinschaftlichen Betrieb einer Biogasanlage
Perwanger, Anton, Hofmarkstr. 46, 85406 Flitzing	T: 08167/8344	Biogas
Pettmann, Peter, Hintergasse 9 -13 64521 Groß-Gerau	T: 06154/54072	Biogas
Probag Umwelttechnik (Alex Pfirter), Rütistraße 3, CH-5400 Baden, Schweiz		Biogas
REA GmbH; Rortmannstr. 18, 80333 München	T: 089/522019	Biogas
Retec, Nördl. Grünauer Str. 21, 86633 Neuburg/D.	T: 08431/480 44	Biogas
Rückert, Claus, Simonstr. 6, 90763 Fürth	T: 0911/7419721	Biogas

Ingenieurbüros, Planer (Biogas, Naturnahe Abwasserreinigung, Pflanzenkläranlagen, Bodenfilter, Wasserspartechnologien, Neue Sanitärstrategien etc.)

Adresse	Telefon/Fax	Bemerkung
Schmack Biogas GmbH (Dipl.-Biol. Christian Schmack), Schwandorfer Str.12, 93059 Regensburg	T: 0941/8302313 F: 0941/893549	BIOGAS, Entsorgung biologischer Reststoffe, Verg. /Kompost. (1-100.000 t/a) Pflanzenkläranlagen, Pflanzenöle, Biodiesel, Hygienisierung, Faulschlamm, Betreibermodelle
Schneider Ekkehard, Schillerstr. 34, 80336 München	T: 089/595393	Biogas
Solar Energie (Peter Kratwohl) Fliederstr 4, 88339 Bad Waldsee	T: 07524/8853	Biogas
T.B.W. - naturgerechte Technologien, Bau- und Wirtschaftsberatung GmbH (Hartlieb Euler), Baumweg 16, 60316 Frankfurt	T: 069/490195/96, F: 069/440049	Biogas
UBERA Ing.-Büro, Lehnitzstr. 73,16515 Oranienburg	T: 03301/800505	Biogas
UmTech, Charitéstr 4,10117 Berlin	T: 030/2834694	Biogas
UTEC, Schiffbauerweg 4, 28237 Bremen	T: 0421/617021	Biogas
Uwas Umwelttechnik, Bodenseestr 228, 81243 München	T: 089/8714083	Biogas
VSP Ing. Herbert Pfefferkorn, Arlbergstr. 101, A-6900 Bregenz, Österreich	T: 0043/5574/652249	Biogas
Zimmermann, Horst, Buch am Sand 16, 95512 Neudrossenfeld	T: 09203/6191	Biogas
Carsten Borchert, Haus Rath, 50859 Köln	T: 0221/9503310, F: 0221/95033135	Regenwassernutzung, Biologische Bau- und Dämmstoffe
Bund für Umwelt und Naturschutz Deutschland e.V. / Umwelt - Infoladen, Krumme Weide 73, 32108 Bad Salzuflen	T: 05222/82555	Regenwassernutzung-Beratung, Naturgarten-Beratung
Energie-Beratung Dreiländereck (EBD) (Gerhard Deltau), In der Harth 11, 35708 Haiger	T: 02774/92067, F: 02774 92068	Regenwassernutzung, -versickerung, Betriebswassernutzung, Entsiegelungskonzepte, Energiesparende Geräte & Haustechnik
Friedrich Pörschke/ Umwelttechnik, Horster Str. 297, 46238 Bottrop	T: 02041/741234, F: 02041 741100,	Regenwassernutzung, Groß- und Einzelhandel für Filtersysteme, Zisternen und Lagertanks sowie Steuerungen und Pumpen
Dipl.-Ing. Rainer Heimsch, Sophienstr. 24, 26180 Rastede	T: 04402/2620 F: 04402 83462	BHKW, Solarenergie / Beratung, Planung, Bauleitung, Regenwassernutzung
Ingenieurbüro WASSER-ABFALL-UMWELT (Thomas Tunk u. Ralf Paschol) und Planungsbüro für Garten und Landschaft, Marktstr. 7, 34369 Hofgeismar	T: 05671/40286, F: 05671/40286	Wasserwirtschaftliche Planungen; z.B. Gewässerrenaturierungen, Abwasserentsorgung, Kläranlagen, Regenwasserversickerung und -speicherung, Wasserversorgung
KOMM - BAU Kollektivbetrieb in der Kommune Niederkaufungen GmbH (R. de Buhr), Wilhelmstr. 17, 34260 Niederkaufungen	T: 05605/800721 F: 05605/800740,	Regenwasserfilter, Regenwasseranlagen, ökologische Bauberatung und Planung
Dipl.-Ing. Axel Hagenmüller, Hüttenstr. 10, 65201 Wiesbaden	T: 0611/261172 F: 0611 261172	Beratung zu Fragen des ökologischen Bauens, Baubiologie IBN (Staatlich geprüfter Lehrgang beim Institut für Baubiologie), Regenwassernutzung

Ingenieurbüros, Planer (Biogas, Naturnahe Abwasserreinigung, Pflanzenkläranlagen, Bodenfilter, Wasserspartechnologien, Neue Sanitärstrategien etc.)

Adresse	Telefon/Fax	Bemerkung
Regen- und Brauchwasseranlagenbau Umwelttechnik (Stefan Wolf), An der Mommel, 98596 Trusetal	T: 036840/8840 F: 036840 88444	Regen- und Brauchwasseranlagenbau („Hydrocollector“ - Regenwasserspeicher im Baukastensystem
SÜDSOLAR - Ing.-Büro für regenerative Energie und ökologische Konzepte (Dipl.-Ing. Wolfgang Martin), Friedhofstr. 15, 95346 Stadtsteinach	T: 09225/1838 F: 09225/1838	Regenerative Energie, Energiegutachten, Seminare, Workshops, Vorträge, Lehmbau, Bauökologie, Regenwassernutzung, mehrstufige Wassernutzung
Atelier Dreiseitl, Nußdorferstraße 9, 88662 Überlingen	T: 07551/92880 F: 07551/62403	Regenwassnutzung, -versickerung, -behandlung, Pflanzenkläranlagen, Architektur, Kunst & Wasser
A. Günther, Gonsenheimer Str. 40-44, 55126 Mainz	T: 06131/479419, F: 06131 470120	Abfallentsorgungskonzepte, Konzeption, Bauausführung, Wartung Pflanzenkläranlagen
AGUA GmbH (Raymond Fismer), Simmerhauser Str. 1, 27243 Harpstedt	T: 04244/1870 F: 04244 8679	Pflanzenkläranlagen, naturnahe Wassersysteme, Teiche
Bremer Umweltinstitut für Analysen und Beratung von Schadstoffen e.v., Wielandstr. 25, 28203 Bremen	T: 0421/76078 F: 0421/71404	Schadstoffanalytik, Pflanzenkläranlagen
Ökosoziales Wohnen e.V. (Dr. Frank-D. Selke), Bernburger Str. 23, 10963 Berlin	T: 030/2628679	Demo Pflanzenkläranlage (106 WE) Info Wassersparmaßnahmen, Hausmüllentsorgung
Umweltzentrum Dölitzer Wassermühle GAZ e.V. (Eugen Hendrich), Vollhardtstr.16, 04279 Leipzig	T: 0341/4777570, F: 0341/4777570	Pflanzenkläranlagen
BAU FACH FRAU Berlin e.V. / Projektwerkstatt, Meyerbeerstr. 36/40, 13088 Berlin	T: 030/9652483, F: 030/9651964	Verbesserung von Ausbildungs- und Arbeitschancen für Frauen in Bau- und Ausbauberufen, Pflanzenkläranlagen
agwa (H. Schütte), Lister Meile 27, 30161 Hannover	T: 0511/33895-0	Pflanzenkläranlagen
AWA Arbeitsgemeinschaft Wasser und Abwasser: Ingenieurgem. Bau, Energie u. Umwelt (G. Wach, K. Bahlo), Am Elmschenbruch, 31832 Springe-Eldagsen	T: 05044/380	Pflanzenkläranlagen
B.P.A. Büro für biologische Planung und Analyse (Wiesmath, Bock, Hofmann), Dorfstraße 4, 72074 Tübingen	T: 07071-83085	Pflanzenkläranlagen
Dernbach GmbH, Ökol.-landschaftsbezogene Systemberatung, Meißelstraße 29, 45476 Mülheim-Ruhr	T: 0208/400279	Pflanzenkläranlagen
K. Eggert, Kreuzfeld 168, 32139 Spenge-Bardüttingdorf	T: 05225/2089 T: 05225/1014	Pflanzenkläranlagen
Geologisches Planungsbüro (Dr. Dafner), Basteistr. 6, 91301 Forchheim	T: 09191/64121	Pflanzenkläranlagen
Hydrologische Untersuchungsstelle Salzburg (R.Haider), Lindhofstr.5, A-5020 Salzburg		Pflanzenkläranlagen
INFU (Dr. Pauly), Karlsbrunnenstr. 11, 37249 Neu-Eichenberg	T: 05542-4004	Pflanzenkläranlagen

Ingenieurbüros, Planer (Biogas, Naturnahe Abwasserreinigung, Pflanzenkläranlagen, Bodenfilter, Wasserspartechnologien, Neue Sanitärstrategien etc.)

Adresse	Telefon/Fax	Bemerkung
Ing.-Büro f. limnol. Konzepte (F. Wissing), Rheinweg 48, 53129 Bonn	T: 0228/225143	Pflanzenkläranlagen
Institut Fresenius (Prof. Dr. Löffler), Grenzstr. 28, 01109 Dresden	T: 0351/88576-60 F: 0351/88576-79	Pflanzenkläranlagen
Ökotec GmbH, Postfach 35, 14801 Belzig	T: 033841/59580	Pflanzenkläranlagen, Naturnaher Gewässerausbau
Otterpohl Wasserkonzepte (Dr. Ralf Otterpohl), Kanalstr. 52, 23552 Lübeck	T: 0451/70 200-51 F: 0451/70 200-52	Erstellung von ökologischen Sanitärkonzepten, Prüfung von Entwürfen, Planung
Institut für Stadthydrologie (IFS), Vahrenwalderstraße 1, 30165 Hannover	T: 0511/9357250 F: 0511/9357100	Planungsbüro, Software, Regenwassernutzung
remember e.G. (Rita Keunecke), Mariabrunnstraße 48, 52064 Aachen	T: 0241/403249 F: 0421/408461	Pflanzenkläranlagen, Messgeräte, Hrsg. der Zeitschrift Wechselwirkung
Syrius (Gaby Kühn), Weichselplatz 3-4, 12045 Berlin	T: 030/613 53 05 F: 030/624 10 02	Planung von Pflanzenkläranlagen
ITU GmbH - IngenieurTechnischer Umweltdienst (Frau Paetzold), Eismanns-Berg 13, 31535 Neustadt	T: 05036/92000 F: 05036/92001	Energieberatung, Abfallkonzepte, Wasseraufbereitung, Brauchwassernutzung, Abwasserreinigung
Kamm & Pohla, Freie Landschaftsarchitekten, Schwarzwaldstr. 3, 79539 Lörrach	T: 07621/86200 F: 07621/86299	Pflanzenkläranlage

Hersteller, Lieferanten (Vakuumentwässerung / Vakuumtoiletten, Biogas, Wasserspartechnologien, Urin-Separierungstoiletten, Wasserfreie Urinale, Komposttoiletten etc.)

Adresse	Telefon/Fax	Bemerkung
Adelmann GmbH, J.-Schöner-Str. 73, 97753 Karlstadt	T: 09353/79030, F: 09353/790377	Biogasanlagen
Aqua Butzke-Werke AG, Sonnemannstraße 2, 60314 Frankfurt	T: 069/442006 F: 069/4930240	Perlatoren
Armatec/Streicher, FTS Armaturen Simoniusstr. 18, 88239 Wangen	T: 07522/97690, F: 07522/80289	Güllepumpen, Rührwerke
Bergmann, Planenfabrik, Haindlfinger Str 4, 85356 Freising	T: 08161/96770	Folienhauben und Gasspeicher
BÖRGER Pumpen GmbH, Benningsweg 24, 46325 Borken-Weseke	T: 02862/910330, F: 02862/910347	Güllepumpen, Drehschieber
BSA Maschinenfabrik, Berneckerstr 5, 95509 Marktschorgast	T: 09227/841, F: 09227/4589	Biogasanlagen, Güllepumpen
Dreizler Wärmetechnik, Max-Planck-Str.1, 78549 Spaichingen	T: 07424/501115	Biogasbrenner
Fornyet Energi, Obrovej 9, DK-4295 Stenlille, Dänemark	T: 53604522 F: 53604522	Urinseparationstoiletten, Komposter mit Urinseparierung, Komposter
Haase Energietechnik, Gadelander Str.172, 24531 Neumünster	T: 04321/8780	Biogasanlagen
Harvestore Deutschland, Henze, Schmeherstz 28, 59425 Unna-Königsborn	T: 02303/6481, F: 02303/6483	Stahlbehälter
Firma Hornig, Am Hirtenschild 21, 63073 Offenbach	T: 069/891528	Perlatoren, Wassersparmaturen
Ingenieurbüro Reppert, Am Südhang 60, 32760 Detmold	T: 05231/469470	Stoßbeschickungen
Lipp GmbH, Industriestraße, 73497 Tannhausen	T: 07964/90030, F: 07964/900327	Biogasanlagen
Peko Durchflußkonstanthalter Vertriebs-GmbH, Produktvertretung R.C. Mannesmann, Am Mühlbach 26, 86482 Aystetten	T: 0821/488192 F: 0821/482297	Perlatoren
Schwarting & Uhde GmbH, Luise-Meitner-Str. 2, 24941 Flensburg	T: 0461/9992121, F: 0461/9992213	Biogasanlagen
Türling, Herbert, Bedburdyckerstraße 38, 41363 Jüchen	T: 02181/40907	Stoßbeschickungen
Werra Plastic, Industriestr. 2-6, 36269 Philippsthal	T: 06620/780	PE/EVA-Folie
WTW GmbH, Dr.-Karl-Sievogt-Str 1, 82362 Weilheim	T: 0881/183-0	Temperaturmeßgeräte, ph-Wert- und BSB_5- Meßgeräte
Roediger Anlagenbau GmbH, Kinzigheimer Weg 104-106, 63450 Hanau, (Hr. Galler)	T: 06181/309-0 F: 06181/309-280	Wassersparmaturen, Vakuumentwässerung
Triton-Belco (Herr Kuhse), Alter Teichweg 15-25, 22081 Hamburg	T: 040/29187-0 F: 040/29187104	Vakuumtoiletten (Vertrieb der Fa. Evac, Schweden)

Hersteller, Lieferanten (Vakuumentwässerung / Vakuumtoiletten, Biogas, Wasserspartechnologien, Urin-Separierungstoiletten, Wasserfreie Urinale, Komposttoiletten etc.)

Adresse	Telefon/Fax	Bemerkung
Virtus GmbH (Herr Klake), Kleines Wegfährels 10, 21756 Osten (Isensee)	T: 04776/8383 F: 04776/838484	Vertrieb JETS -Vakuumtoiletten
Hoelschertechnic-gorator, Postfach 101426, 44604 Herne, (Am Trimbuschhof 20)	T: 02323/51067-69 F: 02323/18098	Zerkleinerungspumpe Gorator, Bioabfall, Trenntechnik, Abwasserbeförderung
Vakuum-Anlagen-Bau GmbH (VAB), Am Sandberg 1, 06774 Plodda	T: 034955/21423 F: 034955/21492	vertreibt AIRVAC-Vakuumanlagen aus den USA (Japan)
Loos & Partner Umwelttechnik (Harry Loos), Lerchenweg 5, 71287 Weissach	T: 07044/970028 F: 07044/970029	Geruchsbeseitigung mittels Moleclean
Berger Biotechnik GmbH, Juliusstraße 27, 22769 Hamburg	T: 040/4397875 F: 040/437848	Komposttoilette, Wasserspartechnik
Ab Sängtex, Ladenburgerstraße 47, 69120 Heidelberg	T: 06221/401631	Komposttoilette (Mollis)
Viva Verde Naturwaren GmbH (EH), Motzstraße 28, 10777 Berlin	T: 030/2133361	Toiletten
Clivus Multrum Komposttoiletten, Mühlenstraße 7, 21629 Elstorf	T: 04168/8705	Clivus Multrum, Lindström-Systeme
Sanitäres in Holz, Dorfstraße 2, 32760 Detmold	T: 05231/31079	Sanitäres in Holz
Archi Nova Ökotechnik, Im Alten Gaswerk, 74355 Bönnigheim	T: 07143/2954 F: 07143/23449	Clivus Multrum, Wasserspartechnik
Trocken-Toiletten-System Schönberger, Dorfhalde 16, 88662 Überlingen	T: 07551/68744	Trocken-Toiletten
Peuser GmbH Handelsagentur, Siloweg 1, 56479 Neunkirchen (Filiale in 09221 Neukirchen)	T: 06436/3545 F: 06436/6499	Regenwassernutzung, Wasserspartechnik
waterregen (M.R.Radtke), Postfach 1166, 97205 Veitshöchheim	T: 0931/97316 F: 0931/91366	Grauwassernutzung
Sanitärsystemtechnik Abig/Zeisel, Helmholtzstraße 13, 10587 Berlin	T: 030/399 02 780 F: 030/393 6022	Wasserspartechnik, Grauwassernutzung, Software für Regenwassernutzung
Microplast GmbH Wassersparsysteme, Bahnstraße 9a, 65205 Wiesbaden	T: 0611/97741-0	Wasserspartechnik
RST Gesellschaft für Wasserspartechnik mbH, Bahnstraße 9a, 65205 Wiesbaden	T: 0611/973090 F: 0611/9730930	Wasserspartechnik etc.
Ökomag, Gesellschaft für magnetische Wasseraufbereitung, Kellerstraße 15, 85283 Wolnzach	T: 08442/4422 F: 08442/60494	Anti-Kalk-Turbinen, Magnetkugeln für Wasch- und Spülmaschinen
Martin Elektrotechnik, Buchwaldstraße 53, 97765 Bad Brückenau	T: 09741/2555 F: 09741/5343	Waschmaschinen-Spar-Steuerung zum Nachrüsten
Ernst Ingenieur AG, Riedwiesenstraße 18, CH-8305 Dietlikon/ZH, Schweiz	T: 0041/1/8333113 F: 0041/1/8331836	Wasserfreie Urinale
BB Innovation & Co AB (Bibbi Söderberg, Bobby Mrozowski), Carl Larssons väg 30, 161 55 Bromma	T: 08/877100 F: 08/370528	Urin-Separierungstoiletten

Hersteller, Lieferanten (Vakuumentwässerung / Vakuumtoiletten, Biogas, Wasserspartechnologien, Urin-Separierungstoiletten, Wasserfreie Urinale, Komposttoiletten etc.)

Adresse	Telefon/Fax	Bemerkung
WM-Ekologen ab, Box 11162, 10061 Stockholm	T: 08/6414250	Urin-Separierungstoiletten
AQUA NOVA Wassertechnik (Christian Leeb), Eichenstr. 8 c, 83083 Riedering-Niedermoosen		Wasseraufbereitung, Hersteller von Umkehr-Osmose-Anlagen, Durchflußmengenbegrenzer für Waschbecken, physikalische Kalkwandler gegen Kalk und Rost in Wasserleitungen, UV-Systeme gegen Keime und Bakterien im Wasser, Bioenergetische Wasservitalisierungs-Systeme und Meeres-Raumklima-Geräte
MALLBETON GmbH, Hüfinger Str. 39-45, 78166 Donaueschingen-Pfohren MALLBETON GmbH, Industriestraße 2, 76275 Ettlingen-Oberweier MALLBETON GmbH & Co. KG, Roßlauer Str. 70, 06869 Coswig/Anhalt	T: 0771/8005-0 F: 0771/8005-100 T: 07243/5923-0 F: 07243/5923-10 T: 034903/500-0 F: 034903/500-10	Planung und Lieferung von Kläranlagen, Regenwassernutzungsanlagen und Schachtsonderbauwerke aus Beton SBR-Kläranlagen 50 - 5000 EW Kläranlagen im Belebtschlamm- und Tropfkörperverfahren 4 - 500 EW Pflanzenkläranlagen 4 - 1000 EW MALL-Öko-Regenspeicher von 1,1 - 1.000 m^3 MALL-SICO-Regenspeicher: Kombination Regenwassernutzung und -versickerung
KSB AG, Bahnhofsplatz 1, 91257 Pegnitz	T: 09241/71-0 F: 09241/71-1793	Pumpen, Hauswasserwerke
Wagner & Cölbe, Ringstraße 14, 35091 Cölbe	T: 06241/8007-0 F: 06241/8007-22	Zisternen, Zulaufüberwachung, PE-Tanks, Filter
WISY, Brachttalstr. 18, 63699 Kefenrod	T: 06054/1527 F: 06054/6556	Filtersysteme, Hauswasserwerke
MIELE & Cie. GmbH & Co., Postfach, 33325 Gütersloh	T: 05241/89-0 F: 05241/89-2090	Waschmaschine für kombinierten Anschluß von Regen- und Trinkwasser
Barthauer Software GmbH (Dipl.-Ing. Jürgen Barthauer), Schreberweg 26, 38108 Braunschweig	T: 0531/235330 F: 0531/353600	Software für die Wasserwirtschaft
LOKUS GmbH, Wasserrecycling, Silbersteinstraße 97, 12051 Berlin,	T: 030/6253167 F: 030/6267155;	Grauwasserrecyclingsanlagen, Tauchtropfkörper, Sandfilterkaskaden
Protec GmbH, Parksteiner Str. 51, 92637 Weiden	T: 0961/670060 F: 0961/6700620	Kompaktkläranlagen mit Feststofftrennung (Rotte), u.a. für Schienenfahrzeuge etc.
Martin-Elektrotechnik, Buchwaldstr. 53, 97769 Bad Brückenau		Warmwasseranschluß, Vorschaltgeräte
Energie-Beratung-Service, Tirolerstr. 61, 60569 Frankfurt		Warmwasseranschluß, Vorschaltgeräte
Olfs & Ringen, Hauptstr. 28, 27412 Breddorf		Warmwasseranschluß, Vorschaltgeräte
Sternberg Elektro- und Solartechnik, Friedrichstr. 26, 32791 Lage		Warmwasseranschluß, Vorschaltgeräte
Fa. Logistik, Röttenbacherstr. 46, 91325 Adelsdorf		Softwareprogramm „Raining" zur Berechung von Regenwassernutzungsanlagen
Zeiss Neutra GmbH, Robert-Gerwig-Str. 11, 78315 Radolfzell	T: 07732/9994-10 F: 07732/9994-44	Neutra-Abscheidetechnik Öl- und Benzinabscheider

6. Quellen und weiterführende Literatur

ABEL, MEINHARD (1993): Abgabenrechtliche Aspekte der Regenwasserversickerung und Regenwassernutzung in: Kommunale Umwelt-Aktion [Hrsg.] Schriftenreihe der Kommunalen Umwelt-Aktion Heft 16, Hannover: 66-71.

ADAMS, RAINER (1993): Flächendeckende Umsetzung der Regenwasserversickerung in der Praxis am Beispiel Hameln/ Thündern.- in: Kommunale Umwelt-Aktion [Hrsg.] Schriftenreihe der Kommunalen Umwelt-Aktion Heft *16*, Hannover: 53-59.

AFFIFI, S. (1990): Die Elimination von Halogenphenolen aus wässriger Lösung durch bepflanzte Bodenfilter.- Diss. an der Gesamthochschule Kassel, Fachbereich Landwirtschaft.

AHEL, MARIJAN, THOMAS CONRAD & WALTER GIGER (1987): Persistent Organic Chemicals in Sewage Effluents.- 3. Determinations of Nonylphenoxy Carboxylic Acids by High-Resolution Gas Chromatography/Mass Spectrometry and High-Performance Liquid Chromatography.- Environmental Science Technology *21*(7): 697-703.

AHEL, MARIJAN, J. MCEVOY & WALTER GIGER (1993): Bioaccumulation of the Lipophilic Metabolites of Nonionic Surfactants in Freshwater Organisms.- Environmental Pollution *79*: 243-248.

AHEL, MARIJAN, WALTER GIGER & CHRISTIAN SCHAFFNER (1994a): Behaviour of Alkylphenol Polyethoxylate Surfactants in the Aquatic Environment - I. Occurence and Transformation in Rivers.- Wat. Res. *28* (5): 1143-1152.

AHEL, MARIJAN, WALTER GIGER & M. KOCH (1994b): Behaviour of Alkylphenol Polyethoxylate Surfactants in the Aquatic Environment - I. Occurence and Transformation in Sewage Treatment.- Wat. Res. *28* (5): 1131-1142.

AHEL, MARIJAN, FRANK E. SCULLY, JÜRG HOIGNE & WALTER GIGER (1994c): Photochemical Degradation of Nonylphenol and Nonylphenol Polyethoxylates in Natural Waters.- Chemosphere *28* (7): 1361-1368.

AHEL, MARIJAN, D. HRSAK & WALTER GIGER (1994d): Aerobic Transformation of Short-Chain Alkylphenol Polyethoxylates by Mixed.- Archiv Environ. Contam. Toxicol. *26*: 540-548.

AHLERS, J. (1994): Methoden zur Ermittlung des ökologischen Risikos von Stoffen mit Bezug zu den betreffenden - Jahrestagung der Gesellschaft Deutscher Chemiker, Tagungsbeitrag.

AHRENS, A. & J. LOHSE (1993): Mittel und Wege - Bei der Klärschlammentsorgung dürfen die stoffwirtschaftlichen Ziele nicht aus den Augen verloren werden.- Müllmagazin 1/93: 57-62.

ALBRECHT, W. (1988): Regenwasserversickerung - Ein Verfahren zur Sanierung überlasteter Kanalisationssysteme.- Diplomarbeit am Inst. WAR, TH Darmstadt.

ALTHAUS, W. U. SÖRENSEN, O. (1971): Untersuchungen über den Gehalt der Vorfluter an krebserregenden Stoffen und die Beeinflussung dieses Gehaltes durch Abschwemmungen von bestimmten Straßenbelägen.- Schriftenreihe. DZW H. 19. Berlin.

ANONYMUS (1994): Ein Ozean von Hormonen.- Spiegel *20*/94: 224-226.

ANONYMUS (1994): Bedeutung und mögliche Ausgestaltung einer Abwassergabe für Indirekteinleiter.- Umwelt 12/94: 459.

ARBEITSKREIS „WIRKUNGSSTUDIE" DER GESELLSCHAFT DEUTSCHER CHEMIKER [Hrsg.] (1991): Studie über Wirkungen und Qualitätsziele von Nährstoffen in Fließgewässern.- Academia, Skt. Augustin, 830 S.

ARNSBERG, H. Maus (1994): Abwasserbehandlung im ländlichen Raum.- Berichte der Abwassertechnischen Vereinigung e.V. 44: 203-220.

ARRHENIUS, ERIC (1992): Population, Development and Environmental Disruption - An Issue on Efficient Natural-Resource.- AMBIO Vol. 21 No. 1.

ARRHENIUS, ERIC (1993): Closing Linear Flows of Carbon through a Sectoral Society: Diagnosis and Implementation.- AMBIO Vol. 22 No. 7.

ATV (Abwassertechnische Vereinigung) (1977): Arbeitsblatt A 128: Richtlinien für die Bemessung und Gestaltung von Regenentlastungen in Mischwasserkanälen.- Gesellschaft zur Förderung der Abwassertechnik (GFA): 1-50.

ATV [Hrsg.] (1982): Lehr- und Handbuch der Abwassertechnik, Bd. I Wasserwirtschaftliche Grundlagen.- Wilhelm Ernst & Sohn, Berlin, München; 3.Aufl.

ATV LHB (1983): Lehr- und Handbuch der Abwassertechnik Bd.3.- Wilhelm Ernst & Sohn, Berlin, München.

ATV Fachausschuß Instrumente z. Handhabung d. Abwasserabgabengesetz (1988): Wirksamkeit des Abwasserabgabengesetzes für die Reinhaltung der Gewässer - Informationssysteme zur Darstellung der Wirksamkeit der Abwasserbehandlung für die Reinhaltung der Gewässer; Abschlußbericht des Forschungsvorhabens des ATV-Fachausschusses 2.4;.- Dokumentation und Schriftenreihe der ATV aus Wissenschaft und Praxis; 18 (Ges. zur Förderung d. Abwassertechnik (GFA), St. Augustin: VIII): 118 S.

ATV (1989): Behandlung von häuslichem Abwasser in Pflanzenbeeten, Hinweisblatt H 262.- ATV, St. Augustin.

ATV (1990): Arbeitsblatt A 138: Bau und Bemessung von Anlagen zur dezentralen Versickerung von nicht schädlich verunreinigtem Niederschlagswasser.- ATV, St. Augustin: 15 S.

ATV (1995): Arbeitsblatt A 262: Grundsätze für Bemessung, Bau und Betrieb von Pflanzenbeeten für kommunales Abwasser bei Ausbaugrößen bis 1000 Einwohnerwerte.- (Entwurf Dezember 95).

BACCINI, PETER, HANS DAXBECK, EMMANUEL GLENCK & GEORG HENSELER (1993a): Metapolis - Güterumsatz und Stoffwechselprozesse in den Privathaushalten einer Stadt.- Bericht 34 A des Nationalen Forschungsprogramms 'Stadt und Verkehr'; Zürich: 164 S.

BACCINI, PETER, HANS DAXBECK, EMMANUEL GLENCK & GEORG HENSELER (1993b): Metapolis - Güterumsatz und Stoffwechselprozesse in den Privathaushalten einer Stadt, Technischer Anhang.- Bericht 34 B (Techn. Anhang) des Nationalen Forschungsprogramm 'Stadt und Verkehr'; Zürich: 321 S.

BAHLO, KLAUS & GERD WACH (1993): Naturnahe Abwasserreinigung: Planung und Bau von Pflanzenkläranlagen.- 2.Aufl. Ökobuch Verlag, Staufen bei Freiburg: 137 S.

BAUMANN, H. (1956): Abwasserreinigung in der chemischen Industrie.- Berichte der d. ATV H. 7 (1956): 196 ff.

BAYERL, G. (1987): Zur Erforschung der Luft- und Wasserverschmutzung in vorindustrieller Zeit.- Siedlungsforschung 6: 199-204.

BBA (Biologische Bundesanstalt für Land- und Forstwirtschaft) [Hrsg.] (1992): Mengen der Wirkstoffe der im Jahr 1992 im Geltungsbereich des Pflanzenschutzgesetzes abgegebenen und der ausgeführten Pflanzenschutzmittel.- Braunschweig.

BBA (Biologische Bundesanstalt für Land- und Forstwirtschaft) [Hrsg.] (1992): Trendwende bei der Inlandsabgabe von Pflanzenschutzmitteln ? Neuste Zahlen zum Inlandsabsatz.- Braunschweig.

BECK, WILHELM (1989): Grund- und Trinkwasserbelastung im Bereich der Freiburger Wasserschutzgebiete.- in: Stadt Freiburg Umweltschutzamt, Presse- und Informationsamt [Hrsg.], Tagungsbericht Freiburger Umweltforen: Forum Wasser: 1-19.

BERNATZ, W. (1865): Das Geruchlosmachen, die jährliche Menge und der Wert des Abtrittdüngers - Ein Beitrag zur Cloakenfrage.- München.

BEURSKENS, J.E.M., H.J.WINKELS, J.DEWOLF & C.G.C.DEKKER (1994): Trends of priority pollutants in the rhine during the last fifty years.- Water Science & Technology 29(3): 77-85.

BIENERT, J. (1981): Wasserhaushalt in der Industrialisierung: Die Entstehung und Entwicklung des Industriegemäßen Wasserhaushalts im Berliner Raum - unter Betonung seiner Ausformung im 19. Jahrhundert auf dem Hintergrund gesellschaftlichen und wirtschaftlichen Wandels.- Unveröffentlichtes Manuskript: 534 S.

BIFFL, WERNER [Hrsg.] (1992): Wasser- und Abfallwirtschaft in dünn besiedelten Gebieten - Ottenstein, 27. - 30.4.1992.- Wiener Mitteilungen Bd. 103; Univ. für Bodenkultur, Inst. für Wasservorsorge, Gewässergüte und Fischereiwirtschaft, Wien.

BILLETER, REGULA CH., BRIGITTA ZÜST & ANDREAS SCHÖNBORN (1996): Constructed wetlands for wastewater treatment in Switzerland.- Zentrum für angewandte Oekologie, Schattweid (in print).

BLUME, H.P. & R. HORN (1982): Belastung und Belastbarkeit Berliner Rieselfelder nach einem Jahrhundert Abwasserberieselung.- Zeitschrift für Kulturtechnik und Flurbereinigung 23: 236-248.

BOLLER, MARKUS (1994): Small Wastewater Treatment Plants - A Challenge To Wastewater Engineers.- 11 S., EAWAG, Dübendorf. (accepted manuscript for the Proceedings of the 3rd Conference on „Small Wastewater Treatment Plants", IAWQ).

BONNE, GEORG (1904): Die Notwendigkeit einer systematischen Dezentralisation unserer Großstädte in hygienischer und sozialer Beziehung.- Monatsschrift für soziale Medizin.

BONNE, GEORG (1912): Die Klagen der deutschen Binnenfischer über die zunehmende Verunreinigung unserer Gewässer nebst den Mitteln und Wegen zur Abhilfe derselben.- Verhandlungen des Internationalen Vereins zur Reinhaltung der Flüsse, des Bodens und der Luft 30: 192 S.

BORGWARDT, S. (1994): Belastung von Grundwasser und Boden bei der Versickerung von Niederschlägen ?.- Korrespondenz Abwasser 4: 530-540.

BOSSEL, HARTMUT (1995): Grundprinzipien nachhaltiger Entwicklung und Bedingungen der Umorientierung.- EcoSys Bd. 3: 11-14.

BOURKE, JOHN GREGORY (1992): Das Buch des Unrats.- (aus dem Englischen: 1891: Scatologic Rites of all Nations).

BRAND, EVA-MARIA (1994): Vakuumentwässerungstechnologie.- Umweltbundesamt Abschlußbericht II 1.1 - 2044 1 - 15/16 (Investitionen zur Vermeidung von Umweltbelastungen: Programm des Bundesminister für Umwelt,.

BRAUNBECK, THOMAS (1994): Subletale Effekte von Kontaminanten in biologischen Systemen.- Jahrestagung der Gesellschaft Deutscher Chemiker, Tagungsbeitrag.

BRINKER, L. (1992): Bilanzierung abwasserrelevanter Stoffe und ökologische Bewertung der Abwasserfrachten und der Abwassersituation im Universitätsklinikum Freiburg.- Diplomarbeit, A.L.-Univ. Freiburg, 120 S.

BULLERMANN, M., U. BUSWEILER, B. KLEIN, R. REXROTH & W. SELL-FORD (1989): Regenwassernutzung in privaten und öffentlichen Gebäuden - Qualitative und quantitative Aspekte, technische Anlagen.- Schriftenreihe WAR 40, Institut für Wasserversorgung, Abwasserbeseitigung und Raumplanung der TH Darmstadt.

BUND [Hrsg.] (1990): Häusliches Abwasser - dezentral entsorgt, BUND Seminar 1990, Buchholz in der Nordheide.- Eigenverlag, BUND, Niedersachsen.

BUNDESGESUNDHEITSAMT (1994): Über Trinkwasserbefunde mit Arzneimittelrückständen.- Pressemitteilung vom 30.4.94.

BUNDESMINISTERIUM FÜR RAUMORDNUNG, BAUWESEN UND STÄDTEBAU [Hrsg.] (1993): Umweltgerechtes Bauen und ökologisches Planen.- in: Forschungsvorhaben des Experimentellen Wohnungs- und Städtebaus, Bonn: 79 S.

BUNDESUMWELTMINISTERIUM [Hrsg.] (1994): Bericht über den Stand des Gewässerschutzes in der Bundesrepublik Deutschland.- Umwelt 12/94 (Sonderbeilage): 12 S.

BURKA, U. & P.C. LAWRENCE (1990): A new community approach to wastewater treatment with higher water plants.- in: Cooper, P.F. & B.C. Findlater [Hrsg.]: Constructed wetlands in Water Pollution Control. Advances in Water Pollution Control, Pergamon Press, Oxford: 359-371.

BUTTSTEDT, R. (1986): Beschaffenheit der Abwässer aus dem Campus und dem Klinikum der Universität Mainz.- Wasser + Boden 5: 233-238.

BUYSCH, HANS-PETER (1989): Öffentliche Abwasserbeseitigung im ländlichen Raum, hrsg. vom Landesamt für Wasser u. Abfall, Nordrhein-Westfalen.- LWA, Düsseldorf 32: 1-5.

BÖRNER, T. (1992): Einflußfaktoren für die Leistungsfähigkeit von Pflanzenkläranlagen.- Dissertation an der TH Darmstadt; Schriftenreihe WAR 48.

BÜRGERAKTION „Das bessere Müllkonzept" Bayern e.V. [Hrsg.] (1995): Klärschlamm: woher ? wohin ? was tun ?.- Universitäts-Verlag, Ulm: 120 S.

BÜSCHENFELD, JÜRGEN (1994): Städte- und Gewässerhygiene in Preußen 1870-1918 - Eine Fallstudie zur historischen Umweltforschung.- Dissertation, Bielefeld.

BÜTTNER, SEBASTIAN & ERNST UDO SIMONIS (1994): Wasser - ein globales Umweltproblem.- WZB, Forschungsschwerpunkt Technik, Arbeit, Umwelt, Berlin, 17 S., 5 Bl.

CADBURY, DEBORAH (1994): Attacke auf die Manneskraft.- Manuskript der Fernsehsendung vom 6.3.94, Serie: „Abenteuer Wissenschaft" in: SW III.

CALMANO, WOLFGANG & ALEXANDER GRÖNGRÖFT (1990): Schadstoffemissionen aus dezentralen Kläranlagen.- in: BUND Niedersachsen [Hrsg.]: Häusliches Abwasser - dezentral entsorgt, BUND Seminar 1990, Buchholz in der Nordheide.

CARLSEN, E., A.GIVERCMAN, N. KEIDING & N.E. SKAKKEBAEK (1992): Evidence for decreasing quality of semen during past 50 years.- Brit. Med.J 305: 609-613.

CHADWICK, E. (1842): Report on the Sanitary Condition of the Labouring Population of Great Britain.- BPP (HL-) Vol XXVI (Reprint: IUPS, Health, General 3).

CHILD, G.W. & R. RUGE (1866): Die Kanalisierung der Städte. Vom Standpunkt der neuesten Forschungen (Übersetzung).- Berlin.

CIBA GEIGY (1977): Wissenschaftliche Tabellen Geigy, Teilband Körperflüssigkeiten, 8.Aufl.- Basel.

CICHOROWSKI, GEORG; BERNHARD MICHEL & DORIS ZORN (1986): Möglichkeiten der Trinkwassereinsparung in Haushalten, Kleingewerbe und öffentlichen Einrichtungen. Studie im Auftr. d. Hess. Ministers für Umwelt u. Energie.- Hess. Minister für Umwelt u. Energie, Wiesbaden: 8, 142 S.

CLASSEN, HUGO (1892): Bedenkliche Folgen der Schwemmkanalisation.- Zeitschrift des landw. Vereins in Bayern (8). Pössenbächer, München.

CLASSEN, HUGO (1898a): Neue Untersuchungen über die Grenzen hydrometrischen Werte der Selbstreinigung fliessender Gewässer.- Gesundheit 23 (24): 375-384.

CLASSEN, HUGO (1898b). Zur Selbstreinigung der Flüsse.- Gesundheit 23 (1): 1-3.

CLASSEN, HUGO (1898c): Städtereinigung.- Vortrag, Leipzig.

CLASSEN, HUGO (1899a): Gutachten über die drohende Verunreinigung des Rheinstroms.- Gesundheit 24: 51- 58.

CLASSEN, HUGO (1899b): Neue Untersuchungen über die Grenzen und hydrometrischen Werte der Selbstreinigung fließender Gewässer.- Gesundheit 23: 375- 384.

CLASSEN, HUGO (1901): Bedeutungsvolle Fortschritte in der Unterbringung der städtischen Abfallstoffe.- Oesterreich. Moorzeitung 9-11.

COHN, F. (1853): Über lebendige Organismen im Trinkwasser.- Günsburg'sche Zeitschr. klin. Med. 4: 229-237.

COHN, F. (1870): Über den Brunnenfaden (Crenothrix polyspora) mit Bemerkungen über die mikroskopische Analyse des Brunnenwassers. 20 Abb.- Beiträge zur Biologie der Pflanzen 1,1: 108-132.

COHN, F. (1882): Gutachten über die Abwässer verschiedener Rübenzuckerfabriken im Winter 1881, erstattet aufgrund mikroskopischer Untersuchungen.- Beiheft zur Zeitschrift des Vereins für die Rübenzuckerindustrie des deutschen Reiches: 21 ff.

COHN, F. (1886a): Gutachten über die Abwässer verschiedener Zuckerfabriken, erstattet aufgrund mikroskopischer Untersuchungen im Winter 1884/85.- Magdeburg.

COHN, F. (1886b): Ergebnisse der in der Campagne 1884 bis 1885 angestellten amtlichen Versuche über die Wirksamkeit verschiedener Verfahrungsweisen zur Reinigung der Abflußwässer aus Rohrzuckerfabriken.- Zeitschrift der Ver. f. Rübenzuckerindustrie d. dtsch. Reiches. Magdeburg.

COHN, F. (1888): Bericht über die mikroskopische Untersuchung der nach dem Hulwaschen Verfahren gereinigten Fabrikabwässer der Zuckerfabrik Waizenroden in Schlesien.- Beiheft zur Zeitschrift des Vereins für die Rübenzuckerindustrie des deutschen Reiches.

COLBORN, THEO & CORALIE CLEMENT [Hrsg.] (1992): Chemically-Induced Alterations in Sexual and Functional Development: The Wildlife/Human Connection.- Princeton Scientific Publishing Co., Inc., Princeton, New Jersey: 403 S.

COMUNE DI SAN BONIFICIO PROVINCIA DI VERONA [Hrsg.] (1992): Acque reflue civili e agricole.- Comune di san Bonificio Provincia di Verona [Hrsg.], San Bonifacio, 164 S.

CORBIN, A. (1984): Pesthauch und Blütenduft - Eine Geschichte des Geruchs.- Berlin (Französische Originalausgabe: Paris 1982).

COSTNER, PAT (1986): We all live downstream - For everyone who wants clean water ... A guide to waste treatment that stops water pollution.- Waterworks Publishing Company, Eureka Springs, Arkansas.

DARROW, KEN & MIKE SAXENIAN (1986): Appopriate Technology Sourcebook - A guide to practical books for village and small community technology.- A Volunteers in Asia Production, USA. 800 S.

DORAU, W. & J.M. LOPEZ-PILA (1994): Neue Strategie zur Bekämpfung der Eutrophierung und zur Entfernung von Krankheitserregern in kommunalen Abwässern mittels Mikrofiltration.- Umwelttechnologie Aktuell 5: 193-203, 317-325.

DVWK [Hrsg.] (1994): Verminderung des Stickstoffaustrags aus landwirtschaftlich genutzten Flächen in das Grundwasser - Grundlagen und Fallbeispiele.- Schriftenreihe des Deutschen Verbandes für Wasserwirtschaft und Kulturbau e.V.; H. 106: 116 S.

EAWAG (1979): Regionale abwassertechnische Studie Glattal, Teile I-III.- Dübendorf.

EBERLEIN, KLAUS (1994): Gefährdung des Ökosystems Nordsee durch anthropogene Stickstoff- und Phosphoreinträge.- Zentralblatt für Hygiene und Umweltmedizin 196(4): 285-311.

ERBE, THOMAS (1994): Der Beitrag von Arzneimitteln zur AOX-Belastung im Abwasser von Kliniken und Krankenhäusern.- Diplomarbeit an der Fachhochschule Gießen Friedberg, Fachbereich Techn. Gesundheitswesen.

ETNIER, CARL & BJÖRN GUTERSDAM [Hrsg.] (1991): Ecological Engineering for Wastewater Treatment, Proceedings of the International Conference, 24.-28.März.- 365 S.

EULENBERG, H. [Hrsg.] (1884): Gutachten der Königlichen wissenschaftlichen Deputation für das Medicinalwesen in Preußen betr. d. Liernur'sche Reinigungsverfahren in Städten.- Vierteljahrsschrift für gerichtl. Med. u. öff. Sanitätswesen, Suppl. 40, Berlin.

EVANS, J.E. (1990): Tod in Hamburg.- Rowohlt, Reinbeck b. Hamburg (Englische Originalausgabe 1987).

EWICH, OTTO (1873): Schwemm-Canäle oder Liernur ? Der heutige Standpunkt der Städtereinigungs-Frage.- Correspondenz-Blatt des Niederheinischen Vereins für öffentliche Gesundheitspflege, Mayer (Köln & Leipzig) 2: 78 u. 159.

FACCINI, P. (1992): Fitodepurazione, Atti del Convegno: „Acque Reflue Civile E Agricole".- Comune di San Bonifacio, Provinca di Verona, 3 Luglio 1992, Sala Civica, Via G. Marconi.

FEHR, G. & H. SCHÜTTE (1990): Leistungsfähigkeit intermittierend beschickter, bepflanzter Bodenfilter.- Schriftenreihe Wasserversorgung, Abwasserbeseitigung und Raumplanung der Technischen Hochschule Darmstadt Bd. 48.

FEHR, GÜNTER (1992): Entwicklung eines Bewertungsverfahrens zur Frage der zentralen oder dezentralen Abwasserreinigung im ländlichen Raum.- Univ. Witten/Herdecke, Witten: 189 S.

FENT, KARL (1995): Wirkungen von Spurenstoffen.- EAWAG News 40D: 8-12.

FICHTNER, BERATENDE INGENIEURE (1994): Least-Cost Planning bei Haushalten und Kleinverbrauchern in Baden-Württemberg.- Akademie für Technikfolgenabschätzung in Baden-Württemberg, Projekt: „Klimaverträgliche Energieversorgung in Baden Württemberg" Arbeitsbericht 23, IX + 68 S.

FISCHER, HERMANN (1993): Plädoyer für eine Sanfte Chemie. Über den nachhaltigen Gebrauch der Stoffe.- Reihe Sanfte Chemie, Verlag C.F. Müller, Karlsruhe, Alembik Verlag, Braunschweig: 212S.

FLUK, WOLFGANG, HANS-GEORG ENGLER & W. PHILIPP (1992): Untersuchungen zur Bewertung unterschiedlicher Toilettensysteme aus hygienischer Sicht.- UBA-Texte 32/92 (Forschungsbericht 103 01 253): 300 S.

FRANK, FRIEDRICH (1953): Skizzen zur Geschichte der Hygiene.- Schweiz. Spenglermeister- und Installateur-Zeitung, Zürich, 350 S.

FRITSCHE, U., HÜTTENHAIN, S.H. (1994): A methode for analysis of fluorotensides.- Chemosphere 29: 1797-1802.

FUJITA, S. (1987): Experimental Sewer System, its Application and Effects.- Proceedings of the 4th International Conference on Urban Storm Drainage, Lausanne.

FURTMANN, KLAUS (1993): Phthalate in der aquatischen Umwelt.- LWA Materialien 6/93.

FÖRDERKREIS F. UNIV. UMWELTBILD. U. UMWELTFORSCH. BERLIN-BRANDENBURG E.V. [Hrsg.] (1995): Abwasserentsorgung in den neuen Bundesländern; Tagung 10.-11.11.94 in Berlin.- Förderkreises f. univ. Umweltbild. u. Umweltforsch. Berlin-Brandenburg e.V.

GALLOWAY, J.N., W.H.SCHLESINGER, H.LEVY II, A. MICHAELS & J.L.SCHNOOR (1995): Nitrogen fixation: Anthropogenic enhancement-environmental response.- Global Biogeochemical Cycles 9(2): 235-252.

GARBRECHT, G. (1985): Wasser - Vorrat, Bedarf und Nutzung in Geschichte und Gegenwart.- Rowohlt Taschenbuch (7724), Reinbek bei Hamburg, 279 S.

GARTISER, S., L. BRINKER, A. UHL, R. WILLMUND, K. KÜMMERER & F. DASCHNER (1994): Untersuchung von Krankenhausabwasser am Beispiel des Universitätsklinikums Freiburg.- Korrespondenz Abwasser 9/94: 1618-1624.

GARTISER, S. UND BRINKER, L. (1995): Abwasserbelastende Stoffe und Abwassersituation in Kliniken.- Bericht für das Umweltbundesamt F + E Vorhaben Nr. 10206514.

GATH, B.; W. JAESCHKE; R. KUBIAK; F. SCHMIDER & E. ZIETZ (1993): Depositionsmonitoring von Pflanzenschutzmitteln: Teil 2 Süddeutscher Raum.- in: Nachrichtenbl. Deutsch. Pflanzenschutzd. 45 (7): 134-143.

GAWEL, ERIK & DIETER EWRINGMANN (1994): Abwasserabgabe auf Indirekteinleiter - Bedeutung und mögliche Ausgestaltung (Kurzfassung Forschungsbericht UBA-Fb 94-128).- Duncker & Humbolt, Berlin.

GEIGER, W. & H. DREISEITL (1995): Neue Wege für das Regenwasser - Handbuch zum Rückhalt und zur Versickerung von Regenwasser in Baugebieten.- Oldenbourg, München, 293 S.

GEILER, NICK (1994): Die wahren Knackpunkte erkennen - Den Umweltgefahren begegnet die Ökologiebewegung häufig mit falscher Schwerpunktsetzung.- in: Politische Ökologie - Naturtrüb oder glasklar ? Sonderheft 5: 30-33.

GELFORT, PETRA, WOLFGANG JAEDICKE, BÄRBEL WINKLER & HELLMUT WOLLMANN (1993): Ökologie in den Städten.- Birkhäuser, Basel: 214 S. (Stadtforschung aktuell Bd. 39).

GELLER, G., R.NETTER, K.KLEYN & A. LENZ (1992): Bewachsene Bodenfilter zur Reinigung von Wässern - Ergebnisse und Empfehlungen aus einem 5-jährigen BMFT-Forschungsvorhaben.- Korrespondenz Abwasser 6: 886-889.

GERADIN, R. (1873): Rapport sur l'altération, la corruption et l'assainissement des rivières.- Archives des missions scientifiques et littéraires. Choix de rapports et instruction publique sous les auspices du ministére de l'instr. publ. des cult. et des beaux-arts. 3. serie, t. I: 461-524.

GIGER, W. , P.H. BRUNNER & C. SCHAFFNER (1984): 4-nonylphenol in sewage sludge: accumulation of toxic metabolites from nonionic surfactants.- Science 225: 623-625.

GIGER, W., M. AHEL, M. KOCH, H.U. LAUBSCHER, C. SCHAFFNER & J. SCHNEIDER (1987): Behaviour of alkylphenol polyethoxylate surfactants and of nitrilotriacetate in sewage treatment.- Water Sci. Technol. 19(3-4): 449-460.

GIGER, WALTER (1995): Spurenstoffe in der Umwelt.- EAWAG News 40D: 3-7.

GILBERT, P.A. & KLEISER, H.H. (1988): Beurteilung der Umweltverträglichkeit von LAS.- Tenside, Detergents 25 (2): 128-133.

GIULIANI, F. (1995): Genotoxizität von Abwasserproben eines Universitätsspitals.- Dissertation, ETH Zürich, 105 S.

GIWERCMAN, A. & N.E. SKAKKEBEAK (1992): The human testis - an organ at risk?.- Int. J. Androl. 15: 373-375.

GLÜCKLICH, DETLEF & G. KÖHN (1992): Praxisuntersuchung über die Leistung verbesserter dezentraler Kleinkläranlagen (i.A. d. Niedersächsischen Landesamtes für Ökologie.- IDA e.V., Buchholz in der Nordheide.

GODA, T. (1991): Management and status of Japanese public Waters.- Water Science & Technology 23 (1-3): 1-10.

GOLWER, A. & W. SCHNEIDER (1979): Belastung des unterirdischen Wassers mit anorganischen Spurenstoffen im Gebiet von Straßen.- gwf Wasser/Abwasser 10: 461-467.

GOLWER, A. & W. SCHNEIDER (1982): Belastung des Grundwassers mit organischen Stoffen im Gebiet von Straßen.- gwf Wasser/Abwasser 7: 330-342.

GOUBERT, J.P. (1988): The Development of water and Sewerage Systems in France, 1850-1950.- in: Dupuy, G. & Tarr, J.A.; Technology and the Rise of the Networked City in Europe and America, Philadelphia.

GRADL, T. & A. LENZ (1994): Hygienisierung von gereinigtem Abwasser mit bewachsenen Bodenfiltern.- Korrespondenz Abwasser 12: 2250-2251.

GRAHN, E. (1899): Die städtische Wasserversorgung im Deutschen Reiche sowie in einigen Nachbargebieten.- 2 Bde, München, Leipzig (1899 u. 1902).

GROSSER, G. (1990): Anforderungen zur Behandlung von Krankenhausabwasser.- Wasser + Boden 8, 536-539.

GROTEHUSMANN, D., A. KHELIL, F. SIEKER & M. UHL (1992): Naturnahe Regenwasserentsorgung durch Mulden- und Rigolen-Systeme.- Korrespondenz Abwasser 5: 666 -687.

GROTEHUSMANN, D., R. ROHLFING, G. WEYER, D. DITTRICH, P. GOWIK & P. PERNAK (1993): Literaturstudie: Vorkommen von organischen Schadstoffen und Schwermetallen im Regenwasserabfluß und ihr Verhalten in der ungesättigten Bodenzone.- Abschlußbericht zum BMFT-Verbundprojekt 02 WT 89010.

GROTHEHUSMANN, DIETER (1993): Qualitätsaspekte der Regenwasserversickerung.- in: Kommunale Umwelt-Aktion [Hrsg.] Schriftenreihe der Kommunalen Umwelt-Aktion Heft 16, Hannover 3-18.

GROTTKER, M. (1987): Regenwasserbehandlung in Trennsystemen.- Mitteilungen des Instituts für Wasserwirtschaft der Uni Hannover, Heft 66.

GRUBER, O.V. & L. BRUNNER (1871): Kanalisation oder Abfuhr ? Eine staatswirtschaftliche Frage, nebst einem neuen experimentell erprobten Vorschlage zur Verarbeitung der menschlichen Excremente.- Berlin.

GRÜNEBAUM, THOMAS (1990): Bericht „6 Tage in Japan unterwegs".- Korrespondenz Abwasser 10: 1138-1140.

GUNKEL, GÜNTER (1994): Bioindikation in aquatischen Ökosystemen.- Gustav Fischer, Jena, Stuttgart: 540 S.

GÖLZ, E. (1994): Bed degradation - nature causes countermeasures.- Water Science & Technology 29(3): 325-333.

HABERL, R., R. PERFLER & H. MAYER (1994): Constructed Wetlands In Europe.- Proceedings of the 4th International Conference of Wetland-Systems for water pollution control in Nov.1994 in Guangzhou: 36-47.

HABERL, R. & R. PERFLER (1994): Pilotanlagen zur Abwasserreinigung mit Pflanzen; 3. Zwischenbericht für 1993.- Amt der Oberösterreichischen Landesregierung.

HAMLIN, CHRISTOPHER (1991): A Science of Impurity; Water Analysis in Nineteenth Century Britain.- University of California Press, Berkley & Los Angeles: 342 S.

HARDER, H. et al. (1981): Tenside.- Detergents 18: 246.

HEATHWAITE, A.L., P.J. JOHNES & N.E. PETERS (1996): Trends in nutrients.- Hydrological Processes 10: 263-293.

HEDIGER, HERBERT (1991): Wasser- und Energieverbrauch von Mischarmaturen.- Eidgenössische Drucksachen- und Materialzentrale. Bern, 39 S.

HELLMANN, HUBERT (1994): Load trends of selected chemical parameters of water quality and of trace substances in the river rhine between 1955 and 1988.- Water Science & Technology 29(3): 69-76.

HERRMANN, R., J. DAUB & T. STRIEBEL (1992): Qualitative Beurteilung der Niederschlagsabflüsse.- Schadstoffe im Regenabfluß II, Präsentation eines BMFT-Verbundprojektes.- Schriftenreihe des Institut für Siedlungswasserwirtschaft der Uni Karlsruhe 64: 113-145.

HESSISCHES MINISTERIUM FÜR UMWELT, ENERGIE UND BUNDESANGELEGENHEITEN [Hrsg.] (1994): Nutzung von Regenwasser: Empfehlungen zur Nutzung in privaten und öffentlichen Gebäuden.- 7. Aufl., Wiesbaden.

HEUSER, L. (1989): Abflußreduzierung durch Regenwasserrückhalt in bebauten Einzugsgebieten.- Diplomarbeit am Inst. für konstruktiven Wasserbau der TH Darmstadt.

HEYWORTH, A. (1996): Composting creates a new solution for pharmacentical organic waste.-Pharmacentical Technology 8 (6): 17-19.

HIGNITE, C. & D.L. AZARNOFF (1977): Drugs and drug metabolites as environmental contaminants: chlorophenoxyisobutyrate and salicylic acid in sewage water effluent.- Life Sciences 20: 337-342.

HINGST, V., K.M. KLIPPEL & H.-G. SONNTAG (1995): Untersuchungen zur Epidemiologie mikrobieller Biozidresistenzen.- Zbl. Hyg. 197: 232-251.

HIRTH, ANTJE & ANDREAS SCHÖNBORN (1994): Verteilung und Bindungsformen von Phosphor- und Eisen im Pflanzenfilter Schattweid.- Zentrum für Angewandte Ökologie Schattweid 8/94.

HOBRECHT, J. (1869a): Die Kanalisation von Städten, vom bautechnischen und finanziellen Standpunkte unter Berücksichtigung der Verwendung des Kanalwassers zur Berieselung von Aeckern.- Deutsche Vierteljahresschrift für öffentliche Gesundheitspflege 1: 105-114.

HOBRECHT, J. (1869b): Über Reinigung und landwirtschaftliche Nutzbarmachung des Kanalwassers.- Deutsche Vierteljahresschrift für öffentliche Gesundheitspflege 1: 56-85.

HOBRECHT, J. (1869c): Das Liernur'sche System und seine Anwendung in Prag.- Deutsche Vierteljahresschrift für öffentliche Gesundheitspflege 1: 552-566.

HOLLIGER, C. & R.P. SCHWARZENBACH (1995): Umwandlungen von organischen Verunreinigungen in sauerstofflosen Sedimenten.- EAWAG-News 38D: 13-16.

HOLLÄNDER, R., D. BLOCK & C. WALTER (1993): Hygienische Aspekte bei der Wäsche mit Regenwasser.- Forum Städte-Hygiene 44: 252-256.

HOLLÄNDER, R. (1994): Elektrische Steckdosen sind für Kinder viel gefährlicher. Pro-Argumente aus hygienischer Sicht für die Nutzung von Dachablaufwasser. - Sanitär- und Heizungstechnik 9: 106-110.

HOPPE, PETER (1985): Einsparung von Wasser und Energie durch geeignete Armaturen - Schlußbericht; Forschungsvorhaben Wasser 10202502.- Umweltbundesamt, Berlin: XIV, 178 S.

HOUK, V.S. (1992): The genotoxicity of industrial wastes and effluents.- Mutat. Res. 277: 131-138.

HUBER, J., G. MÜLLER & S. OBERLÄNDER (1996): Das Niedrigenergiehaus - ein Handbuch mit Planungsregeln zum Passivhaus. - Kohlhammer, Stuttgart, 144 S.

HÄFNER, M. (1994): Überprüfung von Pflanzenschutzmittel-Befunden im Wasser unter Verwendung einfacher Plausibilitätskriterien.- in: Gesunde Pflanzen, 46(6): 189-202.

IBEN, O (1895): Zusammenstellung der Abgabebestimmungen, Wasserpreise, Bedingungen für die Herstellung der Hausleitungen, sowie der ortspolizeilichen Vorschriften für die Wasserversorgung in 137 Städten.- München.

IFS (Institut für Stadtforschung und Strukturpolitik GmbH) [Hrsg.] (1990): Forschungsfeld 'Stadtökologie und umweltgerechtes Bauen' im Rahmen des BMBau-Ressortforschungsprogramms 'Experimenteller Wohnungs- und Städtebau'.- in: Info Stadtökologie Nr. 5: 60S.

IFS (Institut für Stadtforschung und Strukturpolitik GmbH) [Hrsg.] (1991a): Forschungsfeld 'Stadtökologie und umweltgerechtes Bauen' im Rahmen des BMBau-Ressortforschungsprogramms 'Experimenteller Wohnungs- und Städtebau'.- in: Info Stadtökologie Nr. 6: 30S.

IFS (Institut für Stadtforschung und Strukturpolitik GmbH) [Hrsg.] (1991b): Forschungsfeld 'Stadtökologie und umweltgerechtes Bauen' im Rahmen des BMBau-Ressortforschungsprogramms 'Experimenteller Wohnungs- und Städtebau'.- in: Info Stadtökologie Nr. 7: 48S.

IKSR (Internationale Kommission zum Schutze des Rheins) [Hrg,] (1987): Aktionsprogramm 'Rhein'.- Straßburg: 28. S.

IKSR (Internationale Kommission zum Schutze des Rheins) [Hrg,] (1993): Statusbericht Rhein - Chemisch-physikalische und biologische Untersuchungen bis 1991: Vergleich Istzustand 1990 - Zielvorgaben.- in: Aktionsprogramm 'Rhein', Koblenz: Bericht Nr. 55, 64 S. & Bericht Nr. 49, 120 S.

IKSR (Internationale Kommission zum Schutze des Rheins) [Hrg,] (1994a): Bestandsaufnahmen der punktuellen Einleitungen prioritärer Stoffe.- in: Aktionsprogramm 'Rhein', Koblenz: Bericht Nr. 55, 64 S.

IKSR (Internationale Kommission zum Schutze des Rheins) [Hrg,] (1994b): Zusammenstellung des Wissens über Nährstoff- und Pflanzenschutzmitteleinträge über Dränrohre.- in: Aktionsprogramm 'Rhein', Koblenz: Bericht Nr. 57, 5 S.

IKSR (Internationale Kommission zum Schutze des Rheins) [Hrg,] (1994c): Defekte Kanalisationen - Sachstandsbericht.- in: Aktionsprogramm 'Rhein', Koblenz: Bericht Nr. 56, 19 S.

IKSR (Internationale Kommission zum Schutze des Rheins) [Hrg,] (1994d): Frachtabschätzung prioritärer Stoffe für die internationale Meßstation Bimmen/Lobith 1985, 1990 und 1992 - 1994.- in: Aktionsprogramm 'Rhein', Koblenz: Bericht Nr. 59, 9 S.

Illi, M. (1987): Von der Schissgruob zur modernen Stadtentwässerung.- (herausgegeben von der Stadtentwässerung Zürich); Neue Zürcher Zeitung, Zürich: 263 S.

Illi, M. (1993): Wasserentsorgung in spätmittelalterlichen Städten.- Die Alte Stadt 3: 221-228.

Illich, Ivan (1987): H_20 und die Wasser des Vergessens.- rororo aktuell 12131, Hamburg: 142 S.

Imhoff, K. (1990): Taschenbuch der Stadtentwässerung.- 27. Aufl.- Oldenbourg, München.

Isermann, K. (1991): Der Weg des Stickstoffs der Landwirtschaft bis in die Bevölkerung der Bundesrepublik Deutschland.- in: Gesellschaft Deutscher Chemiker [Hrsg.]: Studie über Wirkungen und Qualitätsziele von Nährstoffen in Fließgewässern, Academia, St. Augustin: 820-825.

Ishibashi, T. (1991): Perspective of water resources in Japan and in the world.- Water Science & Technology 23 (1-3): 11-18.

IWU (Institut Wohnen und Umwelt) [Hrsg.] (1991): Forschungsarbeit Ökologischer Mietwohnungsbau. Auswertung vorliegender Erfahrungen des ökologischen Bauens für den Mietwohnungsbau; Zwischenbericht zum 30.11.1991.- Darmstadt.

Janicke, W., G. Bringmann & R. Kühn (1969): Studies on adverse effects of non-ionic surfactants of polyethoxylate type on aquatic organisms.- Gesundheits-Ingenieur 90: 133-138.

Jansen, H. -J. (1988): Schwerabbaubare Stoffe im Rhein, aus holländischer Sicht.- GWF Wasser/Abwasser 129 (3): 203-207.

Jansen, Michael (1993): Mohenjo-Daro - Stadt der Brunnen und Kanäle; Wasserluxus vor 4500 Jahren.- Wirtschafts- und Verl.-Ges. Gas und Wasser, Bonn: 144 S.

Jobling, S. & J.P. Sumpter (1993): Detergent components in sewage effluent are weakly oestrogenic to fish.- Aquatic Toxicology 27: 661-672.

Jochims, Theo (1987): Untersuchungen zur Entwicklung einer neuartigen Verfahrenskombination zur Reinigung kommunaler Abwässer auf der Basis belüfteter Abwasserteiche durch Vorschaltung einer hochbelasteten technischen Stufe.- Ges. zur Förderung d. Siedlungswasserwirtschaft an d. RWTH, Aachen: XIII, 198, 58 S.

Jordan, B. (1987): Nachweis mikrobizider Wirkstoffe im Abwasser der Stadt Gießen vom Einleitungsort bis zum Klärwerk.- Krh. -Hyg. + Inf. verh. 6, 168-176.

Jäger, I. & G. Meyer (1995): Toxizität und Mutagenität von Abwässern der Textilproduktion.- Forschungsbericht 102 06 519, UBA-FB 95-045.

Jäger, I., S. Gartiser & R. Willmund (1996): Anwendung von biologischen Testverfahren an Abwässern der Textilindustrie.- Acta hydrochim. hydrobiol. 24: 22-30.

Kaiser, Michael (1990): Ermittlung, Festsetzung und Implementierung eines Preises für das Gut Wasser unter besonderer Berücksichtigung externer Effekte, in der Bundesrepublik Deutschland.- Müller Botermann, Köln: 325 S.

Kast, Hermann (1876): Reinigung und Entwässerung: Denkschrift der verehrlichen Bürgerschaft hiesiger Stadt vorgelegt.- Wagner, Freiburg i. Br.

Katalyse e.V. [Köln] (1993): Das Wasser-Buch - Trinkwasser und Gesundheit (2.Aufl.).- Kiepenheuer u. Witsch, Köln: 197 S.

Killer, A. & H. Schönberger (1993): Refraktäre Stoffe im Textilabwasser.- Textilveredlung 28(3): 1-11.

Kimerle, R.A. (1989): Aquatic and Terrestrial Ecotoxikology of Linear Alkylbenzene Sulfonate.- Tenside, Detergents 26 (2): 169-176.

Kirschbaum, Miko.U.F. (1995): The temperature dependence of soil organic matter decomposition, and the effect of global warming on soil C storage.- Soil. Biol. Biochem. 27(6): 753-760.

Klein (1982): Die Beschaffenheit der Niederschlagsabflüsse von Autobahnen.- Wasserwirtschaft 72 (2): 37-43.

Kluge, T. & E. Schramm (1988): Wassernöte. Zur Geschichte des Trinkwassers.- Kölner Volksblatt Verlag, Köln: 237 S.

Kluge, Thomas & Engelbert Schramm (1990): Greenpeace-Studie Wasser - Aquarius I, Landwirtschaft und Wasser - Konkurrenz oder Symbiose?; Ein Plädoyer für eine wassergerechte Landwirtschaft, Stand: 11/1990.- Greenpeace, Hamburg: 101 S.

Kluge, Thomas & Engelbert Schramm (1994): Der Wasserkreislauf in der Hydro(geo)logie und in der Siedlungswasserwirtschaft.- unveröffentl. Manuskript.

Kluge, Thomas & Aicha Vack (1994): Gebot der Stunde - Die Regelungen des Abfallrechts sollten auch für Abfälle zutreffen, die mit dem Wasser entsorgt werden.- Müllmagazin 3: 46-48.

Kluge, Thomas & Engelbert Schramm (1995): Wasser als Problem - Wasser als Politik: Eine Chronologie der Wasserdebatte in Deutschland.- in: Jahrbuch Ökologie, Beck, München: 227-238.

Koch, E. (1911): Die städtische Wasserleitung und Abwasserbeseitigung.- Jena.

Kocsis, Gabriela (1993): Wasser nutzen, verbrauchen oder verschwenden? - Neue Wege zu einem schonenden und sparsamen Umgang mit Wasser und einer naturnahen Abwasserreinigung, 3. Aufl.- Müller, Karlsruhe: 246 S.

Koenigs, Tom [Hrsg.] (1995): Minus 50 % Wasser möglich ! Einsparpotentiale beim Wasserverbrauch in Dienstleistungszentren und Bürogebäuden; Fallstudien aus der Praxis.- Blottner, Taunusstein: 108 S.

Koppe, P. & A. Stozek (1993): Gruppenparameter im kommunalen Abwasser. 3.- In: Kommunales Abwasser,Vulkan-Verlag, Essen; S. 59-226.

Kraft, H. (1987): Pflanzenkläranlagen: Grundlagen, Verfahrensvarianten, Praktische Erfahrungen.- Udo Pfriemer Buchverlag in der Bauverlag GmbH, Wiesbaden: 148 S.

KRAUTH, KH. & HAUBER, G. (1988): Gewässerbelastung durch Stickstoff und Phosphor aus dem Oberflächenabfluß von Straßen.- Korrespondenz Abwasser 35 (6): 558-562.

KREJCI, V., R. FANKHAUSER, S. GAMMETER, M. GROTTKER, B. HARMUTH, P. MERZ & W. SCHILLING (1994): Integrierte Siedlungsentwässerung - Fallstudie Fehraltorf.- Schriftenreihe der EAWAG 8: 268 S.

KREJCI, VLADIMIR, JÖRG LANGE & WOLFGANG SCHILLING (1992): Gewässerschutz bei Regenwetter.- Gaia 2: 72-83.

KROLL, RAINER, REINHARDT DIEKMANN & MARK LINDERT (1995): Behandlung von Bioabfall in Vergärungsanlagen - eine Marktübersicht.- EP 5/95.

KRUPKA, B.W. (1987): Dachbegrünungen - Aus der Praxis, für die Praxis.- Verlagsgesellschaft R. Müller, Köln.

KRUSCHE, PER, DIRK ALTHAUS, INGO GABRIEL & MARIA WEIG-KRUSCHE (1982): Ökologisches Bauen.- Bauverlag GmbH, Wiesbaden, Berlin: 360 S.

KUBO, TAKESHI (1991): Recent Developments in Wastewater Management in Japan.- Water Science & Technology 23: 19-28.

KUNZ, PETER M. (1995): Behandlung von Abwasser.- 4. Aufl., Vogel Buchverlag, Würzburg.

KURPAS, U. (1980): Wurzelraumentsorgung - Untersuchung eines nicht konventionellen Klärverfahrens anhand der Eliminationsleistung an einigen Mikroorganismen.- Diss. an der Universität Göttingen.

KYPKE-HUTTER, KARIN & RALF LIPPOLD (1990): Kontamination von Rheinfischen: Stammdaten.- in: Aktionsprogramm 'Rhein', Statusbericht Rhein 1990, Chemische Landesuntersuchungsanstalt Freiburg: 36 S.

KÖNIG, JOSEF (1887): Die Verunreinigung der Gewässer, deren schädliche Folgen, nebst Mitteln der Reinigung der Schmutzwässer.- J. Springer, Berlin, 624 S.

KÖNIG, JOSEF (1903): Maßnahmen gegen die Verunreinigung der Flüsse.- P. Parey, Berlin.

KÖNIG, K. W. (1996a): Regenwassernutzung von A-Z.- 2. Aufl. Mallbeton, Donaueschingen: 128 S.

KÖNIG, K. W. (1996b): Handbuch der Regenwassernutzung.- Ökobuch, Staufen, ca. 180 S. (im Druck).

KÖTTNER, M. (1995): Biogas - Nutzung und Potential in Europa.- UTA 2: 101-111.

LANDSCHAFTSVERBAND RHEINLAND, RHEINISCHES MUSEUMSAMT (1988): Die Große Wäsche (Ausstellungskatalog).- Rheinland-Verlag GmbH, Köln: 149 S.

LANG, VERONIKA (1991): Ökologie des Waschens.- Deutscher Volkshochschul-Verband e.V., Bonn - Frankfurt/Main: 66 S.

LANZ, KLAUS (1995): Das Greenpeace-Buch vom Wasser.- NaturBuch, Augsburg: 165 S.

LAPORTE, D. (1991): Eine gelehrte Geschichte der Scheiße (aus dem französichen von G. Riicke und R Voullié).- Frankfurter Verlagsanstalt, Frankfurt am Main.

LARSEN, TOVE A. & WILLI GUJER (1996): Separate Management of Anthropogenic Nutrient Solutions.- Accepted paper for the IAWQ conference in Singapore, 8 S.

LAUTERBORN, R. (1911): Die biologische Selbstreinigung unserer Gewässer.- Verh. naturhist. Ver. preußischen Rheinlande u. Westfalens 68: 473-487.

LAWA (Landesamt für Wasser u. Abfall Nordrhein-Westfalen) [Hrsg.] (1987): Naturnahe Abwasserbehandlungsverfahren - Referate d. Fortbildungsveranst. d. Landesamtes für Wasser u. Abfall NRW im KFAA Essen-Heidhausen 3. November 1986.- Düsseldorf, 148 S.

LAWA (Landesamt für Wasser u. Abfall Nordrhein-Westfalen) [Hrsg.] (1989): Pflanzenkläranlagen und Abwasserteiche für Anschlußwerte bis 50 Einwohner.- Düsseldorf, 16 S.

LESCHBER, REIMAR & KLAUS DIETER PERNAK (1994): Verhalten und Verbleib von Schadstoffen bei der Versickerung von Niederschlagswasser.- awt Abwassertechnik 6: 17-19.

LIEBMANN, H. (1970): Reinigung von Abwässern aus Krankenhäusern.- In: Bayerische Landesanstalt für Wasserforschung (Hrsg.), Münchener Beitrage zur Abwasser-, Fischerei- und Fischbiologie, Band 8. Oldenbourg Verlag, München; S. 163-173.

LIERNUR, CHARLES T. (1873): Die pneumatische Kanalisation in der Praxis.- Liernur & de Bruyn-Kops, Boselli Frankfurt a.M.: 140 S.

LIERNUR, F. (1890): Bericht der Gesundheitskommission der Stadt Utrecht.- Archiv f. rationelle Städte-Entwässerung 3: 1-39.

LIESECKE (1981): Funktionsgerechter Aufbau von Dachbegrünungen aus vegetationstechnischer Sicht.- Das Gartenamt 8: 579-584.

LIESECKE (1981): Untersuchungen zur Wasserrückhaltung bei extensiv begrünten Flachdächern.- Zeitschrift für Vegetationstechnik 4-6: 56-66.

LIESECKE (1984): Extensivbegrünungen auf Dächern.- Das Gartenamt 5: 326-336.

LIESECKE (1984): Extensivbegrünungen auf Dächern.- Das Gartenamt 5: 326-336.

LINDERT, MARK (1995): Zur Kohlenstoff- und Energiebilanz von Schwemmkanalisationen und aerober Abwasserbehandlung.- Jahrestagung der Fachgruppe Wasserchemie in der Gesellschaft Deutscher Chemiker, Hitzacker.

LIPOWSKY, EDUARD (1878): Über Entstehung und Einführung des Heidelberger Tonnen-Systems.- Koester, Heidelberg: 38 S.

LORENZ-LADENER, CLAUDIA [Hrsg.] (1992): Kompost-Toiletten: Wege zur sinnvollen Fäkalien-Entsorgung.- 2.Aufl., Ökobuch Verlag, Staufen bei Freiburg: 163 S.

LOZAN, JOSE L., W. LENZ, E. RACHOR, B. WATERMANN & H.v. WESTERNHAGEN (1990): Warnsignale aus der Nordsee.- Parey, Hamburg.

LÄNDERARBEITSGEMEINSCHAFT WASSER / Arbeitskreis Nutzen-Kosten-Untersuchungen in der Wasserwirtschaft (1990): Leitlinien zur Durchführung von Kostenvergleichsrechnungen.- 2. Aufl., Bayerisches Landesamt für Wasserwirtschaft, München: 150 S.

LÜBBE-WOLFF, GERTRUDE (1994): Zweifel an der Funktionstüchtigkeit des Umweltrechts.- in: Politische Ökologie - Naturtrüb oder glasklar- ? Sonderheft 5: 15-21.

LÜCKE, F.-K. (1993): Überwachung der mikrobiologischen Qualität von Zisternenwasser.- Vortrag zur 45. Tagung der Deutschen Gesellschaft für Hygiene und Mikrobiologie, Karlsruhe.

LÜDERS, U. (1992): Umweltverhalten von Zytostatika.- Zwischenbericht, Ruhr-Universität, Bochum, Lehrstuhl für analytische Chemie.

MACH, R.E. & PETER T. BLICKWEDEL [Hrsg.] (1983): Biogas aus Abfall und Abwasser.- Eich Schmidt Verlag, 219 S.

MAKIES, A. (1988): Die volkswirtschaftlichen Kosten der Gewässerverschmutzung - dargestellt am Beispiel des Rheins.- Diplom-Arbeit, Universität Hamburg (Fachbereich, Wirtschaftswissenschaften), 81 S.

MARCOMINI, A., P.D. CAPEL, TH. LICHTENSTEIGER, P.H. BRUNNER & W. GIGER (1989): Behavior of Aromatic Surfactants and PCBs in Sludge-Treated Soil and Landfills.- J. Environ. Qual. 18: 523-528.

MASON, B.J. (1995): Predictions of climate changes caused by man-made emissions of greenhouse gases: a critical assessment.- Contemporary Physics 36/5: 299-319.

MATHYS, WERNER (1993): Pestizide im Trinkwasser.- FJ, WWU Münster: 16-21.

MAURER, MAX & JEAN PIERRE WINKLER (1982): Biogas: theoretische Grundlagen, Bau und Betrieb von Anlagen.- Müller, Karlsruhe.

MCAVOY, D.C., W.S. ECKHOFF & R.A. RAPAPORT (1993): Fate of linear alkylbenzene sulfonate in the environment.- Env. Tox. Chem. 12: 977-987.

MEHLER, RALF (1992): Dezentrale Maßnahmen zum Regenwasserrückhalt in urbanen Einzugsgebieten.- Diplomarbeit an der Technischen Hochschule Darmstadt, Fachgebiet Ingenieurhydrologie und Hydraulik: 169 S.

MEINCK, FRITZ & HELMUT MÖHLE (1994): Wörterbuch für das Wasser- und Abwasserfach.- 4. Aufl., Oldenbourg, München, Wien: 937 S.

MEISSNER, RALPH, HOLGER RUPP & HELMUT GUHR (1993): Schwermetallbelastung von Boden und Wasser im Bereich der Magdeburger Rieselfelder und Auswirkungen auf deren künftige Nutzung.- Sonderdr., GKSS, Geesthacht.

MENGIS, MARTIN & RETHO VON SCHULTHESS (1995): Lachgas-Emissionen von Kläranlagen und Seen.- EAWAG News 40D: 32-35.

MEYER, R., J. JÖRISSEN & M. SOCHER (1993a): Teilbericht I: Vorsorgestrategien zum Grundwasserschutz für den Bereich Landwirtschaft.- in: Grundwasserschutz und Wasserversorgung - TA-Bericht des Ausschusses f. Forsch. u. Technologie.- Drucksache des Deutschen Bundestages 12/8270: 31-173.

MEYER, R., J. JÖRISSEN & M. SOCHER (1993b): Teilbericht II: Vorsorgestrategien zum Grundwasserschutz für den Bausektor.- in: Grundwasserschutz und Wasserversorgung - TA-Bericht des Ausschusses f. Forsch. u. Technologie.- Drucksache des Deutschen Bundestages 12/8270: 173-234.

MEYER, R., J. JÖRISSEN & M. SOCHER (1993c): Teilbericht III: Vorsorgestrategien zum Grundwasserschutz im Verkehrssektor.- in: Grundwasserschutz und Wasserversorgung - TA-Bericht des Ausschusses f. Forsch. u. Technologie.- Drucksache des Deutschen Bundestages 12/8270: 235-254.

MEYER, R., J. JÖRISSEN & M. SOCHER (1993d): Teilbericht VI: Zukunftsperspektiven der Wasserversorgung.- in: Grundwasserschutz und Wasserversorgung - TA-Bericht des Ausschusses f. Forsch. u. Technologie.- Drucksache des Deutschen Bundestages 12/8270: 373-413.

MEYER, R., J. JÖRISSEN & M. SOCHER (1993e): Zusammenfassender Endbericht - Entwicklungsperspektiven der Wasservorschrift.- in: Grundwasserschutz und Wasserversorgung - TA-Bericht des Ausschusses f. Forsch. u. Technologie.- Drucksache des Deutschen Bundestages 12/8270: 7-30.

MINKE, R. & U. ROTT (1994): Untersuchungen zur Behandlung von Färbereiabwässern.- Wasser & Boden 4: 20-29.

MITTERMAIER, K. (1897): Das Heidelberger Tonnensystem : seine Begründung und Bedeutung.- Sammlung von Abhandlungen, Gutachten und Vorträgen über Städtereinigung Bd. 1, Halle a.S.

MOLL, BRIGITTE (1990): Regenwassernutzung.- Fachliche Berichte HWW (9) 2: 33-41, Hamburg.

MOLL, BRIGITTE (1993): Untersuchungen zur Wasserqualität bei Regenwasser-Nutzungsanlagen.- in: Mönninghof [Hrsg.]: Wege zur ökologischen Wasserversorgung.- Ökobuch, Staufen: 85 - 99.

MULL, ROLF (1993): Wasser - Nahrungsmittel und Lebensraum in gemeinsamer Verantwortung.- Nieders. Landeszentrale für Politische Bildung, Hannover: 72 S.

MUTH, W. (1994): Regenwasserversickerung von Verkehrsflächen.- TIS 5: 28-44.

MÖBIUS, FRANZ (1993): Saubere Wäsche - Belastete Umwelt.- in: Mönninghoff [Hrsg.]: Wege zur ökologischen Wasserversorgung.- Ökobuch, Staufen: 41-50.

MÖHLE, KARL-AUGUST & ROSEMARIE MASANNEK (1988): Wasserbedarf, Wasserbedarfsentwicklung, rationelle Verwendung von Wasser in öffentlichen Einrichtungen und im Dienstleistungsbereich - Forschungsbericht 10202508.- Umweltbundesamt, Berlin 207: 148 S.

MÖHLE, KARL-AUGUST (1990): Wassersparármaturen, Potentiale - Restriktionen.- in: IfS [Hsg.]: INFO Stadtökologie 5: 51-59.

MÖHLE, KARL-AUGUST (1994): Grenzen und Möglichkeiten des Wassersparens.- in: BGW-Dokumentation Workshop SAST Nr. 6 2.-3-2.93, BGW 1994.

MÖHLE, KARL-AUGUST (1995): Rationelle Wasserverwendung in Büro- und Verwaltungsgebäuden.- in: Koenigst. [Hrsg.]: Minus 50 % Wasser möglich! Blottner, Taunusstein: 11-36.

MÖNICKE, R. (1994): Nähr- und Schadstoffaspekte bei der Verwertung von Klärschlamm in der Landwirtschaft.- Korrespondenz Abwasser 8: 1320-1329.

MÖNNINGHOFF, HANS [Hrsg.] (1993): Wege zur ökologischen Wasserversorgung.- Ökobuch Verlag, Staufen bei Freiburg: 138S.

MÖNNINGHOFF, HANS (1993): Leitlinien für den Umgang mit Regenwasser in Baugebieten.- Korrespondenz Abwasser 11: 1741-1749.

MÜLLER, A. & L. GIERSBERG (1993): Zwitterionische Wirkstoffe für die Desinfektion und Reinigung.- Hyg. Med. 18: 582.

MÜLLER, ALEXANDER (1869): Die Ziele und Mittel einer gesundheitlichen und wirtschaftlichen Reinhaltung der Wohnungen.- Schönfeld, Dresden.

MÜLLER, HEINRICH (1913): Freiburgs öffentliche Brunnen.- Breisgauer Chronik; Beilage zum Freiburger Boten 5 Nr. 16: 67-68 u. Nr. 17: 63-64.

MÜLLER, R. (1992): Bacterial degradation of xenobiotics.- In: Fry, J.C., Gadd, G.M., Herbert, R.A., Jones, C.W., & Watson-Craik, I.A. [Hrsg.] Microbial control of pollution.- Cambridge University Press: 35-57.

MÜNCH, P. (1993): Stadthygiene im 19. u. 20. Jahrhundert: Das Kommunale Engagement in der Wasserversorgung, Abwasser- und Abfallbeseitigung mit bes. Berücksichtigung Münchens. (phil. Dissertation, München 1990).- Göttingen.

NAYLOR, C.G., J.P. MIEURE, I. MORICI & R.R. ROMANO (1992): Alkylphenol ethoxylates in the environment.- in: Proceedings of the 3rd CESIO International Surfactants Congress, Section E, F & LCA Seminar, London, 1-5 June 1992: 111-124.

NEVISON, S.D., G.ESSER & E.A.HOLLAND (1996): A global model of changing N_2O Emissions from natural and perturbed soils.- Climatic Change 32: 327-378.

NOLDE, ERWIN (1994): Wassernöte in Ballungsgebieten?.- in: Politische Ökologie - Naturtrüb oder glasklar? Sonderheft 5: 44-49.

NOLDE, ERWIN (1995): Betriebswassernutzung im Haushalt durch Aufbereitung von Grauwasser.- Wasserwirtschaft, Wassertechnik: 8 S.(Sonderdruck).

ÖKO-INSTITUT (1995): Least-Cost Planning in der Wasserversorgung (Endbericht, im Auftrag des Umweltministeriums Baden-Württemberg).- Freiburg.

OHLMÜLLER, W. (1903): Gutachten des Reichsgesundheitsrates über die Einleitung des Mainzer Kanalwassers einschließlich der Fäkalien in den Rhein.- Arbeiten aus dem Kaiserlichen Gesundheitsamte (Berlin) 20: 258-337.

OPPENHEIMER, ALFRED (1896): Der privatrechtliche Schutz der Fischereiberechtigten in öffentlichen Flüssen gegen Verunreinigung.- (Diss. jur., Erlangen), Stahl, Würzburg: 37 S.

ORLAND, BARBARA (1991): Wäsche Waschen - Technik- und Sozialgeschichte der häuslichen Wäschepflege.- rororo sachbuch 7736, Hamburg: 328 S.(Deutsches Museum „Kulturgeschichte der Naturwissenschaften und der Technik").

ORUM-NIELSEN, ANNE (1993): Ramshusene - 8 dwelling units: Towards a Theroy and Practice of Sustainable Architecture.- University of Oregon, USA.

OTTERPOHL, RALF & JÖRG NAUMANN (1993): Kritische Betrachtung der Wassersituation in Deutschland.- in: Umweltschutz, Wie? Symposium: Wieviel? Kirsten-Gutke-Verlag, Köln.

OTTERPOHL, RALF & MATTHIAS GROTTKER (1995): Appropriate sustainable sanitation concepts. UNESCO / IHP Symposium 'Integrated water management in urban areas'.- 26-29 Sept. in Lund, Sweden. Transtec Publication, in print.

OTTERPOHL, RALF, ANDREA ALBOLD & MATTHIAS GROTTKER (1996): Integration of processes of waste and wastewater Treatment in urban areas.- European Science Foundation, Proceedings of workshop 'Integrated Environmental Bioprocess Design', Obernai.

O'MALLEY, URSULA (1995): Von der brackigen Brühe zum keimfreien Naß - Wandel der Wasser-Wahrnehmung und Hygienisierung im 19. Jahrhundert.- Geschichte lernen 47: 38-41.

PALMER, ROY (1977): Auch das WC hat seine Geschichte.- Pfriemer, München.

PAUL, JOHANN (1990): Abwasserbeseitigung und Trinkwasserversorgung in Mühlheim am Rhein zur Zeit der Hochindustrialisierung.- Rechtsrheinisches Köln 16: 39-76.

PAUL, JOHANN (1991a): Die Rheinverschmutzung in Köln und Leverkusen im 19. und 20. Jahrhundert.- Die Alte Stadt 18: 385-402.

PAUL, JOHANN (1991b): Flußverunreinigung und Gewässeraufsicht im 19. und 20. Jahrhundert am Beispiel der Sieg im Landkreis Altenkirchen.- Jahrbuch für Westdeutsche Landesgeschichte 17: 227-239.

PAUL, JOHANN (1992a): Umweltbelastungen in der Bürgermeisterei Merheim vor dem 1. Weltkrieg.- Rechtsrheinisches Köln 18: 111-128.

PAUL, JOHANN (1992b): Die Opferstrecken werden immer länger. Die Siegverschmutzung im 19. und 20. Jahrhundert.- Bensberger Protokolle 71: 55-78.

PENZBERG, M. (1994): Ökobilanz der Klärschlammentsorgung.- Berichte der Abwassertechnischen Vereinigung e.V. 44: 101-116.

PFLÜGNER, WALTER (1988): Nutzen-Analysen im Umweltschutz - d. ökonom. Wert von Wasser u. Luft.- Vandenhoeck u. Ruprecht, Göttingen: XVII, 388 S.

PIEPER, C. (1869): Schwemmkanäle oder Abfuhr ? Eine Frage und Abstimmung vor der Versammlung deutscher Naturforscher und Ärzte - Mit sachlichen Erläuterungen.- (2. Auflage), Dresden:): 96 S.

PIEPER, WERNER (1987): Das Scheiß-Buch.- Pieper, Löhrbach: 248 S.

PINNEKAMP, J. (1987a): Abwasserreinigung in Japan - Erfahrungen aus einem mehrjährigen Ingenieuraustauschprogramm.- Gewässerschutz-Wasser-Abwasser 100: 731-770.

PINNEKAMP, J. (1987b): Gewässerschutz und Abwasserreinigung in Japan.- Korrespondenz Abwasser 7: 734-740.

PLATE, ERICH; ALBRECHT PFAUD & GERD PASCHKE (1986): Auswirkungen der Waldschäden auf die Wasserwirtschaft aus quantitativer Sicht - Literaturstudie.- Inst. für Wasser- u. Abfallwirtschaft, Universität Karlsruhe: 179 S.

POLETSCHNY, H. (1994): Bewertung und Absicherung des Restrisikos der landwirtschaftlichen Klärschlammverwertung.- Berichte der Abwassertechnischen Vereinigung e.V. 44: 101-116.

POPP, L. (1965): Die Hygiene der Abwasserbeseitigung.- Berichte der Abwassertechnischen Vereinigung e.V. „Die Frankfurter Tagung" - 1965.

POTTER, CH.S., P.A. MATSON, P.M. VITOUSEK & E.A. DAVIDSON (1996): Process modeling of controls on nitrogen trace gas emissions from soils worldwide.- Journal of Geophysical Research 191(D1): 1361-1377.

PRESCHER, D., U. GROSS, J. WOTZKA, M. TSCHEU-SCHLÜTER & W. STARKE (1984): Zum Umweltverhalten von Fluortensiden. Teil 1: Prüfung der Aquatoxizität.- Acta hydrochim. hydrobiol. 12: 595-600.

PRESCHER, D., U. GROSS, J. WOTZKA, M. TSCHEU-SCHLÜTER & W. STARKE (1985): Zum Umweltverhalten von Fluortensiden. Teil 2: Untersuchung der biochemischen Abbaubarkeit.- Acta hydrochim. hydrobiol. 13: 17-24.

PRESCHER, D., U. GROSS, J. WOTZKA, M. TSCHEU-SCHLÜTER & W. STARKE (1986): Zum Umweltverhalten von Fluortensiden. Teil 3: Reinigung industrieller Abwässer.- Acta hydrochim. hydrobiol. 14: 293-304.

PÖPEL, F. (1993): Lehrbuch für Abwassertechnik und Gewässerschutz.- Deutscher Fachschriften Verlag, Wiesbaden.

RALOFF, JANET (1994): That Feminine Touch - Are men suffering from prenatal or childhood exposures to 'hormonal' toxicants.- Science News 145: 56-59.

REMMLER, FRANK & SCHÖTTLER (1994): Regenwasserversickerung - Wasserwirtschaftliche Verbesserung oder Verunreinigung von Boden und Grundwasser ?.- (Tagungsbeitrag zu „Flächenhafte Schadstoffeinträge in das Grundwasser", Mainz 9.-13.5.1994; Zeitschrift der Deutschen Geologischen Gesellschaft 145: 13 S. (Vorabzug).

RENNER, H. (1994): Ländlicher Raum: Abwasserentsorgung in der Sackgasse?.- Schriftenreihe zur Wasserwirtschaft TU Graz, Mai 94.

REPLOH, H. (1972): Hat die Behandlung fester oder flüssiger Abfallstoffe Vorrang?.- GWF, Wasser/Abwasser 113: 82ff.

RHEINBABEN, F. V. (1994): Arbeitsschutz durch Desinfektionsmittel und -verfahren.- GIT Arbeitsschutz, XXII-XXV.

RHEINHEIMER, GERHARD [Hrsg.] (1988): Stickstoffkreislauf im Wasser - Stickstoffumsetzungen in natürl. Gewässern, in d. Abwasserreinigung u. Wasserversorgung.- Oldenbourg, München; Wien: XII, 394 S.

RHEINHEIMER, G., H. GERICKE & J. WESNIGK (1990): Prüfung der biologischen Abbaubarkeit von organischen Chemikalien im umweltrelvanten Konzentrationsbereich.- UBA-Forschungsbericht FB 10602051.

Richardson, M. L. & Bowron, J. M. (1985): The fate of pharmaceutical chemicals in the aquatic environment.- J. Pharm. Pharmacol. 37, 1-12.

Richtler, H.J. & J. Knaut (1988): World prospect for surfactants.- in: Proceedings of the Second World Surfactants Conference, May 24-27, Paris: 3-58.

Riegman, R., A.A.M. Noordeloos & G.C.Cadee (1992): Phaeocystis blooms and eutrophication of the continental coastal zones of the North Sea.- Mar. Biol. 112: 479-484.

Rott, U. & B. Schlichtig (1994): Regenwassernutzung - Ein Beitrag zum Gewässerschutz oder eine Gefährdung für die Sicherheit unserer Wasserversorgung?.- Wasser und Boden 11; Paul Parey, Hamburg.

Rudolph, K.U., Th. Nelle & Ch. Oberg (1992): Stand der Technik bei der Desinfektion von Abwasser und Schwerpunkte der Forschung.- in: ATV - Bundestagung; Fachvorträge BMFT-Status-Seminar; Berichte der Abwassertechnischen Vereinigung 42: 333-357.

Römer, R. (1994): Emmissionen der Klärschlammverbrennung.- Berichte der Abwassertechnischen Vereinigung e.V. 44: 161-179.

Römpp (1989): Fluortenside,.- in: Lexikon Chemie, Falbe, J. & Regitz, M. (Hrsg.), 9. Auflage, G. Thieme Verlag; Stuttgart, New York;.

Rügemer, Werner (1995): Staatsgeheimnis Abwasser.- Zebulon Verlag, Düsseldorf: 249 S.

Salomon, H. (1906f): Die städtische Abwasserbeseitigung in Deutschland.- 2 Bde. & Erg.-Bd., Jena.

Salviati, C. (1865): Die Abfuhr und Verwertung von Dungstoffen.- Berlin.

Sasse, L. & R. Otterpohl (1995): Status Report on Decentralised Low Maitenance Wastewater Treatment Systems (LOMWATS).- Commission of The European Union, BORDA, Bremen.

Scharf, J. & K. Bächmann (1993): Verteilung von Pflanzenschutzmitteln in der Atmosphäre. Nah- und Ferntransportmessungen.- in: Nachrichtenbl. deutsch. Pflanzenschutzd. 45 (4): 82-87.

Schertenleib, R. (1991): Flüsse als Objekte vielfältiger Nutzung in Entwicklungsländern.- Mitteilungen d. EAWAG 32: 40-45.

Schirrmeister, Siegfried (1937): Das Rieselfeld der Stadt Freiburg i.Br.- Diss. med., A.L.-Universität, Freiburg.

Schloz, Thomas [Red.] (1990): Gutachten zu Ökologie und Umweltschutz.- Informationszentrum Raum u. Bau d. Fraunhofer-Ges., 2. Aufl., IRB-Verl., Stuttgart, 128 S.

Schluff, Reinhold (1990): Unterdruckentwässerung (Anweisung für Planung, Finanzierung, Bau und Betrieb.- Eigenverlag.

Schmidt, S. (1975): Die Faunenanalyse in Tropfkörpern und Belebtschlammanlagen unter besonderer Berücksichtigung der Ciliaten als Hilfsmittel zur Beurteilung der biologischen Leistung von vollbiologischen Kläranlagen.- Dipl.-Arbeit Univ. Würzburg, 94 S.

Schramm, Engelbert (1991): Unser Müllnotstand wurzelt in der Geschichte.- in: UNIVERSITAS 2: 119-128.

Schramm, Engelbert (1994): Das gewässerpolitische Dilemma - Sind unsere Wasserprobleme mit nachsorgender Technologie auf Dauer lösbar ?.- in: Politische Ökologie - Naturtrüb oder glasklar? Sonderheft 5: 8-11.

Schröder, R. (1993): Der Einsatz phenolischer Desinfektionsmittel im Krankenhaus.- Hyg. Med. 18: 575.

Schua, L. & R. Schua (1981): Wasser - Lebenselement und Umwelt. Die Geschichte des Gewässerschutzes in ihrem Entwicklungsgang dargestellt und dokumentiert.- Orbis Academicus, Alber-Verlag, Freiburg, München, 358 S.

Schulte, Arnold (1924): Die Abwässerbeseitigung in Freiburg i.Br.- Diss. med., A.L.-Universität, Freiburg i.Br.

Schulz, Heinz (1996): Biogas-Praxis - Grundlagen, Planung, Anlagenbau, Beispiele.- Ökobuch, Staufen bei Freiburg, 187 S.

Schöberl, P., Bock, K.J. & Huber, L. (1988): Ökologisch relevante Daten von Tensiden in Wasch- und Reinigungsmitteln. Sachstandsbericht der Arbeitsgruppen „Abbau/Elimination" und „Bioteste" im Hauptausschuß Detergentien unter der Leitung von Dr. K. J. Bock, Dr. L. Huber und Dr. P. Schöberl.- Tenside, Detergents 25 (3/4): 86-107.

Schönberger, Harald (1994): Reduktion der Abwasserbelastung in der Textilindustrie.- UBA Texte 3/94 (Forschungsbericht 102 06 511, UBA-FB 93-143): 528 S. (+Anhang).

Schönborn, Andreas & Brigitta Züst (1994): Langzeiterfahrungen mit dem Sand-Pflanzen-Filter Schattweid - Zwischenber. der Betriebsjahre 5-7 (1990-1992).- Zentrum für Angewandte Ökologie Schattweid 1/94.

Seidel, K. (1964): Abbau von Bacterium coli durch höhere Wasserpflanzen.- Naturwissenschaften 51: 395.

Seidel, K. (1965): Wasserpflanzen als Akkumulatoren und ihre anatomisch-physiologische Anpassung.- Gewässer und Abwässer 14: 42-51.

Seidel, K. (1966a): Reinigung von Gewässern durch höhere Pflanzen.- Die Naturwissenschaften 53: 289-297.

Seidel, K. (1966b): Biologischer Schutz unserer Seen durch Pflanzen.- Österr. Fischerei 20.

Seidel, K. (1967): Über die Selbstreinigung natürlicher Gewässer.- Naturwissenschaften 63: 286-291.

Seidel, K. & R. Kickuth (1970): Physiologische Leistungen höherer Pflanzen in ihrer ökologischen Bedeutung.- Wasser u. Boden 2: 38-40.

Seidel, K. (1978): Gewässerreinigung durch höhere Pflanzen.- Garten und Landschaft 1: 9-17.

Seidel, K. (1983): Kleine Pflanzenkläranlagen, Limnologie in Stichworten.- Wasserkalender: 119-141.

Seidel, K. [Hrsg.] (1987): Legionellen - Beitr. zur Bewertung e. hygien. Problems.- Fischer, Stuttgart; New York: 170 S.

Seiler, H. (1976): Die Gewässerbenutzungen und ihre Rechtsgrundlagen im Verlauf der Geschichte des Wasserrechts. Ein vergleichender Überblick.- Diss. jur., Universität, Bonn.

Senatsverwaltung f. Bau- und Wohnungswesen (1995): Merkblatt „Betriebswassernutzung in Gebäuden" - Auswertung der Berliner Modellvorhaben und der Betriebswassertagung vom 9.2.1995.- Referat Ökologischer Städtebau, Württembergische Straße 6-10, 10707 Berlin.

Sieker, F. (1993a): Ein neuer Weg der Regenwasserentsorgung.- in: Kommunale Umwelt-Aktion [Hrsg.] Schriftenreihe der Kommunalen Umwelt-Aktion Heft 16, Hannover 60-65.

Sieker, F. (1993b): Plädoyer für die allgemeine Anwendbarkeit des Versickerungsprinzips.- SuG Nr. 23, S. 3 ff.

Simson, J.v. (1978): Die Flußverunreinigungsfrage im 19. Jahrhundert.- Vierteljahrsschrift für Sozial- und Wirtschaftsgeschichte 65 (3): 370-390.

Simson, J.v. (1983): Kanalisation und Städtehygiene im 19. Jahrhundert.- Technikgeschichte in Einzeldarstellungen Bd. 39, VDI-Verlag, Düsseldorf: 203 S.

SMITH, NORMAN (1976): Mensch und Wasser- Geschichte und Technik der Bewässerung und Trinkwasserversorgung vom Mittelalter bis heute.- Pfriemer (Bauverlag GmbH), Wiesbaden, Berlin, 239 S.

SONTHEIMER, HEINRICH & ERICH VÖLKER (1987): Charakterisierung von Abwassereinleitungen aus der Sicht der Trinkwasserversorgung (Abschlußbericht zum Forschungsvorhaben 02-WT 101).- Veröffentlichungen des Bereichs und des Lehrstuhls für Wasserchemie und der DVGW-Forschungsstelle am Engler-Bunte-Institut der Universität Karlsruhe 31: 138 + 44S.

SOTO, ANA M., KERRIE L. CHUNG & CARLOS SONNENSCHEIN (1994): The Pesticides Endosulfan, Toxaphene and Dieldrin have Estrogenic Effects on Human Estrogen-Sensitive Cells.- Environmental Health Perspectives 102(4): 380-383.

SPELTHAHN, SABINE (1994): Privatisierung natürlicher Monopole - Theorie und internationale Praxis am Beispiel Wasser und Abwasser.- Gabler, Wiesbaden: XIV + 244 S.

SPLITTGERBER, A. (1917a): Die in Literatur und Praxis gemachten Fortschritte auf dem Gebiete der Überwachung der Flüsse.- Wasser u. Gas 7 (13/14): 165-176.

SPLITTGERBER, A. (1917b): Über biologische Flußuntersuchungen mit besonderer Berücksichtigung des Rheins und Neckars in der Gegend von Mannheim.- Wasser u. Gas 8 (5/6): 49-64.

SPLITTGERBER, A. (1919a): Gedanken zur Durchführung der regelmäßigen Überwachurng der deutschen Ströme.- Wasser u. Gas 10 (6): 220-221.

SPLITTGERBER, A. (1919b): Zur Überwachung der deutschen Ströme.- Wasser u. Gas 9: 55-58

SPLITTGERBER, A. (1920): Weitere Beiträge zur Überwachung der Flüsse und Ströme.- Wasser u. Gas 10 (10): 371-384.

STACHE, H. & H. GROSSMANN (1992): Waschmittel - Aufgaben in Hygiene und Umwelt.- Springer, Berlin etc.

STADT FREIBURG [Hg.] (1898): Die Kanalisation, die Rieselfelder und deren Betrieb.- Freiburg i. Br.

STAN, HANS-JÜRGEN, THOMAS HEBERER & MANFRED LINKERHÄGNER (1994): Vorkommen von Clofibrinsäure im aquatischen System - Führt die therapeutische Anwendung zu einer Belastung von Oberflächen-, Grund- und Trinkwasser?.- Vom Wasser 83: 57-68.

STAUDENMANN, JÜRG (1994): Abwasserreinigung in Aquakulturanlagen - Ein Beitrag zu einem nachhaltigen Ressourcenhaushalt?.- Diplomarbeit an der ETH Zürich: 57 S.

STEBER, J., GUHL, W. & GODE, P. (1988): Fettalkoholsulfate - Die ökologische Absicherung einer wichtigen Gruppe von Waschmitteltensiden.- Fat Science and Technology 90 (1): 32- 38.

STECKER, ARMIN; HUHN, VOLKER (1993): BMFT-Verbundprojekt - Möglichkeiten einer naturnahen Regenwasserbewirtschaftung in Siedlungsgebieten.- in: Kommunale Umwelt-Aktion [Hrsg.] Schriftenreihe der Kommunalen Umwelt-Aktion Heft 16, Hannover: 79-82.

STEGER-HARTMANN, T., H. DÜRHOLT, J. EICH & E. WAGNER (1995): Der Leitfähigkeitstest - Ein Testsystem zur Ermittlung der membrantoxischen Eigenschaften von Substanzen.- in: 3. Statuskolloquium Projekt „Angewandte Ökologie“, Landesanstalt für Umweltschutz Bad.-Württemb., Band 12: 331-343.

STEGER-HARTMANN, T. (1996): Analytik und Ökotoxikologie klinikspezifischer Abwasserinhaltstoffe mit Schwerpunkt auf die Zytostatika Cyclophosphamid und Ifosfamid.- Dissertation Biologie, A.L.-Universität Freiburg i.Br., 176 S.

STEPHANOU, EURIPIDES & WALTER GIGER (1982): Persistent Organic Chemicals in Sewage Effluents.- 2. Quantitative Determinations of Nonylphenols and Nonylphenol Ethoxylates by Glass Capillary Gas Chromatography.- Environmental Science Technology 16: 800-805.

SÄMANN, UDO (1994): Ökologische Regenwasserbewirtschaftung und ihre Anwendung in Bebauungsgebieten: Mulden-Rinnen-Systeme.- Schriftenreihe der Komunalen Umwelt-AktioN (U.A.N.) Heft 16.

TALMAGE, SYLVIA S. (1994): Environmental and Human Safety of Major Surfactants - Alcohol Ethoxylates and Alkylphenol Ethoxlates.- Lewis Publishers, London: 368 S.

TARR, J.A. & MCMICHAEL, F.C. (1977): The evolution of wastewater technology and the development of state regulation - a retrospective analysis.- in: Tarr, J.A. [Hrsg.]: Retrospective Technology Assessment, San Francisco: 165-190.

TARR, J.A., J. MCCURLEY, F. MCMICHAEL & T.F. YOSIE (1984): Water and Wastes: A retrospective Assessment of Wastewater Technology in the United States, 1800-1932.- Technology and Culture 25(2): 226-263.

TARR, J.A. (1985): The search for the Ultimate Sink - Urban Air, Land and Water Pollution in Historical Perspective.- in: Bailes, K.E. (Hrsg.); Environmental History: 516-552.

THOFERN, UNDINE (1994): Reinigung von Industrieabwässern in Pflanzenkläranlagen bei der Klöckner-Atahl, Bremen.- in: Wasserreinigung durch Pflanzen, Zentralverband Gartenbau.

THOFERN, UNDINE (1994b): Pflanzenkläranlagen, Prinzipien - Verfahrensvarianten - Einsatzmöglichkeiten.- Zentralblatt für Hygiene 196: 197-226.

THOMAS, CARMEN (1993): Ein ganz besonderer Saft - Urin.- vgs Verlagsgesellschaft, Köln: 159 S.

TITTIZER, TH., F. SCHÖLL, M. DOMMERMUTH, J. BÄTHE & M. ZIMMER (1991): Zur Bestandsentwicklung des Zoobenthos des Rheins im Verlauf der letzten neun Jahrzehnte.- Wasser/ Abwasser 35: 125-166.

U.N.A (KOMMUNALE UMWELT-AKTION) [Hrsg.] (1990): Abwasserklärteiche unbelüftet - belüftet.- in: Kommunale Umwelt-Aktion U.N.A. [Hrsg.] Schriftenreihe der Kommunalen Umwelt-Aktion U.N.A. Heft 4, Hannover: 98S.

U.N.A (KOMMUNALE UMWELT-AKTION) [Hrsg.] (1993): Privatisierung öffentlicher Aufgaben? Informationen zu einem aktuellen Thema am Beispiel Abwasserbeseitigung.- in: Kommunale Umwelt-Aktion U.N.A. [Hrsg.] Schriftenreihe der Kommunalen Umwelt-Aktion U.N.A. Heft 2, Hannover: 121S.

UBA (UMWELTBUNDESAMT) [Hrsg.] (1994a): Stoffliche Belastung der Gewässer durch die Landwirtschaft und Maßnahmen zu ihrer Verringerung.- Erich Schmidt, Berlin: 208 S.

UBA (UMWELTBUNDESAMT) [Hrsg.] (1994b): Daten zur Umwelt.- E. Schmidt, Berlin: 688 S.

UBA (UMWELTBUNDESAMT [Hrsg.] (1994c): Umweltbewußt leben.- UBA, Berlin, 384 S.

UBA (UMWELTBUNDESAMT [Hrsg.] (1994d): Untersuchungen zur umwelt- und seuchenhygienischen Bewertung naturnaher Abwasserbehandlungssysteme, Dokumentation, Bewertung und Anforderungen.- UBA Texte 60/94, 91 S.

UBA (UMWELTBUNDESAMT) [Hrsg.] (1995): Regenwassernutzung im Haushalt.- Dokumentation des Fachgesprächs am 14.2.1995 in Berlin.

UHL, M. (1993): Auswirkungen der Regenwasserversickerung auf Kanalnetz, Kläranlage und Gewässer.- in: Kommunale Umwelt-Aktion [Hrsg.] Schriftenreihe der Kommunalen Umwelt-Aktion Heft 16: 20-36, Hannover.

VARRENTRAPP, GEORG (1868): Ueber Entwässerung der Städte, über Wert oder Unwert der Wasserclosette, über deren angebliche Folgen - Verlust wertvollen Düngers, Verunreinigung der Flüsse, Benachteiligung der Gesundheit - mit besonderer Berücksichtigung auf Frankfurt a.M.- Hirschwald, Berlin.

VARRENTRAPP, GEORG (1877): Das Liernur'sche System und seine neueren offiziellen Beurteiler.- Deutsche Vierteljahresschrift für öffentliche Gesundheitspflege 9: 593-623.

VIGARELLO, GEORGES (1992): Wasser und Seife, Puder und Parfüm - Geschichte der Körperhygiene seit dem Mittelalter.- Campus-Verl., Frankfurt/Main; New York: 326 S.

VSA [Hrsg.] (1991): Regenwasser- und Grauwassernutzung sowie Wärmerückgewinnung aus Abwasser - vom 2.7.1991 in Zürich.- VSA, Zürich: 62 S.

VÖGELE, JÖRG (1991): Die Entwicklung der (groß)städtischen Gesundheitsverhältnisse in der Epoche des Demographischen und Epidemiologischen Übergangs.- in: Reulecke, J & A. v. Castell [Hrsg.]: Stadt und Gesundheit, Stuttgart 1991: 21-36.

VÖGELE, JÖRG (1993): Sanitäre Reformen und der Sterblichkeitsrückgang in deutschen Städten, 1877-1913.- Vierteljahrschrift für Sozial- und Wirtschaftsgeschichte 80(3): 345-365.

VÖGELE, JÖRG (1994): Urban Infant Mortality in Imperial Germany.- Social History of Medicine 7(3): 401-425.

WAHL, HENRIETTE V.D. & ANDREAS KRAEMER (1989): Wasserhaushalt und Gewässergüte.- Wasser und Abwasser 33: 403 S.

WALTHER-MAURUSCHAT, A. & B. WALZ (1992): Zwischen Hygiene und Umweltschutz - Umweltorientierte Desinfektion und Reinigung im Krankenhaus.- Krankenhaus-Technik 3: 33-36.

WEBSKY, M. VON (1988): Halbierung der Schadstoffeinträge in die aquatische Umwelt bis 1995. Verwirklichung der Ministerbeschlüsse zum Schutz von Nord- und Ostsee sowie zur langfristigen Verbesserung der Wasserqualität des Rheins.- Korrespondenz Abwasser 35 (6): 544-546, 551-552.

WEIGELT, CURT (1885): Die Schädigung der Fischerei durch Haus- und Fabrikabwässer.- Archiv für Hygiene 3: 39- 117

WEIGELT, CURT (1907): Beiträge zur chemischen Selbstgesundung der Gewässer.- Archiv für Hydrobiologie und Planktonkunde 2: 325 ff.

WEIZSÄCKER, E.U. A.B.LOVINS & L.H.LOVINS (1995): Faktor Vier.- Droemer Knaur, München: 352 S.

WEYL, THEODOR (1893): Die Einwirkung hygienischer Werke auf die Gesundheit der Städte m. bes. Rücksicht auf Berlin (Studie zur Straßenhygiene).- G. Fischer, Jena: 70 S.

WEYL, THEODOR [Hrsg.] (1900): Die Assanierung der Städte in Einzeldarstellungen.- Leipzig.

WHITE, R., S. JOBLING, S.A. SUMPTER & M.G. PARKER (1994): Environmentally Persistent Alkylphenolic Compounds are Estrogenic.- Endocrinology 135: 175-182.

WICHT, H. & M. BEIER (1995): N_2O-Emissionen aus nitrifizierenden und denitrifizierenden Kläranlagen.- Korrespondenz Abwasser 3: 404-413.

WIJK-SIJBESMA, CHRISTINE VAN (1985): Participation of women in water supply and sanitation - roles and realities.- International Reference Centre for Community, Water Supply and Sanitation, The Hague, The Netherlands: 191 S.

WILHELM, ALOIS & THOMAS ROTARIUS, THOMAS (1993): Regenwassernutzung - Technik, Planung und Montage.- Wagner & Co., Solartechnik GmbH.

WINBLAD, UNO & WEN KILAMA (1985): Sanitation without water.- Macmillan Education Ltd., London: 161 S.

WINBLAD, UNO (1996): Recent Development in Sanitation.- Lund-Konf.; Transtec Publication, in print.

WINKELER, H.D. (1996): Nachweis allergener Textilfarbstoffe mittels Minibore-HPLC.- GIT Fachz. Lab. 5: 485-490.

WINTERHALTER, L. (1890): Schwemmsystemliche Taktik.- in: Archiv für Rationelle Städteentwässerung 6: 40-59.

WISSING, FRIEDRICH (1995): Wasserreinigung mit Pflanzen.- Ulmer, Stuttgart: 207 S.

WORLD HEALTH ORGANIZATION (1993): Guidlines for drinking-water quality - 1. Recommendations (2nd ed.).- World Health Organization, Genf: 188 S.

XANTOPOULOS, C. (1992): Niederschlagsbedingter Schmutzstoffeintrag in die Kanalisation.- in: „Schadstoffe im Regenabfluß" II. Schriftenreihe des Inst. f. Siedlungsw., Universität Karslruhe 64: 147-166 (Vortrag im Rahmen der Präsentation des BMFT-Verbundprojektes Niederschlag an der Universität Karlsruhe).

ZAHN, RUDOLF K. (1992): Erbgutverändernde und krebserregende Stoffe im Wasser - Analytik, Bewertung, Gegenmaßnahmen; Symposion am 27. März 1990 in den Räumen der Akademie der Wissenschaften und der Literatur, Mainz.- G. Fischer, Stuttgart, Jena, New York, 136 S.

ZENTRALVERBAND GARTENBAU (1994): Wasserreinigung durch Pflanzen.- (Dokumentation des Plantec-Schwerpunktes '93, Intern. Fachmesse für Gartenbau, Frankfurt, 30.9.-3.10.1993), 167 S.

ZON, HENK VAN (1986): Een zeer omfrisse geschiedenis - Studies over niet - industriele vervuiling in Nederland, 1850 - 1920.- Dissertation, Rijksuniversiteit te Groningen: 344 S.

ZULLEI-SEIBERT, NINETTE (1987): Die Auswirkungen der Landwirtschaftlichen Anwendung von Klärschlamm auf die Grundwasserbeschaffenheit.- Veröffentlichungen des Instituts für Wasserforschung GmbH Dortmund u.d. Hydrol. Abt. d. Dortmunder Stadtwerke AG 36: 202 S.

7. Abkürzungen & Stichwortverzeichnis

Abkürzungen/ Einheiten

E	Einwohner
a	anno = Jahr
p.a.	Pro Jahr
h	Stunde
ha	Hektar = 10 000 m^2
t	Tonne
J	Joule (1 Joule = 1Ws=Wattsekunde)
kJ	Kilo-Joule=1 000 Joule
MJ	Mega-Joule=1 Million Joule
GJ	Giga-Joule=1 Milliarde Joule
TJ	Tera-Joule=1 Trillion Joule
kW	Kilowatt (1 kW=1000 J/s)
g	Gramm
kg	Kilo=1000 g (10^3)
Mg	Megagramm=1 Tonne=1000 kg=1 Million g=1 000 000g=10^6g
mg	1 Milligramm=1 Tausendstel Gramm=10^{-3} Gramm
µg	1 Mikrogramm=1 Millionstel Gramm = 10^{-6} Gramm
ng	1 Nanogramm= 1 Milliardstel Gramm=10^{-9} Gramm
M	Mega=1 Million (10^6)
G	Giga=1000 Millionen (10^9)=1 Milliarde
T	Tera=1000 Milliarden (10^{12})=1 Billion
P	Peta=1000 Billionen (10^{15})= 1Trillion
Mio.	Million 10^6
Mrd.	Milliarde 10^9
ppm	parts per million 10^{-6} 1 Milligramm pro Liter mg/l
ppb	parts per billion 10^{-9} 1 Mikrogramm pro Liter µg/l
ppt	parts per trillion 10^{-12} 1 Nanogramm pro Liter ng/l

Stichwortverzeichnis

A

B

C

H

I

J

K

L

S

T

U